PPT云课堂教学法

Rapid PPT Cloud Class Didatics

赵国栋　赵兴祥　主　编
王辞晓　王晶心　副主编

图书在版编目(CIP)数据

PPT 云课堂教学法/赵国栋,赵兴祥主编. —北京: 北京大学出版社,2017.12
(21 世纪教师教育系列教材·专业养成系列)
ISBN 978-7-301-28999-0

Ⅰ.①P… Ⅱ.①赵… ②赵… Ⅲ.①图形软件—师范大学—教材 Ⅳ.①TG391.412

中国版本图书馆 CIP 数据核字（2017）304428 号

书　　名	PPT 云课堂教学法 PPT YUNKETANG JIAOXUEFA
著作责任者	赵国栋　赵兴祥　主编
策 划 编 辑	李淑方
责 任 编 辑	李淑方
标 准 书 号	ISBN 978-7-28999-0
出 版 发 行	北京大学出版社
地　　址	北京市海淀区成府路 205 号
网　　址	http://www.pup.cn　　新浪微博:@北京大学出版社
微信公众号	科学与艺术之声（微信号：sartspku）
电 子 信 箱	zyl@pup.pku.edu.cn
电　　话	邮购部 62752015　发行部 62750672　编辑部 62767857
印 刷 者	北京大学印刷厂
经 销 者	新华书店
	787 毫米 × 1092 毫米　16 开本　22 印张　420 千字
	2017 年 12 月第 1 版　2019 年 3 月第 2 次印刷
定　　价	88.00 元

作者简介

赵国栋，北京大学教育学院教授，教育技术专业博士生导师，微课技术实验室主任。曾任北京大学现代教育技术中心副主任，新疆石河子大学师范学院和生产建设兵团教育学院副院长（挂职）。2005年赴美国夏威夷“东西方研究中心”（EWC）访学；2011年赴德国柏林自由大学（FU）任访问学者。目前任“国际信息研究学会”（IS4IS）中国分会教育信息化专业委员会副会长和秘书长，并兼任“中国开放式教育资源协会”（CORE）专家，曾长期担任教育部全国多媒体课件和微课大赛评审专家，任清华大学等多所高校的客座教授。2017年被聘为新疆“绿洲学者”。

赵国栋教授

他的主要研究方向是教学信息化和网络教学，包括数字化学习开发，微课、慕课设计与混合式教学，首创基于快课技术的“PPT云课堂教学法”。曾主持和参与多项联合国教科文组织（UNESCO）、联合国儿基会（UNICEF）、教育部和高教学会的研究课题。目前主持2016年度教育部人文社会科学重点研究基地重大项目“经济新常态下的教育扶贫与教育公平研究”。在研究成果上，他拥有国家知识产权局颁发的技术专利2项，出版学术专著4部，教材4本，英文专著1部，并发表中英文学术论文60余篇。

自2013年起，他发起并主持“微课、慕课和PPT云课堂教学法”培训项目，主旨是以信息技术来推动教师的职业发展，首创“六课三段”教学信息化模型，强调以快课为基础，利用微课、翻转课堂、慕课和云课堂等来提升教师的学术影响力和网络软实力。目前，该项目已在国内40多个城市、50余所高校和中小学成功举办了 200 余场学术讲座和实操培训，参训者人数超过 3 万余名，备受广大学科教师赞誉。该项目在方法和形式上有多项创新，集软硬件与设计于一体，将互动反馈、实操演练、自助式拍摄和案例体验设计引入教学技能培训中，现场参与感强、技术快捷易用，在我国教师发展领域产生了积极而深远的影响。

内容摘要

这是一本创造性地将幻灯片（PowerPoint）设计与“云课堂”（Cloud class）在线教学相互结合的综合性教学技能培训教材，也是国内率先明确提出“PPT云课堂教学法”的第一本集理论研究与教学实践于一体的教学技术专著。众所周知，PPT幻灯片演示教学法是当前学校广泛应用的一种教学模式，也是每一名新手教师登上讲台之前的必备技能。然而会用PPT不难，精通却不易，教学PPT设计，则尤为复杂，涉及平面设计、色彩理论、阅读与认知心理、音效动画和学科教学法等诸多因素。当前，教师要想使教学能吸引“网络一代”学生，借助互联网技术来进一步完善和升级PPT教学法，乃是大势所趋。

以提升教师PPT设计能力为基础，本书将向广大一线学科教师推荐一种国际流行的“快课”（Rapid E-learning Development）技术，这是一种专门针对教师的，以能快捷实现教学内容数字化和网络化而闻名遐迩的新型教学技术。与传统电教完全不同，以模板和套件为主，快课技术是一种专供学科教师自己动手来设计各种电子课件的快捷实用性技能，能让教师快速生成各种形式的微课、慕课等网络课件。本书将这种快课技术与教学PPT幻灯片设计、微课、慕课制作创造性地结合为一体，以普及性的笔记本电脑为基本工具，辅之以易学易用的快课软件，使每一名有志于教学改革的教师都能轻松地自主实现备课电子化和教学信息化。

内容上，本书由四个模块组成：导论、上篇、中篇和下篇。其中导论是本书的理论基础部分，包括“幻灯片演示教学法概述”和“从传统PPT到网络云课堂”（第1章）；上篇是PPT设计核心技能，内容翔实，实用易学，包括“制作PPT幻灯片前的准备工作”（第2章），“幻灯片对象的处理与美化”（第3章），“教学PPT中的富媒体运用”（第4章）；中篇是教学PPT设计技巧，包括“教学PPT的设计与制作”（第5章）和“与教学融为一体的PPT动画效果”（第6章）；下篇是本书的核心创新点——PPT云课堂教学法实操，为教师提供多种利用PPT创建微课、翻转课堂、慕课、私播课和云课堂的制作方法，体现出快课技术面向学科教师和易学易用之特色。它包括“利用Pn制作微课和慕课的设计案例”（第7章），“利用Cp设计微课和私播课”（第8章）。这一部分重点学习Adobe专为全球教师而开发的两个著名快课式软件：Adobe Presenter和Adobe Captivate。

整体而言，本书为各学科教师设计和运用PPT幻灯片演示教学法提供了一整套新颖而具有独创性的解决方案。一方面，内容涵盖从幻灯片制作的准备，幻灯片对象处理、富媒体运用，再到教学幻灯片配色、艺术处理、版面制作、动画及其课堂运用技巧；另一方面，又提供了多种基于PPT制作微课、慕课、私播课等云课堂教学的实用技术，帮助学科教师轻而易举地将传统的面授课堂教学延伸到基于互联网的云课堂，扩大了幻灯片演示教学的应用范围。整本书内容充实，既有扎实的理论基础，又包括众多实用而操作性的设计方法，简单实用且富于艺术设计色彩，将教学PPT的设计提升到一个新层次。

这本书是北京大学出版社的21世纪教师教育系列教材·专业养成系列教材之一，适用于新入职青年教师的教学技能培训，也可用于师范院校的教材和参考书。我们衷心希望，本书的出版能为广大职前和职后教师提供一整套简单易用、操作性强的教学PPT幻灯片和微课、翻转课堂、慕课和私播课的技术解决方案，让每一位教师都能以新技术带动教学技能提升，以互联网推动教学影响力扩展，最终实现教师职业发展空间的最大化延伸。

序　言

本书专门为用PPT幻灯片上课的教师而准备——如何设计令人眼前一亮的幻灯片，并懂得如何在教学中紧紧抓住学生的眼球，是本书之核心目标。无论在大学课堂里，还是中小学教室中，PPT演示法皆为最普及的教学法。对于许多教师而言，“备课”的核心内容就是设计和制作一个出彩的PPT幻灯片。某种意义上，PPT幻灯片设计能力已成为当今教师必备的职业技能——做得一手好幻灯片，如同写一手好粉笔字，是如今教师必不可少的“门面活儿”。

对于伴随着计算机和互联网成长起来的“90后”教师，设计PPT算不上一件难事儿，绝大多数人都驾轻就熟。然而，不少初出茅庐的教师在走上讲台后很快就意识到，用PowerPoint设计幻灯片时，虽说上手容易，但精通却不易；用幻灯片汇报是一回事儿，而用幻灯片设计教学并给学生讲课，则又是另一回事儿。换言之，用PowerPoint制作通用型演示幻灯片，与用演示幻灯片设计教学，无论在设计理念、制作流程，还是使用方法上，都存在着巨大差异——你会用PPT幻灯片来汇报，并不意味着你就会用PPT来讲好课。稍不留意，你的讲课就可能被学生视作“夺命PPT”。

何为夺命PPT？在国外教育界，形象地将那种设计水平低劣、形式缺乏创意而又在课上照本宣科的PPT幻灯片演示方式称为“夺命PPT”（Death by PowerPoint）：台上言者枯燥乏味，台下听众昏昏欲睡。实际上，无论在国内还是国外，这种令授课教师气愤但又尴尬的情景，早已在学校课堂里屡见不鲜，几成痼疾。

如何使自己的幻灯片远离夺命PPT？本书给出了一系列建议和具体方法。本书内容涵盖幻灯片制作入门、幻灯片制作实操和幻灯片课堂运用，为教师掌握教学PPT的设计、制作与使用方法提供了较系统的指引和训练。此外，“PPT云课堂教学法”也是本书首次提出的一个新教学模式，创建性地将微课、翻转课堂、慕课、私播课和云课堂等新兴教学概念串联在一起，并提供了一整套实操性的技术解决方案——Pn 云课堂和 Cp 云课堂，简单易学，适用于学科教师自主操作。

本书是北京大学教育学院微课技术实验室的研究成果之一。自 2013 年开始，在赵国栋教授主导下，实验室启动了一项针对提升教师专业技能的培训项目——“微课、翻转课堂与慕课培训项目”（TMFM）。以“国际信息研究学会”（IS4IS）中国分会的教育信息化专业委员会为学术支持平台，在北京大学继续教育学院、清华大学继续教育学院和师培联盟、高教国培等培训机构支持下，该项目在短短 5 年时间内，先后在国内 50 余所院校、43 个大中型城市组织了 200 余场学术讲座和实操培训活动，参训学员人数已接近 3 万余名，成为当前国内教师信息技能培训领域影响力最为广泛的项目之一。目前，TMFM 已逐步形成 6 个独创性的鲜明特色：服务于学科教师、快课技术引导、微课慕课私播课、软硬件实操演练、微视频拍摄体验和多形式案例设计。其中，PPT 设计与制作，一直被视为教师信息技能的基础，同时也是教师动手制作微课的入门技能。这本书就是过去 5 年培训经验的一个阶段性成果。

本书是团队合作成果：由赵国栋和赵兴祥担任主编（负责全书策划和技术方案设计，并负责撰写导论、第 1 章、第 7 章和第 8 章及全书统稿）。参与者包括 3 名博士生：赵兴祥（Ed.D 博士生，上海师范大学建工学院副教授，负责前期资料收集和整书的文稿修订工作），王辞晓（教育技术专业博士生，撰写第 2 章、第 3 章、第 5 章和第 6 章）和王晶心（教育技术专业博士生，撰写第 4 章并负责书中相关插图设计）。

赵国栋

2017 年 3 月 1 日于燕园

目　录

导论

幻灯片演示教学法概述

幻灯片演示教学法进入学校的课堂经历了相当长的发展历程，从玻璃幻灯片、赛璐璐幻灯片到透明胶片幻灯片，再到如今随处可见的电子幻灯片 PPT，前后总共走过了一个世纪历程，展示出这种教学法顽强而超长的生命力。某种意义上，幻灯片演示法在教学中使用的历史揭示了技术对教学法所产生的内在而深远的影响。

0.1 引言

向学生演示幻灯片授课的方式，即常说的"幻灯片演示法"（Slide Presentation），是一种当前学校中司空见惯的教学方法。不过一些教师或许不了解的是，在教育史上，这种教学方法不仅历史悠久，而且大名鼎鼎，曾被誉为工业化时代最具有代表性的教学技术之一。迄今为止，幻灯片演示教学法在学校中的使用历史实际已超过 100 余年，可谓经久不衰。

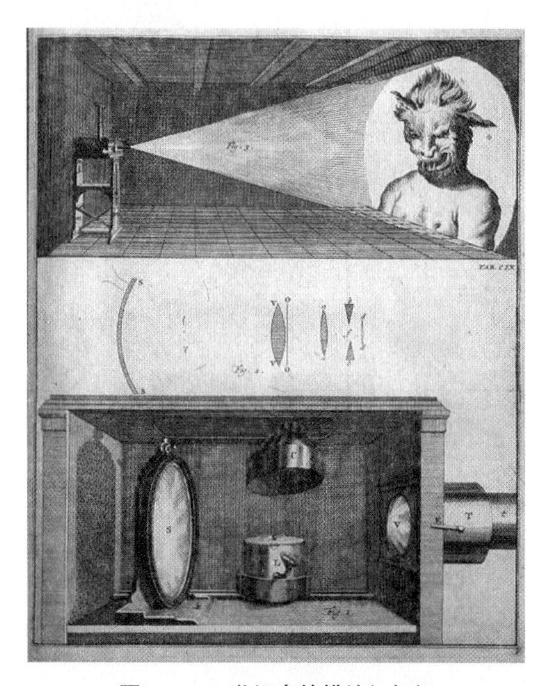

图 0-1　19 世纪末的蜡烛幻灯机

如此辉煌的一个教学法，若回顾其百年发展史就会发现，其历史演变与过去一百余年整个科技发展史密不可分，每一个发展阶段的微小变化都体现出新技术对学校教学法的显著影响：从 19 世纪末全手工制作的玻璃幻灯片，到 20 世纪工业化印刷的胶片幻灯片（图 0-1），20 世纪 50 年代基于复印技术的透明幻灯片，再到当前方便快捷的电子幻灯片。技术上的每一点滴进步，都推动着幻灯片演示法的相应进步与普及，成为促进教师的教学技能提升和课堂组织形式变革的重要推动力。

早在20世纪初期，作为西方教育史上著名“视觉教学”[①]运动的标志性成果之一，幻灯片演示法，实际上是一种在1910年起就伴随着灯笼幻灯机（Lantern slide projector，见图0-2）、实物幻灯机（Steeropticons）和电影放映机（Motion picture projector）进入课堂之后应运而生的教学方法。随后20世纪30年代的广播（Radio broadcasting）、录音（Sound recording)和有声电影（Sound motion pictures)等技术的出现，又将视觉教学运动推进到“视听教学”[②]阶段。在这个时期，由于幻灯片材质、制作工艺及放映设备、场所等因素的限制，幻灯片演示法在学校课堂的应用范围仍然较小，要想掌握和使用这种教学法，对教师的个人技能，如书写、绘画及色彩表现都有相当高的要求，因而普及率较低。不过到20世纪50年代之后，随着西方电子技术革命热潮的兴起，与幻灯片演示相关的技术和设备不断改进，幻灯片演示教学法逐渐进入快速发展时期。顶投式幻灯机（Overhead projector）、胶片幻灯片（Film slide）制作和复印技术的出现和不断完善，幻灯片演示教学法逐渐在西方发达国家教育领域得到普及应用。这一时期，出现了照相机胶卷式幻灯片制作技术、工业规格化幻灯片印刷技术和透明幻灯片的电子复印等新兴技术，同时幻灯片机设备及其播放方式也随之不断完善，出现了存储式幻灯片播放盘、电子控制和遥控式播放技术。这些相关技术的改善进一步降低了对教师使用这种教学法的技能要求，此时教师只需经过简单培训就能在教学中用幻灯片演示教学法，一定程度上推进了这种教学法的普及。

图0-2 20世纪初期的灯笼幻灯机

在随后30年时间里，幻灯片演示教学法在世界范围的学校中得到广泛采用，并逐步成为西方发达国家教师具备的基础教学技能，无论哪个学科的教师，掌握这个教学法已成为一种基本要求。发展到20世纪七八十年代之后，即使在当时类似

---

① 视觉教学（Visual Instruction）：1908年《视觉教育：教师幻灯片与照片操作指南》的出版和1910年美国第一部教学影片的发行，被认为是西方教育史中视觉教学运动的开端。Saettler, P. (1968). A history if instructional technology.New York: McGraw-Hill.

② 视听教学（Audiovisual instruction）：是指运用照片、图表、模型、标本、幻灯片、录音唱片、广播、电视、电影等视听手段进行教学活动，以及各种借助视听觉获得知识的教学活动。如参观、旅行、表演、展览、实验、实习等都属于视听教育范围。

中国这样的发展中国家学校中，幻灯片演示教学法同样也逐步在学校中普遍采用（图 0-3）。等到 20 世纪 90 年代之后，伴随个人计算机技术在学校中的不断普及，这种历史悠久的教学法很快又开始与个人计算机（PC）和当时新兴的液晶投影机（LCD Projector）技术相结合，进而实现了一次技术上的大飞跃——诞生了以计算机技术为制作平台的电子幻灯片（图 0-4）。1990 年微软发布的第一款 Windows 平台上的演示程序 PowerPoint，在随后不到 10 年时间内，几乎完全替代了传统透明胶片幻灯片，使幻灯片演示教学法步入了全新的信息技术时代。此后，这种教学法在学校中又一次焕发了新活力，重新占据了课堂，并因而有了一个新名称——PPT 演示教学法（PowerPointpresentationmethod）。

技术应服务于人，教学技术的服务对象首先是教师。在幻灯片演示教学法的发展历程中，技术本身的演变及使用方法的变化，对教师提出了不同程度的技能要求，推动着教师职业技能的变化与发展。20 世纪初幻灯片演示教学法发展初期，其在课堂中使用之初，对任何一名教师来说，无论在教学理念还是自身技能来说，都是一种重大的职业技能考验：因为当时要求教师必须具备多项个人技能之后方有可能驾驭这种新教学方法——自己要动手在玻璃片或赛璐璐胶片上书写文字或绘制图表，自己去操控当时那种结构笨重、庞大且使用方法复杂的幻灯片机，同时还要考虑到使用幻灯机时对教室亮度的苛刻要求，等等。某种程度上，在那个时代愿意率先在课堂中采用幻灯片演示教学法的教师，其所具备之远见卓识，与今天那些在教学中采用微课、翻转课堂、慕课等新教学法的教师，可相提并论，勇气可嘉。当时，这种改革勇气的一个最大回报，就是为教师带来了课堂教学组织形式的重大变化：与课堂沿用已久的粉笔黑板式演示法相比，幻灯片演示教学法为教师带来了显著的教学法优势：一是因黑板板书减少而节省出额外的教学时间；二是避免了因教师频繁转身板书所导致的间歇

图 0-3　光学幻灯机的广泛应用

图 0-4　电子幻灯片的出现

性交流中断问题等。

令人欣慰的是，在随后的时代里，伴随着幻灯技术自身的一项又一项的改善和进步，教师的使用难度也随之降低，为幻灯片演示教学法在学校领域的普及应用打下坚实基础，尤其是20世纪90年代之后计算机和电子幻灯片程序（以MS PowerPoint为代表）出现之后，这种教学法在课堂教学范围内的应用更是进入井喷阶段，主要原因在于它对教师使用技能的要求已下降到前所未有的程度——任何一名具备基础信息技能的教师都能轻松地动手制作PPT并在课堂中快捷使用。

然而物极必反，乐极生悲。正当教育技术专家为幻灯片演示法在教学中如此普及而拍手称赞之际，令人始料未及的新问题却接踵而来：幻灯片滥用（PPT abuse）——无论在教育还是其他行业，因使用者缺乏幻灯片设计能力而导致的幻灯片演示法的不恰当使用随处可见，并逐渐演变为一种令人头痛不已的普遍性行业痼疾。据称，目前全球至少有10亿PowerPoint用户，每一天约有3000万个PPT在演示，每一刻则有100万个PPT在播放。幻灯片演示不仅出现在各种商业会议室之中，也出现在学校课堂上教师的讲课和学生的读书报告里。伴随着PowerPoint在世界范围内各行业的流行，其流弊日益凸显，越来越多PPT设计令人闻而生倦，使听众感觉不知所云，对它的各种非议和争论也随之出现（图0-5）。具体在教育领域，PowerPoint一方面让教师的教学锦上添花，但同时也助长了教学中的照本宣科之风。在幻灯片演示法广为流行的背后，设计低劣的幻灯片和笨拙的演讲方式，不仅未能提升讲课效果，反而令学生昏昏欲睡。诚如所言，这不是在给听众讲演，这是在用糟糕的PPT“谋杀”听众。这种状况导致对于PowerPoint的讽刺不绝于耳：“PPT强迫症”（PowerPoint-itis），“PPT游侠”（PowerPoint Ranger），“幻灯片杂烩”（Slide Monkey），“夺命PPT”（Death by PowerPoint）等。

因此，近年来在教学领域，教育研究者也开始反思这种在课堂教学中被广泛应用的幻灯片演示法，并探讨教学用PowerPoint幻灯片与其他行业相比在设计和应用上的特殊之处。对于教师来说，究竟如何在教学中恰当而有效地运用PPT，以各种生动活泼的方式来激发学习者的思维活跃性，使之成为激发学习者思维并提升教学效果的途径，这是每一名教师都应认真琢磨和思考之事。实际上，单纯从技术角度来说，经过十多年发展，多数青年教师对于PowerPoint常用操作方法都已耳熟能详，技术和操

图0-5 教学中的幻灯片厌倦症

作因素已非当务之急。但是，对于如何从教学心理、教学设计、教学论和教学艺术等维度来看待幻灯片演示法，尤其是如何认识和理解PPT设计过程中所蕴含的技术、艺术与学术“三术合一”原则，以此为基础来设计和制作出具有自己独特学科教学特色或个人特征的PPT幻灯片，许多年轻教师则闻之不多，思之不深，很有必要认真思考和对待。这些方面对年轻教师的教学能力提升和职业发展都大有裨益。

从教学实践上看，不同学科所采用的教学方法各有千秋，PPT幻灯片的设计风格也差异很大，因而在教学应用中存在的问题也不同。概括地讲，目前教学PPT设计中存的主要问题可概括地划分为三个层面：设计理念、制作技术和教学应用。所存在的具体问题可以概括为几个方面：教材搬家、照本宣科、结构松散、形式单一、缺乏特色、运用不当、交互缺失。[①]

针对以上问题，在本书中，笔者旗帜鲜明地提出了一整套关于幻灯片演示教学法的整体技术方案，其涵盖从教学设计理念到具体制作技能，以及课堂运用技巧等多个方面（图0-6）。其中值得一提的是教学PPT幻灯片设计的“V-DSSM模型”[②]，这是一个用来指引青年教师掌握幻灯片演示法的一个基本思路——基于“视觉展示”（Visual Attractive）核心目标下需要遵循的四个基本原则：差异判别（Different judgement）、结构指引（Structure navigation）、简约表达（Simple express）和多重辅助（Multiple assistant）。

总结起来，笔者认为，目前幻灯片演示法之所以在广为流行的同时却又备受诟病，一个至关重要的原因，就是这种方法在操作和使用方法上的“误用”——绝大多数使用者都理所当然地认为，幻灯片演示法，就是用计算机演示程序制作一个PPT演示文档，连接投影机后按照幻灯片上展示内容来向受众演讲。换言之，当前这种普遍流行的幻灯片演示法使用方法，实际上正是导致课堂上及各行业盛行的数不胜数“夺命PPT”现象的终极原因——因为仅单独依靠PPT幻灯片，本身就无法组织和实施起一场成功的讲课。

针对这种教学PPT应用层面的弊端，在本书中，笔者明确提出了一个教学PPT运用策略——Rapid PPT微课教学法[③]和Rapid Cp慕课教学法[④]。换言之，在学校教学中，幻灯片演示教学法本身不能当作一种独立的教学法，而应该与其他教学手段、工具或方法相互结合在一起来使用。例如，PPT设计与其他辅助软件结合，如快课软件[⑤]iSpring、MicroSoft Mix、Adobpresenter或Captivate等，制作水平将

① 有关教学PPT误用的详细论述，请参阅本书导论第四节。

② 有关V-DSSM模型的详细内容，请参阅本书第1章1.1.2节。

③ 有关Rapid PPT微课教学法的详细内容，请参阅本书第7章。

④ 有关Rapid Cp慕课教学法的详细内容，请参阅本书第8章。

⑤ 快课技术（Rapid e-learning），请参阅本书第1章1.2.2节。

大有提升；在教学组织形式上，PPT 幻灯片与混合式教学、翻转课堂和慕课相互结合时，则相得益彰，弥显优势，可组合出诸多吸引人的教学方法。甚至教师自身也应被视作是幻灯片演示法的重要组成要素——他的语气、表情、体态、手势、走动姿势等，这些基本表演性技能要素，或称之为“教学艺术”，同样也深刻影响着幻灯片演示效果。

总之，与以往将幻灯片演示法视为一种独立教学法不同，本书所表达的一个核心理念，是强调将 PPT 幻灯片视为一种要与其他工具和方法组合起来方可有效应用的混合式教学法。根据学科之差异，教学形式之发展和教学情景之变化，PPT 可伴随着教学改革变化而呈现出丰富多彩的应用模式：微课、慕课、私播课等。正如 20 世纪 90 年代，传统胶片幻灯片因与计算机演示程序的出现而焕然一新。在进入 21 世纪之后，与其他新教学工具和方法的恰当结合，我们相信，PPT 演示法仍然会在教学中继续占有一席之地，并继续延伸其长久不衰之生命力。对于教师来说，学会设计 PPT 幻灯片和善于在教学中利用它，将是教学职业生涯的一个必不可少的核心技能。

图 0-6 教学幻灯片设计技巧

0.2 幻灯片演示教学法历史概述

基于幻灯片的演示教学法在学校中应用，最早可追溯到 20 世纪初美国的“视听教学运动”。在第二次世界中被广泛用于士兵军事技能训练的幻灯机（Slide projector）[①]，因应用效果卓著故在战后迅速在美国的学校中得到广泛应用。[②]此外，在技术上出现这种情况的另一个重要原因，是美国第一家幻灯机生产厂商 3M 公司于 1950 年发明了一种“热敏传真复印机”（Thermofax Machine）技术，利用这种设备，教师可方便地将课本的内容快速复制到透明幻灯片上，然后用于课堂教

① Olsen,J.R.,&Bass,V.B.(1982).The application of performance technology in the military:1960-1980.Performance and Instruction,21(6),32-36.

② 图 0-7 的图：左图“二战”中幻灯机被美国军队用于新兵训练（1945 年），下图和右图：热敏传真复印机的发明者 Roger Appledorm 展示复印幻灯片操作方法（1950 年）。资源来源：The Surprising History of the Overhead Projector,http://www.audiovisual-installations.com/surprising-history-overhead-projector-waybackwednesday/.

学。这种复印技术与幻灯片制作的相互结合，有效地降低了普通学科教师在教学中采用幻灯片演示法的难度，为这种教学法后续在美国及西方发达国家的普及奠定了基础（图 0-7）。

图 0-7　幻灯机技术在美国的应用与发展

到 20 世纪 60 年代之后，在美国学校的教室中，幻灯片机已成为一种与黑板同样普及的重要教学工具，被各学科的教师普遍采用。当时的研究表明，幻灯片演示法的显著优势在于，利用事先制作好的各种教学幻灯片，教师能够快捷地在课堂上呈现教学信息的同时，仍然能面向学生并保持与他们的目光交流和语言交流等教学行为。这对于保持整个课堂教学的连贯性和维持课堂纪律具有重要意义。

在 20 世纪 80 年代的美国学校中，幻灯片演示法在课堂中得到了广泛应用，并且伴随着个人计算机（如苹果机）的出现，一种新型的能与计算机连接并且播放电子幻灯片的新式幻灯机（液晶投影机）开始出现在教室。到 20 世纪 90 年代，各种光电子反射式幻灯片机及透明胶片式幻灯片在学校中的应用达到了顶峰（图 0-8），随后开始走下坡路，逐渐被带有计算机视频输出接口的 LED 投影机所替代。其后，随着微软 PowerPoint 演示程序的出现，幻灯片演示法进入电子幻灯片时代——PPT 逐步取代了透明胶片幻灯片成为主流的演示法载体。

谈到胶片幻灯片在教学中的应用，一位美国学者[①]在回忆 20 世纪 60 年代中学时代的受教育经历时说：“在当今这个开放年代，教育中已很少有什么不可提及的敏感话题，因为电视和互联网等这类无处不在的传播手段，使得学生很容易接触到各种新事物和新观点。然而在我们上学时，那个信息传播媒介制造成本高昂的年代里，信息多是以一种间接方式传播……幻灯片是我们那个时代里令人印象最深刻的思想传播工具——那是一个幻灯片的黄金时代。”

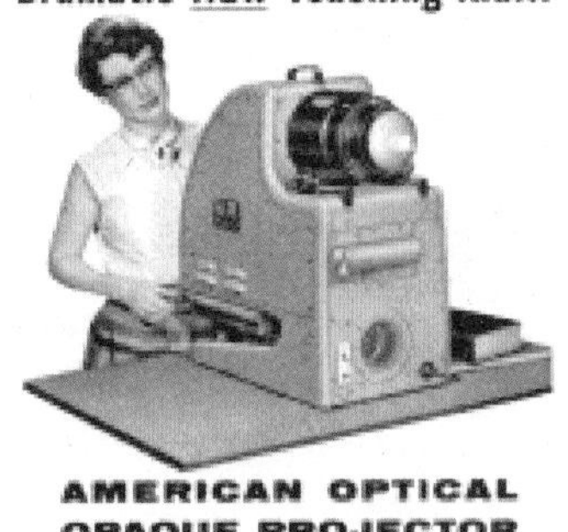

图 0-8　美国学校中使用的各种幻灯机

研究资料显示，在美国 20 世纪 60—70 年代的中小学校，胶片幻灯片（Film slide）已成为一种主要的教学信息宣传媒介，得到了广泛应用。有趣的是，除教师在教学中应用之外，各种社会团体机构同样也将幻灯片当作各种思想的重要传播工具。吉恩・盖博（Gene Gable）说：“在我们国家里，有些团体经常希望运用各种宣传工具去影响他人，试图掩盖或揭露某些社会现象的真相。在那个年代，印刷版书本的价格比较昂贵，因此各种思想的传播很少通过交换或赠送书籍方式来传播。在这种背景下，在学校里，胶片幻灯片就可算得上是一种成本较低的宣传新思潮新观点的工具和手段。”[②]在那时美国中小学校中，除教育管理部门之外，还有一些非政府机构也向学校提供了形式多样的教育类幻灯片，这就为教师在教学中使用幻灯片提供了技术基础（图 0-9，0-10）。虽然从现在视角来看，那个时代幻灯片所展示或宣传内容似乎缺乏新意，但是在那个社会多元化时代里，无论幻灯片展示的内容，还是设计理念和制作方法，或多或少地反映当时年轻一代的真实情况。

① Gene Gable,Heavy Metal Madness:Propaganda and Insight One Frame at a Time.Posted on:March 3,2005,http://creativepro.com/heavy-metal-madness-propaganda-and-insight-one-frame-at-a-time/#.

② 同上

图 0-9　幻灯片演示法在美国学校中应用情景

图 0-10　自动播放彩色幻灯片机

在课堂教学情景下，幻灯片本身是一种被动的传播媒介。换言之，即使没有教师的言语解说，幻灯片本身所表达的内容也会使学生比较清楚地获得信息——这是与教科书完全不同的一种教学信息传播方式。因此，幻灯片对于某些涉及敏感话题的展示效果，要比那些诲人不倦的教师更能胜任。确如吉恩·盖博所言，“由于由幻灯片来演示，师生之间都少了一点尴尬，也不用老师作太多的解释。幻灯影片成为性教育的一种重要途径。”他在文中举例说，在 1970 年沃伦斯切洛特公司出版的幻灯片就试图解释生物学中错综复杂的事情及年轻人的生活。相关资料显示，当时在美国中小学常用的教学幻灯片中，有大量有关历史、科学及学科的幻灯片，但最让人难以忘怀的，仍旧是那些有关社交技巧、道德价值观、宗教信仰、宽容及性等方面的这些教育幻灯片。在上课时讲到“生育、成长及发展：事实和情感”这类题目时，教师通常就会运用幻灯片解释在课本中绝对不会出现的某些内容，因为在当时的美国教科书委员会严格控制之下，根本不会把一点敏感的话题列入课本中。

美国学校 1965 年发行的教育幻灯片《如何与人相处》①（见图 0-11）。第一张

① 1958 年，家庭幻灯影片公司（Family Filmstrips, Inc.,）发行当时深受欢迎的幻灯片以教育调皮的年轻人怎么样和人相处得更好一些。

图 0-11 “如何与人相处”教育幻灯片

幻灯片解释了什么是青少年亚文化群体中“合群”与“不合群”现象。其所阐明的是一关于道德的古老话题：对个人及同伴来说，真诚待人是合群的唯一途径。可以看出，这些教学幻灯片在设计上采用了以图为主图文混排方式，文字在幻灯片中仅处于次要位置，主要是通过情景化的图片来展示幻灯片想要传播的核心内容。

当时美国学校中的另一个教育类幻灯片是关于语言的恰当使用（见图 0-12）。它清楚地告诉学生们，如果你用词不当、词不达意，那就有可能会失去同伴。这套幻灯片同样采用了类似设计方式：以图为主和文字为辅来向学生传达教学信息。

在教学技术中，幻灯片可说是介于书本和电影之间的一种教学内容表现形式。某种意义上，幻灯片也是一种有趣的艺术表现形式，要求教师在应用时应具备一定的艺术设计能力，这一点对于普通学科教师来说是一个相当大的挑战。实际上，幻灯片本身所具备线性的叙述特点使之很合适成为讲故事而不是用来上课的工具。可能正是这个原因，在教学情景下，很多幻灯片在设计上都倾向于以“寓言”故事形式来间接呈现教学内容，而非直接展示。这使得幻灯片的视觉元素看起显得有更有吸引力——一个动漫人物或动物图上，显然比纯文字信息更能吸引学生的目光。

图 0-12 “正确使用语言”教育幻灯片

通过以上关于幻灯片在学校情景下应用过程的回顾，了解早期学校中这种运用图像与文本相结合的教学类幻灯片设计思路和特点，对于我们认识和理解今日广泛流行的电子幻灯片设计——

PowerPoint 的正确使用方法，会有一定启示作用。目前幻灯片中的一个常见的误区，是很多人都把 PPT 幻灯片看作是印刷文档的代替品，而不是把它视作一种全新的媒介。我们认为，真正成功的幻灯片不应该有太多的文字，而应该是以图片、介绍及各种环境相结合而形成的综合性内容展示方法。吉恩・盖博[①]曾经一针见血地指出，“假如你设计的 PPT 幻灯片看似在读一本书，那是一种失败。假如你在使用 PPT 演讲时看起来像在照本宣科地读书，你所说的话已写在幻灯片上，那就是完全失败。”

0.3 幻灯片设计技能之演变

如果说 Window 操作系统改变了工作的做事方式，那么 PowerPoint 则变革了工作的演示和汇报形式。最初，PowerPoint 只是专门为商业用户开发的一个演示程序，1987 年，Forethought 公司为 Macintosh 开发的第一个版本 Presenter 上市，当时一位公司管理者曾对这个程序大加赞赏，“如果你想做一次工作汇报或产品演示，Presenter 是一个绝佳工具，你甚至会仅仅为了使用这个程序而去购买一台 Mac II 计算机。”[②]随后 1990 年伴随着 Window 3.0 同时发布的 PowerPoint 2.0，虽然在今天看来界面简陋，功能单一，操作方法也很复杂，但仍然在当时美国的各个行业获得了极大的成功。

为什么会这样呢？主要原因在于，PowerPoint 的出现大大降低了幻灯片演示法的技术成本和操作方法的难度。因为在 20 世纪 80 年代，演示程序 PowerPoint 出现之前，美国的商业领域从业人员已经开始经常使用幻灯片来展示或汇报各种工作计划（图 0-13），但在那个时代所用的演示幻灯片（slide），与今天所说的电子幻灯片完全不同。当时所用的幻灯片，准确地说，应该称为“幻灯片胶片”（Slide film），是一种利用赛璐珞（celluloid）[③]或摄影胶卷（Film）正

图 0-13　幻灯片普遍用于美国商业领域

① Gene Gable,Heavy Metal Madness:Propaganda and Insight One Frame at a Time.Posted on:March 3,2005,http://creativepro.com/heavy-metal-madness-propaganda-and-insight-one-frame-at-a-time/#.

② Pournelle,Jerry (January 1989). “To the Stars” .BYTE. p.109.

③ 赛璐珞，即硝化纤维塑料，人类发明的第一种合成塑料，在 19 世纪时是感光胶片的主要制造材料。

片[①]制成的透明状胶片。使用时的制作过程相当复杂：一种方式是需要由汇报者自己动手，在透明胶片上利用特殊颜料笔书写或绘制，主要用于制作文字或图表等内容；另一种方式是用照相机拍摄后再冲洗为正片，主要用于表现各种图像内容。等胶片内容完成之后，还需要将胶片一张张剪切后装入特定规格的纸质硬框中，以便装入各种类型的投影机中备用。当时的汇报演示通常分为两种：一种是手动播放，由演讲者手动更换每一张幻灯片；二是电动播放，将全部幻灯片装入一个带导轨的幻灯片输送盒中，通过电动机械装置实现推入和推出，进而完成幻灯片换片操作（图 0-14 至 0-17）。

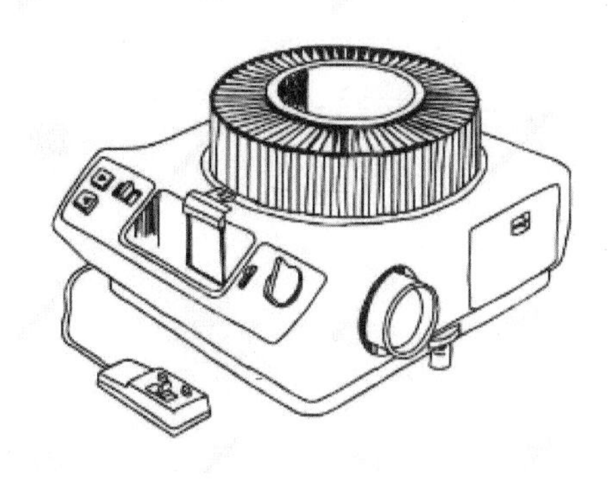

图 0-14　120 型自动播放幻灯机

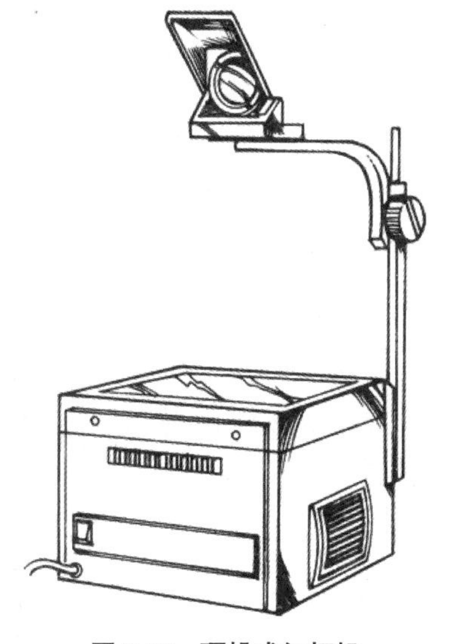

图 0-15　顶投式幻灯机

图 0-16　120 型胶片式幻灯片

不难想象，在那个时代，即使在科技发达的美国，要想用幻灯片演示方式来展示相关内容，对于普通用户也绝非易事：一是对使用者自身具备的技能有要求，他必须学会如何在难以书写的光滑质地透明胶片上写字或绘画；第二，他可能还得掌握一些摄像的基本技能，否则无法拍摄和制作图像幻灯片；第三，若使用的投影机是电动

图 0-17　135 型胶片式幻灯片

① 正片是用来印制照片、幻灯片和电影拷贝的感光胶片的总称，常见的规格有 135 型和 120 型两种，分为黑白和彩色两种类型。

型，他还得学会如何将绘制的胶卷底片一张张裁剪开并插入相关规格的幻灯片固定框中。而更为重要的是，在当时技术条件下，使用幻灯片演示，还对演示的场所环境有着相当高的要求，如房间的亮度、大小和设备等。

可以这样说，在那个使用胶片幻灯片的时代，即使在美国这样的发达国家，设计和举办一次幻灯片演示（Presentation），也仅是少部分具有专业技能和专业设备人士的工作方式。所以，在那个个人计算机尚未普及的时代，幻灯片的设计和制作是一种基于复杂技能和硬件技术的视觉沟通工具，甚至可称得上是一种专门的设计艺术，使用者需经过专业训练方可胜任。正如吉恩·盖博（Gene Gable）在批评当前滥用PowerPoint幻灯片现象时所说的那样，在他上学的那个时代，幻灯片设计是一种艺术，而非技术。

图 0-18　教学幻灯片“自然界寓言”

以前制作胶片幻灯片之前，总是需要先设计一个类似剧本的文字稿——就像拍摄电影的脚本那样。它通常会列出在幻灯片中需要提供的文字信息和内容结构。一旦文字确定之后，然后再添加相应的图片或照片。这样图片就为幻灯片添加了一种吸引人的视觉情节……这些胶片幻灯片，其实又是一个技术虽不先进但视觉效果却很出色的实例。实际上，以前这种基于卤化银等感光材料所做的教育幻灯片，使其更像是一种绘画或艺术形式。①

这个时期，幻灯片演示法虽然已进入课堂，但其应用局限性明显。即使在发达国家的学校中，教师也很少能够自己动手制作用于教学的幻灯片，而更多的是使用专业出版机构所设计的幻灯片，就如使用出版社发行的教科书一样。

20世纪50年代，美国一家名为Cathedral Films的制片机构曾专门为美国中小学教学发行过一套设计得很有特色的卡通系列幻灯片“自然界寓言”（Parables From Nature，见图0-18）。其中，有的幻灯片生动形象地描绘花鼠如何帮助一位老人回

① Gene Gable,Heavy Metal Madness:Propaganda and Insight One Frame at a Time.Posted on:March 3,2005,http://creativepro.com/heavy-metal-madness-propaganda-and-insight-one-frame-at-a-time/#.

家的故事，有的则通过动画来教导年轻人正确获得财富的各种方式。从幻灯片的表现形式上来看，几乎无一例外，这些幻灯片都有相当高的艺术设计水平，当时是由很多美国著名漫画家所创作，其中包括威廉汉纳所画的《老鼠奇遇记》等。显然要想让教师设计出如此水平的幻灯片是不可能的。

吉恩·盖博认为，在那个时代，幻灯片通常表现出的核心线索是个性化的绘画，它是吸引观众的主要因素。幻灯片中的旁白只是起到画龙点睛的作用，它使得这些精心设计的幻灯片不仅包含大纲式的文字内容，而且还能从视觉上进一步激发起观众的想法和讨论。换言之，幻灯片中大部分重要信息，都是通过图画和图形来表达的——幻灯片的文字只是一个中介要素，并不是真正要传达的信息。

在了解上述胶片幻灯片技术的发展史之后，我们就会理解，当时 PowerPoint 这种电子版幻灯片出现之后在商业领域所引起的巨大轰动效果——它不仅在相当程度上降低了用户使用幻灯片演示的技能水平的要求和技术成本，而且还简化了演示的准备工作量，进而为幻灯片演示（Slide Presentation）这种工作方式进入各个行业打下了良好的基础。无疑，只要设想一下当时各种演示工具的复杂性——绘画技能、手工排版的透明胶片、投影机，就能想象 PowerPoint 会多么受欢迎。与此同时也不难想象，吉恩·盖博所称的当年用手工来制作胶片幻灯片的方式，也就自然而然成为一种“失落的幻灯片艺术”。

此后随着个人电脑的普及，PowerPoint 也在同步快速普及，它的动画和多媒体等功能日趋完善，而操作和使用方法却日益简单，甚至实现自动化、傻瓜化。这些因素都在推动着演示形式在各个行业中的流行，大家都开始自己动手制作演示文稿。然而到今天，这种情况似乎又开始走向另一个极端，从原来“PPT 难用”发展到“PPT 滥用”（PowerPoint abuse）。

正如迈根·哈斯塔（Megan Hustad）[①]指出的，很少有软件像 PowerPoint 那样无处不在，却又如此饱受诟病。因为在讲演中不恰当的 PowerPoint 使用方式实际上扼杀了讨论和质疑。即使呈现同样内容，PPT 演示和口头报告比起来通常也缺乏分析，没有说服力。此外，它还耗费了大量人力和时间。人们似乎是在利用 PowerPoint 来避免和观众的交流。不管是否意识到这点，这似乎就是他们使用 PowerPoint 的目的。哈斯塔甚至还提出了一个有趣的假设：当求助于演示软件时，其实是因为演讲者潜意识里希望把观众对其本身的审查和评判，转移到幻灯片身上。换言之，PowerPoint 让人们不再关注演讲者，所以他基本上只需要与幻灯片打交道，而不用去理会台下的观众。类似地，观众也只用和幻灯片打交道，而不用理睬演示者。

---

① Megan Hustad,PowerPoint abuse:How to kick the habit,Updated:Jun 12,2012,http://fortune.com/2012/06/12/powerpoint-abuse-how-to-kick-the-habit/.

归纳起来，对于当前PPT滥用现象最严厉的批判，要算来自于耶鲁大学的学者爱德华·塔夫特(EdwardTufte)①。他指责说，PowerPoint这个演示软件，将形式提升到内容之上，充分暴露了商人将所有事情都转化为销售宣传的商业化价值取向。他甚至指责PowerPoint应该对2003年美国“哥伦比亚号”航天飞机失事也负有一定责任，因为一些至关重要的技术问题被掩盖在了乐观的幻灯片之下。

一个幻灯片演示程序，为何能激起如此巨大的争议呢？

0.4 PPT幻灯片之罪与罚

如果你是Windows用户，且对微软公司的发展史稍有了解的话，一定听说过著名的Windows 3.0。现在电脑上运行的无论Windows 7.0、8.0还是10.0，最初都源于它。

1990年5月22日，微软隆重宣布正式推出Windows 3.0操作系统（见图0-19），并在当年年底创下销售令人难以置信的100万套销售纪录。由于提供了对多媒体、网络等众多最先进技术的支持，当时被称之为软件技术的一场革命。这也是微软首次对Windows操作系统作出了重大的变革，为五年之后的Windows 95打下了技术基础。由于在界面、人性化、内存管理多方面的巨大改进，终于获得英语国家计算机用户的广泛认同。5个月之后微软公司随即发布了Windows 3.0的多个语种版本，其中就包括中文版，从此之后微软操作系统在中国逐步取代苹果电脑的MAC系统，为Windows在非英语母语国家的推广起到了重大作用。从此，微软公司的资本积累和技术研发就完全进入良性循环，为它日后成为全球范围内计算机界的巨无霸奠定了坚实技术基础。

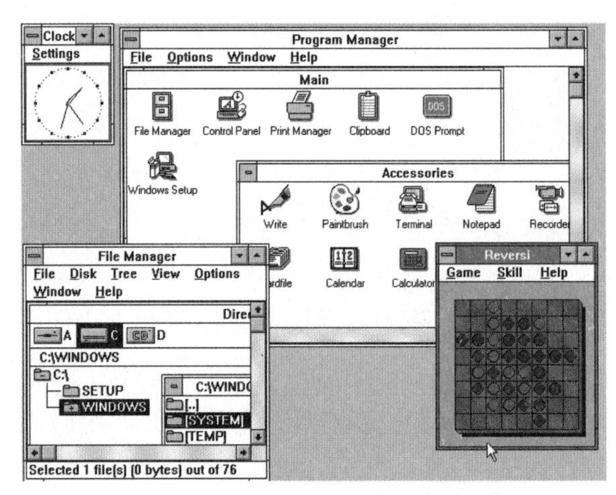

图0-19 微软Windows 3.0

同样是在1990年5月22日这一天，在发布Windows 3.0的同时，微软还发布了另外一款日后对全球范围学校教育产生了极其深远影响的演示程序——

① 爱德华•塔夫特（Edward Tufte）：曾任普林斯顿大学和耶鲁大学的信息统计学教授，信息设计的先驱者，其研究奠定了视觉化定量信息的基础。他出版的专著有：《视觉解释》（*Visual Explanations*），《构想信息》（*Envisioning Information*），《定量信息的视觉展示》（*The Visual Display of Quantitative Information*）和《数据分析的政治和政策》（*Data Analysis for Politics and Policy*）等。

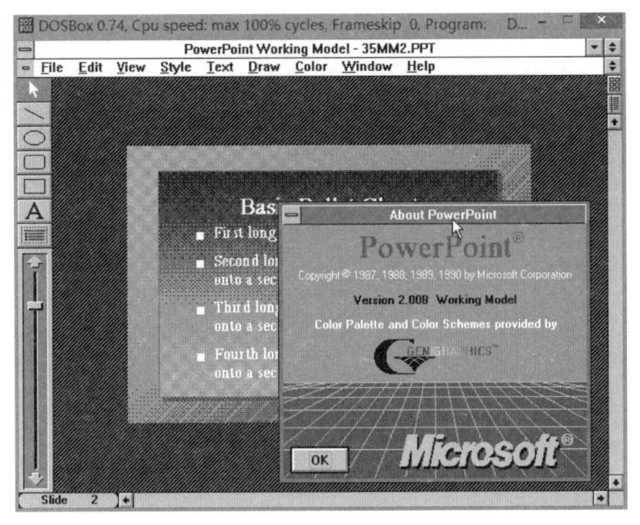

图 0-20 1990 年 5 月 22 日同步发行的 PowerPoint 2.0

PowerPoint 2.0[①]（见图 0-20）。尽管当时在 Windows 3.0 耀眼夺目光辉的笼罩下，PowerPoint 2.0 显得格外孱弱，默默无闻，看起来毫无发展前途，然而，在随后不长时间里，PowerPoint 同样也快速成长为当今世界上最著名的演示程序。[②]

据称，目前全球至少有 10 亿 PowerPoint 用户，每一天约有 3000 万个 PPT 在演示，每一刻则有 100 万个 PPT 在播放。伴随着 PowerPoint 在世界范围内各个行业的流行，对它的各种非议也随之出现，并广为流传。它不仅出现在会议室中，出现在大学教授的高深知识传授中，同样也出现在中小学生的读书报告中。但令人遗憾，许多 PPT 的设计都令人闻而生倦，使听众感觉不知所云。实际上，这不是在给听众讲演，这是在用糟糕 PPT 设计去“谋杀”听众（见图 0-21）。目前各种针对 PowerPoint 的讽刺不绝于耳，层出不穷，互联网上流传着各种令人啼笑皆非的 PowerPoint 双关语。

图 0-21 夺命幻灯片漫画

“权力可能会使人腐败，固定的权力则让你一塌糊涂（Power Corrupts. PowerPoint Corrupts Absolutely）；”演讲若没有 PPT，就既缺少力量也没有重点“（Without PowerPoint in lecture，then there is no power and no point）”。

---

① PowerPoint 最初并非微软公司自己开发的应用程序，而是源自于一个名为 Presenter 的 Macintosh 桌面演示程序，最早于 1987 年由 Forethought 公司的托马斯•鲁德金（Thomas Rudkin）和丹尼斯•奥斯丁（Dennis Austin）设计与开发。随后，该公司被微软收购，被改编为其图形商业软件包，命名为 PowerPoint，第一个版本号为 2.0，后来又被合并至微软的 Office 办公套件中。

② 演示程序（presentation program），技术上是指一种制作在幻灯片中展示各类信息的计算机软件包，其通常具有三个基本特征：插入和编辑文本，插入和处理图形与图片，以幻灯片展示各种内容。这种演示程序，通常被用来协助讲演者表达其想法，并使受众在视觉上同步获得各种辅助性信息的工具。有各种不同类型的演示，如商业类（与工作相关）、教育类、娱乐类和通用交流类等。

在美国英语中，甚至还出现了各种与PowerPoint相关的网络用语，典型代表有："PPT控"（PowerPoint-it is）[①]，"PPT游侠"（PowerPoint Ranger）[②]，"幻灯片杂烩"（Slide Monkey）[③]，"夺命PPT"（PowerPoint by Death）[④]。

图0-22 夺命PPT漫画

如图0-22所示，这个漫画夸张而形象地展示了什么是"夺命PPT"（PowerPoint by Death）。在画面中，一位警察正忙着用标有"犯罪现场不许进入"字样的隔离条将整个会场圈起来，场地中央的会议桌上，用白粉笔标记出多位"受害者"临终时的身体动作状态——无一例外都趴在桌子上作昏睡状。在桌前的笔记本电脑前，一位侦探则手持记录本，皱着眉头无奈地看着投影幕布上显示密密麻麻的文字，上面通篇布满"无聊乏味"字样。同时，另一位警察则正动手逮捕一名犯罪嫌疑人——他就是会议的演讲者，显然，正是他的无聊透顶的PPT讲演导致了这场悲剧的发生。

"夺命PPT"这个概念，最初是由安吉拉·咖伯（Angela R.Garber）[⑤]提出。在这篇文章中，他说"当微软的Windows系统崩溃时，屏幕上会自动弹出一个被称之为"夺命蓝屏"的提示，但实际上在会场上，我们也会经常遇到另一种形式的"夺命PPT"……那就是讲演人在投影机上一页页翻动令人厌烦透顶的PowerPoint幻灯片"。此后，夺命PPT这个术语，就被广泛用于形容那种用无聊乏

---

① "PPT控"（PowerPoint-itis），网络用语，泛指那些必须依靠PowerPoint才能表达自己想法的人，一旦离开PowerPoint就觉得无安全感，甚至觉得无法正常表达自己的想法。引自https://marketoonist.com/2016/11/powerpoint-itis.html.

② PowerPoint Ranger：网络用语，泛指那些整天待在办公桌前盯着计算机屏幕制作PPT，且过分依赖和喜欢用PPT来做演示和总结的人，常用于贬义。有时专指那些在军队或警察群体中的喜欢咬文嚼字或夸夸其谈的文职官僚。https://www.waywordradio.org/powerpoint_ranger_1/

③ 幻灯片杂烩（Slide Monkey），网络用语，通常贬义，泛指那些将各种材料胡乱凑在一起做成一个PowerPoint文档的人，有时也指那些过分注重幻灯片的形式和动画但同时却忽略了实质性内容的人。http://www.urbandictionary.com/define.php?term=Slide%20Monkey.

④ PowerPoint by Death：网络用语，最初是由安吉拉•咖伯（Angela R. Garber）提出，后被广泛用于形容那种用无聊乏味而令人昏昏欲睡的PowerPoint讲演设计方式。

⑤ Angela R.Garber,Death By Powerpoint,Posted April 01,2001,http://www.smallbusinesscomputing.com/biztools/article.php/684871/Death-By-Powerpoint.htm(Online).

味而令人昏昏欲睡的 PowerPoint 讲演设计。

当然，PPT 演示并不会真的杀死任何人，但它确实能扼杀很多有新意的想法，使受众在各种形式上丰富多彩但实则无用幻灯片演示中一无所获，白白浪费宝贵的时间。在使用 PPT 演讲时，许多主讲人缺乏创新设计，只是对着幻灯片上的文字来照本宣科，所讲的内容使人厌倦乏味、无聊透顶，令听众昏昏欲睡。在现代演说术训练中，这种讲演方式就被称之为“夺命 PPT”（见图 0-23），即一种令听众感觉厌烦得要死的 PowerPoint 演讲方式。尽管“夺命 PPT”这个词儿听起来有些夸张，但实际上，作为一个用来专门描述那种令人厌倦而无聊讲演场景的术语，这个概念使用得既生动又形象，一针见血。无法吸引听众的注意力，这种讲演就会变得毫无意义，浪费听众的时间和生命。

图 0-23　一幅描绘“夺命 PPT”的漫画

另外一个概念“PPT 控”（PowerPoint-it is，见图 0-24），表现的则是关于 PowerPoint 的另一种典型错误用法，这种计算机演示程序不仅从行为上，而且从思想上，都使人们的相互交流变得僵化和无趣，生硬古板。正如漫画家汤姆 · 费舍博（Tom Tishburne）所说的：“实际上，PPT 演讲在阻碍交流，表面上看，PPT 似乎使汇报者感觉很安全，以为自己已经将想说的内容都清晰地表达出来，但实际上并未做到……只有当人们有能力思考和反馈时，他们才能达到最佳状态。当然，这不能怪罪 PowerPoint，而是因为我们自己已经习惯于用一种僵化的演示程序来表态和交流想法。”

哈佛大学的教授爱德华 · 塔夫特（Edward Tufte，见图 0-25），可谓是

图 0-24　一幅描绘“PPT 控”的漫画[①]

图 0-25　哈佛大学教授爱德华 • 塔夫特（Edward Tufte）

① Tom Tishburne,powerpoint-itis,NOVEMBER 20,2016.https://marketoonist.com/2016/11/powerpoint-itis.html.

PowerPoint 的铁杆反对者，他专门出版了一本书，名为《PPT 的认知风格》(*The Cognitive Style of PowerPoint*)[①]。在这本书中，塔夫特宣称，在使用任何一种展示技术时，一个重要前提是绝对不能妨碍或扰乱演讲的内容，内容永远重于形式，而不是相反。他的研究结果发现，对于 PowerPoint 用户来说，只有 10% ～ 20% 的人使用了 PowerPoint 之后，或许改进了其演示表述效果——原因很简单，这些人本身就不太善于组织演示内容，故而使用 PowerPoint 之后，会迫使他们去组织自己所表达的观点。但是对于其他 80% 的用户，则适得其反，反而助推了他们思想上的偷懒程度。塔夫特强调指出，即使对于大多数严肃而认真的演讲者，尤其是那些从事商务或政府工作者，都有可能在演讲中存在类似问题（图 0-26）。所以，塔夫特认为，现在人们已陷入一种机械化演讲模式状态，经常忽略演示内容的价值和听众的反应。究其原因，在于 PowerPoint 的出现使得演示变得如此简单，以至于逐步演变成为一种适合官僚主义的工作模式。

图 0-26　一幅描绘“夺命 PPT”的漫画

塔夫特很生动地说，假如有一个公司生产出一种据称可以让人美丽的药物，但服用之后，不仅无药效反而有无数严重副作用，导致人们变得更加愚笨，进而损害了交流和沟通效果，甚至把人们变成粗鲁的人，浪费大家的时间，那么，我们应该如何对待这种药呢？按照他的说法，这种药物就是微软公司发行的号称可以增强演示效果的 PowerPoint。如今的会议如果不用 PowerPoint，仿佛是到了英国不讲英语一样。可是很多时候，PowerPoint 是个无用之物。塔夫特建议，微软应该将这个软件在全球范围内召回（见图 0-27）。

塔夫特提出上述观点的主要依据，就在于他认为 PowerPoint 软件的使用束缚了演示者的思维，它使人进入一种所谓的“点句符式”（bullet point）[②]思维状态，第一

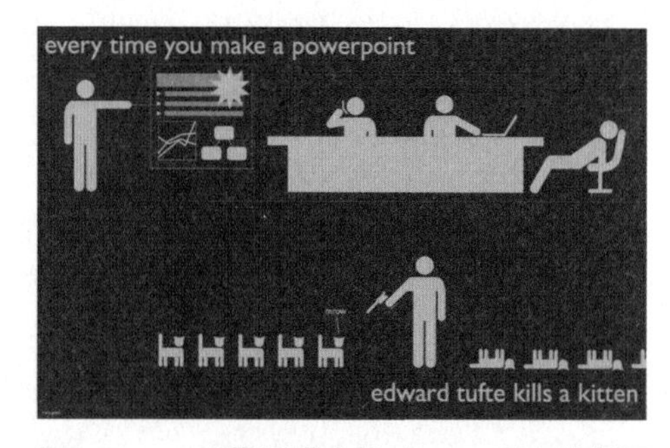

图 0-27　一幅描述塔夫特对 PPT 观点的漫画

---

① 引用网址：https://www.edwardtufte.com/tufte/ebooks.

② Bullet point：英文原意是指 PowerPoint 幻灯片版面中的各种形式的圆形、正方形和菱形等形式的点句符，即项目符号。此处是由于 PPT 版面中广泛采用的这种符号使得演讲者的文字表达过于简单，词不达意，忽略了表达时的许多重要信息。

点、第二点、第三点，只有要点却无实质性的内容，严重地削弱了问题思考的复杂性。PowerPoint 冲击了思维的严谨性，在 PPT 模板和向导的帮助下，很多演讲者成了思想上的懒汉。把自己有限的思维完全托付给 PowerPoint 的内容向导（content wizard）。但是，这个向导所提供的指导原则实际上都是粗线条的，根本无法替代缜密的思维。

塔夫特甚至还言之凿凿地断言，哥伦比亚号航天飞机失事就与 PowerPoint 滥用直接相关。① 因为在正式发射之前，美国航空航天局也在用 PowerPoint 演示发射准备情况，当时技术员把航天飞机的设计情况汇报给中层管理者，后者又用幻灯片再呈报给更高的决策者，结果技术系统的复杂性在一层层简化的过程中全部丧失，掩盖了所存在的致命技术故障，导致最高决策者看到的只有几条被过分浓缩的简单总结，同意启动发射程序。最终导致哥伦比亚号发射升天后失事，机毁人亡，酿成美国航天史上最大的一次发射事故（图 0-28）。

"Run! Franklin's about to bomb again!"

图 0-28　令人恐惧的“夺命 PPT”

当然，塔夫特教授对 PPT 的批判生动而有趣，给人诸多启示，发人深省。不过，他的指责同时也可能显得有些强人所难，或者说，选错了打击对象。毕竟，PowerPoint 只是一个计算机演示程序而已，决定它的使用方法和演示效果的是讲演者，而不是这个演讲工具。实际上，在这个信息技术发达时代，塔夫特教授自己也不得不承认，自己讲课时也会不可避免地用到 PowerPoint。

对于上述观点，迈根·哈斯塔（Megan Hustad）②认为，塔夫特所说的限制或禁止使用演示软件，或许是一个解决方法，但并非关键之处。他认为问题不在于 PowerPoint 本身，甚至不在于演讲者事先花了多少时间准备幻灯片，而是使用 PowerPoint 的方式。做演示时最困难之处，就在于直视观众，与之交流和互动，使观众无论在行为上还是思想上都与演讲者连接为一体，从而实现信息的流畅有效传播。但是，目前流行的演示软件使用方式，恰恰使主讲者无法做到这一点。人们喜欢使用 PowerPoint 的原因，因为这是最好的、目前最被社会所接受的辅助工具，

---

① 爱德华•塔夫特关于哥伦比亚号航天飞机失事就与 PowerPoint 滥用相关的详细论述见他的个人主页：https://www.edwardtufte.com/bboard/q-and-a-fetch-msg?msg_id=0001yB&topic_id=1

② Megan Hustad,PowerPoint abuse:How to kick the habit,Updated:Jun 12,2012,http://fortune.com/2012/06/12/powerpoint-abuse-how-to-kick-the-habit/.

它能帮助主讲者有效地掩盖自身的诸多缺点；至于能否加强受众的理解，并非是首要考虑要素。哈斯塔指出，同伴压力以及由来已久的对公众演讲的恐惧，常常会支配人们的行为。若缺乏某些形式化技术工具的帮助，几乎没人愿意做一场信息量大但缺乏说服力的冗长演示。但是，若演讲者所表达的内容繁杂凌乱，那么任何功能强大的演示软件都无法使演示过程变得有条不紊。从这个角度来说，软件开发者的责任，是为用户提供多种工具上的帮助和选项。至于演示本身的说服力，则更多是一个社会问题，而不是软件开发者的工作。

图 0-29　夺命 PPT 削弱人的创造力

所以，哈斯塔认为，无论哪一种演示程序，无论 PowerPoint 还是 Prezi，本身都无法直接提升演讲的说服力度。若排除这个因素，当演讲者选择了某种恰当的演示程序后，通过采用图片来调节气氛，或用更精致的数据可视化工具来替代传统的柱状图，这些方法确实会让受众在一定程度上更喜欢演示，并更充分地了解内容，记得更牢。

实际上，上述提到的 PPT 问题普遍存在于各个行业之中。作为当前 PPT 最大的用户群体来说，教师又应该如何应对这种幻灯片演示法所面临的困境呢？

第 1 章　从传统 PPT 到网络云课堂

对于在教学中使用 PowerPoint，爱德华·塔夫特教授曾专门做过论述。他的基本观点概括起来是，对于教学中涉及复杂主题的陈述，若内容太长则不适合用 PPT 展示；若没有很多真实陈述，则适合用 PPT。换言之，不应该用 PPT 这种以简略演示为特征的工具来表达复杂而重要的原理和事实，否则就会造成学生在认知理解方面的困难。对于那些使用 PPT 来授课的教师来说，这又意味着什么呢？很有可能，那些在课堂上一页页翻动的 PPT 讲义，不但没有激发学生的思维想象力，反而在无形之中抑制和扼杀了学生的创造力（图 1-1）。

图 1-1　一幅描绘课堂上 PPT 教授的漫画

实际上，塔夫特并非主张完全禁止在演讲中使用 PPT，而是主张适度采用，强调与其他工具结合使用。在一次访谈中，他曾经提出一种“纸张和技术相综合是最好的解决方案”的说法。他认为，理想的演示应该是：先用 PPT 幻灯片做简单介绍，然后给在场的听众每人一份打印好的纸张，其中包含了相当于 200 到 250 个 PPT 幻灯片的内容。这样听众可按自己的速度来阅读这些东西，同时这些纸也成为可以保存的文件，复印或给其他人看。

尽管其论点不乏偏激之处，这位哈佛大学教授对于 PPT 使用方法的观点给我们一个重要启示——若想在教学中充分发挥幻灯片演示法之效能，仅靠 PPT 一己之力无法做到，必须以混合式教学设计的思路才有可能兼顾和满足技术、工具与学习者诸方面的需求。若想实现这个目标，以 PPT 演示法为基础，吸收最新技术成果，整合多种技术手段，兼容多种教学方法，方有可能使幻灯片演示教学法重唤新春。

1.1 PPT幻灯片设计理论基础

在教学中，许多教师都经常下意识地认为，PPT幻灯片的设计，是一种与以往备课写教案同一性质的活动，因而经常将PPT幻灯片设计视为一种在教案本上设计教学活动的过程。这种认识不但有很大的偏差，而且具有很强的误导性，极易将教师的PPT设计引向歧路。本质上，幻灯片的设计是一种教学信息的重新加工和图形化表现的过程，而不是授课讲稿的撰写。简言之，PPT幻灯片的设计，是一种图形化设计和生成的过程，而绝非文字书写——图形是幻灯片的核心表现形式，这一点正是PPT设计的基本出发点。

1.1.1 图形与信息设计理论

作为一名统计图表学（statistical graphics）研究者，关于图形化表现形式的设计方法，爱德华·塔夫特曾提出一个“分析设计的基本原则”[①]，这对于幻灯片的设计具有极其重要的借鉴价值，因为本质上说，PPT幻灯片是一种优势在于能以图形化内容来表现教学信息的电子媒介。塔夫特提出，图形化表现的目标有6个：呈现数据，展示真相，帮助受众去理解信息而非设计，鼓励从视觉上进行数据比较，使大量数据相互关联。[②]他认为在设计图形时应着重考虑以下几方面的因素。

- **确定分析的对照物**：与什么做比较？
- **明确因果关系**：为什么要分析？
- **明确可能的变化因素**：这个世界是多元的。
- **整合各种现象**：把文字、数字、图像和图表整合在一起呈现出来。
- **现象的描述文本**：记录标题、对象、数据、测量比例，并指出相关问题。

---

① Edward R.Tufte（2001）.The Visual Display of Quantitative Information.Cheshire，CT：Graphics Press.

② Edward R.Tufte.The Visual Display of Quantitative Information.http：//classes.ninabellisio.com/GD3371/tufte.pdf.

- **实质性内容：**分析结果最终依赖于其内容的质量、实用性和完整性。

这个设计原则与PPT设计有着密切联系。爱德华·塔夫特指出，在设计表达内容时，首先应充分意识到表达方式上容易犯的错误，如“图表垃圾”（ChartJunk）①，“数据笔墨比率”（Data-Ink Ratio，见图1-1-1）②等。同时，他强调采用“走势图”（Sparkline）③和“小组多图表”（Small Multiple）④。以此为基础，他强调在具体设计和制作时应注意以下事项。

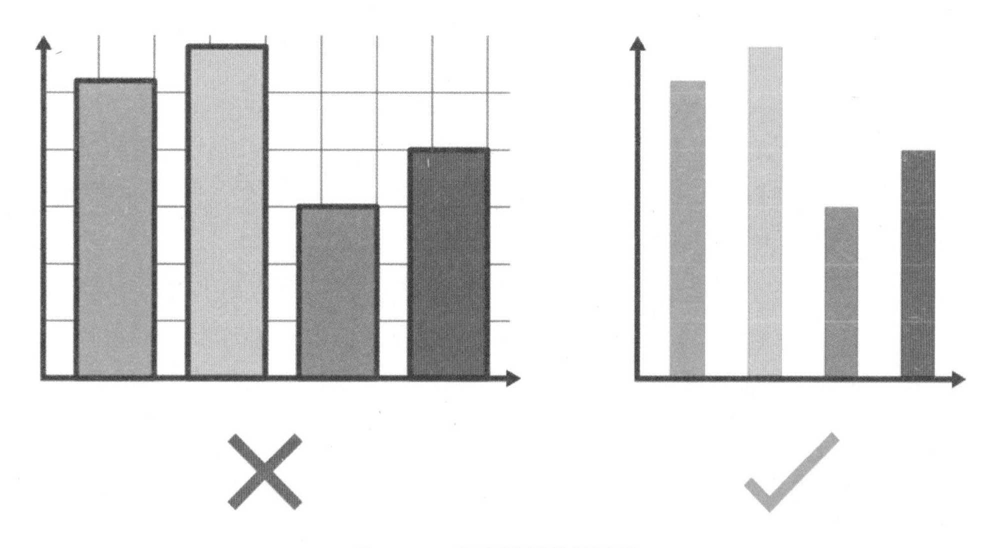

图1-1-1　图表数据笔墨比率

- 善于利用多种图形和各类图示形式去表达，尽量避免冗长文字描述和数据堆积。
- 切勿过度修饰图表而导致扭曲图表信息，这可能增加图表阅读的难度且干扰图表所表达的内容。
- 所使用的数字应能激发受众的思考。若所呈现的文字或图像题不达意，那么无论用何种动画来展示都无济于事。
- 使用小组多图形表达效果要优于整体的综合式表达。不建议使用

① 意指无效、无用的图表。切勿将时间和精力耗费在没有意义的图形表达上。

② 一个浓墨重彩的图表绝非好的图表表达，只留下需要的，其他的统统去掉。

③ 画在一个表格单元的图表，表达信息简单直白，一个图表仅为少量数据的图示化，只需一句话即可概括和归纳的图表。

④ 也就是一组小图表，每个数列一组，并且使用相同的轴。

一个大而全的图表来表达全部信息，易导致信息过载。

本质上，幻灯片的设计工作，类似一种信息的可视化[①]或信息的图形化[②]转变过程。正如备课的主要任务是一种将教科书上书面语表达的抽象而晦涩的知识内容以学生更容易理解和更生动的形式表达出来一样，教师应该将 PPT 幻灯片的设计视为一种在电子技术环境下利用计算机演示程序来实现各学科教学内容的可视化和图形化的过程。在设计和制作教学幻灯片时，其核心目标在于提升教学知识的信息可理解性、视觉可吸引性和形式多媒体性。当然，PPT 幻灯片的使用同样也会有助于教师讲课过程的便利性，但这只是一个辅助性目标，不能喧宾夺主，其主要服务对象仍然是受众和学生，设计时必须以受众为首要目标。

确定上述原则之后，教师还需要进一步认识到，从教科书式的内容向 PPT 幻灯片的信息可视化或图形化方式转化可划分为两个类型或层次，自己所授学科的内容究竟适合以哪一种方式进行转化。

第一种转化属于可见的设计，是为了将教学内容信息以各种优美或吸引人的形式表达出来，侧重设计和美学。如图 1-1-2 所示，其目标在于将知识和信息以最优化的形式展示（presenting）给受众。

第二种转化属于内在不可见的设计，目的是为了让信息更容易被受众所理解，侧重目的和内在体验，以激发受众情感和认知上的共鸣。它所做的是以讲故事（storytelling）的形式来表达教学内容。

举例来说[③]，第一种可视化所追求的目标，是将信息以优美的形式表现出来。如图 1-1-3 所示，这是一幅英国 BBC 绘制的关于地球上不可持续资源的寿命图。表面上，BBC 这张图在视觉上无可挑剔，很优雅也很美观。图上某根线的长度显示越短，表示其对应的资源消耗得越快。在设计时，图中采用了诸多元素和相关标志，同时还使用了渐变色。但普通受众阅读这个图时，对其所表达的信息的精确理解，可能还是存在一定困难。首先从视觉上说，圆形的柱状图不便于人们作

---

① 信息可视化（Information visualization，简称 infovis）：是一种对内容和数据进行交互式的可视化表示以增强人类感知效果的转化过程。数据通常包括数值和非数值数据，如文本和地理信息。通常可视化是指用程序生成的图形图像，这个程序可以被应用到很多不同的数据上。

② 信息图（infographics）：是指根据某一特定数据而定制的图形或图像，通常是由设计者手工定制的，只能适用于这种特定的数据中。信息图是具体化的、自解释性的和独立的，并没有任何一个可视化程序能基于任一数据生成这样具体化图片并在上面标注各种解释性文字。

③ Shuo Yang，两种不同的信息可视化，August 15th，2012，http：//blog.shuoyangdesign.com/？ p=564.

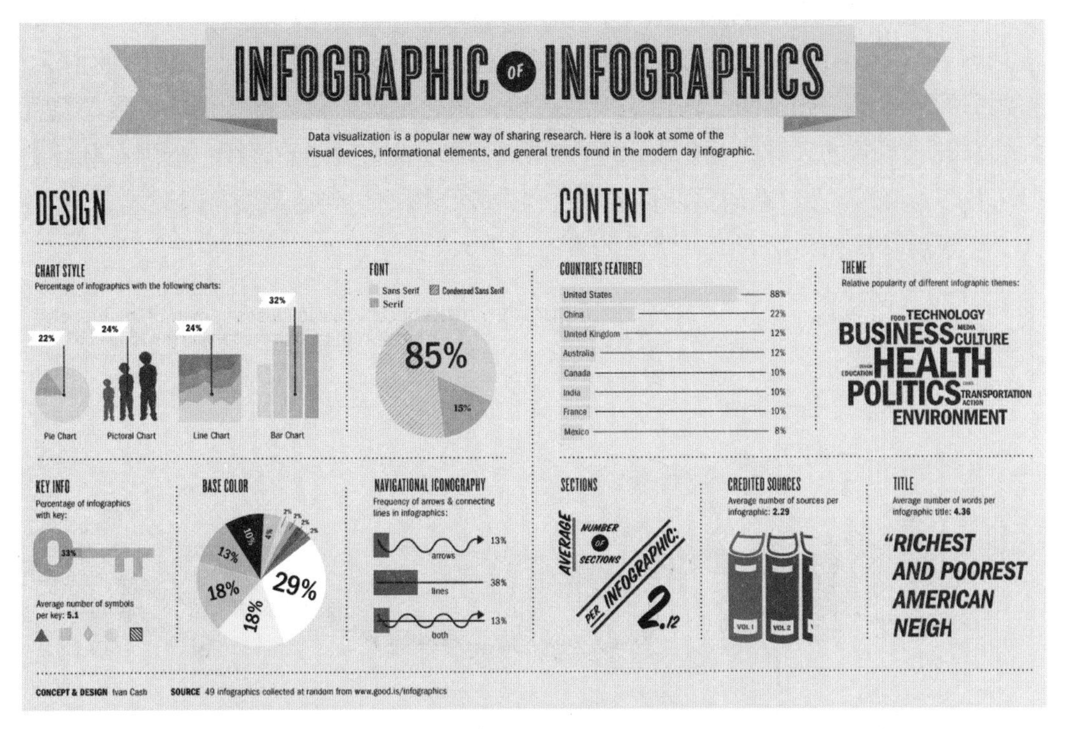

图 1-1-2　信息图（infographics）样式示例

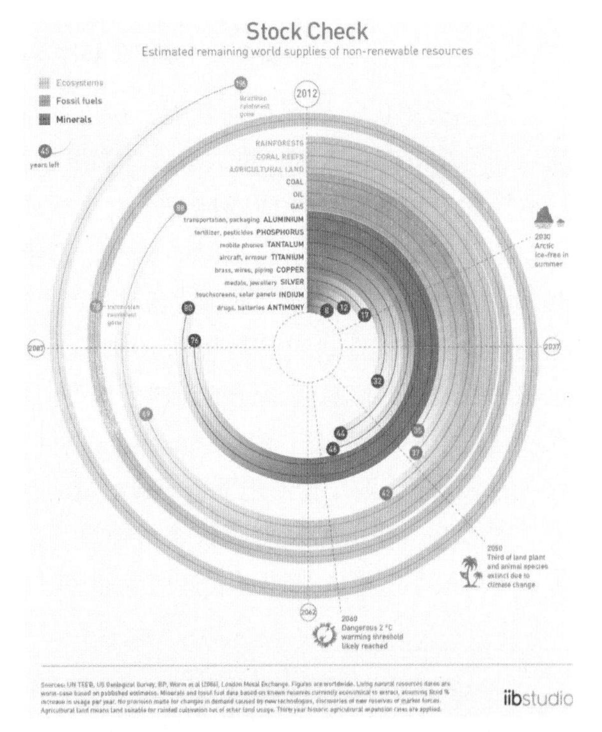

图 1- 1-3　BBC 绘制的地球资源存量信息图

比较，读者的眼睛要从中间文字开始，跟随那条线画一个圈之后才能知道这条线有多长，以及对应的数字是多少。同样，时间信息在圆形上表示并非最优化选择，因它容易带来误解。此外，图中所表现的颜色渐变，实际上并没有任何实际意义，只是一种美学设计而已。整体来说，这幅图缺少做比较对象的信息，没有解释因果关系的信息，并且也缺少多个变量。尽管这样的信息描述在形式上是美观的，但却很难让受众真正理解其所欲传达的意图。

而第二种可视化转化的典型案例，是法国工程师查尔斯·约瑟夫·密纳德（Charles Joseph Minard）[①]于1861年绘制的关于拿破仑入侵俄罗斯的信息图（见图1-1-4）。这张图描绘的是拿破仑在1812到1813年进攻俄国的情况。整幅图的背景是一张地图，西边是波兰边境，东边是莫斯科。图中那条主线的宽度代表拿破仑军队的人数，黄色表示进攻路线，黑色表示撤退的路线：法国军队开始时总数多达42万人，在向莫斯科进军过程中死伤惨重，到达莫斯科时只剩下10万人，而最后从莫斯科活着返回法国的只有1万人。

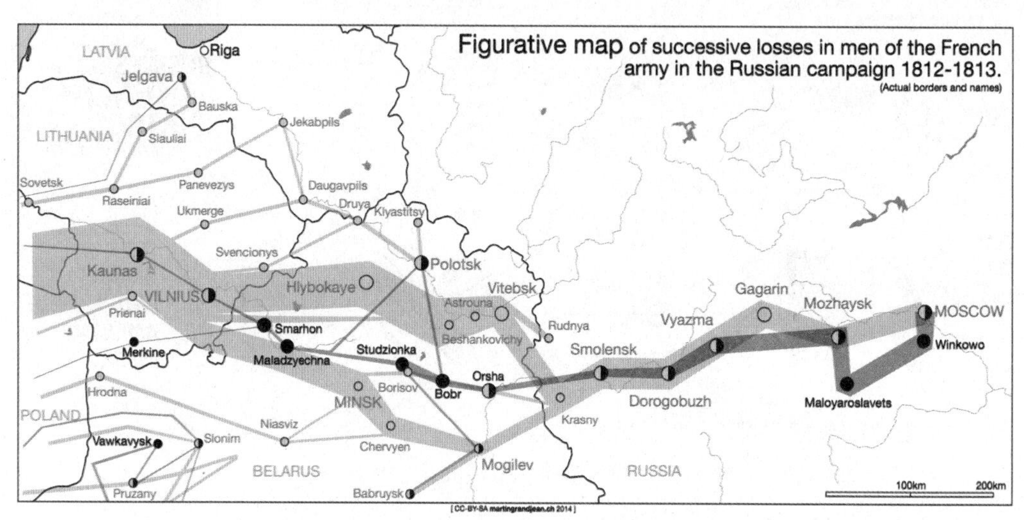

图1-1-4 拿破仑1812年入侵俄罗斯信息图

这幅图的优势表现在何处呢？在这一幅图中，整个历史事件的各种要素，如地点、行军方向、人数、重大事件、温度都被清晰地描绘其中，一目了然。在观看这张图时，读者除了能清晰地辨认出主线的宽度之外，还得获得更多的信息。例如，图下的折线图显示出当时的温度，其中最高点是零度，最低则达到零下摄氏30度；同时，表示法国军队撤退的黑线周围标注了月份。读者可以看出，当拿破仑的军队打到莫斯科时已是将近10月，等到完全撤离俄国则是12月份。实际上，这幅图所表达的信息甚至详细到这种程度：如果读者仔细观察，就会发现法国军队在撤退过程中曾路过一条叫Studienska的河，过河之后军队人数骤减。在天气极度寒冷的情况下，败军惊慌之下仓促蹚水过河，这条寒冷河水导致大量法军士兵冻死。

爱德华·塔夫特高度评价密纳德设计的这幅拿破仑东征图，认为它真正体现了以“讲故事”形式来图形表达信息的核心目标，清晰地表达了注重“体验”的设

① Charles Joseph Minard是法国的一名建筑工程师，也是一位制图大师，被认为是信息图形领域的创始者。在他绘制的这幅题为“Carte figurative des pertes successives en hommes de l’Armee Fran？aise dans la campagne de Russie 1812—1813”地图中不同颜色用来区分进军或者败退。线段的宽度对应军队数目的多少。河流也被标注在图中，图下方是和败退路上每次重大减员相关的温度信息。

计理念[①]：

- 这幅图显示出比较、对比和区别关系，如军队人数在起始时候和结束时候的宽度的强烈对比，比如过那条河流的时候军队人数的剧烈的变化等。
- 这幅图解释了因果、机制和结构关系，如时间、温度和军队人数等要素之间的相互关系。
- 这幅图展示了多变量分析关系，如军队人数、地理位置（经度和纬度）、军队行进方向、温度和时间。

正如有研究者[②]所指出的，这两幅图之间的主要区别在于出发点，前者是为了把信息表现出来并呈现给观众一个故事，而第二幅是为了将信息以优美形式展现出来。显然，BBC 那张图并不是要告诉读者一个故事，而是要用图形方式告诉大家这么一个统计结果。无疑，这样的表达方式要比单纯数字更容易被人理解，但是相比于后面的拿破仑东征图，它在表现形式上就显得单薄和缺乏深度，给观众留下的印象也会迥然不同。

因此，一个好的信息设计应该关注的是合适的对比关系、因果关系、多元的变量、可靠的来源，以及所要推理的内容。人的视觉想象能力是无穷的，信息设计不只是平面设计，不只是把冷冰冰的数字用不同的图表呈现出来，更关键的是在信息设计时，如何通过人们的想象力，传递给人一个真实有意义的故事，这才是信息设计的价值。时间、空间、原因和数字代表了事物之间最为普遍的关系；它们胜过我们其他所有的创意，主宰着我们思考的全部细节。PPT 幻灯片的设计，同样也是如此。

1.1.2　扁平化 SSSR 设计原则

针对目前 PPT 演示中普遍存在的问题，究竟如何唤起听众对讲演的兴趣和注意力呢?《演讲秘诀》（*Presentation Secrets*）一书的作者爱历克斯·凯普特洛夫（Alexei Kapterev）[③]曾提出一个避免成为“夺命 PPT”的 SSSR 设计原则（见图

---

① Edward R.Tufte.The Visual Display of Quantitative Information.http：//classes.ninabellisio.com/GD3371/tufte.pdf.

② Shuo Yang，两种不同的信息可视化，August 15th，2012，http：//blog.shuoyangdesign.com/？ p=564.

③ 爱历克斯·凯普特洛夫（Alexei Kapterev），俄罗斯人，是《演讲秘诀》（*Presentation Secrets*）一书的作者。他的名为“夺命 PPT”（Death by PowerPoint）的讲演视频使之名扬天下，在互联网上点击量超过一百万次。他在莫斯科州立大学的商业管理研究院讲授视觉交流课程。

1-1-5），即“价值”（Significance）、“结构”（Structure）、“简洁”（Simplicity）和“演练”（Rehearsal）。

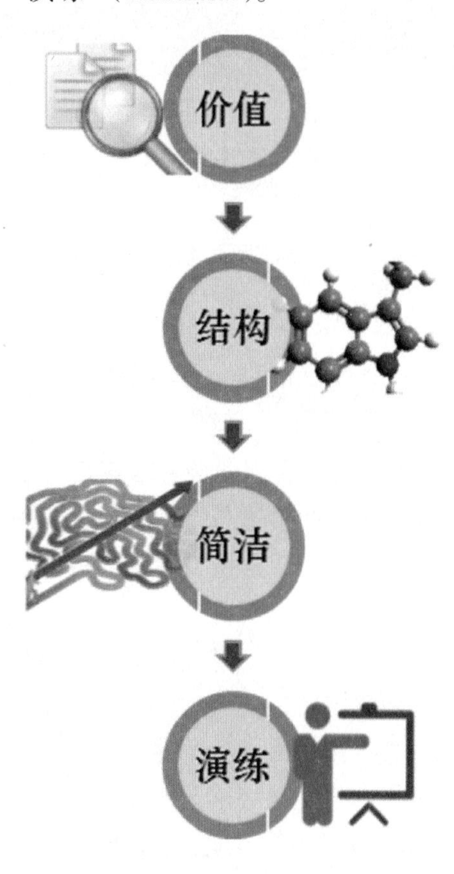

图 1-1-5 幻灯片的 SSSR 设计原则

凯普特洛夫[①]指出，大部分 PPT 在设计上的缺陷都让人无法忍受，难以吸引受众的注意力，并由此造成了一个恶性循环——糟糕 PPT 造成沟通问题，进而导致与交流对象的关系恶化，销售业绩变差。针对这种状况，他的观点是在设计 PPT 之前，首先需要回答一个问题：“为什么要制作这个 PPT？”换言之，我们需要首先明白做这个 PPT 的意义何在，它的重要性或价值是什么。是为了传递信息？是因为领导或用户让我们做？……实际上这些都不是根本原因。PPT 设计的根本原因，在于为了唤起受众对将要演示问题重要性和价值的认识，即首先要让受众意识到，你所演示的内容对于他们来说是极其重要和有很大价值的。想做到这一点，绝非易事，演讲者需要事先做大量的准备工作，如了解受众的背景，分析他们的兴趣点和想法。具体表现在教学设计中，这就是“用户分析”或“对象分析”阶段，其目标在于了解受众，弄清他们的兴趣点和想法。

具备以上基础之后，演讲者才能把 PPT 设计好、讲好，才能更容易让受众接受。凯普特洛夫认为，在 PPT 设计时，价值和重要性是首先必须明确的，因为“重要性启发激情，激情提升注意，注意引发行动”。

其次，任何 PPT 都需要有一个明晰的结构，否则就无法清晰有效地展示工作成果。这同样也是在制作 PPT 前需要多花时间精力去思考的一个问题。正如在学术研究正式启动之前，研究者需要认真做好研究项目设计一样，没有好的研究设计，不可能有好的研究成果；同样，没有清晰恰当的 PPT 表达结构，其表现力和说服力就会大打折扣。相信很多人都遇到过这样的情况，一旦结构发生变化，因调

---

① Alexei Kapterev.Death by PowerPoint and how to fight it.https：//zh.scribd.com/document/2422547/Death-by-Powerpoint.

整结构所引发的工作量是巨大的。所以需要在开始时认真考虑，慎重决策。

设计 PPT，究竟使用何种结构，因人而异，因学科而异，当然无法一概而论。显然，正如不同类型的论文，其结构有所不同一样，不同类型的 PPT，它的结构也有一定差异。例如在学术性 PPT 设计中，应遵循学术研究的基本规范：背景介绍、问题提出、文献评述、研究设计、数据收集、统计分析和研究结论。

实际上，凯普特洛夫认为，在 PPT 设计中，任何结构都可以采用，但是必须做到三点基本要求：有说服力、容易记忆和可扩展性。最常用的结构有诸如"问题——路径——方案"，或者"问题——方案——论据"等。通常都是由讲问题开始，并且给出解决问题的方案，这是最基本的结构。无论采用哪种结构，设计者需要考虑受众的具体情况。

PPT 设计的第三项原则是简洁，但要想实现 PPT 的简洁设计，这件事本身却一点都不简单。从技术上看，正如上述信息设计理论所说的，PowerPoint 这个程序本身的主要作用，是帮助设计者实现其想法的视觉化表现，帮助抓住问题的关键点，并期待能给听众留下深刻印象。

要实现这些目标需要做的工作很多，首先，需要设计者对自己 PPT 内容本身有着深刻而独到的认识和理解，只有在真正理解并熟悉的基础上才能实现化繁为简。其次，值得强调的是，简化过程同时还需要大量实践性演讲经验的积累。正如在师范教育中常说的，无论你受过多么严格的教学技能训练，不在真正课堂上讲过 100 节课，你不可能成为一名真正的教师。在使用幻灯片演示法时，一个最常见的通病就是直接读 PPT，这本身就说明主讲者自己对 PPT 的内容不熟悉，这种情况下根本无法激发受众对所讲内容的兴趣，结果自然可想而知。众所周知，眼睛阅读的速度显然快于演讲者说话速度，如果照本宣科，那还不如发给大家自己看——这样做毫无效果，是一种典型的"夺命 PPT"做法（见图 1-1-6）。

图 1-1-6　可怕的 PPT 设计效果

凯普特洛夫认为，简化可以从两个方面入手——幻灯片的内容和形式。例如，在设计时，每页 PPT 只表达一个观点，就是一种典型的内容简化方法。PPT 设计的一个通病就是每页的内容烦琐复杂，极易导致受众的信息过载。之所以出现这种弊病，原因是多方面的：一是演讲者可能对自己缺乏信心——唯恐现场演示时忘词，所以每一页幻灯片都想尽量多写内容；二是可能对受众的理解力缺乏信心——总觉得听众可能不知道某些细节内容，所以总想多讲，讲清楚。殊不知，想讲的越多，反而越不容易讲清楚；三是对所讲内容缺乏精准把握，导致冗余信息过多。

在形式上，幻灯片简化的一个基本出发点，就是扁平化设计[①]。扁平化概念的核心是：去除冗余、厚重和繁杂的装饰效果，突出信息本身。而具体表现在去掉 PPT 幻灯片中多余的透视、纹理、渐变以及能做出 3D 效果的元素，这样可以让“信息”本身重新作为核心被凸显出来。同时在设计元素上，则强调抽象、极简和符号化。同时，扁平化设计的色彩方案，通常会采用高饱和、鲜亮、复古或单色块。鲜亮的色彩为扁平化设计创造出一种与众不同的感觉。在亮背景和暗背景下都能获得很好的对比度。这样，在幻灯片演示时，可将受众眼光聚焦在欲展示的核心要素之上。

图 1-1-7 衬线字体与无衬线字体

扁平化设计的核心特点是简约，形状是基础，其中字体将被打造成视觉焦点。扁平化设计中通常强调采用加粗字体，以提高视觉表现和辨识度。由于字体在极简背景下视觉表现良好，故强调使用无衬线字体[②]。如图 1-1-7 所示，因此在 PPT 幻

① 扁平化设计（Flat Design）：这个概念是在 2008 年由 Google 提出，源自于 UI（User Interface）中的一种新理念，即去除繁杂装饰的极简主义界面设计。扁平化设计聚焦两点：视觉的极简主义，功能的最优表达。

② 西文字母体系分为两类：衬线字体（serif）以及无衬线字体（sans serif）。前者是指在字的笔画开始和结束之处有额外装饰，而且笔画的粗细会有所不同。后者则没有这些额外装饰，而且笔画的粗细差不多。在视觉上衬线字体容易被识别，它强调每个字母笔画的开始和结束，因此易读性比较高。无衬线字体则比较醒目，在文字阅读时适合使用衬线字体排版，易于换行阅读的识别性。中文字体中，宋体就是一种标准的衬线字体，衬线特征明显，字形结构也和手写的楷书一致。因此，宋体一直被作为最适合的正文字体之一。不过由于强调横竖笔画的对比，在远处观看的时候横线就被弱化，导致视觉识别性下降。

灯片设计中，无衬线字体的使用是一个重要方法。

总之，在PPT设计中，教师在面对幻灯片时，应将之视为一个完整平面，一个完整的色块，并对它进行多个维度和角度的解构和再创作。在扁平化设计中，色块是画面中重要的组成部分，它本身就能转化成点、线、面，形成具有一定特色的格局，撑起整个幻灯片平面。同时，教师也应注意幻灯片中字体、字号、字色的“三统一”，其目的是保证画面清爽，以最有效的方式呈现信息，并快速传达给观众，避免不必要的干扰。

最后，正如在上课之前必须备课才能保证教学质量一样，在完成PPT幻灯片设计之后，在正式开始演示PPT之前，排练是必不可少的前期准备工作。不管是什么内容的PPT，第一次讲的时候总会有这样或那样的问题，即使对PPT本身内容很熟悉，也可能会产生其他问题，比如预想不到的提问、设备故障等。任何幻灯片演示的时间总是有限的，如何在有限的时间内把想要表达的内容讲完，并且讲清楚，没有事先的充分演练，是很难达到预期目标的。在PowerPoint程序中，甚至专门为排练预备了一个“排练计时”功能，这对于教师控制课堂讲课，是一个很实用的功能，可以在排练时充分利用。

1.1.3　实用性V-DSSM模型

本书笔者提出了一整套关于幻灯片演示教学法的实用性整体技术方案，涵盖从教学设计理念到具体制作技能，以及课堂运用技巧等多个方面。其中最值得一提的，是教学PPT幻灯片设计的“V-DSSM模型”（见图1-1-8），这是一个用来指引青年教师掌握幻灯片演示法的实用性整体解决方案，其表达的PPT设计思路是基于“视觉展示”（Visual Attractive）核心目标下需要遵循的四个基本原则：差异判别（Different judgement）、结构指引（Structure navigation）、简约表达（Simple express）和多重辅助（Multiple assistant）。

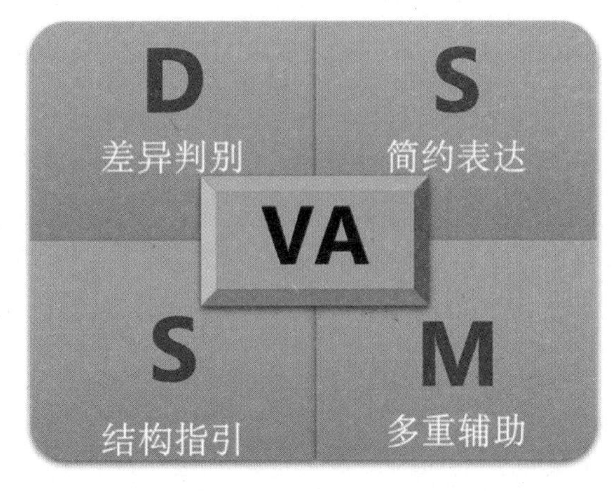

图1-1-8　教学PPT设计V-DSSM模型

在这个模型中，“视觉展示”是一个核心设计原则，是后面四个具体设计方法的引领者。视觉展示原则，体现的是PPT幻灯片这种教学信息媒介与其他教学手段（如黑板、挂图、模型、实验仪器等）相比，所表现出的某些独特性特征：多通道呈现、间接式投射和环境依赖性。这些特征决定了教师在使用这种教学方法时必须事先考虑的相关设计方法和原则。

第一，应遵循的便是“差异判别”——即当PPT幻灯片所承载的信息内容类型或样式（各个学科），所面向的受众或对象（各类学习者）不一样时，当播放设备或环境（各种学习场所）有差异时，其幻灯片设计方案、风格应呈现出相应的差异性变化。

"Yes, I do have one last request. TURN OFF THAT POWERPOINT!!!"

图 1-1-9 PPT 遏制人的创造力

第二，“结构指引”。其基本含义是，由于PPT幻灯片的信息传递通道具有多样性（文字、图片、音频和视频等）特点，故应在设计时着重考虑提供所呈现内容的某种结构性导航，以防止受众出现信息迷失（Informationlost）而被遏制了创造力（图1-1-9）。

第三，“简约表达”。由于目前广泛使用的计算机演示程序（以MS PowerPoint为代表）本身在信息表现形式上的丰富性、多样性和快捷性特点，教师获得了前所未有、千变万化的教学内容展示方式。然而，正是因为PPT幻灯片提供了如此众多的呈现形式，教师反而应更加谨慎、节制和有目标、有选择地运用这种媒介。也就是说，在设计PPT幻灯片时，教师应遵循以尽量简洁的外在形式或技术方法来表达教学信息，切忌过分使用这种技术而导致受众“信息过载”（Information overload）现象。

当然，在遵循上述设计原则的基础上，最终判断教学PPT幻灯片设计的成功与否，及是否可能会导致传播过程中受众的信息过载时，还需要着重考虑另外一个变量——PPT幻灯片的实际教学运用模式——教学效果好坏终归要由实践来检验，即“多重辅助”方法。

笔者认为，目前幻灯片演示法之所以在广为流行的同时却又备受诟病，一个至关重要的原因，就是这种方法在操作和使用方法上的“误用”——绝大多数使用者都理所当然地认为，幻灯片演示法，就是用计算机演示程序制作一个演示文档，连接投影机后按照幻灯片上展示内容来向受众演讲。换言之，当前这种普遍流行的幻灯片演示法使用方法，实际上正是导致课堂上及各行业盛行的“夺命PPT”现象的终极原因——因为仅单独依靠PPT幻灯片，本身就无法组织和实施起一场成功

的讲课（见图 1-1-10）。

针对这个问题，雪莉·科尔（Cherie Kerr）曾指出：

“在某种程度上，PowerPoint 的易用性正在成为它最致命的弱点。虽然利用它可以轻松创建幻灯片和图形，但使用者需要意识到，PowerPoint 并非独立存在，观众前来并不只是为了观看屏幕上的影像，更多是为了聆听演讲。在构建一组引人注目的幻灯片之后，也应确保现场的语言表达同样引人入胜。实际上，PowerPoint 不负责演示，只负责制作幻灯片。所以，切记设计幻灯片的目的，只是为了给你的现场演示提供一种辅助性支持。”

图 1-1-10　夺命 PPT 处处不受欢迎

应该承认，教师自身也应当被视作是幻灯片演示法的重要组成要素——他的语气、表情、体态、手势、走动姿势等，这些基本表演性技能要素，或称之为“教学艺术”，同样也深刻地影响着幻灯片演示效果。

1.2　RapidPPT 云课堂教学法

在学校中，幻灯片演示教学法运用于课堂教学的历史已超过一个世纪。作为一种伴随着科技发展而产生的教学技术，其所依赖的硬件设备、软件程序和教师应掌握之技能，都在因时而变，以适应不同时代下各种教学情景的需求。从胶片幻灯片到电子幻灯片，从手动绘制到程序制作，从光学投射到电子液晶，从单向展示到交互呈现……技术的变化引导着方法改革。可以想见，在如今“互联网 +”时代里，幻灯片演示法必然也应与时俱进，推陈出新。

近年来，互联网技术发展带动着教学信息化改革不断推陈出新，从混合式学习（Blended teaching）、快课（Rapid e-learning）到微课（Micro-lesson），再到翻转课堂（Flipped classroom）和慕课（MOOC）。当前又涌现出一些新型教学技术应用方式，如私播课（SPOC）、令人无限遐想的云课堂（Cloud class）和雨课堂（Rain class）等（图 1-2-1）。对于工作在教学一线的学科教师来说，理解和掌握这些新概念及其所蕴含的教学理念、技术方案，是提升自身教学技能和在课堂中实施教学信息化改革的必要条件。在此基础上，如果 PPT 能与上述这些新教学技术结合，就有可能在教学过程中获得新的生命力。

1.2.1 从PPT迈入云课堂——六课三段模型

教师的本职工作是备课、上课，但除此之外，我们也应该了解一些伴随着互联网出现的"新课"——快课、微课、翻课、慕课、私播课和云课堂等。尽管这些新概念看似令人眼花缭乱，但实际上相互之间有着密切的内在逻辑联系，以信息技术作为一条线索前后贯之。对于学科教师来说，只要理解它们之间的内在关系，便能相应在头脑中形成一个清晰的教学信息化概念思维导图——"六课三段"教学信息化模型（见图1-2-2）。如果将这个模型作为自己教学改革的指导思想，信息技术教学改革之路将会更加明晰和通畅，会少走很多弯路。

图1-2-1 令人无限遐想的云课堂

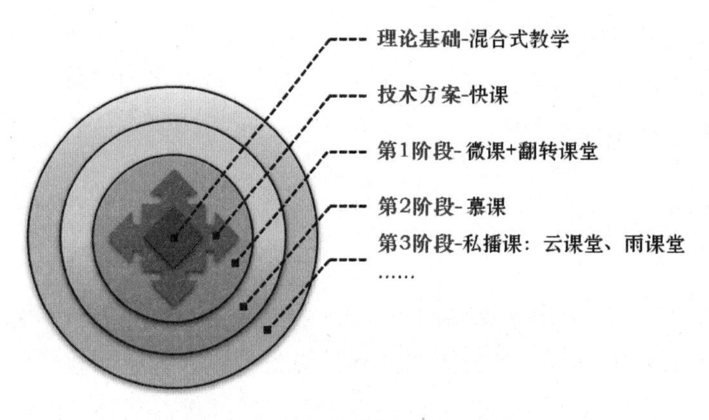

图1-2-2 "六课三段"教学模型

在这个教学模型之中，首先应了解的是，"混合式教学"（Blended teaching）是该模型的基本理论基础，它是一种教室内面授教学与网络线上学习相互结合而形成的新型教学组织形式。混合式学习强调，各种网络教学技术必须与传统课堂面授教学结合应用方能获得最佳效果。它是在教学中运用微课、翻转课堂（翻课）、慕课、私播课、云课堂和雨课堂等新教学模式的出发点，也是信息技术与实现教学融合的基本指导思路。

理论指引教学改革的实践。若想将理论落实在实际教学中，还需要教师去学习和掌握一些新教学技能和方法。技术与教学的深度融合，离不开一个关键性核心要素的支持——"快课"（Rapid E-learning）①，请注意它本身不是课，而是一种快

① 快课（Rapid e-learning）：兴起于20世纪90年代，它也被称为"快速化学习"（Rapid learning）或"快捷式数字化学习开发"（Rapid e-learning Development)，其主要功能在于帮助教育机构应对日益复杂的电子化课件的开发需求，以提高效率和降低技术成本。利用设计模板和功能套件来降低技术难度，是快课技术的突出特征，这可以让普通学科教师经过简单培训之后也能掌握课件制作技术。有关快课技术的详细论述，请参阅第1章1.2.2节。

速制作课件的技术。它决定着教师是否愿意和能否实施教学信息化改革：技术方法越简单易行，教师则越愿意学习，相应也就越容易在教学中运用。与传统的那种设备庞大且操作技能复杂的专业化电教方案相比，快课是一整套操作简便的，能帮助学科教师快速而容易地将课堂的教学内容转变为各种数字化格式，并即时上网发布和推送给学习者的一体化技术方案，通常由硬件、软件和设计方案三个要素构成（见图 1-2-3），强调以最低的技术成本来推动教学改革。它的突出特点是：功能模板化、操作简捷化和成本最低化。当学科教师掌握快课技术之后，就能快捷制作出微课，组织和实施翻转课堂、慕课等多种新教学模式，改革备课和上课方式，重组教学流程和环节，在教学的多个环节实现数字化、网络化和交互化，提升教学效果。

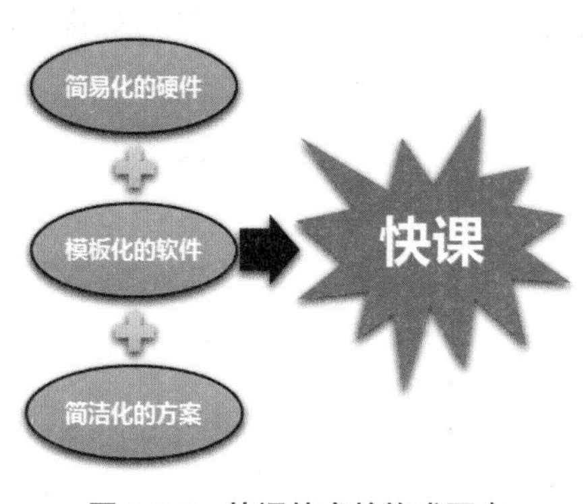

图 1-2-3　快课技术的构成要素

1. 基于课堂的混合在线模式

当学科教师掌握这种操作简捷的快课技术之后，便有可能摆脱传统的教育技术的束缚，摒弃以往的那种技术成本高昂、制作费时耗力的大型复杂课件，直接启动以学科教师为中心的教学信息化关键一步：亲自动手去设计和制作不仅符合自己教学需求，而且也能体现自己教学理念的新式课件——“微课”（Micro-lesson）。

图 1-2-4　基于云计算的云课堂

以知识碎片化理论为指导，微课是一种主要用于表达核心知识点的网络化短小式视频课件。短小简练（5～10 分钟）、环节设计、在线应用是它的三个基本特征（见图 1-2-5）。

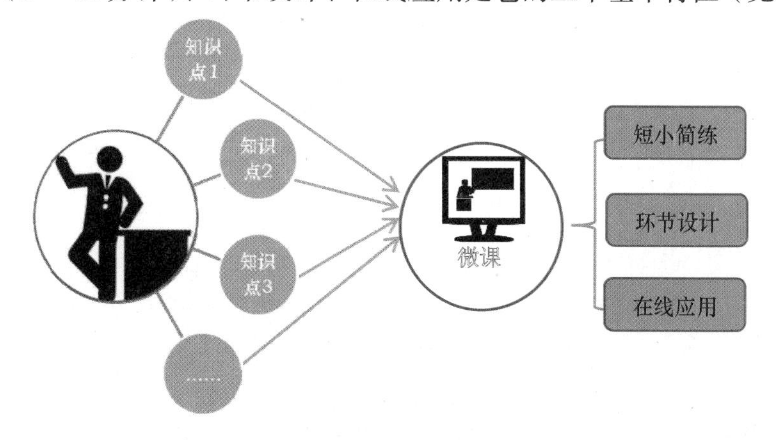

图 1-2-5　微课的技术特点

以快课技术为支撑， 微课有多种设计和表现形式，通常分为单播式和交互式微课，前者用于表现教学的某一环节，后者则强调微课设计的生动性、交互性和多个教学环节。与传统的那种制作周期长、成本高但效果不佳的“课堂复制式”大型课堂录像型教学课件相比，微课的制作简单易行，内容短小精悍，形式变化多样，学习方式适应性强，能吸引学习者注意力，激发其学习动机。微课的出现和广泛应用，为学科教师在教学中应用“翻转课堂”奠定了技术基础。

“微课＋翻转课堂”所组成的独特教学组织形式，构成了教学信息化的第一个阶段。简单地说，“翻转课堂”（Flipped classroom, 简称翻课）是一种依据微课而形成的面授教学与在线学习相结合的，并将某些教学环节前后颠倒的新型教学模式。如图 1-2-6 所示，翻课的基本流程是：上课之前，教师将教学内容转换为微课形式，经网络发布后推送给学生；学生课前在线自学微课，提前预习下一节教学内容；在课堂上，师生互动交流，提问答疑；课后在线交流与互动。翻课的主要目标，是强调在教学中培养学生的自学能力，以及教师引导下的学生自主学习能力，培养学生的问题意识和批判性思维。

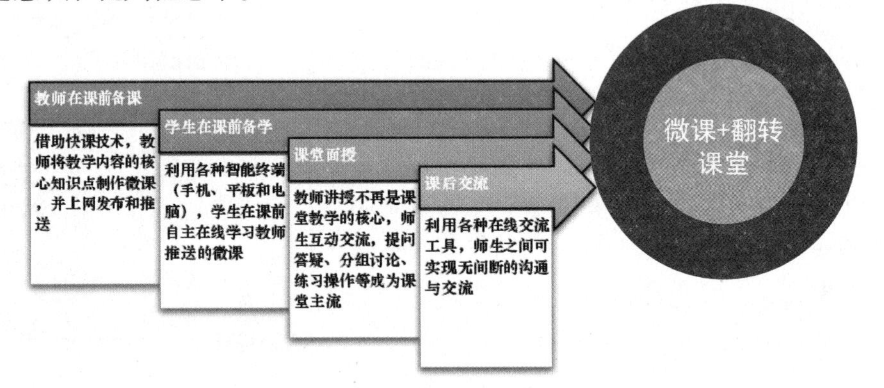

图 1-2-6 “微课＋翻转课堂”教学模式示意图

翻转课堂的应用改变了传统的教学组织流程和实施环节，借助于简单易行的快课技术，学科教师第一次实现了备课与上课的相互融合。可以说，翻课正在逐步革新教师职业延续上百年的那种“课前预先备课＋教室面授上课＋课后布置作业”的分离式传统教学流程。在课前备课环节时，教师就可利用各种技术手段将备课过程以数字化形式记录下来，并通过互联网推送给学习者，使之在课前就提前看到和预习下一节的教学内容。与此同时，翻课也要求学习者必须课前在线主动“备学”，去提前预习教师以微课形式所推送的教学内容，只有这样才能实现在课堂里自主学习和课后在线交流。这种利用互联网来实现“提前教＋提前学”的新模式，就为课堂教学腾出了更多的师生面对面互动交流、提问答疑和个别化教学的时间。某种程度上，“微课＋翻转课堂”旨在解决传统课堂教学中普遍存在的“授课满堂灌”现象，为培养学生自主学习能力提供更大的施展空间。

在教学信息化第一个阶段中，虽然教学内容已实现以微课形式上网，并且部分教与学活动也通过在线方式进行，然而，这些活动都是围绕着以校内课堂教学为核心而实施的，所针对的学习者也是特定学校的全日制学生。无论发布在网络上的微课，还是教室内和课后的师生间互动交流，通常都是在"封闭"教学环境下进行，仅限于特定班级的教学，并不涉及互联网上开放环境下的学习者。因此，这一阶段也称为"封闭性教学信息化"——班级式校内在线课程。

2. 大规模开放性在线模式

互联网的显著特征在于资源和信息的开放性，在线学习也不会止步于校园有限范围之内。当"微课 + 翻转课堂"这个新教学模式所针对的教学对象，从特定的数量有限的校内学生发展为校外的、身份不特定的互联网在线学习者时，教学信息化便又实现了一次重大跨越进入第二个阶段——"大规模在线开放课程"（Massive Open Online Courses，MOOC），即所谓"慕课"。

与上一阶段相比，慕课一个引人注目的突出特征在于其开放性——教学对象不再局限于校内学生，而是进一步延伸到校外任何能上网的学习者，随之而来的便是教学对象数量的急剧上升和受众范围的极大扩展。表面上看，慕课的出现，似乎真的动摇了传统学校教学组织形式的存在根基——必须具备有形的校园、教室、教师和教学日程等要素之后方可上课和上学这样一个不言自明的必要条件。慕课的出现，那种有教无类，随时随地上学，期待已久的终身学习梦想实现似乎指日可待。实际上，慕课自身并不具备人们所想象的那种作用，本质上，它只不过是当前所盛行的"互联网 + 教育"现象一个最新表现形式而已。慕课的出现只是清楚表明，经过 10 余年探索，网络教育似乎终于找到了一条看起来更有希望的发展道路：庞大的互联网资本与先进的互联网技术，再加上名牌大学富有吸引力的学术声誉，将可能引发新一轮的互联网经济投资新热潮。过去几年慕课在全球范围内的迅猛发展，也证明了商业资本与学术影响力结合后所产生的不可阻挡的巨大力量。因此，从这个角度说，慕课更多的是一种源自于学校外部的市场化的力量，它对于教学改革的推动力度，要远远高于学校自身，产生的效果也不可同日而语。

在慕课的具体实施方式上，教学信息化第一阶段中的"微课 + 翻转课堂"基本模式仍然扮演着主要角色，利用短小的在线微课来吸引学习者，以在线讨论、答疑、作业来激发学生的学习主动性和兴趣，这些在慕课之中仍被证明是行之有效的基本教学策略。然而，与校内班级规模在线课程不同的是，由于它所承诺的学习受众的无限制性，慕课不得不在教学环节上有所缩减——省略面授教学环节，将教学活动都通过网络来实施，并尽量利用各种网络自动技术应答技术来实现学习过程中的交流沟通，以应对大规模学习者所带来的巨大教学压力（见图 1-2-7）。然而，国

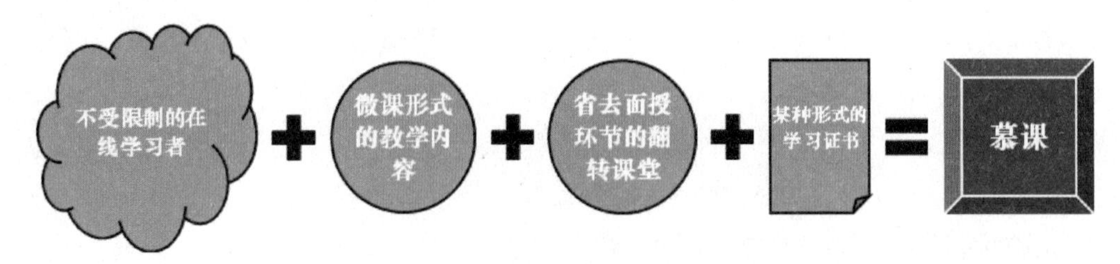

图 1-2-7　慕课的教学组织形式示

内外的事实证明，无论慕课所采用的自动应答技术多么先进，或配备更多的助教团队，实际上都无法应对数量庞大的知识背景不一、理解和学习能力参差不齐学习者的需求。在这种无法调和的尖锐现实条件限制之下，慕课只能以牺牲教学质量的方式来确保学习者的数量。换言之，慕课可以借助互联网来推动优质教学资源的传播和共享，但并不会理所当然地带来教学质量的提升。

但若从另一个角度看，我们会发现，慕课确实为高校教师带来了一个极其难得的职业发展机遇。在传统教学情景下，一名教师无论其教学水平和能力如何出众，由于所面对的学生群体数量和范围的有限性，其因出色教学而带来的教学影响力的传播范围都极其受限，通常都局限于校园范围之内，因而也不可避免地制约了所谓“教学学术”（Scholarship of teaching）影响力的扩散。显然，与当前高校教师所普遍追求的科研学术（Scholarship of discovery）所带来的巨大学术影响力和收益相比，教学学术给教师所带来的学术影响力和回报几乎不值一提。不过，慕课的出现却为教师的教学学术传播带来了一次重大革命性变革——对于那些热爱教学、擅长和精通教学的教师而言，一门受欢迎的慕课所带来的数量庞大、分布无限制的学习者群体，会使他的教学学术影响力在短时间内通过互联网无限放大和扩散，并最终使之形成一种基于互联网的学术影响力——网络软实力（Online soft-power）。随之而来的是各种影响力的衍生效应，为主讲教师的学术生涯和职业发展带来更多和更广泛的发展机遇。

也正是从这个意义上来说，那种认为慕课将可能会给高校带来革命性变革的预言，确实在某种程度上是可以成立的。我们认为，慕课可能会给高校的那些敏锐意识到它潜在价值的教师群体，通过提升他们的教学影响力和学术影响力，进而带来更加广阔的职业发展空间。在此基础之上，也有可能进一步带来高校教学质量的有效提升。

但即使如此，那种期待借助于慕课来全面提升高校常规教学质量的目标，依然是值得怀疑的，而且也可能是不现实的。毕竟，当一名教师带着数名助教面对成千上万名基础不同、水平各异的在线学习者时，除在教学内容传播的范围上值得肯定之外，实际上无论技术如何先进，也很难获得所预期的那种高质量教学效果——对于全日制高校所追求的那种教学目标来说，更是如此。

3. 小规模限制性在线模式

正在这种背景之下，另一种形式的慕课随之应运而生——“私播课”，即小规模限制性在线课堂①。与大规模开放性的慕课相比，小规模限制性在线课程依然是一种混合式教学，但它的组织形式产生了一些变化（见图 1-2-8）：首先，私播课不再向任何学习者开放，而是主要面向校园内或跨校园的学习者，并根据课程要求设置严格选课标准，对学习者的预备知识和技能提出相应要求。其次，重新定义了主讲教师的作用，教师的角色不再仅限于录制讲课视频，而是利用各种慕课资源为学生组织和设计丰富多样的个性化教学资源。第三，仍然采用翻转课堂的教学组织形式，课前为学生提供各种在线学习资源，赋予学生更多个性化和深度的学习体验，课堂上注重学生解决问题能力的培养，从做中学习，强调课程完成率和学习质量。第四，对学生的评价更为严格，注重教学效果和质量，课程证书更具效力。最后，与慕课相比，由于不必事先制作大量的在线课件，私播课的运行成本较低。甚至在某些情况下，如学习者是跨校园的外校学生时，还可以根据相关校际教学合作协议收取一定费用，从而保证这种教学形式的可持续发展。

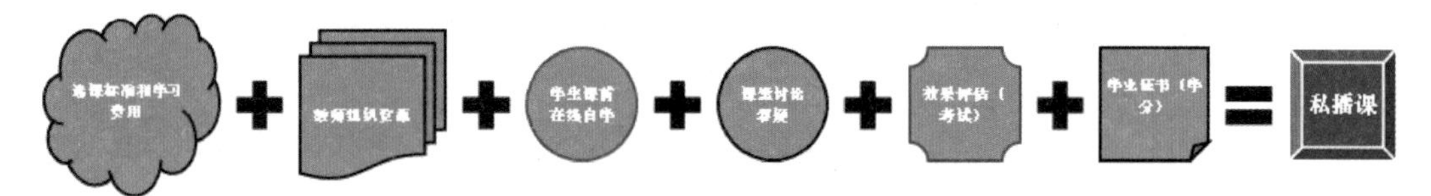

图 1-2-8　私播课的教学组织形式

有研究者②指出，与 MOOC 使教师有机会服务于全球，在专业领域扬名立万不同，SPOC 让教师更多地回归校园，回归小型在线课堂。课前，教师是课程资源的学习者和整合者。他们不必是讲座视频中的主角，也不必准备每节的课程讲座，但是要能够根据学生需求整合各种线上和实体资源。课堂上，教师是指导者和促进者，他们组织学生分组研讨，随时为他们提供个别化指导，共同解决遇到的难题。SPOC 创新了课堂教学模式，激发了教师的教学热情和课堂活力，它正在跳出了用技术复制课堂课程的阶段，正在努力创造一些更为灵活和有效的教学方式，创造性地将互联网与课堂相互结合起来，以一种创新的方式来传播知识。

总结上述微课、翻转课堂、慕课和私播课的概念与应用方式，我们不难看出，在技术与教学相互结合的过程中，教学组织形式和教学模式发生了重大变化，知识的表达方式、教与学的流程都因互联网技术的介入而改变，教师的角色、备课方法、教的

---

① Small private online course，小规模限制性在线课程，是一种对学习者有严格要求的在线教学形式，简称 SPOC。

② 康叶钦 . 在线教育的“后 MOOC 时代”——SPOC 解析［J］. 清华大学教育研究，2014，35（1）.

方式也随之而变，学生的学习方式也产生了很大变化。然而，无论如何变化，教师在整个教学过程中所扮演的角色的重要性不但没有减弱，反而进一步得到强化：教师依然是教的组织者、管理者和实施者，教什么、如何教、何时教，仍然离不开教师的精心设计和策划。从这个角度说，无论以何种技术和方式上课，教师的核心作用不可或缺。简言之，无论是微课、翻课、慕课还是私播课，都需要通过教师来组织教学活动，他们依然是整个教学过程的关键因素，其重要性并未因新技术的应用而减弱，教师的技术接受意愿、技术操作能力直接影响着慕课和私播课的运用效果。因此，快课技术就必然成为上述各种新课形式的关键中介变量——如果教师不具备一定技术能力，不掌握快课技术，那么，上述任何一种“课”都无用武之地。

图 1-2-9　基于云计算技术的云课堂

4. 基于 PPT 的云课堂模式

当教学步入私播课时代之后，一反慕课的求大求多，网络教学技术的应用方式和重点转而重新回归课堂，强调追求个性化的深度学习及其效果评估，注重教学改革的可持续发展。在这样的背景和发展趋势之下，相较于慕课时代各种复杂昂贵的专业化技术应用模式，技术门槛低、操作简单易用的快课技术被广泛采用，开始成为学科教师设计和实施个性化私播课的最佳选择——“云课堂”（图 1-2-9），实际上就是伴随着私播课而出现的一种具有代表性的新教学技术解决方案。

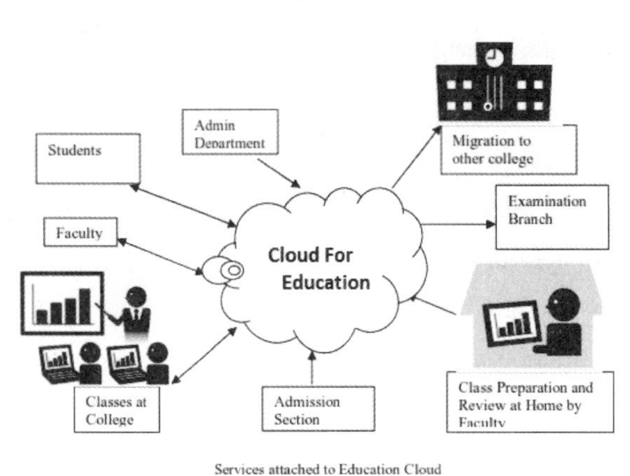

图 1-2-10　教育云的技术结构示意图

以‘云计算’(Cloud Computing）[①]技术为基础，作为“教育云”（Education cloud）的核心构成要素，“云课堂”（Cloud Class）本质上是一种适用于普通学科教师的课堂教学与在线学习融为一体的快捷型混合式教学模式[②]（见图 1-2-10），它的最大

---

① 云计算（Cloud Computing）：是一种商业计算服务模型，它将计算任务分布在大量计算机构成的资源池上，使各种应用系统能够根据需要获取计算力、存储空间和信息服务。简言之，云计算是通过网络按需提供可动态伸缩的廉价计算服务。

② Kiran Yadav.Role of Cloud Computing in Education［C］.International Journal of Innovative Research in Computer and Communication Engineering,ISSN(Online):2320-9801,Vol.2,Issue 2,February 2014.

优势就在于简易、高效和快速。它具备四个突出特点：技术门槛低，软硬件投入少，实施方式简单和减轻教师负担。在学校计算机联网的条件下，任何一名具备基础IT技能的学科教师，在经简单技术培训之后都能在自己教学中快速组织和实施云课堂。

目前在互联网领域已出现多种云课堂的成熟技术解决方案[①]，有代表性的包括：微软Mix课堂[②]、谷歌Slides课堂[③]、AdobePn课堂[④]、Cp课堂[⑤]和学堂在线的雨课堂等（见图1-2-11）。这些技术方案的共同特点都是以教师讲课的常用工具PowerPoint而创建，在不添加教师过多技术负担前提之下，帮助他们快速在教学中创建自己的私播课。在教学课件发布形式上，一反传统的依靠校内网络教学平台（CMS/LMS）方案，而是通过公共的云平台发布并向学生推送，从而实现了校内与校外的互通，课堂教学与在线学习相互结合。与慕课不同的是，在实施私播课过程中，借助于快课的支持，利用云课堂技术方案，学科教师能够以较低的技术成本来自主地管理和控制整个教学过程，实现了教师主导下的技术与教学的深度融合。

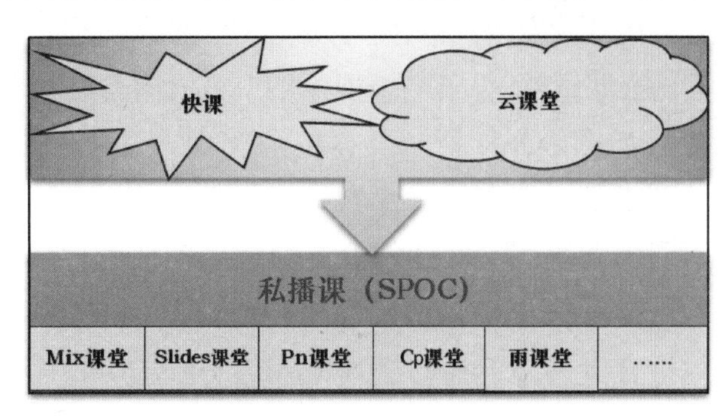

图1-2-11　私播课的技术结构

图1-2-12　云计算技术应用更灵活

目前在国外比较成熟的云课堂技术方案中，主要以国际著名IT公司提供的全球性云教育服务平台为主，例如微软的Mix课堂和谷歌的Slides课堂，这是两个最著名的教育类免费云课堂平台，全球范围各个国家的教师只要登录云课堂平台注册一个免费账号就可以在教学中使用。此外，著名的数字媒体机构奥多比公司（Adobe）也为全球的教育者提供了两套不同技术特点的云课堂平台：针对初级用户的基于Presenter的Pn课堂和针对高级用户的基于Captivate prime的Cp课堂。不过，它们都属于商业类

① Cloud Computing in Education-Introducing Classroom Innovation［Report］.March,2014,http://www.crucial.com.au.

② 微软Mix课堂的网址：https://mix.office.com/en-us/Home

③ 谷歌Slides课堂的网址：https://classroom.google.com/welcome

④ AdobePN课堂的网址：http://www.adobe.com/cn/products/presenter.html

⑤ Adobe Cp课堂的网址：http://www.adobe.com/cn/products/captivateprime.html

云课堂解决方案，需要付费方可使用①。

技术上看，雨课堂也是属于云课堂的一个具体技术实施方案，是由清华大学学堂在线为教师免费提供的一个基于 PowerPoint 和微信的在线教学服务。教师在计算机上安装雨课堂专用程序之后，就可利用 PowerPoint 演示教学法和手机微信来快速组织和实施云课堂教学。雨课堂具有四个突出特点：全天候，个性化，零投入和大数据。

如图 1-2-13 所示，在技术实现方法上，上述这些云课堂的一个共同特点是：皆以 PowerPoint②这个教师通常都能熟练运用的幻灯片演示教学法程序为出发点，为之搭配一个 PPT 插件③，利用它快速将教学内容转换为适合于网络传播的格式（MP4/SWF/Html5 等），然后添加各种交互性教学环节（导入、测验、动画等）之后，最终发布到在线云平台后推送给学生，实现对学生的在线学习行为的记录和监测。

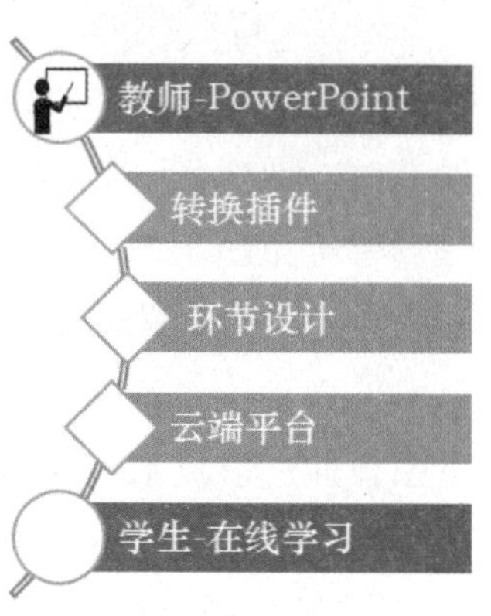

图 1-2-13　云课堂的技术路线

1.2.2　随手可用的教学技术——快课

设想一下：有一名整天因忙于上课、批阅作业和写论文而少有空暇时间的学科教师，当他弄清楚微课、快课、翻转课堂、慕课、私播课和云课堂看似复杂实则清晰而连贯的一系列概念关系之后，他的第一反应会是什么？或许出于一种试试看的心理，会在他心中激发起一股想利用新技术来改革教学的念头。那么，随之而至，影响他将这种想法付诸实践的关键影响因素会是什么呢？

图 1-2-14　快课帮助教师实现信息化

可以想象，对于绝大多数学科教师来说，那类门槛低、使用方便、费时短的教学技术方案，显然更容易受到教师的青睐——尤其是当教师以一种尝试的心态来使用各种新教学技术时，情况尤其如此。因此，相对于慕课这类技术投入大、成本高的在线教学模式，那种基于快课技术，并且主要利用 PPT 来设计云课堂的教学模式，更容易被广大

① Adobe 的 Pn 课堂和 Cp 课堂均可全功能免费试用 30 天，到期后则需要购买相应的云服务账号方可继续使用，其中 Pn 课堂的月使用费为 4 美元。

② 谷歌的 Slides 课堂采用的基本程序虽然不是微软的 PowerPoint，而是自有的移动版演示程序（Google Slides），包括安卓版和 IOS 版，但它同时也兼容微软的 PowerPoint 文件格式，可以相互转换。

③ 插件（Add-in）是一种遵循一定规范的应用程序接口编写出来的小程序，通常用来处理或完成特定功能的任务。通常插件都依附于某个特定程序而运行，从而使之添加原来不具备的某个特殊功能。

图 1-2-15　一幅描绘云课堂的漫画

学科教师所认可和接受。如同技术在其他领域的扩散规则一样，教学技术的推广同样也遵循这个基本规律：操作的难易程度与用户的接受度呈反比。

因此，我们认为，快课技术是PPT与其他新技术相互结合而形成新教学法的基础，是传统教学技术与基于互联网的新教学技术相互结合的关键“融合剂”。若缺少这一坚强后盾，无论微课、翻课，还是慕课、私播课和云课堂，都很难在学科教师群体中实现普及性应用——无数教学改革的实践证明，缺少易学和易用特征的教学技术，命中注定将无法获得教师的青睐，最终会被拒于教学之外。所以，快课不仅是普通学科教师真正介入教学信息化改革的关键支撑因素，同时也是降低学科教师的教学技术使用门槛的必要条件。在技术上，快课包括五个基本组成要素（见图 1-2-16）：设计模型、互动反馈、自助摄录、制作软件和云端平台。

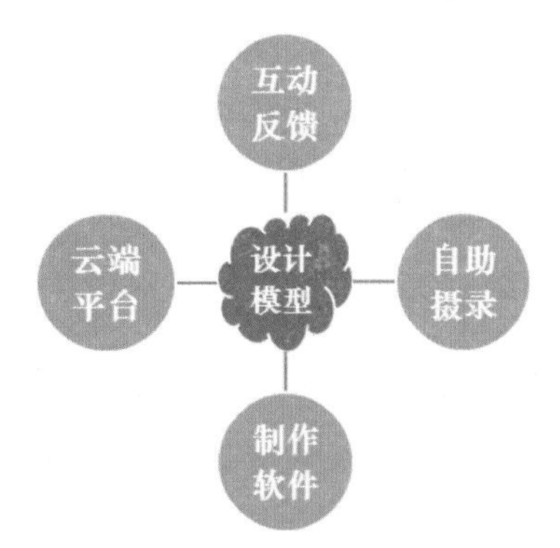

图 1- 2-16　快课技术的五个构成要素

1. 设计模型

在利用快课技术设计和开发教学课件时，教师头脑中基于学科特点而在头脑中形成的对于教学过程中各要素相互关系的认识及其所构成的教学环节和结构，就是“设计模型”。它的主要功能，是在为快课技术所生成的各类数字化教学素材搭建一个关系框架，从而最终组合成为一个具有传播特定教学信息的数字化教学资源包（Courseware，课件）。简言之，设计模型是一个体现教师的教学理念和设计思路的“结构框架”，是后续技术工具应用的基础。

在教学实践中，教学设计模型的形成通常有两个基本途径：一是教师在接受教学专业技能训练过程中习得的经前人在长期教学经验中总结出来的教学设计模型。例如，在教育学、教学论和学科教学法等师范类专业课程中，就包含诸多成熟的教学设计模型（见图 1-2-17），最著名的当属德国教育家赫尔巴特[①]（普通教育学

① 约翰 · 菲力德利赫 · 赫尔巴特（Johann Friedrich Herbart,1776—1841）是近代德国著名的哲学家、心理学家和教育家，科学教育学的奠基人，1806 年著《普通教育》，并在哥尼斯堡大学创办第一所教育研究所。

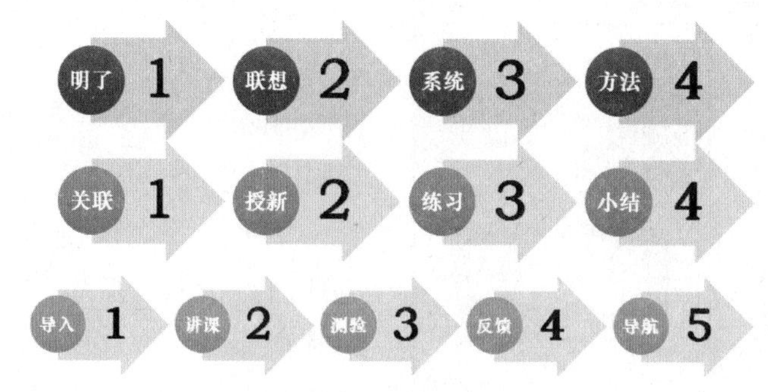

图 1-2-17 常用教学模型

的创建人）所提出的四段式教学法：明了、联想、系统和方法。第二种是教师在长期的教学实践中根据自己实际教学体验而逐渐总结形成的带有鲜明个性化特色的各种教学模型，例如四段式教学法：关联、授新、练习、小结；或五段式教学法：导入、讲课、测验、反馈和导航。

本质上，上述两类教学设计模型都具有存在的合理性和必要性，无优劣之分。通常新手教师在刚入职时，由于缺乏实际教学经验，一般都会采用前人总结的教学模型来进行备课和讲课。等教学经验积累到一定程度之后，善于钻研和总结的教师通常会逐步凝练出具有自己特色的设计模型，并开始相应形成自己的教学风格，实现从新手到老手的跨越。

由于不同学科特点的差异，再加之不同教师自身教学理念、教学经验的不同，在设计课件时，所采用的教学设计模型千差万别，无一定之规。然而，无论采用哪种教学设计模型，也无论该模型是由几个环节构成，有一点必须明确：教学过程本身应该是分环节的，并非是一个教师讲授这单一环节构成。缺乏明确教学环节设计的课件，极易导致“满堂灌”这类现象的发生。所以，在使用快课所提供的各种软硬件技术时，无论采用哪一种，都必须首先考虑到教学设计模型，这是一个重要前提。否则，无论采用哪种具体的幻灯片演示法，都有可能导致类似“夺命 PPT”那种不良后果；同样，无论 PPT 与哪一种互联网技术相结合，也应遵循此基本原则——教学设计第一，技术为之服务。

2. 互动反馈

作为学科教师来说，无论 PPT 幻灯片设计得如何出彩，但在教学实践之中，仅靠单向“演示”，实际仍然无法保证在课堂教学中“抓住”学生的眼球和头脑，激发学生的思维。这时，就可能要用到一些能在演示中提升师生之间交流与互动的

技术工具——互动反馈系统（IRS）[①]。

技术上，互动反馈系统，是指一种在班级教学环境下用于实现教师与学生之间交流与沟通的电子管理工具。一般由常规的多媒体教室（包括计算机和投影机等）、学生遥控发射器、接收器和相应的管理软件组成，它的主要目的在于让教师及时获得学生对所学内容的知识掌握情况或意见反馈。目前它通常分为硬件版和软件版两大类，前者由专用硬件设备（投票器和接收器）和通用软件程序（PowerPoint 插件）组成；后者则由通用硬件设备（如智能手机、平板电脑等）和专用软件程序（如 Plickers）构成。

硬件版互动反馈系统的应用模式如图 1-2-18 所示：教师利用 PPT 幻灯片在课堂上呈现所讨论的问题及选项，每一名学生可按动手中无线投票器上的按钮来回答并发送答案。当全体学生回答完毕后，系统会实时自动收集和统计反馈数据，并以图表等形式在投影幕呈现。同时，利用后台的数据管理系统，可在学生人数众多的大班教学环境下迅速发布、收集、统计和呈现各种教学信息，如课堂问题讨论、教学测验和教学效果评价等。此外，在联网条件下，每一名学生的数据都会被自动记录并存贮于数据库，或者将学生的反馈数据上传或输出至网络教学平台。

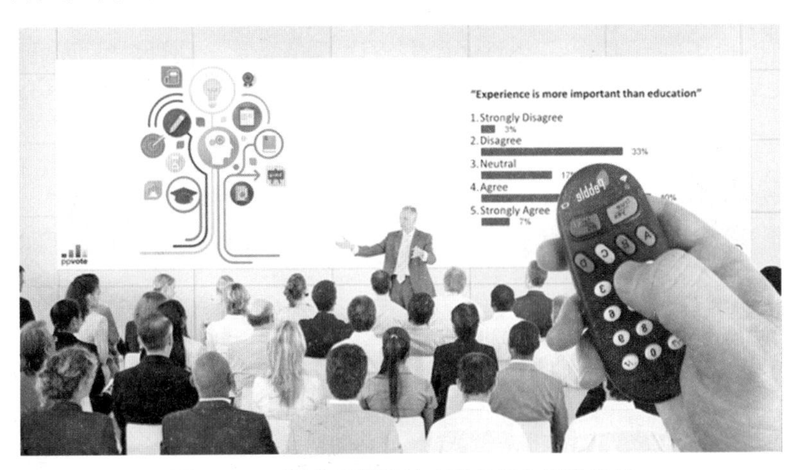

图 1-2-18　互动反馈系统（硬件版）课堂应用

软件版 IRS 的使用模式通常基于一个特定的软件程序。以目前在学校流行的 Plickers 为例（见图 1-2-19），它是一款免费的实时学生反馈系统。使用方法简单，

① 互动反馈系统（Interactive Response System）：这种教学技术所用的术语目前不统一，常见的包括：Interactive Response System (IRS),Classroom Communication System(CRS),Classroom Performance Systems(CPS),Audience Response System(ARS),Electronic Response System(ERS),Interactive Learning System(ILS),Personal Response System(PRS)。其中，学生反馈系统（SRS）和交互式反馈系统（IRS）使用频率较高。美国和中国港台地区称之为"Clicker"或"pebble"；而在英国则常被称为"handsets"或"zappers"。

教师只需要一部智能手机和打印的 Plickers 专用编号的卡片。教师在课堂上提问，学生回答问题时只需要拿起卡片，教师用智能手机一扫就能得到学生回答情况的统计结果。在 Plickers 上不仅能显示学生回答的正确率，还能针对题目选项进行分析。

图 1-2-19　互动反馈系统（Plickers）课堂应用

这样，在基于课堂的混合式教学中，当教师使用 PPT 演示教学内容时，与上述两种互动反馈工具结合使用，就能一定程度上实现教师与学生实时交流和沟通，对于提升教学效果具有一定帮助作用。这是目前在教学中利用快课技术的最常用形式之一，操作方法简单易行，教师一学即会，上手容易。许多研究者表明，将它与擅长于单向演示的 PPT 教学法结合之后，显著增强了面授教学的参与感、趣味性与互动性。

3. 自助摄录

自视觉运动时代起，到视听教学，再到电教时代，音视频录制与播放技术在教学技术工具中一直扮演着不可替代的角色。然而在进入互联网时代之后，与传统电教时代硬件设备的专业化、大型化和集约化不同的是，快课技术所采用的硬件设备开始倾向于注重自助性、便携化、小型化和分散化，并且特别强调让学科教师自己动手操作和使用，以降低教学技术设备应用的难度和门槛。在将 PPT 教学法与各种互联网新技术结合过程中，以成本低、操作简便为特点的自助式音视频摄录设备，为 PPT 教学法向云课堂的过渡提供了重要技术支撑点。例如，目前国内外比较典型的快课设备之一，是“自助式多功能微视频录制系统”（SMMS）和“便携式绿屏视频录制系统”（PMRS）。

如图 1-2-20 所示，SMMS 是一种具有备课、讲课和录课等功能的可移动式集成化教学技术平台，能为学科教师提供综合健康、轻便易用和灵活移动等诸多特点为一体的技术支撑环境。它通常由六个基本模块组成：基础构件、办公备课、自助拍摄、辅助灯光、背景幕布和扩展教学。此外，根据不同学科需要，SMMS 也可扩展更多模块，进而形成更多功能。在教学应用中，一方面依据人体工效学原理，

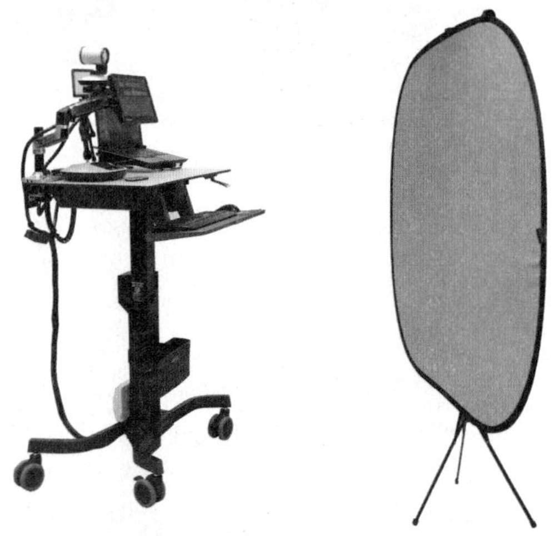

图 1-2-20　自助式多功能微课设计系统

以一种健康、绿色的工作形式，教师可利用SMMS在办公室交替地使用站姿和坐姿来备课办公，防止久坐成疾，保持身体健康；另一方面由于装备有滑动轮，可方便地在办公室和教室之间快速移动。

如图1-2-21所示，PMRS是一套高集成化、轻型便携式的绿屏微视频录制设备，能为学科教师在多种教学环境下拍摄绿屏视频提供一套价格便宜、便携性好和操作简单的绿屏式微型视频拍摄整体解决方案，特点是价格低，操作简便和方便移动。它由拍摄、电脑、支架和移动四个模块组成，能够方便快捷地拍摄出高质量的绿屏微视频，用于教师制作微课练习。当视频拍摄完毕后，可快速将全部设备拆卸、装箱和移动，方便在不同场合使用。

图1-2-21　便携式微视频拍摄系统（PMRS）

此外，手绘板、高拍仪、智能笔和翻拍支架等，也是当前帮助学科教师快速将教学内容数字化的常见快课类硬件设备，它们的共同点都是自助式设备，操作简便，学科教师经过简单培训就能上手使用。

4. 制作软件

在上述自助式设备基础之上，还要配备相关软件来对所创建的各种数字化教学素材进行编辑、设计和制作——快课的制作软件。自从20世纪90年代快课技术出现之后，更新变化最快的部分就是制作软件，但无论如何变化，模板、易学、易用和易上手，一直都是快课类软件的显著特征。

技术上，教学所涉及的传播媒介形式无外乎表现在四个方面：数字化素材（如音频、视频和动画等）、格式转换生成（如PPT幻灯片插件）、交互设计（如教学环节、学习路径和诊断测验等）和云端平台。

具体来看，国际上公认的比较成熟且适用于学科教师的快课软件包括以下：

- **PPT插件**：实现从单向的演示教学法向交互在线教学法转变的工具，通常表现为PowerPoint的控件（Add-in，如Mix,Pn和雨课堂）形式，能帮助教师快速将PPT幻灯片转换为带有环节的双轨交互式微课，与云课堂组成翻转课堂教学模式。

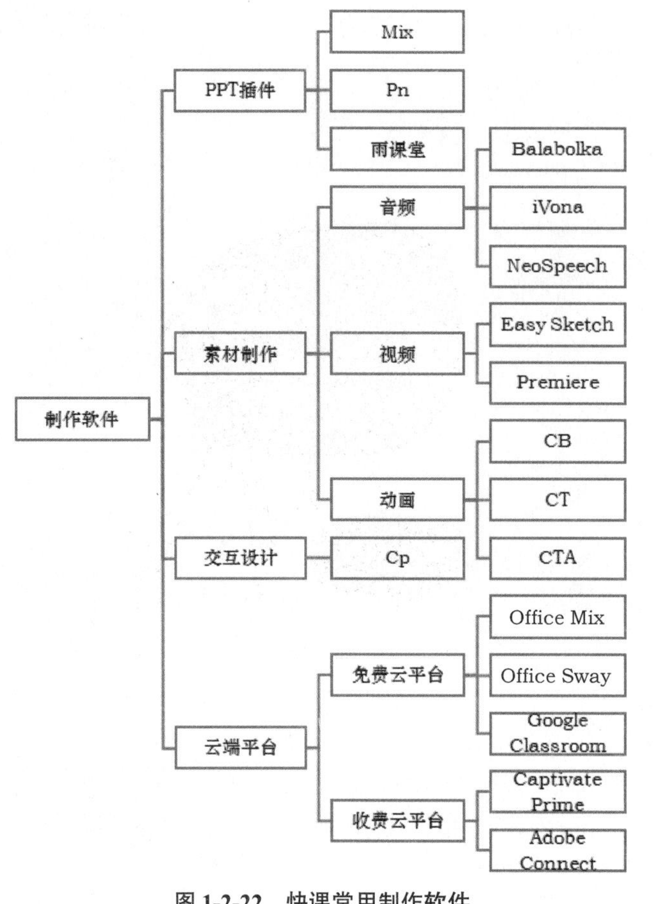

图 1-2-22 快课常用制作软件

- **素材制作**：划分为音频、视频和动画三大类。音频类如 TTS（文本生成语音）程序、动画类如模板化动漫助教软件和视频类。这些素材制作类软件的显著特征，在于充分利用模板技术，有效降低素材设计和制作难度，有利于教师快速掌握。
- **交互设计**：用于为教与学活动来设计交互路径，可实现学习者与教学内容之间的互动，加强在线学习的个性化和自主性，典型代表软件是 Adobe Captivate。

（1）PPT 插件

作为 PowerPoint 的附属程序，PPT 插件能帮助教师轻松实现从 PPT 幻灯片到微课、慕课的快捷化形式转化，从而为课堂教学向在线学习过渡提供了一个技术门槛低、适用面广的解决方案。目前在国外流行的快课软件中，能实现上述转换的工具很多，功能大同小异，适用于学科教师的插件包括：Microsoft Mix、iSpring 和 Presenter 等，都为教师利用 PPT 幻灯片制作微课和慕课提供了极其方便的手段。

经过北京大学 TMMF 项目[①] 4 年多培训实践证明，从技术可用性和可扩展性

---

① TMFM：北京大学教育学院“微课、翻转课堂与慕课培训项目”的简称，是一项针对提升教师专业技能发展的培训项目，于 2013 年正式启动，主持人是教育技术专业博士生导师赵国栋教授。2013—2017 年，在师培联盟、高教国培等著名教育培训机构支持下，该项目先后在国内 40 余个大中型城市组织了 160 余场学术讲座和实操培训，参训学员人数已超过 2 万余名，成为当前国内教师信息技能培训领域影响力最为广泛的项目之一。经过多年发展，TMFM 已逐步形成 6 个具有独创性的鲜明特色：服务学科教师、快课技术导入、六课三段模型、设计演练实操、现场视频拍摄和即时案例制作。

等综合因素考虑，由微软和 Adobe 专门为教育者打造的两个著名快课软件——Mix 和 Presenter，是普通学科教师制作微课时的最佳选择。以快课技术为支撑，PPT 与 Mix 和 Presenter 分别结合之后形成“Rapid PPT 微课”教学法。Mix 适用于初级用户，Presenter 适用于熟练用户。

①入门的 Office Mix

作为 Microsoft Office 于 2014 年新推出的一款面向学校教育的在线服务，Office Mix[①]就是目前最流行的 PPT 插件，它能将 PowerPoint 幻灯片快速制作为可交互的在线课程或演示，也可称之为“在线视频课程”。它使 PowerPoint 具备语音录制、视频拍摄和测验整合入演示的功能，将传统的幻灯片演示转化为互动式教学模式，支持在线远程教学、屏幕截图等工具。同时，以云计算技术为基础，微软也为教师用户免费提供教学云端平台的演示托管服务，教师在自己电脑上创建 Office Mix 后，可将链接分享给学生，随后学习者可在通过浏览器查看和学习。

利用这个与 Mix 配套使用的云平台，教师可以轻易地组织和实施自己的翻转课堂教学。在这个云平台上，发布微课之后，可以在线检查学生的学习进度、谁观看了这份教学文档、随堂测试情况等。此外，Office Mix 还整合了其他一些教育软件，包括 PhET 物理科学模拟应用、GeoGebra 数学应用等，Mix 的测验提供了多种答案类型，如对错题、多选题、单选题、简答题等，可设置尝试次数和答题时间。通常情况下，利用 Mix 创建的在线课程都短于 5 分钟，与当前流行的微课类似。

综合而言，Mix 主要包括如下功能：

- 可快速将 PPT 幻灯片一键转换为高清微视频（MP4 格式），同时

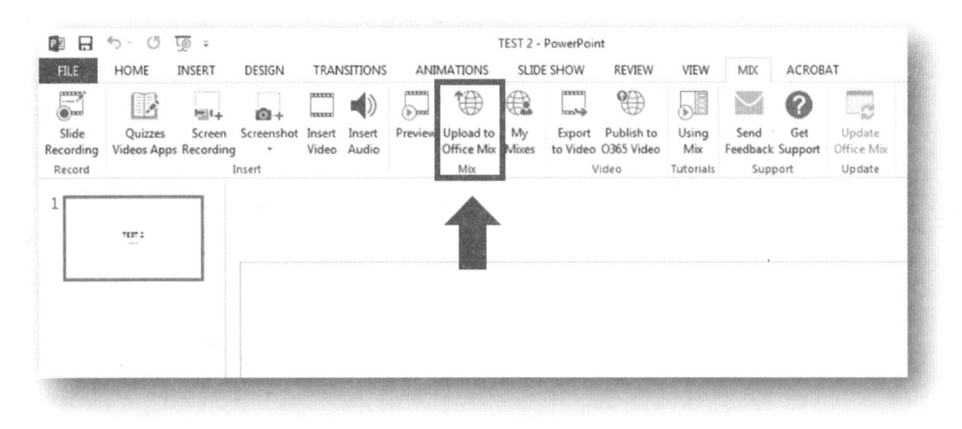

图 1-2-23 安装 Mix 插件后的 PowerPoint

① Office Mix 的官方网站是 mix.office.com.Office，Mix 服务支持 Office 2013 及以上版本，用户注册后可免费获取相关的服务内容、数据分析和插件。与 Mix 配套的硬件设备，通常推荐使用带摄像头的触屏电脑，这样教师可以方便加入手写板书的笔迹。

完整保留PPT幻灯片原有的动画播放效果及音效等技术属性。

- 具有屏幕截图功能，可快速选择截屏范围并将之自动插入PPT文档。
- 具有录屏功能，可快速选择录屏的区域并将之自动插入PPT文档。
- 具有幻灯片录像功能，在录制PPT演示的同时，通过摄像头同步录制教师的讲课视频并自动合成为双轨式微视频。
- 具有添加自动判分测验的功能，题型包括单选题、多选题、判断题、简答题，以及数学题型等。
- 具有免费在线发布云课堂功能，利用Microsoft账户登录之后，可快速发布在MyMix平台上，供学习者在线浏览或下载观看。

综合看，教师利用Office Mix，可快速生成动画式微课和双轨式微课。

②专业的Adobe Presenter

与微软Office Mix一样，Adobe Presenter并非独立软件，而是演示软件PowerPoint的一个辅助性插件（add-in）。安装Presenter之后，当打开PowerPoint时，菜单栏上会显示一个新的“Adobe Presenter”菜单，点击就可使用。如图1-2-24所示，它是一个典型快课软件，可将PowerPoint幻灯片快捷地转换为带有教学环节的交互式微课或慕课，主要功能如下：

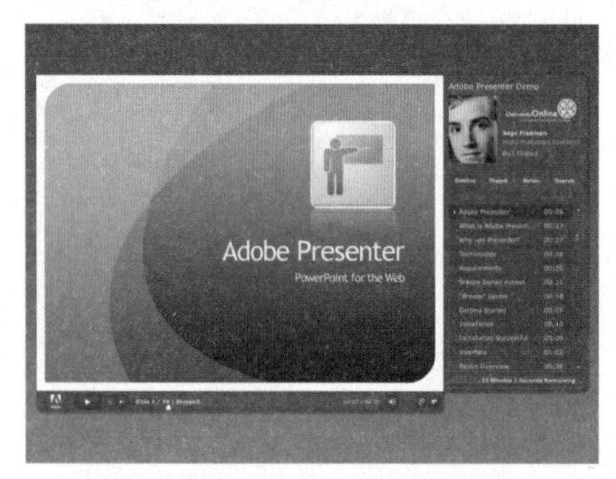

图1-2-24　Adobe Presenter操作界面

- 能为学科教师提供强大的电子备课功能。
- **微课生成**：可快速将PPT幻灯片转化为适于网络传播的微课形式，如SWF、HTML5和PDF，作为翻课、慕课和私播课的技术基础。
- **幻灯片配音**：能方便地为PPT幻灯片添加/导入/编辑讲课语音，并实现幻灯片内容与语音讲述的声画同步播放。
- **主持式视频微课**：内嵌“视频快车”（Video Express）备课插件，可同步将PPT幻灯片与摄像头拍摄视频自动结合起来生成主持式微课[①]，发布为MP4视频、网络视频。同时该插件还具备方便快捷的

① 主持式微课：一种在视觉布局形式上模拟电视主持人节目的常见微课类型，其常见形式为：以自动播放的PPT幻灯片为背景，主讲教师站于幻灯片之前某个位置（通常右侧或左侧），伴随着教师的讲课PPT幻灯片也随之播放。目前，这种微课是高校慕课（MOOCs）中的主要授课形式。

视频编辑功能：视频自动背景抠像版面布局设计、主题片头模板库、片头字幕编辑、LOGO 插入、镜头推拉摇移、嵌入式计分测验、隐藏式字幕和片断剪辑等功能，方便学科教师快速上手使用。

- **嵌入式测验**：能为幻灯片添加可自动计分测验，具有 10 种题型模板库，分别是单选题、多选题、判断题、填空题、简答题、匹配题、态度题、排序题、热区题、拖拽题，方便教师快速生成在线测验以检查教学效果。
- **学习模板库**：为幻灯片添加各种学习模板，包括：交互图表、互动情景、抠像人物、图片背景、网页对象、在线视频、Flash、视频等，可有效降低教师设计难度。
- **主题版面定制**：能选择微课的版面结构布局，插入个性化背景图片、讲课人照片、简历、图片 LOGO 等。
- **多种发布形式**：可选择发布在计算机（SWF，HTML5，PDF）或云平台（adobe connect, adobe captivate prime），实施云课堂。

在技术上以 PowerPoint 为基础，Adobe Presenter 能生成和设计 4 种微课：动画式、配音式、主持式和交互式[②]。

（2）素材制作

快课技术涉及教学素材类设计软件分别是语音生成、动画设计和视频编辑。

- **语音生成**：用于微课的配音或旁白，实现课件中模拟教师语音授课和语音合成，为学习者创建一个尽量接近现实教学环境的虚拟情景。“文本合成语音”技术（TTS），常用软件包括 iFly Tech InterPhonic、NeoSpeech 和 iVona。
- **动漫助教**：以各种形式的动画助教来向学习者提供各种学习辅导与指导，实现教学内容呈现方式的多样性。所采用的软件有 Character Builder，CrazyTalk、CrazyTalk Animator 等。
- **视频编辑**：主要用来实现教师授课视频的编辑与处理，通常采用抠像和虚拟背景技术来实现，为学习者展示各种具有独特艺术效果

---

① 有关这四种微课制作的具体操作方法，请参阅本书第 8 章。

② TTS 技术：Text to Speech，文本转语音。它是语音合成应用的一种，它将储存于电脑中的文件转换成自然语音输出。TTS 可以帮助有视觉障碍的人阅读计算机上的信息，或者用来增加文本文档的可读性。TTS 经常与声音识别程序一起使用。目前 TTS 系统有 IBM，Microsoft，NeoSpeech，iVONA、科大讯飞和捷通华声等。

的视频短片。常用软件包括：Adobe Ultra、Easy Sketch、Premiere 等。

表 1-2-1 展示了目前常用的各类快课式教学素材制作软件。

表 1-2-1 快课常用素材设计软件

类型	软件名称	功能简介
语音生成	Balabolka	文本转语音（TTS）的免费应用程序，它可调用各种符合 SAPI 规范的所有语音库来生成相应的语音，并保存为 WAV, MP3, OGG 或者 WMA 文件。支持 SAPI[①] 4.0 和 5.0 各种版本，可改变语音的参数，包括语速和语调
	iFly InterPhonic	中文语音转换程序，可将中文内容转换为 Wave 格式的诵读语音文件。具有 6 个可选语音模板库，包括标准普通话和若干方言库（粤语）。在输出语音时，可变换语音、语调和语速
	NeoSpeech	外国多语种合成语音，发声效果自然而生动，所生成的语音逼真度较高。目前支持的语言有中、英、日、韩等，语音库共计 12 种。支持 SAPI 5.0
	iVona	合成语音软件，在清晰度、准确度、流畅度、自然度四大方面都处于领先地位，提供 36 种语音库，说 17 种语言（不包括中文）。支持 SAPI 5.0
动漫设计	Character Builder	智能人物动画生成工具，提供了丰富多样的人物和肢体动作模板库，可快速定制和生成 Flash 格式的动画人物，并可对人物的表情、运作、语音进行个性化定制开发。支持 HTML5 格式
	CrazyTalk	可利用头像图片或照片来快捷生成动态人物头像，具有丰富的眼睛、牙齿、嘴巴和面部表情的模板库，方便地赋予头像各种面部表情动作。可以通过语音文件为头像导入语音，并自动匹配唇形
	CrazyTalk Animator	可利用人物的全身图片或照片来快捷生成动态全身动画人物，并具有各种面部和身体各部位动作模板库，方便地为人物生成各种动作，同时也可配音并自动匹配唇形

① SAPI（The Microsoft Speech API）：即微软的语音应用程序编程接口，目前最新版本是 SAPI 5.0。它包括两方面内容：语音识别 (speech recognition) 和语音合成 (speech synthesis)。这两个技术都需要语音引擎的支持。目前，这个由微软公司推出的语音应用编程接口 API，虽然不是整个 TTS 业界标准，但是应用比较广泛。相关的 SR 和 SS 引擎位于 Speech SDK 开发包中。这个语音引擎支持多种语言的识别和朗读，包括英文、中文、日文等。

续表

类型	软件名称	功能简介
视频编辑	Adobe Ultra	以绿屏抠像背景视频为基础，可快速实现授课视频人物的抠像与虚拟场景的叠加，构建多样化场景的微课视频。该软件提供 47 种类型 900 余种虚拟场景，从教室、机房、讲堂厅到校园外景，可将授课视频编辑和切割成为小段的具有丰富多样虚拟场景的微视频
	Adobe Premiere	主要用于绿背视频抠像和输出，利用键控中的极致键模板快速将绿背视频抠背并输出为透明背景的 FLV 视频
	Easy Sketch	被称为“手绘式 PPT”，操作方法与 PowerPoint 类似，但可快速设计和制作手绘式视频，为各种教学内容添加手画式动漫形式，生动活泼，适用于将教学内容以讲故事形式展示出来

（3）交互设计

作为 Presenter 的专业版升级程序，Captivate 在国外教育行业里被称为“万能课件设计软件”（OmnipotentRapid eLearning authoring）——既能利用 PPT 幻灯片来直接生成 HTML5 微课，同时也能制作板书录屏微课、主持式微课和交互式微课，甚至也能胜任复杂的慕课和私播课的设计。

作为一个目前功能最强大的快课软件，Captivate 几乎能满足教师从简单 PPT 幻灯片转化，到跨平台系统和跨设备类复杂课件设计与制作的全部需求——简言之，当教师熟练掌握 Captivate 之后，毫不夸张地说，他在教学信息化上已走在改革的最前列。

虽然同属于快课工具，但 Captivate 和 Presenter 之间具有明显差异性。如果说前面所介绍的 Presenter 是一个功能简洁的 PowerPoint 插件，小巧玲珑，专用于将 PPT 幻灯片快速地转化成微课，那么，Captivate 就是一个功能庞大的，可用来设计从微课、慕课到私播课的不同类型教学课件的专业型软件。前者的主要用户群体是教育行业的初级用户，如信息技能较弱的中小学学科教师；后者的主要对象则是教育与培训行业的中高级用户，如技术能力较强的高校专业课教师以及培训领域专业讲师等。

了解这种差异后，我们就很容易理解为什么在国外有如此多机构向教师提供各种各样的 Captivate 操作方法培训服务（见图 1-2-25）。这类培训形式多样，既有在线培训，也有面授和网上结合的混合式培训。许多著名的培训机构都提供 Captivate 培训服务，如 Lynda、IconLogic 和 Academy Class 等，1 ～ 2 天培训课程的价格少则 800 美元，高则近 2000 美元。但即使如此高昂的费用，前来学习 Captivate 者仍然络绎不绝。每当新版本的软件发行之后，都会引发培训市场一片热烈响应：随后就会有相应的印刷版教材和电子版教材出现，并引来众多教育行业的从业者前来学习。

那么，Adobe Captivate 究竟有什么样的功能会吸引如此众多的教育者呢？

图1-2-25　国外Adobe Captivate的培训计划

首先，Captivate 是一个功能强大的能整合各种教学素材的设计工具。它具有强大的数字资源兼容和整合能力，能够将各种格式和形式的教学素材无缝地连接于统一的技术框架之中——无论文字、图片、动画、语音或视频、PPT 幻灯片，还是 Photoshop 文件、GIFT 文档或网页，Captivate 都能轻松地将之导入，并将之整合为一个结构化且具有交互功能的电子化教学资源包——交互式微课。

在功能上，Captivate 核心功能可归纳为九个方面：自适应响应式项目设计、幻灯片导入与结构创建、对象插入与交互设计、媒体导入与字幕编辑、即时测验导入与编制、视频演示与软件模拟、模板资源库应用、外观定制与目录设计，以及跨平台多类型发布。其中，自 8.0 版开始，Captivate 最引人注目的功能，就是能创建跨设备和跨系统运行的多屏响应式课件（即自应式微课）。以往教师所制作的课件通常只能局限于某类操作系统或硬件设备上运行，学生在使用时倍受限制。现在，利用 Captivate，教师只需一次创作，即可制作出能在学生常用的所有设备上运行的 HTML5 网络课件。无需编程，教师就能使用直观画布准确控制内容在各种设备上的显示方式，动态创作和预览内容，在各种尺寸和分辨率的设备上自适应运行。

技术上，教师无需编程就能实现响应式运动效果，创建具有流畅的对象过渡效果的学习内容，这些效果包括运动路径和旋转，定义线性、自定义或随机运动路径以完全控制对象的移动方式。在集成的“效果和项目”时间轴上悬停鼠标可预览动画，查看效果相对于其他对象的呈现方式。通过为不同的设备设计不同效果来提供响应式学习体验。集成多状态对象与可自定义的效果，从而创建更有影响力的课程。

从 9.0 版开始，Captivate 又添加了一项独特的功能——与苹果 iPad 相互结合来制作课件的一个平板电脑专用程序 Captivate Draft。利用它，教师可以轻松地随时利用 iPad 来备课，把自己的想法通过平板电脑转化为具有各种电子学习元素（内容和问题幻灯片、分支逻辑关系等）并构成一个故事板，然后共享到云上进行实时存储。随后，教师在计算机上只需将故事板导入 Captivate 9 后发布，就能直接生成响应式微课。

此外，多状态对象也是 Captivate 9.0 新增的一项功能。在设计时，通过为每个对象（包括智能形状、图像、文本、按钮等）定义触发数不受限制的格式状态，简单操作即可完成复杂的工作流程，并使用“状态”时间轴编辑它。利用它，教师可以制作出不同形式的对象状态为课件增添视觉吸引力。让学生以独特的方式与对象交互，提升课程吸引力。

Captivate 9.0 还新增一个资源模板库功能，其中包括游戏、交互、布局、场景、人物剪贴画等超过 25 000 项资源，让所设计的课程更加生动有趣。该库专为 Adobe Captivate 9 用户开发，定期更新，让设计者拥有丰富多彩的模板资源。

（4）云端平台

作为云课堂的核心构成要素，基于云计算的云教学平台同样也是快课技术不可或缺的重要组成部分。从教学流程上看，无论使用何种方式将教学内容数字化，也无论其技术表现形式，这些数字教学资源最终都要发布在互联网上，供学习者在线观看和浏览。在云计算技术出现之前，教育机构通常采用自建网络教学平台（LMS）方式来为在线学习提供发布平台，但过去 10 多年教育信息化实践表明，这种方式成本高、效率低，不符合当前互联网技术的发展潮流，目前云平台的出现为学校提供了更加方便和低成本的数字资源发布平台。

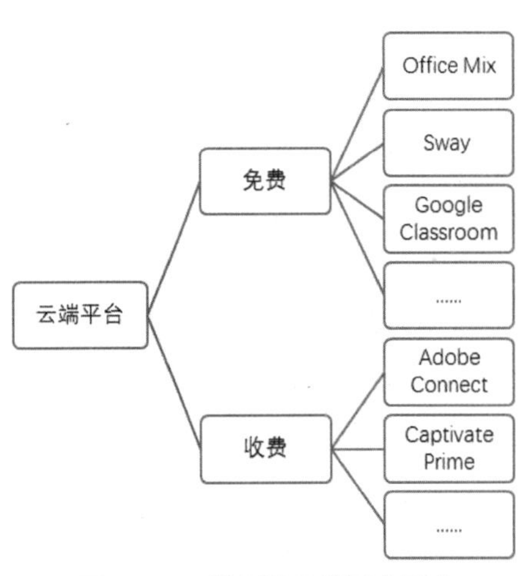

图1-2-26　常用的云端平台列表

应用模式上，目前的云教学平台划分为两种：免费平台和收费平台。前者以 Office 和 Google 为代表，主要包括 Office Mix、Sway 和 Google Classroom；后者以 Adobe 为代表，主要包括 Connect、Prime 等。

上述这些云教学平台的功能各有特色，但总体来看主要包括以下功能：

- 使教师能够快速在互联网上发布微课。
- 学习者可利用各种设备在线浏览微课。
- 可记录和追踪学习者在线学习行为，方便教师了解学生的学习进度。
- 师生在线互动和交流。
- 各种形式的学习活动设计与实施，包括自学、讨论、视频会议、测验等。

以 Office Mix 为例，它专门为教师提供了一个免费的微课发布平台（见图 1-2-27），可以在 PPT 上设计完成之后，一键发布至云端平台，供学生在线学习。

图 1-2-27 Office Mix 提供的一键式发布云平台

教师可以用多种方式登录 Office Mix，其中最常用的方式是自己的微软账户①（见图 1-2-28）。登录之后，选择微课的发布方式：新建（Uploading a new mix）或更新（Updating and existing mix），随后 Mix 将自动将完成的微课发布至云端平台，完成后显示如图 1-2-29 的提示信息，这表示微课已经发布在云端平台上。

图1-2-28 用微软账户登录云端平台

图1-2-29 微课发布在云端平台上

点击进入我的 Mix 云平台之后，出现如图 1-2-30 所示界面。要求教师填空标题（Title）、简介（Description）、类别（Categories）和标签（Tags）等信息；同时也可以定义所发布教学微课的浏览方式和权限，包括：

- 私下（Private）：只有教师自己才能看到，但同时可设置是否允许学生发表反馈或评论。
- 有限（Limited）：只有那些以微软账户登录的学习者可以看到，同时可定义是否让他人修改、以 Creative Commons 方式共享和是否允许评论。
- 无特定（Unlisted）：那些能看到微课网址链接的学习者都可以浏

① 要使用任何 Microsoft 服务，需要创建一个 Microsoft 账户，即一个邮件地址和密码，用来登录所有的 Microsoft 网站和服务，包括 Outlook.com、Hotmail、Messenger 和 SkyDrive。注册微软首先登陆微软的注册地址 https://login.live.com/，找到“立即注册”，点击打开注册网站，然后填写个人信息，提交后就注册成功，网页会显示自己的个人信息。

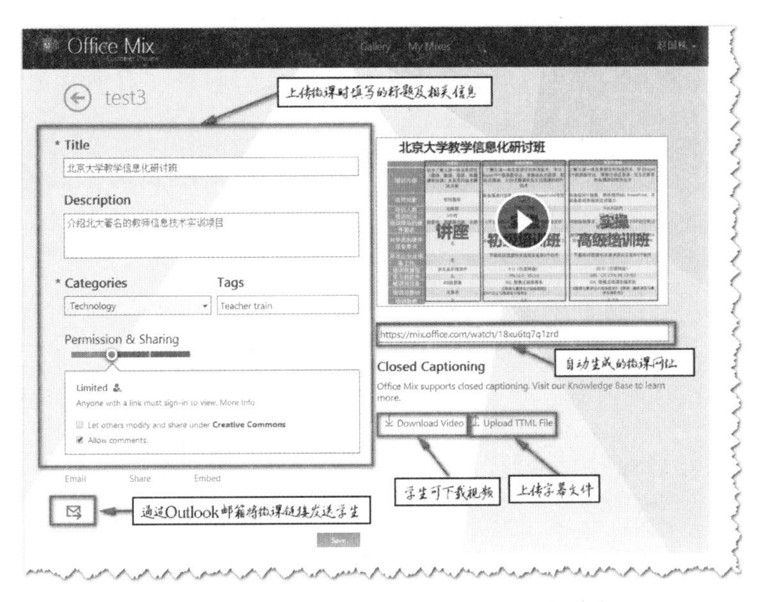

图1-2-30　上传Mix云平台时的操作界面

览，同时可定义是否让他人修改、以 Creative Commons 方式共享和是否允许评论。

- **公开（Public）**：任何人都可以观看，并且会出现在 Office Mix 云平台的列表栏（Gallery）。同时可定义是否让他人修改、以 Creative Commons 方式共享。

完成上述微课发布的参数设置之后，这个利用 Mix 云平台发布的微课就显示在教师自己的云课堂之中（见图 1-2-31），快捷而方便，任何获得这个微课网

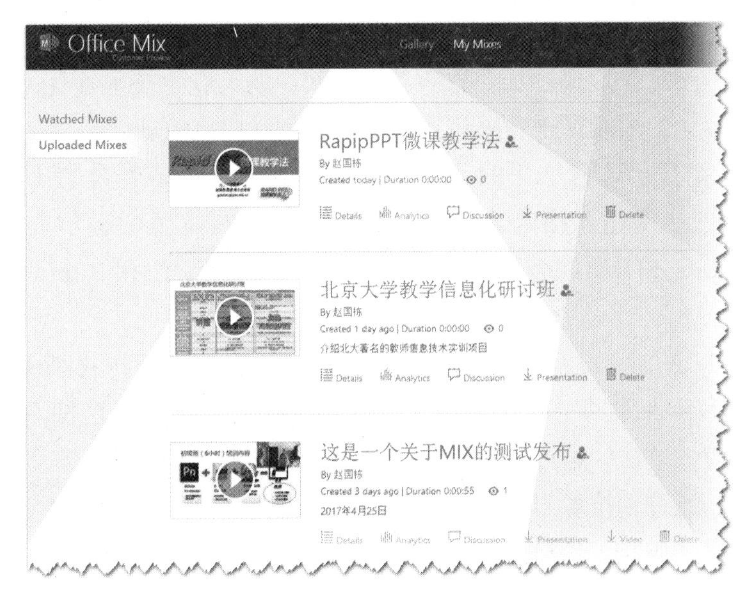

图1-2-31　Office Mix云平台发布的微课

址的学生都可以通过各种设备在线学习和反馈。同时，Mix 云平台也能自动记录每一位学习者的相关信息，如观看此微课的学生数量、观看次数、平均时间等信息。

这种摆脱校内教学平台（LMS）转而利用公共云平台的方法，使得教师能够更加快捷和方便地设计、上传和发布自己的微课，有利于学校教学信息化的整体发展。

这样，进入互联网时代之后，PPT 这种传统的幻灯片演示教学法也随之从面授课堂迈入在线课堂——即所谓“云课堂”时代。

1.2.3 PPT 助力教学信息化——云课堂

当教学信息化发展至这一步时，云计算就为互联网时代 PPT 幻灯片教学法的改革提供了一个简洁而令人充满期待的教学信息化新路径：以 PowerPoint 为技术工具的混合式在线教学模式——Rapid PPT 云课堂教学法。

作为本书的核心概念，“Rapid PPT 云课堂教学法”是指将 PowerPoint 幻灯片演示教学法与基于互联网的云课堂相互融合而形成的，适用于学科教师自己动手设计的混合式教学模式。它以快捷数字化学习开发（Rapid E-learning Development，简称快课）为基础，强调以最低技术与时间成本将 PPT 课堂教学快速延伸至互联网，借助于云计算来实现新技术与教学之间的融合。

这个独树一帜的教学法强调，在学校教学情景下，幻灯片演示法本身已不再适于作为一种独立教学方法，而应该与其他教学手段、工具或方法相互结合在一起来使用。在依据特定的教学设计模型基础之上，将相关教学技术相互结合起来形成一种综合性教学组织形式。长期教学实践证明，诸类教学技术各有长短，只有取长补短，互通有无，才能真正发挥新技术在课堂教学中之效能。

在技术实现方案上，以 PowerPoint 这个在教学中最普及的工具为基础，与不同的软硬件技术相互结合之后，形成一系列各具特色的教学方法：PPT 互动教学法、Rapid PPT 微课教学法、Rapid PPT 慕课教学法和 Rapid PPT 云课堂教学法。

如图 1-2-32 所示，以快课技术为基础，形成了从 PPT 到微课和翻课，再到慕课、私播课和云课堂的一体化关系，使得 PPT 演示教学法，这种原来仅用于面授课堂教学环境的方法，通过与其他各种新教学技术的结合应用，在如今互联时代再次焕发新春，通过新技术与传统技术整合，课上与课下结合，线上与线下互动，相得益彰，弥显优势。

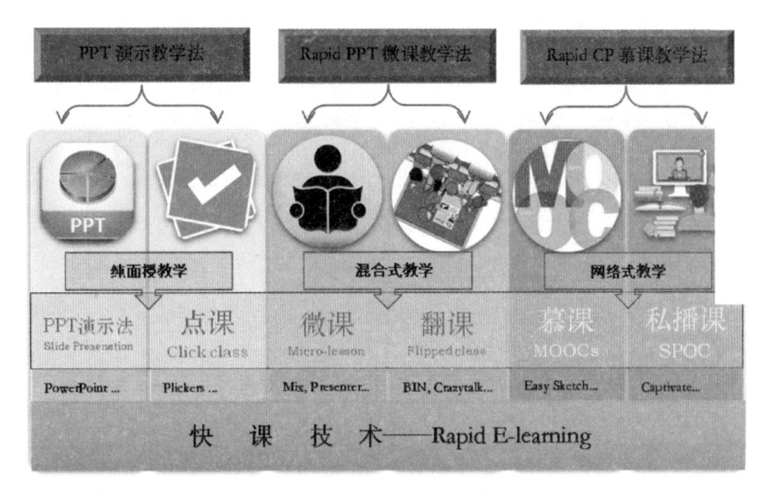

图 1-2-32　三种基于 PPT 的新教学模式

第一步，在课堂面授环境下，改造 PPT 演示教学法一个最简单而直接的解决方案，就是将幻灯片演示与“即时信息反馈系统”[①]相互结合而形成一种新方法——PPT 互动教学法，实现课堂师生之间的现场互动和交流。利用一个小小的投票器，来提升以往 PowerPoint 演示文档所缺乏的互动性，进而激发学生的学习参与感和临场感，活跃课堂气氛，提高学习效果。

第二步，微课和翻转课堂是当前教学信息化改革的流行模式，幻灯片演示教学法同样也能与之新老结合，携手并进。例如，当将 PPT 与微课、翻转课堂结合起来之后，则形成“Rapid PPT 微课教学法”。它的突出特点，能帮助学科教师快速将 PPT 幻灯片转换为各种形式的在线微课，实现从面授课堂到在线学习的阶段性过渡。进一步，微课作为翻转课堂的前奏，实现学生课前在线预习微课，课上互动交流和课后练习答疑，形成一种线上线下结合的混合式学习。在这个阶段，它所依据的技术基础通常表现为快课和校内专用网络教学平台（CMS/LMS）。进而形成以面授课堂为起点，微课和翻转课堂相结合的新教学模式，其面向对象为校内学习者，是一种典型的校内混合式教学。

第三步，当前“互联网 +”势不可挡，教学自然也不例外。当将教学对象从校内扩展到任何一名基于互联网的在线学习者时，校内的限制性混合式教学则变为校外的开放性课程——即所谓“慕课”，进而将教学方法改革推进至一个新层次——以开放性网络教学为特征的“Rapid PPT 慕课教学法”。

伴随着互联网技术的不断推进，网络接入逐步成为现代社会不可或缺的能

① 即时信息反馈系统（Instant Response Systm,IRS）：也称“课堂互动反馈技术”，是指一种在班级教学环境下用于实现教师与学生之间交流与沟通的电子管理工具，详细内容请参阅本节 1.2.2。

源——如同电力、自来水、电话等一样，“云计算”技术应用而生。基于这样的背景，研究者认为，PPT 演示教学法必然也会随之演进出一种更加方便而快捷的新教学模式——“Rapid PPT 云课堂教学法”。这是 PPT 进入“私播课”时代与“云课堂”结合而形成的一种新教学模式，它的突出特点是强调技术与教学效果、效率之间的协调与平衡，不再过分强调学习者数量的扩散性，而是注重教学内容的专业性、学习者数量的适当性和教学效果的可控性。同时，利用云计算等新技术手段，这种教学法力图尝试以更低的技术成本来直接帮助学科教师实现面授教学与在线学习的相互融合。

这样，推陈出新，与时俱进，与新技术结合之后，PPT 教学法将又焕发新的发展活力。

1.3 互联网促进教师职业发展

在这个信息化时代里，互联网为教师职业带来了哪些重大变化？这是每一位从业者都应该认真而严肃思考的问题。对这个问题认识和理解的不同，将可能会对你的职业生涯带来极其重要的影响。

TEACHERS
LOUNGE
"I feel foolish teaching computer literacy to kids
whose use of it is at least five years ahead."

图 1-3-1　信息技术给教师带来挑战和机遇

作为互联网时代的教师，必须清醒地认识到：从方法到内容，从形式到本质，今天的教学都在发生质变——它正在逐步超越知识信息传递的范畴，不再单纯是一项传播活动，也不再单纯是学术性工作，更不再局限于经验性积累，而在日益演变为一种集经验、学术、艺术、技术和创造性之大成的高深专业技能，弥显职业之专业性与复杂性。意识到这种重大变化，是每一位教师在当今互联网时代寻求职业发展契机的出发点。

的确，教师职业正在发生质变：对这个职业专业性提出了越来越多的要求——扎实的学术功底、丰富的教学经验、艺术表演技巧与技术操作能力。当然，作为回报，这个时代同样也为教师职业的发展提供比以往更加宽阔的空间——在传统校园基础之上所构建的数字校园，为教师学术影响力、专业思想及社会声誉的扩散提供了史无前例的空间。伴随着互联网时代的来临，一些“先行者”已意识到信息技术对自己教职生涯发展的重要性——他们敏锐地发现，借助于各种新技术工具可使自己的教学与学术成果快捷地跨越校园围墙，向社会各界迅速扩散和传播，其效能远

远超出传统媒介——这就是所谓“网络软实力”（Internet Soft Power）。基于这种认识，这些先行者展开了形式多样的教学改革与创新活动，期待以此来推动自己教学生涯的快速发展。实际上，从10多年前的“开放课程”，到当前的“微课”“翻转课堂”“慕课”“私播课”和“云课堂”都属于此类。不难看出，凭借着互联网技术无以伦比的传播力，使得这些走在时代前列的教学探索者获得巨大的回报与收益——这些教学技术的创新者都已一举成名，名扬四海，扬名立万。在这种强烈的示范效应指引下，越来越多的教师，尤其是那些年富力强的中青年教师，开始投身到这场轰轰烈烈的教学改革之中。对于他们来说，当真正意识到互联网技术应用对自身职业发展的关键推动作用之后，他们就会义无反顾地投入更多的时间和精力，去不断探索教学课件设计与开发的技术方案与各种新工具。这样，技术的进步和教师的探索，共同推动着教学课件设计的理念、方案和技术持续进步。

应该承认，在这个互联网时代，善于利用新技术来改革和扩展自己的学术影响力，是一个很明智的选择：因为当今时代的网络影响力，在某种程度上就是等同于现实之中的实力。当今各行各业，几乎没有人能够忽视互联网对自己职业发展的强大影响力。但令人遗憾的是，当今国内网络行业的现状是，那些正当的职业并没有多少从业者从中获益，相反，倒是有些行业的宵小之徒早就开始想方设法、不择手段地希望通过互联网来博取名声，进而获得社会影响力，最终博得经济收益，近年来，国内类似例子数不胜数。

笔者的观点是，正是由于互联网存在上述各种不正之风，作为百业之师的教师行业，才更应该勇于在互联网上去更多地传播正能量，开网络社会之先，正虚拟空间之名，以各种正面形象来提升网络空间之中的风气。令人欣慰的是，当前已经有越来越多的先行教师开始意识到，那些善于利用各种新技术来宣传自己的教师，或者说，善于在网络上利用各种形式来展示自己教学与学术成果，会逐渐从虚拟的网络空间中的影响力，发展成为现实世界中的真正实力。在这个过程中，这些先行者的教师已经逐渐开始摆脱教师群体低调含蓄的传统特征，开始走下讲台，走出教室，其教学行为呈现出越来越强烈的表演性色彩：如舞台表演者一样在摄像机镜头前从容自如、长袖善舞、侃侃而谈，越来越多地表现出诸多令人耳目一新的群体特征。

实践中，在设计和制作微课和慕课时，笔者发现，那些在演播室的摄像机镜头前仍然能够如同在教室内学生面前那样满怀激情地讲课的教师，将可能会是当今互联网时代最具有潜质的名师：因为他们在具备专业知识的基础之上，同时还有极其重要的吸引学习者的能力，就类似影视界偶像对年轻人的吸引力一样。教师正在从教室走向互联网，网络影响力成为其学术影响力的重要组成部分。在教师的职业发展过程中，互联网可助其一臂之力。在这个新的时代里，教师所应具备的技能结构已经出现了重大变化。

以互联网为核心的信息技术，实际上为普通教师提供了一个具有广阔和自由空间的职业舞台。此舞台之上，在传统学校情境下可能会影响或制约教师职业发展的那些因素，诸如家庭出身、社会资本、受教育层次、讲课经验、科研水平、年龄资历或学科专业背景等，都有可能变弱、淡化，或至少退居其次。相反，教师所具备的另外一些特质，如追求个人事业发展的主动性、新技术的敏感性、对互联网的深刻理解、教学表演能力、对教学的新思路、教学热情、突破传统束缚的授课风格等因素，开始喧宾夺主，扮演越来越重要的角色。尤其是对于年轻教师来说，若运用得当，他们会发现，基于互联网的各种新教学模式，实际上为之提供了一个全新的、平等的、民主的发展起点，善用者，或许一鸣惊人，不善用者，则一筹莫展。互联网不认资历，更不相信眼泪，只认眼球。对于那些有追求和有想法的年轻教师来说，传统课堂之中，他们可能会被认为是“新手”，写不好教案，不会教学设计，抓不住重点和难点，其教学水平自然很难进入那些有经验的老教师或教学专家们的“法眼”。而在互联网的虚拟讲台上，这些新手的教学则可能倍受学习者的欢迎，受到影视明星般的欢迎。其中的原因，不是因为这些年轻教师的教学水平，而在于他们以一种全新和独特的教学模式和讲授场景，激发了学习者全新的学习体验。

总之，当今时代，互联网世界之潮流，浩浩荡荡，顺之力者则昌，逆之流者则衰。在这样的大背景之下，对于教师来说，如何抓住这个机遇来实现职业的飞跃性发展，应该是每一位有抱负、不甘平庸的教师认真思考的问题。尤其是对那些中青教师，若想在学校这种典型的论资排辈大环境下脱颖而出，就必须尝试一些职业发展的新途径，大可不必都一窝蜂去挤那条布满陈规陋习和诸多不可控因素的“独木桥”。实际上，当放开眼界，超越校园围墙之外，教学技术的这些最新应用：微课、快课、翻转课堂、慕课、私播课、云课堂、雨课堂……教师就会发现，基于互联网的信息技术已经为我们准备好了诸多极佳机会，善用者，则可能获得最大的发展空间。

图 1-3-2　电子化学习时代的来临

从做一手精彩的幻灯片开始，把自己的教学从 PPT 演示法跨向微课、翻转课堂和云课堂，你很快就会发现，教学技术给你带来的不再是额外的负担，而是额外的收获！

上篇　PPT 设计核心技能

第 2 章　制作 PPT 幻灯片前的准备工作

导读

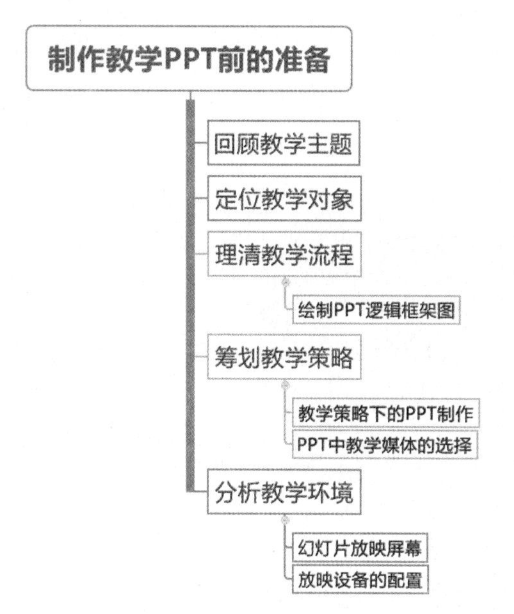

图 2-1　本章内容导读图

制作教学 PPT 前，最重要的阶段是教学设计，系统化教学设计的流程包括需求评估、教学目标确定、学习者和学习环境分析、教学内容分析、开发评测工具、开发教学策略、进行教学评价等。教学设计所涉及的知识并不是本书的重点，而是教师已经具备或需要具备的重要教学技能。

本章从教学设计的以下角度，来介绍制作教学 PPT 前应做的准备工作（见图 2-1）。

2.1　PPT 常见设计错误

随着多媒体设备在学校的普及，PPT 已成为现代教学或教育培训中常见的教学内容演示工具。好的教学 PPT 不但使课堂异彩纷呈，还能给人耳目一新的学习体验。

这一节主要介绍教学 PPT 常见的误用形式，带领教师以学生的视角感悟以往 PPT 制作中不恰当的地方。

2.1.1　教材搬家

过去，有教师照本宣科，现在，有教师直接读 PPT。直接把 WORD 中的文本复制到 PPT 文本框中，文本搬家是制作教学 PPT 最常见的问题（见图 2-1-1）。

一方面，教师将 PPT 简单地当作教学过程中的提词器；一方面是教师不愿意精简文字，忽略教学过程中学生的体验，常常使学生面对一堆密集文字，忙于记录和分辨，难以领会 PPT 中内容的逻辑和重点。

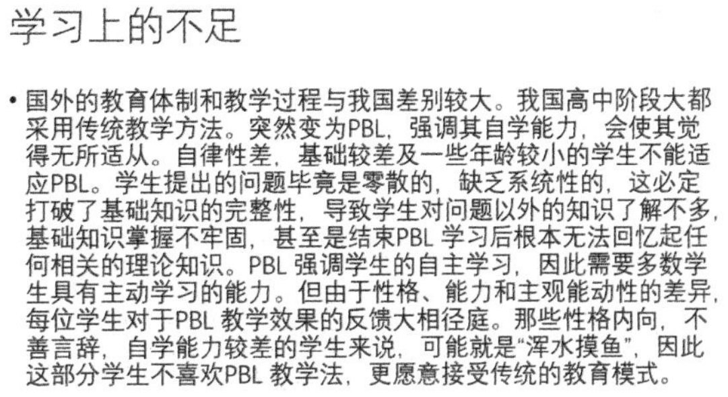

学习上的不足

- 国外的教育体制和教学过程与我国差别较大。我国高中阶段大都采用传统教学方法。突然变为PBL，强调其自学能力，会使其觉得无所适从。自律性差，基础较差及一些年龄较小的学生不能适应PBL。学生提出的问题毕竟是零散的，缺乏系统性的，这必定打破了基础知识的完整性，导致学生对问题以外的知识了解不多，基础知识掌握不牢固，甚至是结束PBL 学习后根本无法回忆起任何相关的理论知识。PBL 强调学生的自主学习，因此需要多数学生具有主动学习的能力。但由于性格、能力和主观能动性的差异，每位学生对于PBL 教学效果的反馈大相径庭。那些性格内向，不善言辞，自学能力较差的学生来说，可能就是“浑水摸鱼”，因此这部分学生不喜欢PBL 教学法，更愿意接受传统的教育模式。

图 2-1-1　文本搬家示例

2.1.2　逻辑不清

逻辑不清是教学 PPT 制作中最严重的问题。

有些教师尽管写好了教案，准备好了教学材料，但做出来的 PPT 仍然没有一个清晰的逻辑框架。如图 2-1-2 所示除了封面和封底，每页 PPT 都用同一个版式，且没有标题来注释这页 PPT 的教学内容是属于哪一大知识点。另外，教学模块之间也缺少间隔和过渡。

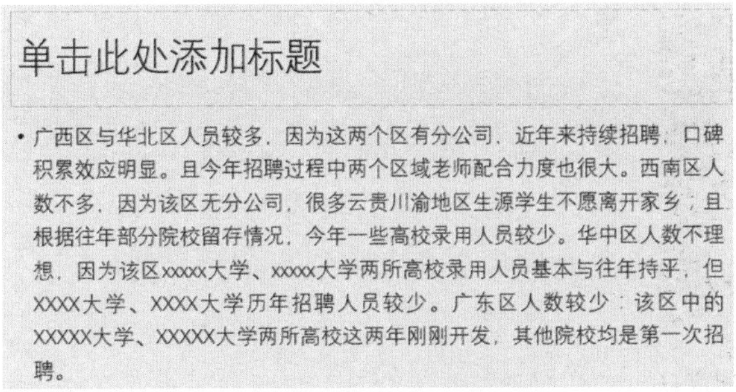

单击此处添加标题

- 广西区与华北区人员较多，因为这两个区有分公司，近年来持续招聘，口碑积累效应明显。且今年招聘过程中两个区域老师配合力度也很大。西南区人数不多，因为该区无分公司，很多云贵川渝地区生源学生不愿离开家乡；且根据往年部分院校留存情况，今年一些高校录用人员较少。华中区人数不理想，因为该区xxxxx大学、xxxxx大学两所高校录用人员基本与往年持平，但XXXX大学、XXXX大学历年招聘人员较少。广东区人数较少：该区中的XXXXX大学、XXXXX大学两所高校这两年刚刚开发，其他院校均是第一次招聘。

图 2-1-2　逻辑不清示例

从单页 PPT 来看，文本缺乏提炼和处理会导致内容逻辑性较弱，内容难以被学生提取和吸收。

教科书会为一个小的教学主题设计框架、划分模块，那么用于教学演示的 PPT，除了要按照教学流程外，更应该有一个结构框架。这一框架类似于系统化教学设计中教学目标的步骤分析，并包含每个步骤需要的子技能。应用目录和过渡页，可以较为清晰地向学习者展示教学模块，同时也便于自身回顾教学 PPT 的设计逻辑。

2.1.3 排版不当

排版混乱，图文无关，版式过多，都会增加学生的认知负荷。如图 2-1-3 的背景，不但与教学主题无关，违反了“教学内容一致性原则”，而且使文字难以辨识。

又如图 2-1-4 中动物图片与算数平均数这一主题毫不相关，也违反了“一致性原则”，干扰学生对知识的加工和记忆。

图 2-1-3　排版不当示例一

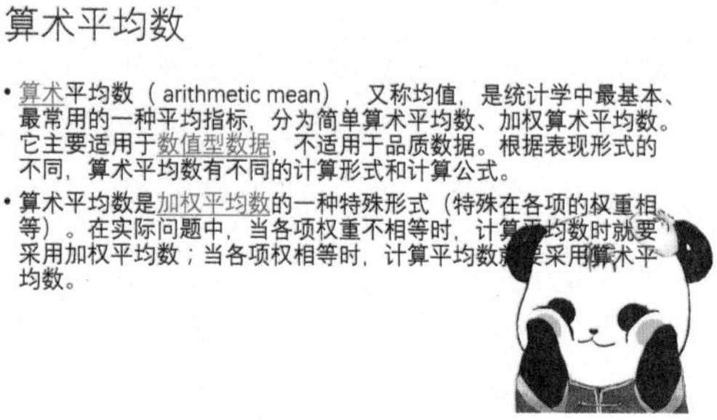

算术平均数

• 算术平均数（arithmetic mean），又称均值，是统计学中最基本、最常用的一种平均指标，分为简单算术平均数、加权算术平均数。它主要适用于数值型数据，不适用于品质数据。根据表现形式的不同，算术平均数有不同的计算形式和计算公式。

• 算术平均数是加权平均数的一种特殊形式（特殊在各项的权重相等）。在实际问题中，当各项权重不相等时，计算平均数时就要采用加权平均数；当各项权相等时，计算平均数就要采用算术平均数。

图 2-1-4　排版不当示例二

2.1.4 动画乱入

添加适当的动画可以使教学内容按时按需出现，但过于关注动画或切换的效果，容易使学生忽视了教学内容，而去关注那些动画效果。比如图 2-1-5 切换动画中的“涡流”效果，时间长达 4s，让人看了不禁直呼眼花缭乱，更难说记住老师刚才讲的内容是什么了。

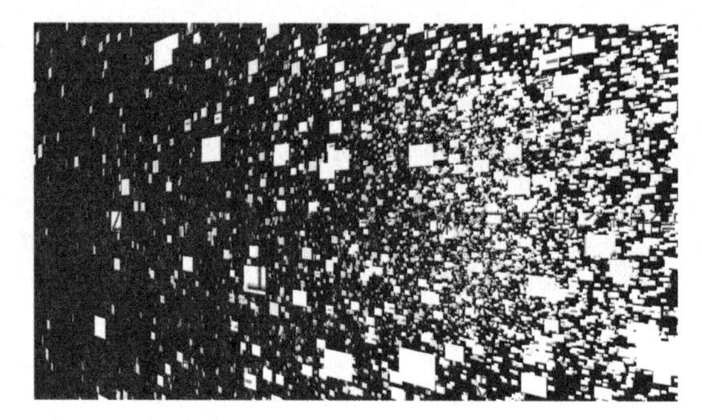

图 2-1-5　动画乱入示例

不要过分地添加动画，而要根据教学需要恰当地为图片、文本等对象添加动画，起到画龙点睛的作用，而不应喧宾夺主。

2.1.5 色彩混乱

PPT 的色彩搭配是为了让内容更加清晰与看起来舒适。乱用颜色，会使学生难以辨别文本内容，且容易让人产生视觉疲劳。如图 2-1-6，颜色较深的深蓝色背景，加上黑色字体，使得文字难以被看清。长时间观看这样的 PPT，学生的视力恐

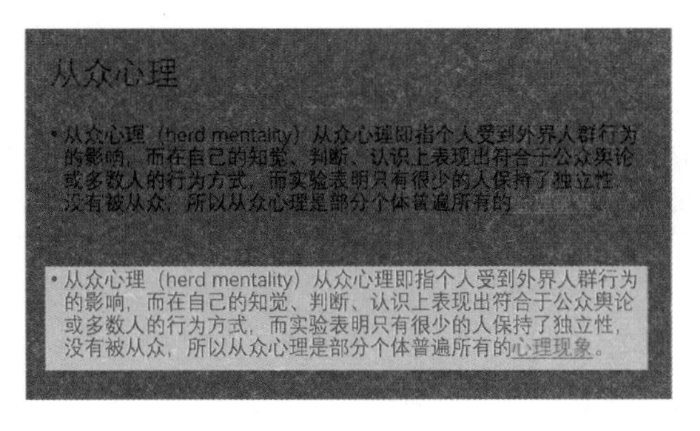

图 2-1-6　色彩混乱示例

怕要下降许多了。绿色文本框加上红色字体，不但起不到强调突出的作用，反而会让人不想去读这段文字。

研究表明，优秀 PPT 不仅美观大方，简单易懂，而且要突出所教授的内容，能够使学习者在短时间内获得较多的知识。比起五颜六色的背景，浅色是最利于学习者掌握学习内容的。[①]

2.1.6　风格不一

PPT 采用何种设计风格可以取决教学主题或个人喜好，但同一个 PPT 中应用多种风格，就会显得很凌乱。如图 2-1-7 所示，文字使用了艺术字体，图表则一个使用扁平化设计风格，一个使用形状立体的风格，且正文字体并不统一，显得 PPT 缺乏整体感，更别提美观了。

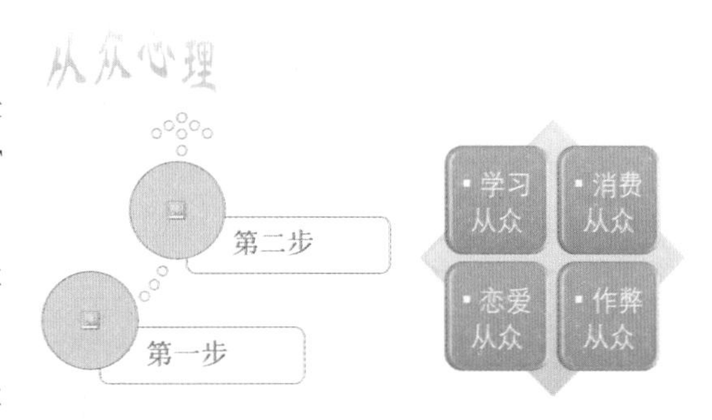

图 2-1-7　风格不一示例

2.1.7　素材低质

如图 2-1-8 在网络上随便下载素材就放到 PPT 之中，素材清晰度低，且对图片随意伸长压缩，不考虑其原始横纵比，导致图片变形。如果图像背景扣除不干净，也会给人不舒服的感受。

除了以上提到的七点制作教学 PPT 常犯的错误外，在实际教学应用中，还存在 PPT 播放速度较快、学生无法跟上教师的教学节奏及教师存在的 PPT 依赖症等问题。

---

① 安璐，李子运.教学PPT背景颜色的眼动实验研究［J］.电化教育研究，2012（1）：75—80.

从众危害
随大流…
此外，一味从众也容易导致大学生心理障碍的发生。从众的直接表现便是千军万马齐过独木桥，竞争过程的挫折、失落，很容易引发大学生精神压力过大，心理状况失衡。据调查，在校大学生中20%有程度不同的心理疾患。
从众心理人皆有之，但以被动为前提的从众，势必使你的独特失去价值。一味从众便意味着自己失去了一片晴朗的天空，抛却了一片属于自己的领地。盲目从众意味着部分大学生丢失了以个体色彩的思维和行动编织的草帽，在喧哗与骚动中麻木自己，“创新意识“在头脑中只成了四个机械的汉字，所接受的高等教育也锈蚀成了斑驳的条条框框，毕业证书和学位证书只成了人生进程中的标志，却难以成为升华人生的动力。

图 2-1-8　素材低质示例

2.2　回顾教学主题

在教学设计中，首先要分析教学主题，根据学习者现状，确定教学目标。做完教学设计，准备好基本的教学材料之后，便可以开始着手准备制作教学 PPT 了。

此时需要你再次回顾设计好的教学主题（见图 2-2-1 至 2-2-4），去思考这一教学主题是属于什么类型、什么风格。不同学科有不同的知识结构与特征，相应地不同教学主题 PPT 也应有不同的风格和特点。此外，讲授类、主题活动类的教学 PPT 风格也各不相同。

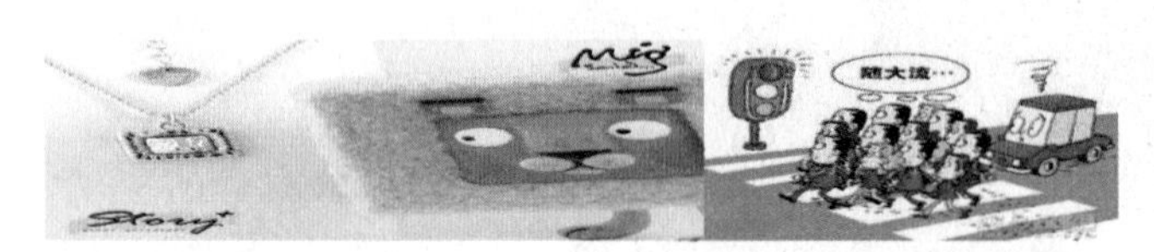

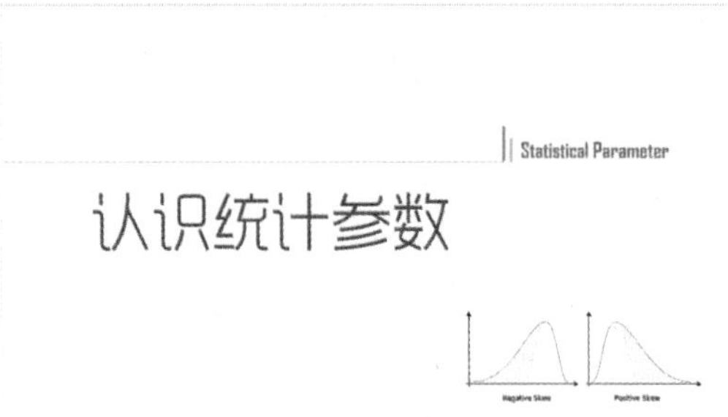

Statistical Parameter
认识统计参数

图 2-2-1　教学主题示例一

输血与血型的关系
WELCOME

图 2-2-2　教学主题示例二

合作背后的理论基础与多样产出
改进合作学习
XXXX数字化学习研究中心

图 2-2-3　教学主题示例三

美国社会与文化
美国社会与文化导论
——中国人看美国
众口纷纭话美国（下）

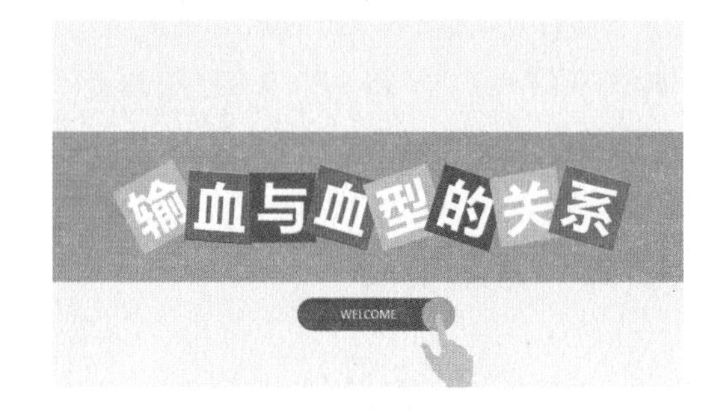

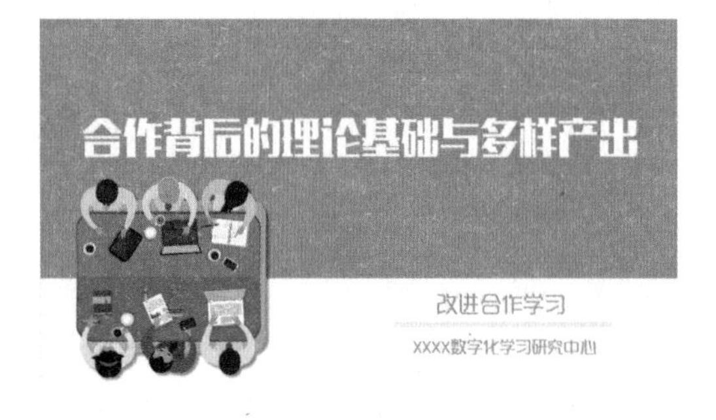

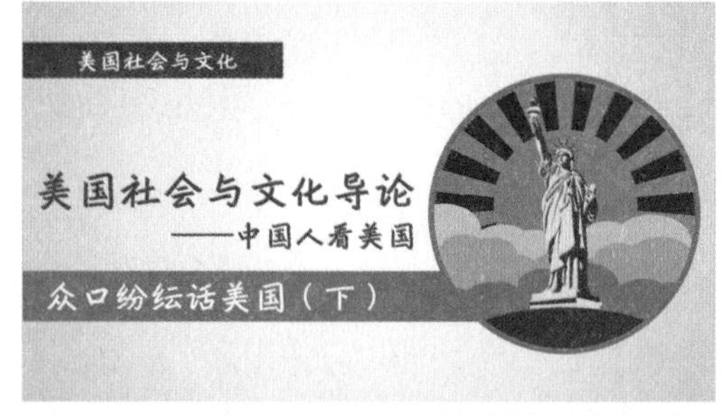

图 2-2-4　教学主题示例四

教学 PPT 风格设计包括配色、配图、字体等元素的设计。同一 PPT 内部元素之间风格需要一致，并且前后呼应。

PPT 有多种设计风格（图 2-2-5，2-2-6），适合不同的教学主题。有些 PPT 的设计风格是古朴典雅型，适合文学、史学等教学主题；有些 PPT 的设计风格是新潮时尚型，适合设计、媒体等教学主题；有些 PPT 设计风格则是卡通趣味型，适合低年级数学或主题轻松的教学；有些风格则简洁明快，适合理学、工学等教学主题。

图 2-2-5　PPT 风格示例一

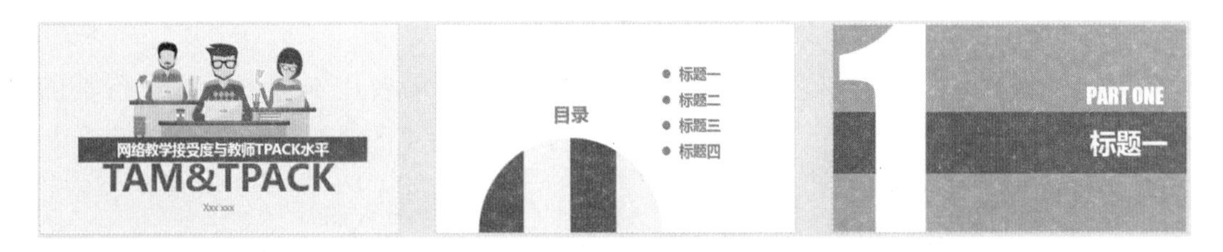

图 2-2-6　PPT 风格示例二

如果一个很学术的主题，用了卡通动漫风格，就显得有失庄重了。所以说，回顾教学主题，来确定合适的 PPT 风格是制作教学 PPT 需要准备的首要步骤。

2.3　定位教学对象

好的教学设计必然需对其教学对象进行详尽的分析，教学对象可能是幼儿园小朋友、小学生、中学生、大学生、教师等。

前面提到不同的教学主题影响着教学 PPT 风格的选择，而不同年龄、不同职业的教学对象，对教学 PPT 风格也有不同的适应和偏好。即便是同一教学主题，不同的教学对象，PPT 风格、素材、内容上也有很大的不同。

风格方面，比如，中小学生，可以选择活泼一点的设计风格；研究生、教师等教学对象，则可以选择更加简洁大方的设计风格；EMBA 学员、校长等，则需要选择商业或学术一些的设计风格。

素材方面，同样需要根据不同的教学对象选择不同风格的素材。另外，素材的数量和种类也随着教学对象的变化而变化，对于初学者，解释性素材可以多一些，对于低年级学生，与主题相关的图片素材则可以多一些。

内容方面，不同教学对象对教学主题的知识水平不同，对于水平较高的学习者，对于某些常识性知识就可以一笔带过，对于初学者，则需要配合相关素材对某些知识进行介绍。

举个例子，在介绍“标准差”这一知识点时，对于小学生和大学生就有较大的不同。给小学生看的PPT设计风格偏卡通可爱型。相关的英文单词、数学公式这些不需要让小学生记忆的内容，就可以不放在PPT上，配上胡萝卜图片（图2-3-1）来形象地解释标准差的特征，使其易于理解就可以了。此外，语言表达上也可以稍微活泼一些。

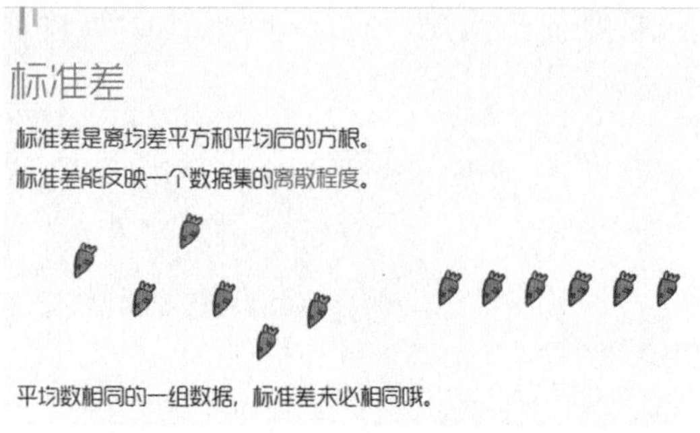

图 2-3-1　不同对象不同内容示例一

对于大学生，之前已经接触过标准差，那么就不需要用卡通图标来进行辅助解释，而需要将英文表达、符号公式等置入PPT页面（图2-3-2），如此才符合其数学思维的发展阶段。

从上面的例子可以看出，不分析教学对象就动手做PPT，会严重影响教学效果和学习体验。如果教学对象总是在变化，那么设计者需要多准备几套不同风格、不同内容的教学PPT以备不时之需。

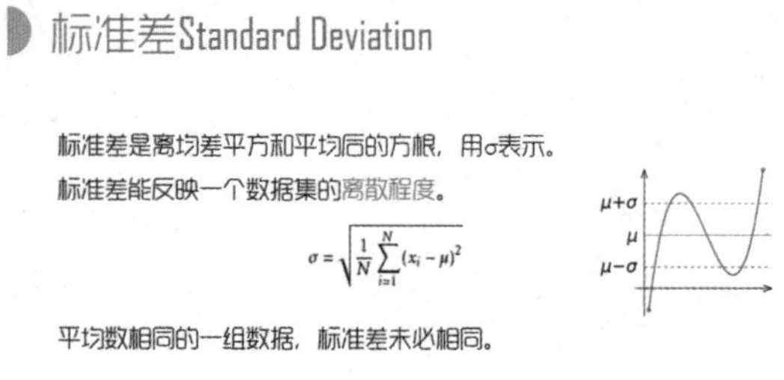

图 2-3-2　不同对象不同内容示例二

2.4　理清教学流程

PPT的美观度不是最重要的，最重要的是PPT的逻辑，逻辑可以让PPT产生巨大的说服力。这也就是为什么有的教师做的PPT并不是很美观，但是其教学效果却非常好的原因。

好的教学PPT与教师的教学能力、教学流程及内容间的逻辑有很大关系。只有对教学流程有清晰的认识，才能让教学PPT更有逻辑。

那么如何绘制PPT逻辑框架图呢？通常教师在做教学设计时，已经有了详细的教学流程分析，可将这些流程按照讲授的逻辑画在纸上，或者使用思维导图软件。

举个例子，主题为“专家系统及其教育应用”，教学对象为大学生，教学思路可能是这样：首先，对专家系统的发展和应用领域进行概述；其次，对其在教学领域方面的应用类型和未来发展进行介绍；再次，介绍一些教育领域的具体应用案例；最后，详细介绍关于专家系统在教育中的应用研究。

按照这一思路，可以做成如图 2-4-1 所示的思维导图，逻辑结构是否更加清晰了呢？

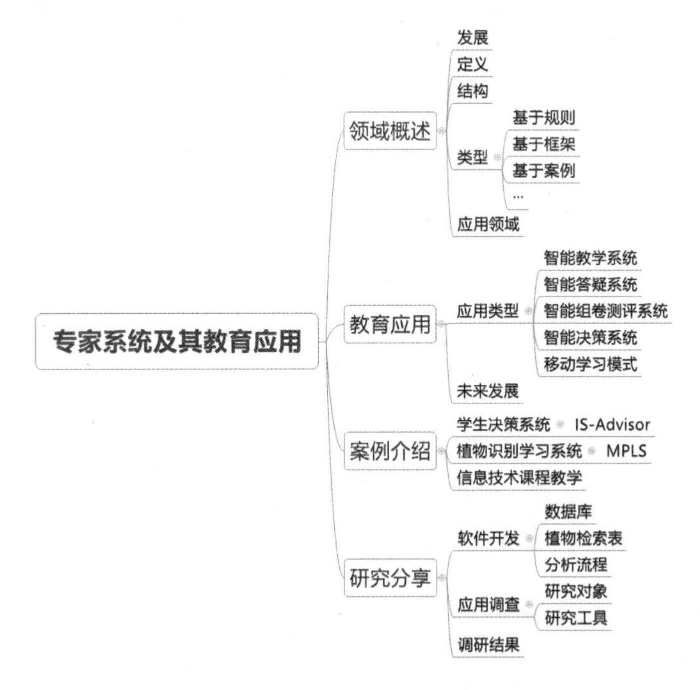

图 2-4-1　PPT 逻辑框架图

根据逻辑框架图来制作 PPT 的目录、章节过渡页和内容，就更加清晰快捷了。

2.5　筹划教学策略

2.5.1　教学策略下的 PPT 制作

在课堂教学中，常见的教学策略有两种，一种是全部由教师替学生控制信息的加工过程，成为替代性策略；另一种是学生自己控制学习信息的加工过程，成为生成性策略。①

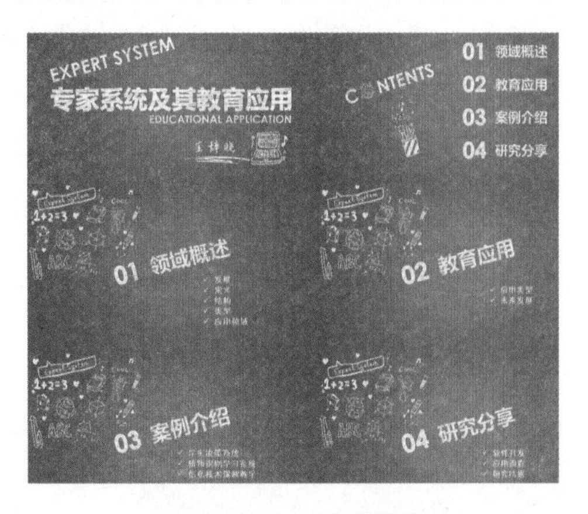

图 2-5-1　PPT 逻辑框架

① 刘美凤．教育技术基础［M］．北京：中国铁道出版社，2011，74—75.

替代性策略中，教师在教学过程中指明教学目标，组织教学内容，提供教学活动，吸引学生注意，倾向于替学生处理信息等，在传统教学中较为常用。

生成性策略中，教师鼓励或允许学生根据自己的需要和风格，生成学习目标，对学习内容进行组织和加工、安排学习活动的顺序，并鼓励学生在学习过程中进行自主建构。教师在此过程中作为学习的指导者和帮助者，为学生提供一些必要的条件支持。

此外，不同的教学策略有着不同的课堂教学模式，比如传统的教授模式、自学模式，以及基于建构主义的教学模式，如锚定式情景教学模式、认知学徒制教学模式、随机进入教学模式、支架式教学模式、任务驱动式教学模式、基于项目的教学模式和基于资源的教学模式，等等。①

教学模式的选择及设计开发步骤并不是本书的重点。在教学设计阶段，教师就应该筹划好教学策略了，制作教学 PPT 应当符合所选择的教学策略及教学模式。

如果选择的是替代性教学策略，那么教学 PPT 更多的应用于传统课堂教学，因此在制作教学 PPT 时，需要较为详细地、分层次地将教学内容放置于 PPT 上，通过相关素材辅助学生的理解和记忆。

如果选择的是生成性策略，那么教学 PPT 则应该更加多元和开放化，将学生置于一个既与学习内容有关，又可以追求个人特殊兴趣的自主学习情境中。

2.5.2 PPT 中教学媒体的选择

教学媒体是教学系统不可缺少的要素之一，选择教学媒体应与教学策略相匹配，应当综合考虑教学目标、学习任务类型、学习者特征，以及媒体的可获得性。表 2-5-1 是加涅提出的常用媒体教学功能表。②

PPT 可包含文本、图片、动画、视频以及 Flash 等媒体，选择何种媒体需要结合具体教学策略，可参考加涅的媒体教学功能表来进行选择。

在制作 PPT 之前，将大致的素材收集好放置独立文件夹内。在实际制作 PPT 时，对素材进行补充和调整，在满足教学需要的前提下，尽量保持风格统一、美观大方。

---

① 刘美凤 . 教育技术基础［M］. 北京：中国铁道出版社，2011，104—111.

② 加涅 . 教学设计原理［M］. 上海：华东师范大学出版社，2007.

表 2-5-1 常用媒体教学功能表

种类功能	实物演示	口头传播	印刷媒体	静止图像	活动图像	视频	教学机器
呈现刺激	Y	L	L	Y	Y	Y	Y
引导注意和其他活动	N	Y	Y	N	N	Y	Y
提供所期望行为的规范	L	Y	Y	L	L	Y	Y
提供外部刺激	L	Y	Y	L	L	Y	Y
指导思维	N	Y	Y	N	N	Y	Y
产生迁移	L	Y	L	L	L	L	L
评定成绩	N	Y	Y	N	N	Y	Y
提供反馈	L	Y	N	N	L	Y	Y

注：Y——有功能；N——没有功能；L——功能有限

2.6 分析教学环境

教学环境有实体教室环境和网络环境，了解教学环境是教学 PPT 制作前的最后一步准备工作。

2.6.1 幻灯片放映屏幕

当你打算做一个 PPT 用来课堂教学时，最好提前知道教室的幻灯片放映设备屏幕的长宽比例（图 2-6-1 至 2-6-3）。

PPT 常用的页面长宽比例有 4∶3 和 16∶9 两种。

如果教室的幻灯片放映设备的长宽比是 4∶3，那么长宽比为 4∶3 和 16∶9 的幻灯片都能够以原有的比例进行放映。

如果教室的幻灯片放映设备的长宽比是 16∶9，那么长宽比为 4∶3 的幻灯片可能就会被拉伸到 16∶9，美观度就会打折。

因此，在新建教学 PPT 文稿时，可以按照幻灯片放映设备的长宽比来设计，如果不便提前知晓设备长宽比，则最好制作为 16∶9 的教学 PPT。

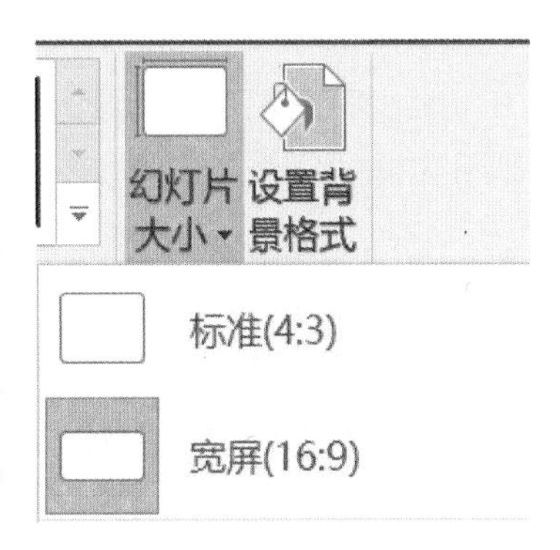

图 2-6-1 幻灯片比例

图 2-6-2　PPT 页面 4∶3 比例

图 2-6-3　PPT 页面 16∶9 比例

当你打算做一个 PPT 用来制作微课时，那么则最好选择 16∶9 的幻灯片。因为目前计算机显示屏长宽比普遍为 16∶9，16∶9 的教学 PPT 会使页面空间更大，有更多的发挥空间，美观度也更高。

随着设计潮流的发展，16∶9 幻灯片逐渐成为设计主流，更加美观大方，因此推荐首选 16∶9 的 PPT 设置。

2.6.2　放映设备的配置

在制作教学 PPT 前，还要注意用于放映 PPT 的计算机的配置。当然如果可以用自己的笔记本放映的话，这一步就可以省略了。

如果用的是教室的计算机或其他人的笔记本，制作幻灯片时要注意字体的使用，使用特殊字体要将其与 PPT 一同打包保存，以免在其他放映设备上无法正常显示预设的字体，具体如何操作，第 3 章会进行详细介绍。

此外，还要弄清教室计算机的 PPT 版本，因为不同版本的功能有所不同，会影响 PPT 的放映效果。比如，office 2016 版本 PPT 的一些转场动画，无法在 office 2013 版本以下的 PPT 中播放。

再比如，office 2013 版本之前的 PPT 在显示备注方面很不方便，如果想使用演示者视图，就需要使用 office 2013 和 office 2016 版本了。如果用来演示教学 PPT 的计算机安装的是 2007 版本的 PPT，那么最好要十分熟悉 PPT 内容，因为无法通过备注得到额外的提示。

本章从教学设计角度出发，介绍了制作教学 PPT 前需要进行的准备工作。下一章将介绍教学 PPT 对象的处理与美化。

第 3 章　幻灯片对象的处理与美化

导读

本章将从 Microsoft PowerPoint 自带的对象入手，来讲述教学 PPT 的基本处理与美化技巧 (见图 3-1)。

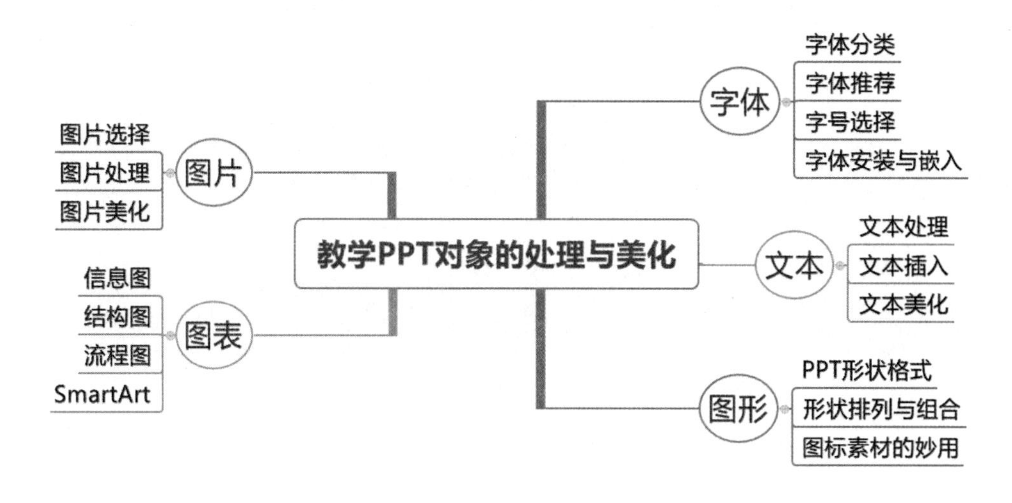

图 3-1　本章内容导读

前面提到教师的教学对象是学生，是教师将要讲授的一门课程或一节微课的授课对象。PPT 的对象并不是教学对象，而是指文本、图形、图片、图表、SmartArt、音频、视频等组件，这些对象是构成 PPT 的基本单位，学会灵活处理并使用这些对象是打造美观实用教学 PPT 的初级技能（见图 3-2）。

本章将主要介绍PPT文本、图形、图片、图表以及SmartArt的处理与美化，在第4章“教学PPT中的富媒体”中会介绍音频、视频等对象作为富媒体在教学PPT中的应用。

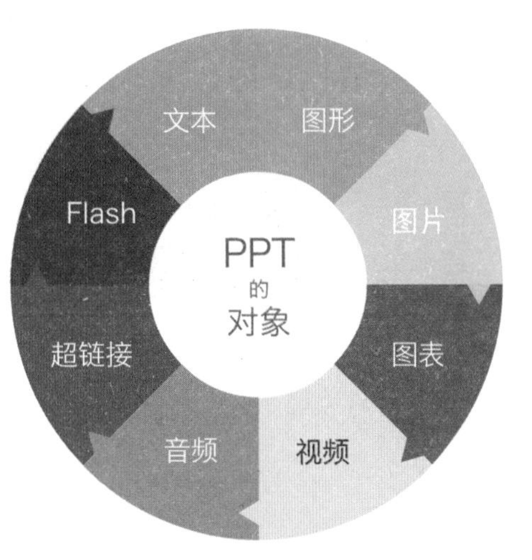

图3-2　常见对象类型

3.1　字体的选择

文本是大部分教学PPT不可缺少的，文本的设计与排版是PPT制作最基础也是非常重要的部分。在思考文本该如何处理前，先看一下创建文本时该如何选择字体。

3.1.1　字体分类

字体是文字的外在形式特征，我们平时常见的字体有宋体、楷体、行书、草书、隶书等。在平面设计中，字体种类被进一步细化，字体的分类方法有很多种，下面只介绍对PPT制作有直接影响的两种分类。

1. 按系统是否存在分类

Window操作系统本身自带一些字体，如宋体、楷体、微软雅黑、仿宋、隶书、黑体等。系统字体常见、通用性强，但缺乏个性，目前在PPT制作中常用的有微软雅黑和黑体。此前微软Office的默认字体是宋体，Office 2016的默认字体则改为等线体，这也是Win 8系统的自带字体。

自定义字体是用户根据自己的需要自行安装的字体，常见的有方正字体、华康字体、书法字体等。这些字体具有一定的个性化、能够较好地通过字体特征进行设计表达，但通用性较差，需要将字体嵌入PPT中才能在没有安装该字体的电脑系统中显示。

2. 按是否有衬线分类

西方国家字母体系分为两类：serif以及sans serif。

Serif指有衬线字体，在字的笔画开始、结束的地方有额外的装饰，且笔画的粗细会不同，这种字体容易识别，它强调了每个字母笔画的开始和结束，因此易读性比较高。如图3-1-1所示，Times New Roman是典型的西文衬线字体，宋体则是典型中文衬线字体，也一直被作为最适合的正文字体之一。不过由于强调横竖笔画的对比，在远处观看的时候横线就被弱化，导致识别性的下降，因此不适合用于幻灯片投影，一般设计师也很少用默认的宋体来做自己的设计。

衬线体

Times New Roman

宋体

无衬线体

Arial

微软雅黑

图 3-1-1　衬线体和无衬线体图

Sans serif 是无衬线字体，没有额外的装饰，且笔画的粗细差不多。Arial 是典型的西文无衬线字体，微软雅黑则是近年来用于 PPT 文稿最多的中文无衬线字体，显示效果比较清晰，适合作为 PPT 正文的字体。随着显示屏显示工艺的提高，现在大多流行起了细线字体，前面提到的 Office 2016 的默认字体“等线体”比微软雅黑更加纤细，无论是打印还是电脑显示效果都比较好。

3.1.2　字体推荐

在字体的选用上，并不是越花哨越好，自带渐变色的艺术字体不但不易于识别，而且会让课件显得很杂乱。同时也要注意，一页 PPT 的中文字体种类不要超过 2 种，整个 PPT 的中文字体不要超过 3 种。中西文字体一同使用时，PPT 中西文字体类型也不要超过 2 种。

下面推荐一些常用并识别性强的中文和西文字体。

1. 中文字体推荐

（1）稳重明快型

稳重明快型字体（见图 3-1-2）有：造字工房力黑常规体、方正正大黑简体、方正汉真广标简体、迷你简菱心、华康俪金黑、长城特粗宋体、方正小标宋等。这类字体造型规整饱满，富有力度，给人以稳重明朗的感受，具有较强的视觉冲击力，比较适合做 PPT 大标题、章节标题、强调的字体。

造字工房力黑常规体	方正正大黑简体
方正汉真广标简体	迷你简菱心
华康俪金黑	长城特粗宋体

图 3-1-2　稳重明快型字体

（2）轻巧纤细型

轻巧纤细型字体（见图 3-1-3）有：方正正纤黑简体、方正正准黑简体、方正美黑、冬青黑体简体、微软雅黑、黑体、等线和幼圆等。这类字体造型简洁清晰，线条纤细，给人以简洁爽朗的现代感，清晰度较高，比较适合做 PPT 正文的字体。

方正正纤黑简体	方正正准黑简体
方正美黑	冬青黑体简体
微软雅黑	黑体
等线	幼圆

图 3-1-3　轻巧纤细型字体

（3）活泼有趣型

活泼有趣型字体（见图 3-1-4）有：方正剪纸简体、方正少儿简体、方正卡通简体、方正海报体、方正稚艺简体、方正行黑简体。这类字体造型生动活泼，有鲜明的节奏韵律感，形状丰富明快，给人以生机盎然的感受，适合用作趣味性主题的教学 PPT 中，如主题标题、人物对话框、小段文字等。其中方正剪纸简体和华康海报体属于较为浑厚的字体，不太适合用作正文字体。

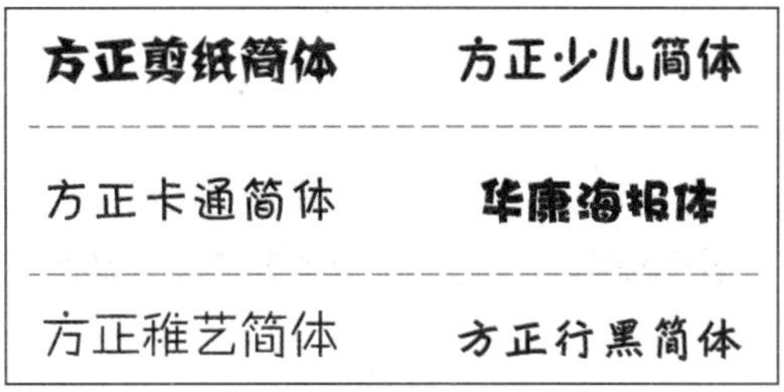

方正剪纸简体　方正少儿简体
方正卡通简体　华康海报体
方正稚艺简体　方正行黑简体

图 3-1-4　活泼有趣型字体

（4）古朴典雅型

古朴典雅型字体（见图 3-1-5）有：方正启功简体、方正苏新诗柳楷简体、书体坊米芾体、方正清刻本悦宋简体、迷你简南宫、文鼎习字体、康熙字体等。这类字体线条或粗犷或柔美，包含古典风韵，能给人一种怀旧的感觉。适合语言、历史、诗词、文学等主题的教学 PPT。

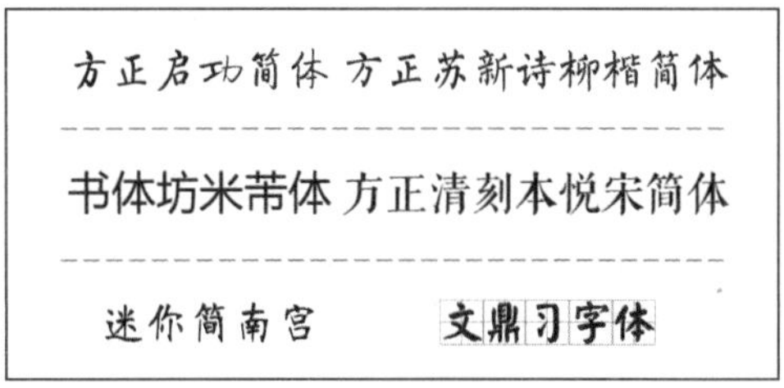

方正启功简体 方正苏新诗柳楷简体
书体坊米芾体 方正清刻本悦宋简体
迷你简南宫　文鼎习字体

图 3-1-5　古朴典雅型字体

2. 西文字体推荐

通常在制作 PPT 时，西文字体可以用默认的中文字体样式或者默认的 Calibri 字体（见图 3-1-6）。但在一些特殊情况下也可以使用自定义字体来丰富字体的样式。比如，在强调西文文本时可以采用 Impact 和 Broadway，这两种字体用于数字文本也很有新意；Agency FB 和 Jokerman 这两款字体属于比较活泼有趣的字体，可以根据 PPT 主题适当选用；Arial、Segoe UI 则是 PPT 中西文正文常用的字体，此外微软雅黑、等线的西文样式也很适合用作 PPT 中的西文正文。

3. 系统自带的特殊符号

Window 系统自带一些特殊符号，Wingdings 系列字体的特殊字符可以直接插入 PPT 文本框中（见图 3-1-7）。在 PPT【插入】选项卡中可以看到【符号】按钮，单击符号按钮，在字体栏中选择 Wingdings 系列字体，即可以在文本框中选择自己想要的特殊字符。接下来则可以将特殊字符像普通字符一样进行大小、颜色等样式的编辑。

3.1.3　字号选择

教学 PPT 通常有两种用途，一种是授课型的，用于课堂演示或远程演示。另

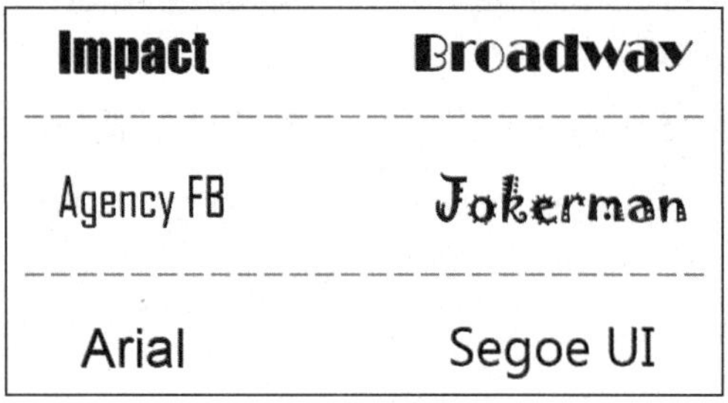

Impact　　Broadway

Agency FB　　Jokerman

Arial　　Segoe UI

图 3-1-6　西文字体

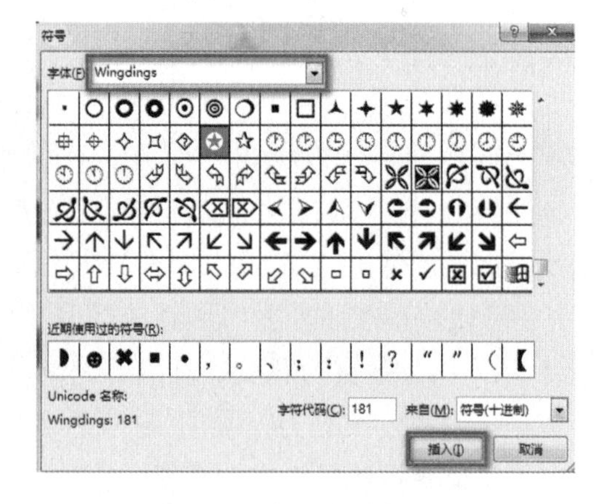

图 3-1-7　插入自定义符号

一种是讲义型的，用来发给学生进行自学。对于这两种类型的教学 PPT，其正文字号选择上就有所差异，授课型教学 PPT 需要能够让坐在较远位置学生也能够看清 PPT 上面的文字，讲义型 PPT 需要罗列较多的文字以弥补没有教师讲解的不足，因此正文字号会比授课型小。这两种类型的 PPT 在标题字号选择上则没有较大差异。

1. 标题字号

由图 3-1-8 可见，PPT 首页的大标题和章节标题要醒目，至少是 54px，但具体的大小则需要兼顾版面的排版。正文页面中的一级标题也需要醒目，可以在 34 ～ 44px 之间，二级标题的字号在 24 ～ 32px 之间。

2. 正文字号

一般来说，授课型 PPT 的正文应至少为 22px，讲义型 PPT 的正文应至少为 18px（图 3-1-9）。具体的正文内容则需根据是否要突出强调或图示化来调整文本的大小。比如一些名词解释则可以用较大的字号加粗显示，配上一般大小的文本加以解释，可以起到突出重点词汇的作用。

大标题和章节标题：≥54px

一级标题：34-44px

二级标题：24-32px

图 3-1-8　PPT 标题字号

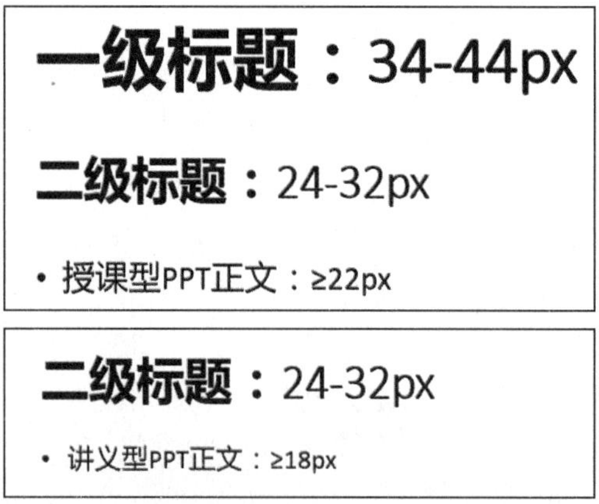

一级标题：34-44px

二级标题：24-32px

- 授课型PPT正文：≥22px

二级标题：24-32px

- 讲义型PPT正文：≥18px

图 3-1-9　PPT 正文字号

3.1.4　字体安装与嵌入

1. 字体安装

对于教学用途常见字体均是免费的，可以在互联网上直接搜索字体名称，找到合适的网站下载。下载下来的字体是 TTF 格式的，双击字体文件浏览字体样式，单击【安装】按钮，即可将字体安装到计算机上（图 3-1-10）。

图 3-1-10　字体安装方法

当同时下载了多个字体时，可以采用另一种方法，进行字体的批量安装：打开计算机输入地址：C:　\ Windows \ Fonts，或者在 C 盘的 Windows 文件夹下找到 Fonts 文件夹，可以看到计算机已经安装的字体。将下载好的字体文件拖拽到 Fonts 文件夹下，即可实现字体的批量安装（图 3-1-11）。

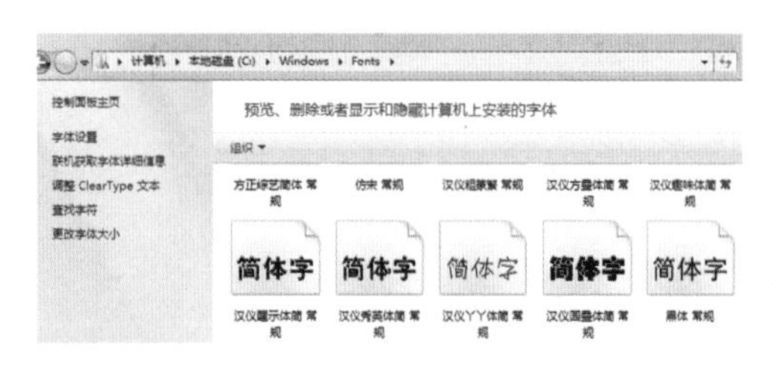

图 3-1-11　字体批量安装方法

2. 字体嵌入

有时精心设计的文本字体会被显示成宋体，这是许多 PPT 显示时的一大烦恼。因为在没有安装自定义字体的计算机上，PPT 只能默认呈现宋体，无法显示自定义字体。解决的办法有两个，一种是将所使用的自定义字体安装到所要用来演示的计算机上，但这种方法已经不太常用。

图 3-1-12　PPT 字体嵌入

（1）目前来说最简单、最便捷的解决方法——字体嵌入

单击 PPT【文件】选项卡，单击出现的最后一栏【选项】按钮，弹出图 3-1-12 所示对话框，勾选“将字体嵌入文件”后有两种选择：

①仅嵌入演示文稿中使用的字符。这种方法可以使 PPT 文件的大小较小，但是其他人编辑 PPT 的文本时会出现自定义字体呈现不全的现象。

②嵌入所有字符。这时 PPT 是可以供其他人随意编辑的，字体显示上不会出现问题，不足之处是 PPT 文件完全嵌入自定义字体后会变得比较臃肿，增加至十几兆到几十兆不等。具体选择哪种方法，就要看制作的教学 PPT 是否需要其他人

共同编辑修改了。

（2）如无法嵌入字体。

即使用了付费字体（非商用字体），当使用其自定义字体则需要慎重考虑下面有几种解决方法可供选择：

①将字体安装到其他电脑上。

②用个人的电脑进行演示。

③如果在PPT中使用该自定义字符的频率不高，也可以采用将文字粘贴为字符的办法：将输入好文字的文本框复制【Ctrl + C】，然后在空白处单击右键，在【粘贴选项】中选择右侧按钮，即可将文本框粘贴为图片格式（图3-1-13），然后将之前的文本框删除。这样做的缺点是无法对图片格式的文字内容进行修改，若要修改需重新制作才可以。

图3-1-13　将自定义字体文本粘贴为图片格式

3.2　文本处理与美化

在进行教学设计时，想必教师已经做了充分的教学材料准备。那么对于文本类材料，该如何对其进行处理与美化呢，是否需要将文字全部放在PPT上面呢？该选择何种方式对文本内容进行分块和强调呢？本节将介绍文本处理与美化的技巧（见图3-2-1）。

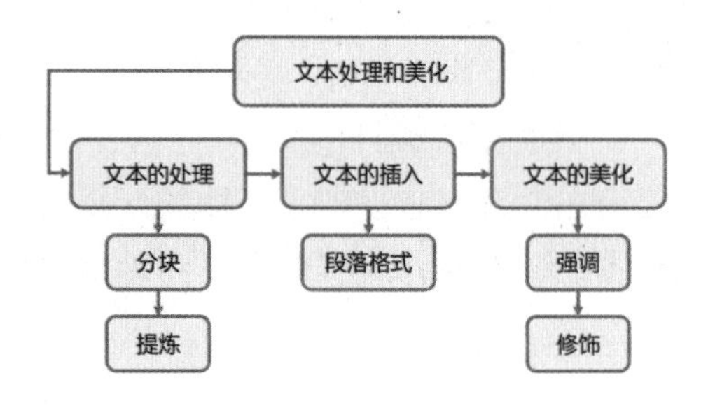

图3-2-1　文本的处理与美化

3.2.1　文本的处理

准备好教学材料之后，先别着急做PPT，依据教学设计和教学策略，先理清做PPT的思路和逻辑。我们会在第5章从整体逻辑上介绍PPT的设计，而这一小节主要以短篇幅材料为例，介绍如何更好地对文本进行处理。

1. 文本的分块

下面这段文字讲的是联通主义学习理论的知识观：

知识是一种组织，而非一种结构。

传统上，知识的组织主要采用静态的层级和结构。今天，知识的组织主要采用动态网络和生态——具有适应能力的模型，结构是组织的结果，并非组织的先决条件。

时间和空间决定了我们在某一个时刻只能从某一视角体验知识。我们只是网络上的一个结点，只能从自己存在的地方去观察和考虑，如果移动位置将失去最初的视角，我们不能同时在我们的网络上保持两个点。

对于这段文字，可能一开始有些老师就直接把这段文字放在一个文本框里了。但仔细分析会发现，前两个段落讲的是“知识的组织”，第三段讲“知识的视角”。

也就是说，对于一段需要做成PPT的文本材料，我们需要先了解其每个段落在讲什么，是否可以分成几块。将内容进行分块，也有助于帮助学生理解学习材料。下面我们把上述文本进行分块并且加上刚才提炼出来的小标题，看起来是否更明晰了呢?

（1）知识的组织

知识是一种组织，而非一种结构。

传统上，知识的组织主要采用静态的层级和结构。今天，知识的组织主要采用动态网络和生态——具有适应能力的模型。

（2）知识的视角

时间和空间决定了我们在某一个时刻只能从某一视角体验知识。我们只是网络上的一个结点，只能从自己存在的地方去观察和考虑，如果移动位置将失去最初的视角，我们不能同时在我们的网络上保持两个点。

2. 文本的提炼

PPT不是教师上课的提词器，并不需要将所有的文本材料都粘贴到文本框中。对文本进行分块后，可以看一下文本内容是否可以进行提炼。因为PPT并不是WORD，不是长文本的阅读材料，需要让观众，也就是学生，在短时间内理清段落的逻辑，除非是要教他们如何归纳段落的重点。

如上面的例子，就可以将文本进行提炼，并将单独的句子分成小段排列，使PPT文本变得更加简洁明了。需要注意的是，并不是把文本都划分成一句一行就是好的，需要看具体的文本内容，灵活运用。

（1）知识的组织

知识是一种组织，而非一种结构。

过去，知识的组织主要采用静态的层级和结构。

今天，知识的组织主要采用动态网络和生态——具有适应能力的模型。

（2）知识的视角

时间和空间决定了我们在某个时刻只能从某一视角体验知识。

我们只是网络上的一个结点，只能从自己存在的地方去观察和考虑。

移动位置将失去最初的视角，我们不能同时在网络上保持两个点。

这样处理后，文本就显得更加整洁利落了。接下来需要将处理好的文本插入PPT中，并将其进行美化，让它成为一页赏心悦目、清晰明快的教学PPT。

3.2.2 文本插入

1. 重新认识文本框

将处理好的文本置入PPT前，还需要重新认识PPT中的文本框，才能游刃有余地进行后续的文本美化。

文本框不仅仅是填充文字的工具，它实际上是一个可以调整段落和外观格式的PPT形状。通常它的默认段落属性如图3-2-2所示。

图 3-2-2　文本框默认段落属性

按照默认属性，文本插入PPT之中，和之前介绍的二级标题和正文字号大小设计原则，把上一小节的文本插入PPT中得到这样的效果图3-2-3所示。

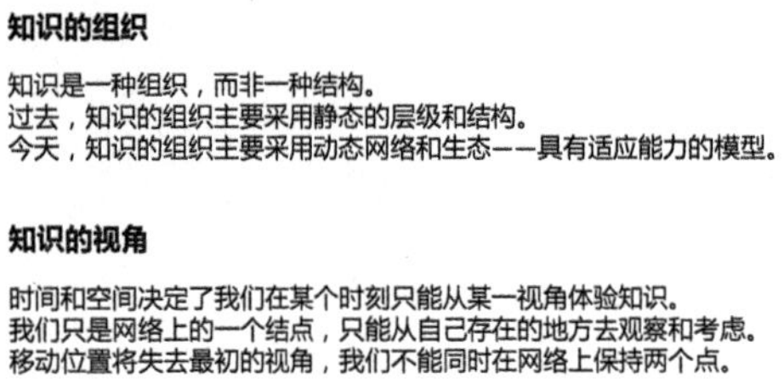

知识的组织

知识是一种组织，而非一种结构。
过去，知识的组织主要采用静态的层级和结构。
今天，知识的组织主要采用动态网络和生态——具有适应能力的模型。

知识的视角

时间和空间决定了我们在某个时刻只能从某一视角体验知识。
我们只是网络上的一个结点，只能从自己存在的地方去观察和考虑。
移动位置将失去最初的视角，我们不能同时在网络上保持两个点。

图 3-2-3　文本段间距修改前

是否感觉这样的段落间距有点密集呢？就连我们编辑WORD文档都会注意调节段落间距，那么做PPT时，更应该注意这一点。

2. 调整段落格式

通常调整文本框的段落格式只需要进行图3-2-4所示操作，即在段落选项卡中，将行距设为“多倍行距”，值为“1.2”倍，就可以实现不错的段间距效果了。如果文本中有两个段落的话，可以用增加段后间距的方式调整两个段落间距。

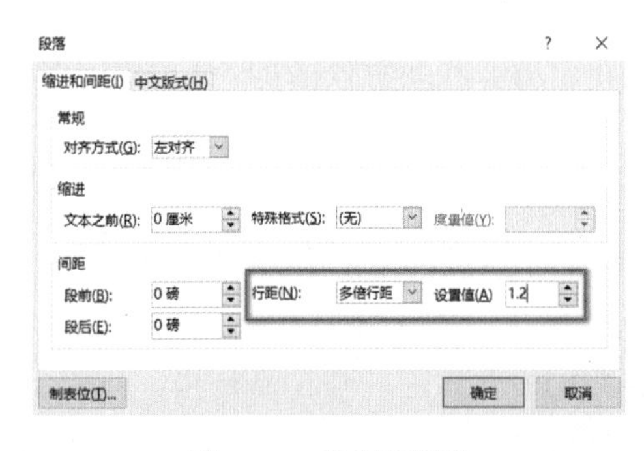

图 3-2-4　段间距设置

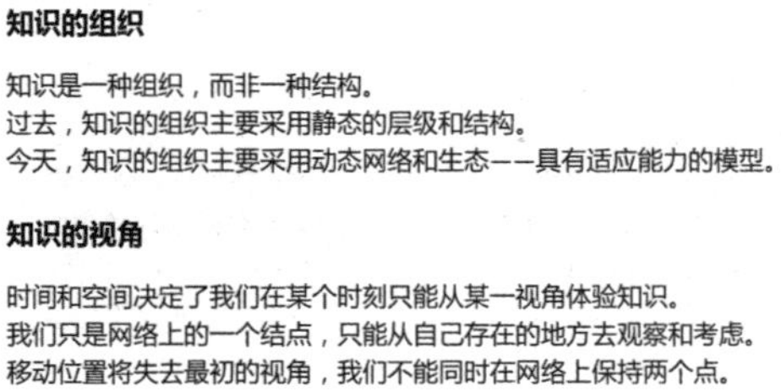

知识的组织

知识是一种组织，而非一种结构。
过去，知识的组织主要采用静态的层级和结构。
今天，知识的组织主要采用动态网络和生态——具有适应能力的模型。

知识的视角

时间和空间决定了我们在某个时刻只能从某一视角体验知识。
我们只是网络上的一个结点，只能从自己存在的地方去观察和考虑。
移动位置将失去最初的视角，我们不能同时在网络上保持两个点。

图 3-2-5　文本段间距修改后

图 3-2-5 是调整段落间距后的文本。

除了调节段落间距外，【段落】栏还有很多功能可以挖掘，如图 3-2-6 所示文字的方向、对齐文本、为文本分栏等。

文本被置入 PPT 页面之中后，需要进行的便是文本的美化。

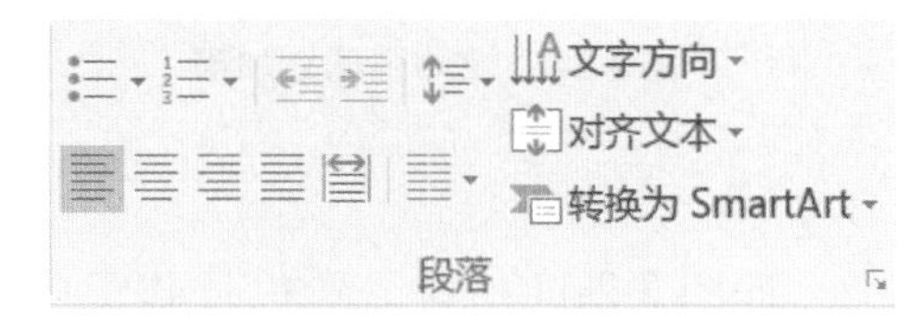

图 3-2-6　段落格式

3.2.3　文本美化

1. 文本的强调

在制作 PPT 的过程中，要注意对文本中的重点内容进行突出强调。下面将介绍六种文本强调方法。

（1）下划线

第一种方法是为文本中少量的关键词添加下划线（见图 3-2-7），但过多的下划线会干扰阅读，应尽量少用下划线。

（2）加大字号

加大字号也是突出强调文本的一种方式（见图 3-2-8），但至少要加大 2 ～ 3 级字号才能起到突出文字的作用。

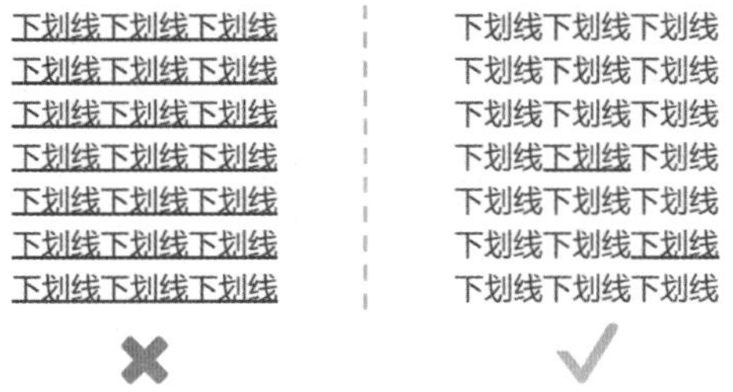

图 3-2-7　文本强调之下划线

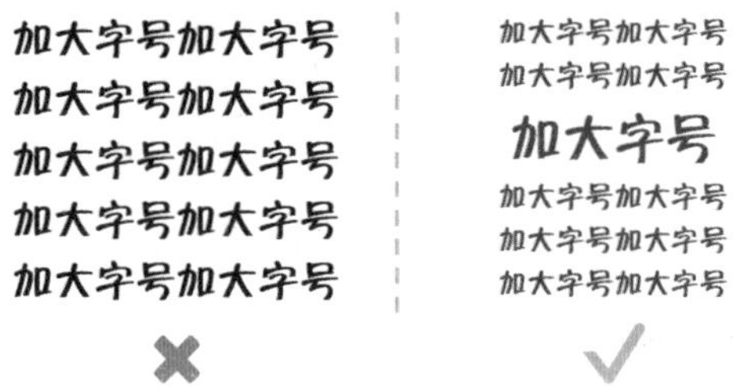

图 3-2-8　文本强调之加大字号

（3）加粗

加粗字体的使用也要适量，否则也会干扰阅读。同时也要避免在同一段文字中使用不同的字体。此外，加大字号和加粗可以叠加运用（图 3-2-9）。

（4）斜体

斜体这种强调方式也不易于阅读，但是可以和粗体叠加运用（图 3-2-10）。

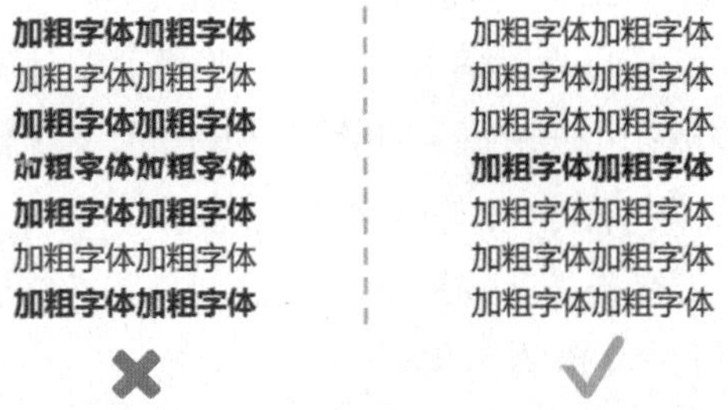

图 3-2-9 文本强调之加粗

图 3-2-10 文本强调之斜体

（5）变色

如图 3-2-11 所示，变色是 PPT 中进行文本强调的不错选择。同时，也可以对文本进行加粗或放大处理。

（6）反衬

如图 3-2-12 所示，反衬在吸引注意力方面也是很有效的。

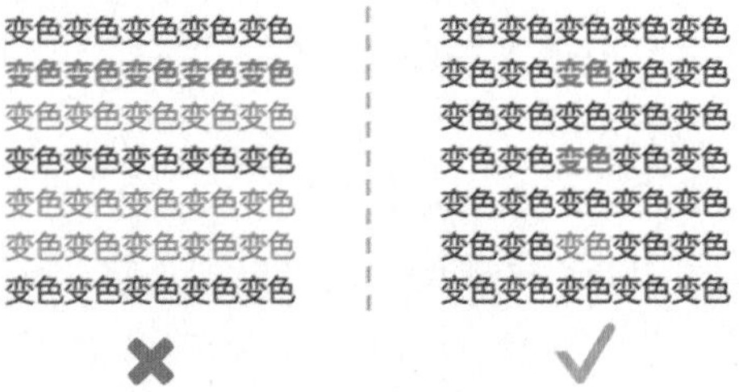

图 3-2-11 文本强调之变色

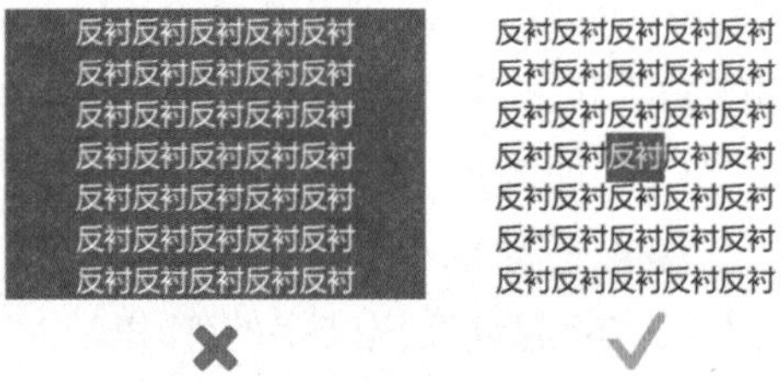

图 3-2-12 文本强调之反衬

以上是六种文本突出强调常用的方法。既然是突出强调，那么被突出和强调的文字就应该是少量的，原则上不应超过整段文本的 10%，否则不但会让人更加摸不着头绪，还会大大降低 PPT 页面的美观程度。

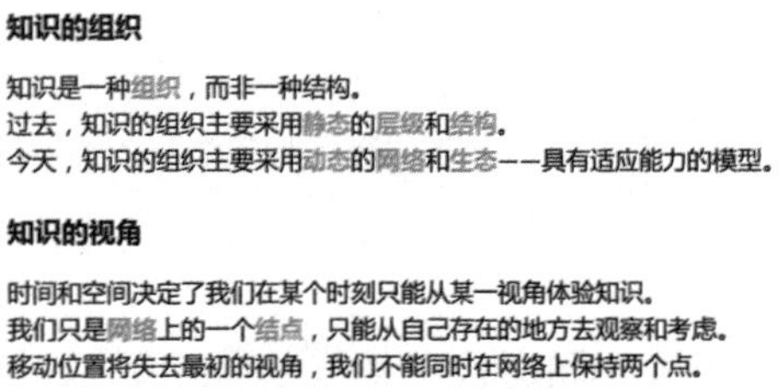

知识的组织

知识是一种组织，而非一种结构。
过去，知识的组织主要采用静态的层级和结构。
今天，知识的组织主要采用动态的网络和生态——具有适应能力的模型。

知识的视角

时间和空间决定了我们在某个时刻只能从某一视角体验知识。
我们只是网络上的一个结点，只能从自己存在的地方去观察和考虑。
移动位置将失去最初的视角，我们不能同时在网络上保持两个点。

图 3-2-13 文本段落强调

图 3-2-13 是将前面小结提到的文本进行突出强调后的效果。

采用了变色和加粗的效果叠加，具体颜色的选择还要看整体 PPT 的配色，强调文本所使用的颜色最好不要超过两种。

2. 文本修饰

文本修饰可以从正文和标题分别入手。

（1）添加段落项目符号

PPT 还可以为段落文本添加项目符号，从图 3-2-14 可以发现，不同层级的项目符号可以使段落更加有层次感和从属感。

加粗字体加粗字体　加粗字体加粗字体
加粗字体加粗字体　加粗字体加粗字体
加粗字体加粗字体　加粗字体加粗字体
加粗字体加粗字体　加粗字体加粗字体
加粗字体加粗字体　加粗字体加粗字体
加粗字体加粗字体　加粗字体加粗字体
加粗字体加粗字体　加粗字体加粗字体

图 3-2-14　添加文本段落项目符号

（2）美化标题样式

美化标题的方式有很多种，可以运用文本强调的方法，比如图 3-2-15 和图 3-2-16 中，标题用了加粗和反衬的效果，使得标题更加鲜明了。

当然，这只是供各位参考的一个选择，具体如何运用，要看整体的设计、配色、教学主题以及个人的喜好。不加修饰的标题干净利落，也是不错的选择。

知识的组织
- 知识是一种组织，而非一种结构。
  - 过去，知识的组织主要采用静态的层级和结构。
  - 今天，知识的组织主要采用动态的网络和生态——具有适应能力的模型。

知识的视角
- 时间和空间决定了我们在某个时刻只能从某一视角体验知识。
- 我们只是网络上的一个结点，只能从自己存在的地方去观察和考虑。
- 移动位置将失去最初的视角，我们不能同时在网络上保持两个点。

图 3-2-15　标题样式一

知识的组织
- 知识是一种组织，而非一种结构。
  - 过去，知识的组织主要采用静态的层级和结构。
  - 今天，知识的组织主要采用动态的网络和生态——具有适应能力的模型。

知识的视角
- 时间和空间决定了我们在某个时刻只能从某一视角体验知识。
- 我们只是网络上的一个结点，只能从自己存在的地方去观察和考虑。
- 移动位置将失去最初的视角，我们不能同时在网络上保持两个点。

图 3-2-16　标题样式二

此外，还可以运用图形效果来修饰标题和文本段落（见图 3-2-17）。接下来的小节将介绍图形的添加与组合，来获得灵活美化 PPT 的技能。

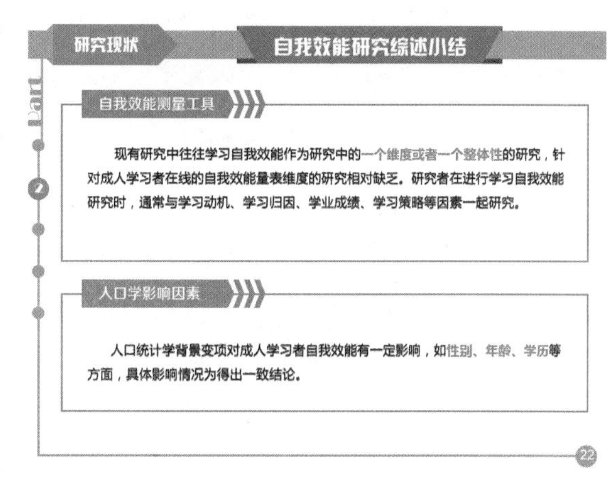

图 3-2-17　标题段落美化

3.3　图形的添加与组合

3.3.1　PPT 形状格式

在 PPT【插入】选项卡中，可以看到【形状】按钮，如图 3-3-1 所示，点击下三角箭头可以看到 PPT 自带的形状，如线条、矩形、基本形状、箭头汇总等。可以在“最近使用的形状”中看到近期用过的形状，之前提到的文本框，实际上也是一个形状。

总的来说形状有两类：一类是可以进行填充、可以添加边框的“形状”。一类

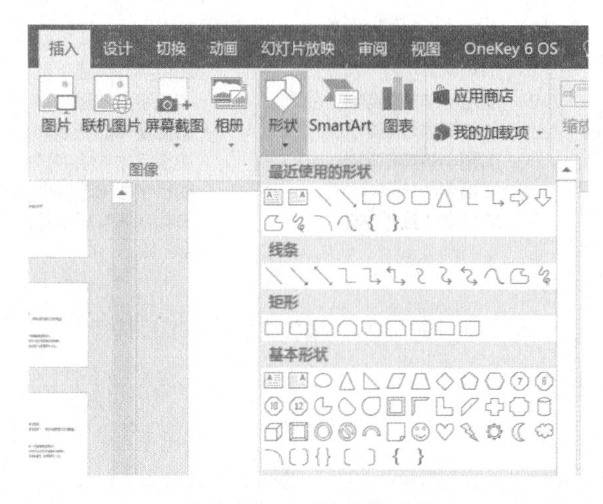

图 3-3-1 PPT 自带形状

是仅由线条构成无法进行填充的“线条”。通常在插入形状时，为了和PPT整体风格统一，会对形状的样式进行修改，下面介绍几种快速设置形状样式的技巧。

1. 设置形状格式

（1）设置默认形状格式

PPT的默认形状格式是蓝色填充和深蓝色边框（图 3-3-2）。

对长方形进行填充颜色的修改，同时改变边框的颜色和粗细。在选中形状的状态下，单击右键，可以看到【设置为默认形状】的按钮，单击这个按钮，接下来再插入形状也就都是这个样式了。这样做可以大大提高制作PPT的效率，使插入的形状具有统一的风格。

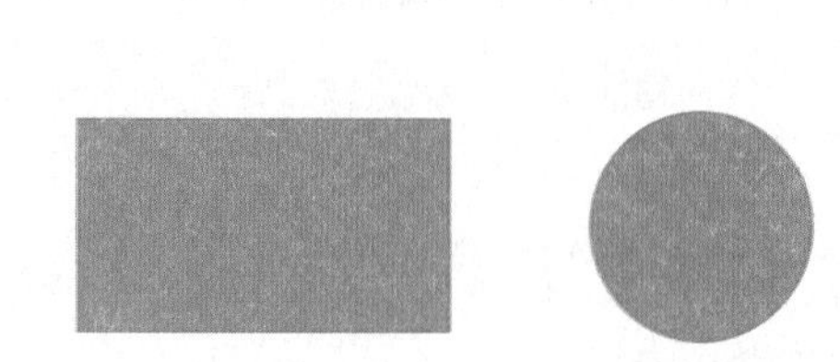

图 3-3-2 PPT 默认形状格式

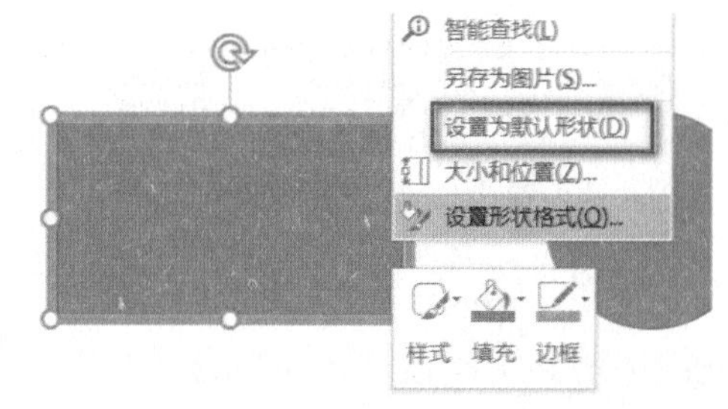

图 3-3-3 设置默认形状格式

（2）设置形状格式窗口

在图 3-3-3 中可以看到【设置形状格式】的按钮，点击它，在PPT页面的右侧会出现“设置形状格式”的窗口（如图 3-3-4 所示），点击打开可以看到更多的填充和边框的选项，如渐变填充，图片图案填充，修改形状透明度等。

这些操作就不再赘述了，读者可以尝试练习。

（3）调节形状边角大小

选中带有特殊边角的形状后，会发现这些图形都带有黄色的可操作节点，移动节点，可以快速实现改变形状边角大小、粗细或弧度的效果（图 3-3-5，3-3-6）。

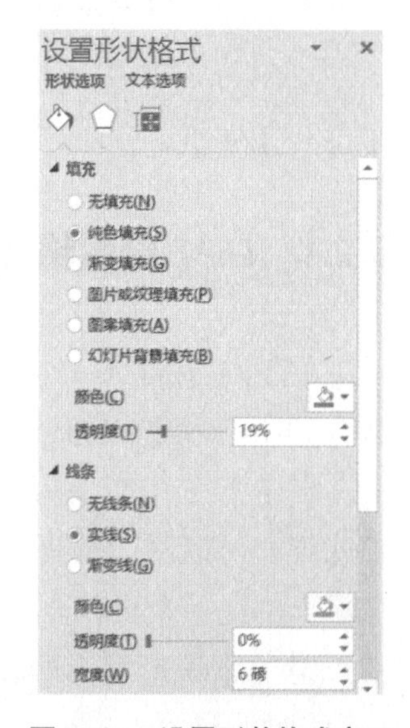

图 3-3-4 设置形状格式窗口

2. 设置线条格式

（1）设置线条格式窗口

PPT 默认线条格式是蓝色 0.5 磅的细线条。

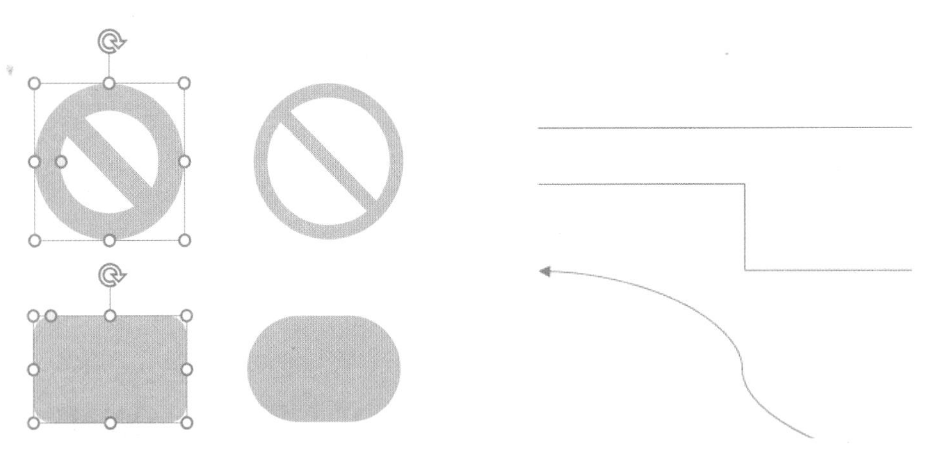

图 3-3-5　调节形状边角大小　　　　图 3-3-6　PPT 默认线条格式

为了搭配 PPT 页面的整体风格，插入的线条也需要调整格式。图 3-3-7 调整了线条的颜色和粗细，同样单击右键，可以将这个样式设置为默认的线条格式（图 3-3-8），之后再插入的线条便都统一了。

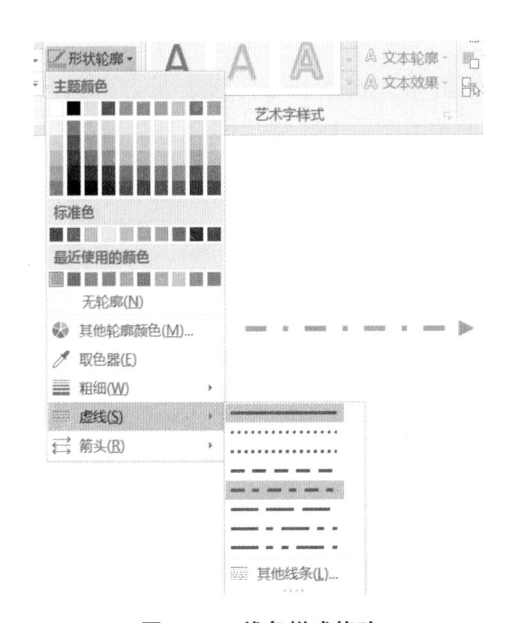

图 3-3-7　线条样式修改

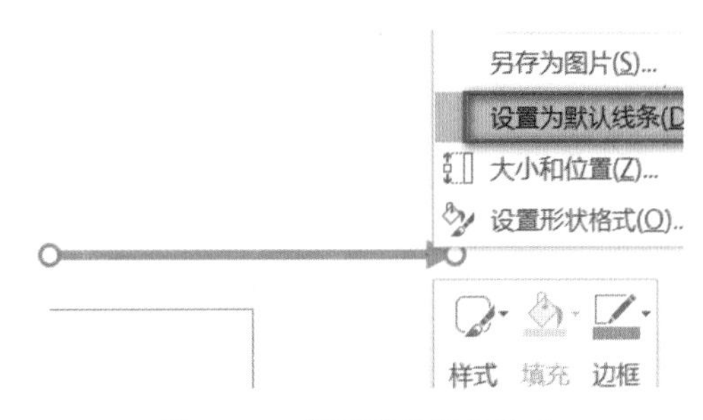

图 3-3-8　设置默认线条格式

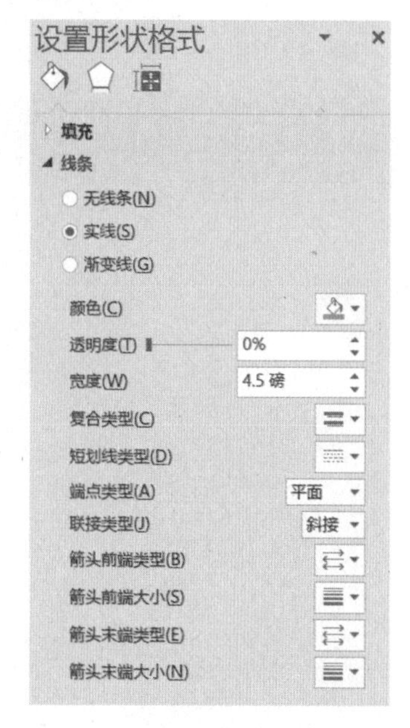

图 3-3-9　设置形状格式窗口

此外，还可以将线条格式进行其他样式的调整，如修改为虚线样式等。

（2）设置线条格式窗口

和设置形状一样，选中线条，单击右键，选择【设置形状格式】，可以看到除了可以设置颜色、宽度、虚线外，还可以灵活地设置线段端点和箭头两端的样式（图 3-3-9）。

3. 格式刷

（1）格式刷基本操作

制作 PPT 要掌握好两把刷子，一把刷子是这一小节介绍的“格式刷”，另一把刷子是第 6 章将会介绍的“动画刷”。格式刷位于【开始】选项卡的第一栏，如图 3-3-10 在选中 PPT 对象的情况下可以单击。

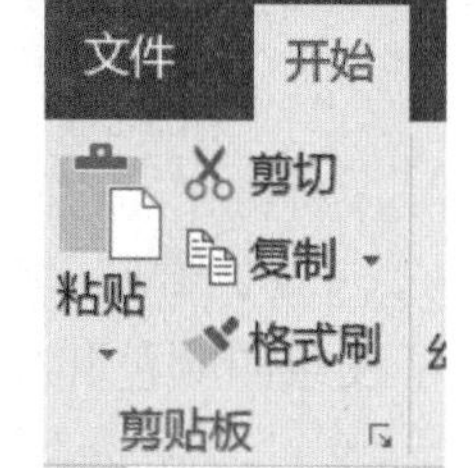

图 3-3-10　格式刷

单击后，鼠标箭头的右上角会出现小刷子的图标，这时单击某个图形，将会把刚才图形的格式复制到这一图形上。图 3-3-11 分别是不同格式的文本框、形状和线条。

以第二行的 PPT 对象样式为准，对后两行的对象使用格式刷，得图 3-3-12 的结果。可以得出这样的结论：格式刷只会改变形状的填充和边框样式，不会改变其形状本身的形态，如将圆形的格式刷到长方形上，长方形只会发生样式上的改变，其长方形的本质属性不会改变。

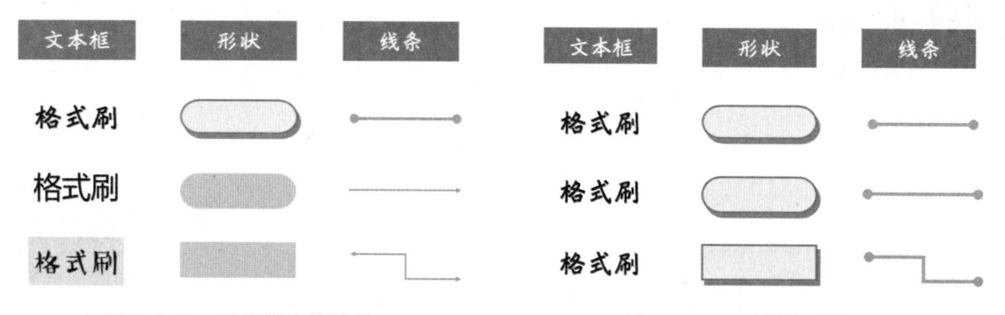

图 3-3-11　形状格式修改前　　图 3-3-12　形状格式修改后

（2）格式刷使用技巧

当觉得某一个 PPT 对象的格式效果很好时，就可以运用格式刷直接复制该对象的格式。但也许有很多个对象需要进行重复的格式刷操作，重复地点击格式刷按钮就太烦琐了。

格式刷的使用技巧可以帮助减轻点击次数，之前若选中图形后【单击】格式刷按钮，再次【双击】格式刷按钮，就会发现点击另一个图形后，鼠标右上角的小刷子还在，还可以继续将格式复制到其他图形上，提高了 PPT 制作效率。

3.3.2 形状的排列与组合

1. 形状的排列

常见的排列方式可以分成三类：对齐、居中和平均分布 (如图 3-3-13)。

在【开始】选项卡中，单击排列按钮的下三角箭头，会出现如图 3-3-14 的排列功能区，可以将多个 PPT 对象进行对齐或分布的操作。

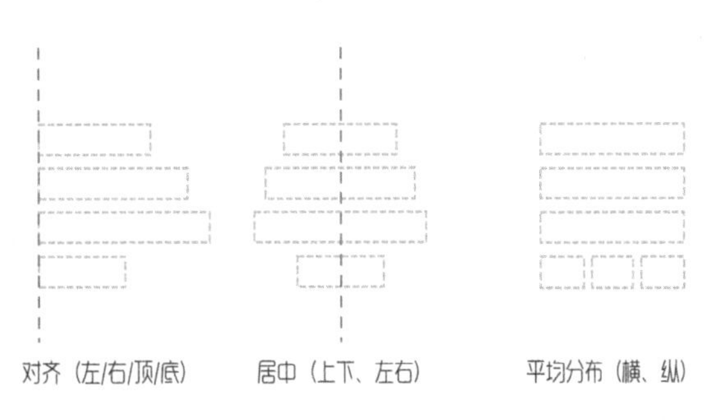

图 3-3-13　对齐方式类型

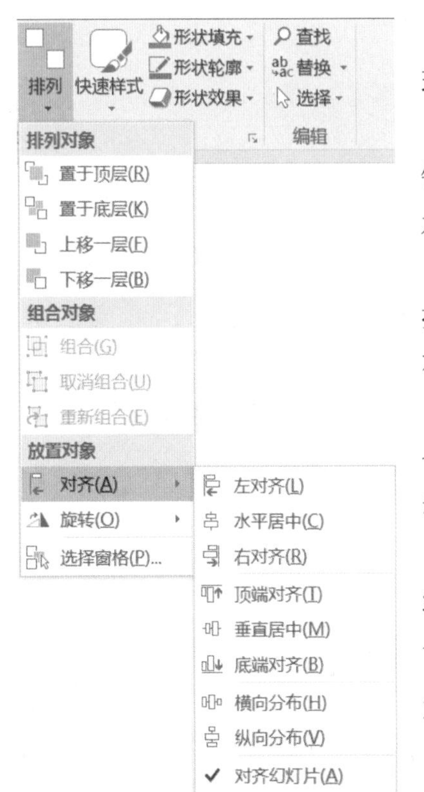

图 3-3-14　排列功能区

当选中一个或多个形状时，PPT 选项卡会出现【绘图工具】的按钮。

将多个形状进行对齐，选择【垂直居中】按钮，这些形状会变成一条水平线排列，但形状的水平间隔依然是不变的。

为了让图形在水平方向均匀分布，需要选择【横向分布】按钮，使多个图形横向均匀分布。

让多个图形纵向居中对齐并均匀分布的操作也是类似的，这是否比用“好眼神”一点一点拖动形状更快捷精准呢?

形状的组合是将多个形状合在一起成为一个组合，这个操作是可逆的，可以将组合还原为单个形状。

2. 形状的组合与合并

如图 3-3-15 至 3-3-17 所示，PPT 提供了一些基本形状，所有形状都可由基础形状组合或合并而来。

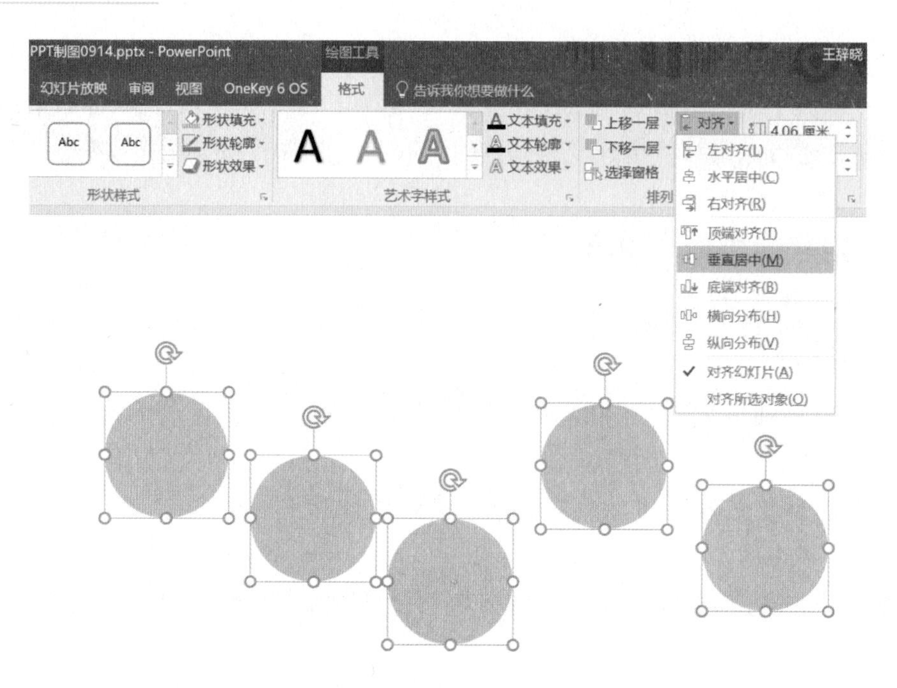

图 3-3-15　将对象垂直居中

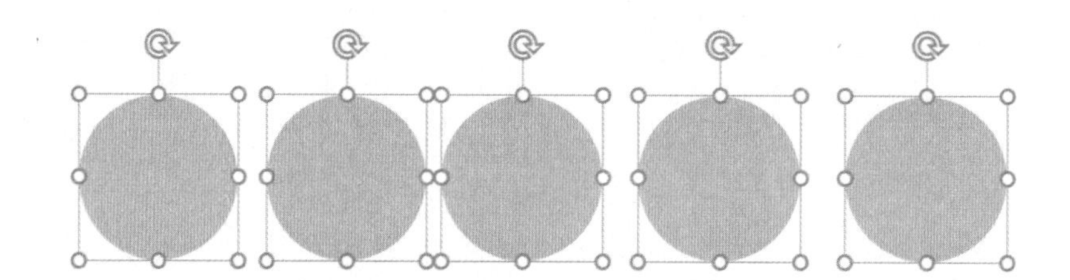

图 3-3-16　对象垂直居中

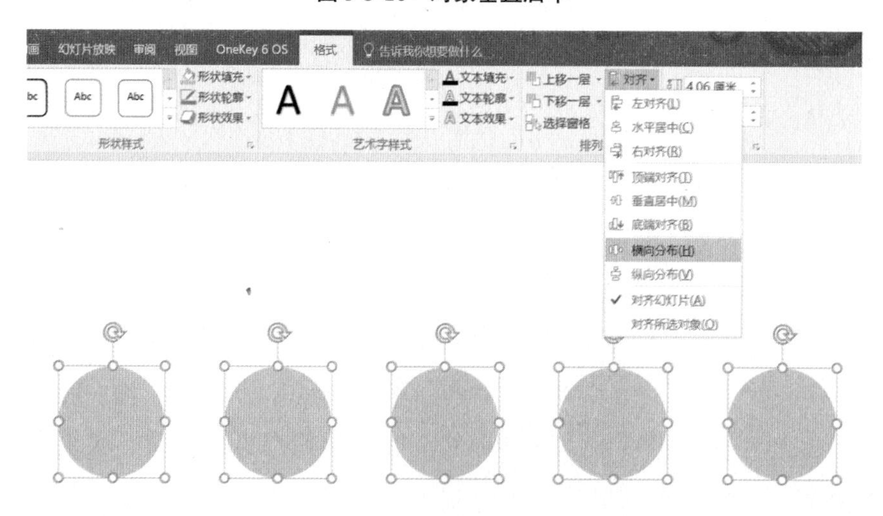

图 3-3-17　对象横向分布

（1）形状的组合

图 3-3-18 的水滴形状，就可以由圆形和正方形组合形成。

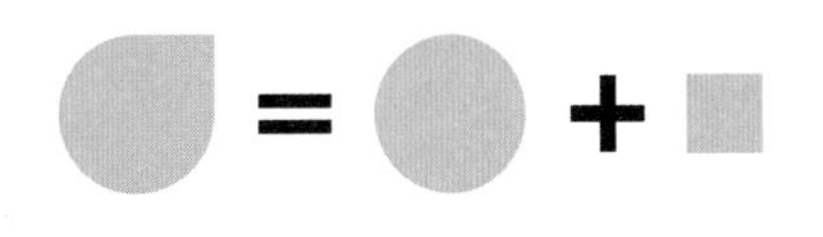

图 3-3-18　形状组合示例

运用对齐工具将形状和正方形进行调整到适合的位置，同时选中两个形状，单击右键，选择【组合】，即可将两个形状变为一个组合（图 3-3-19）。再次单击右键，则可以选择【取消组合】，将两个形状还原为独立的形状。

（2）形状的合并

PPT 还提供了另一种不可逆但功能更加丰富的形状组合方法——形状的合并。在【绘图工具】的插入形状栏中，如图 3-3-20，可以点击“合并形状”的按钮。

联合、组合、拆分、相交和剪除的效果分别如图 3-3-21 所示。将两个不同大小的圆形进行合并形状的“组合”操作，就可以得到图 3-3-22 的效果。

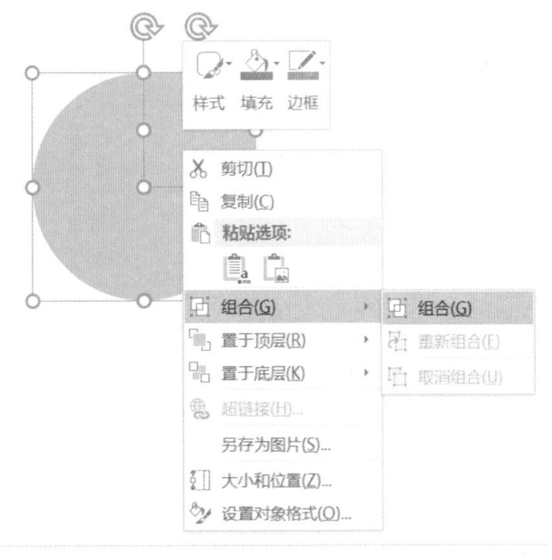

图 3-3-19　将两个图形进行组合

图 3-3-20　合并形状选项

图 3-3-23 是为合并后的形状添加轮廓时的效果。

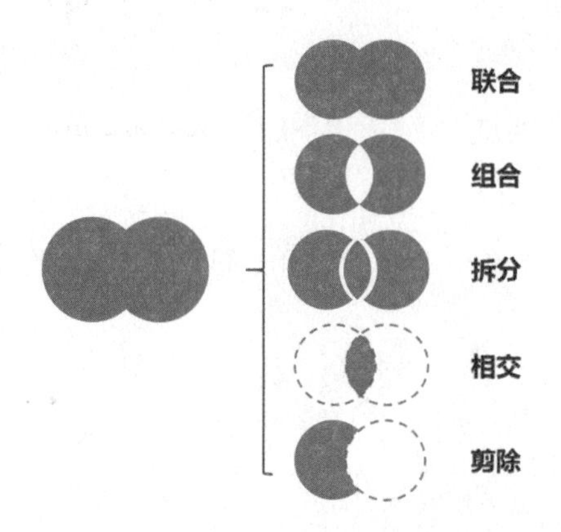

图 3-3-21　合并形状选项

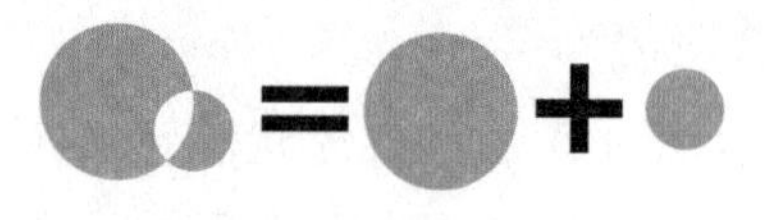

图 3-3-22　形状的组合

图 3-3-23　为合并后的图形添加轮廓

还可以综合运用多种合并方式来创建更为复杂的图形，比如图 3-3-24 的齿轮形状。第一步，将八角形和圆形进行“组合”合并；第二步，将得到的图形和八边形进行“相交”合并，就可以得到齿轮形状了。

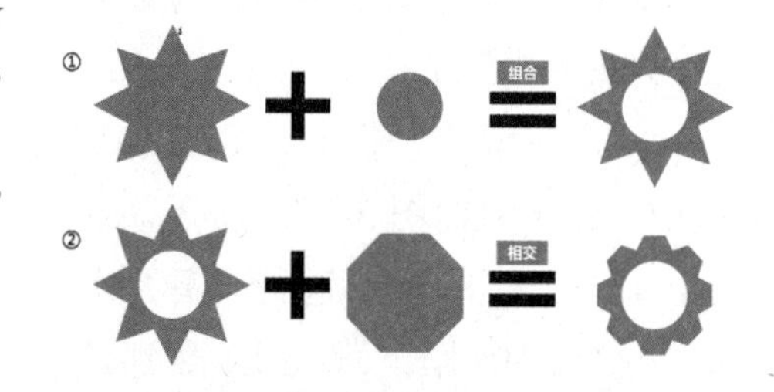

图 3-3-24　齿轮图形的制作

（3）形状的连接

当制作流程图的时候，最好用线条将形状连接起来，这里的连接指的是当挪动其中一个形状的时候，线条和图形的节点依然是固定的，而线条的形状跟着改变。图 3-3-25 中绿色的原点就是线条和图形连接的节点。

图 3-3-26 黄色的原点则是用来快速改变形状样式的操作节点，可以调整折线转折的位置。

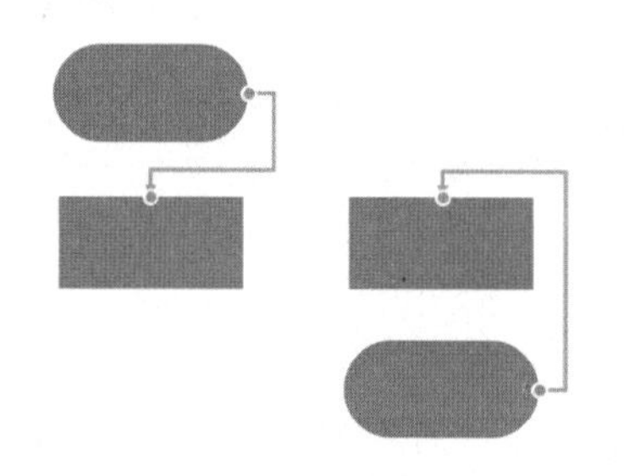

图 3-3-25　形状连接状态下的移动

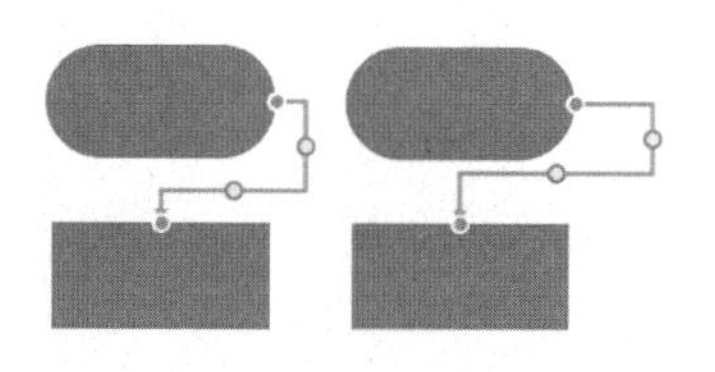

图 3-3-26　改变连接转折位置

3. 编辑形状顶点[①]

编辑形状顶点的按钮在【绘图工具】选项卡的“编辑形状”中，选中形状后单击右键可以找到“编辑顶点”的选项（图 3-3-27）。

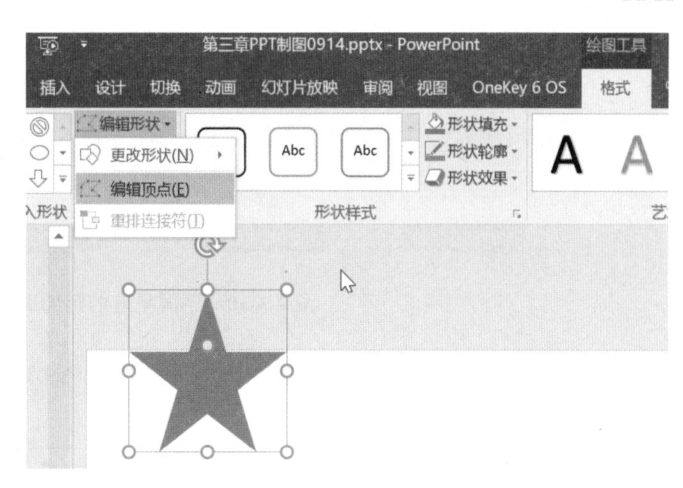

图 3-3-27　编辑形状顶点

每一个形状都有 2 个以上的顶点，每一个顶点都有一对手柄。比如圆形的手柄长度是其半径的 0.552 倍（图 3-3-28）。调整手柄就会改变相应顶点周边的形状。

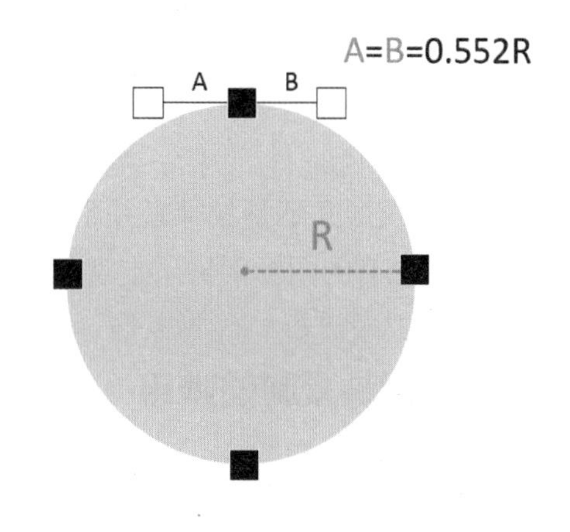

图 3-3-28　圆形顶点

（1）手柄类型

形状顶点的手柄类型有三类，分别是平滑顶点、直线点和角部顶点。

在角部顶点中，锐角、直角、钝角和优角分别有如下的效果。

（2）绘制特殊图形

了解形状顶点的基本编辑操作后，就可以动手绘制特殊的图形了。首先，在【插入】选项卡中，选择“自由：形状”，绘制图 3-3-29 所示左侧的多边形；然后，通过调节顶点手柄来编辑形状图 3-3-30，使其产生合适的弧度，最终得到祥云的效果（图 3-3-31）。

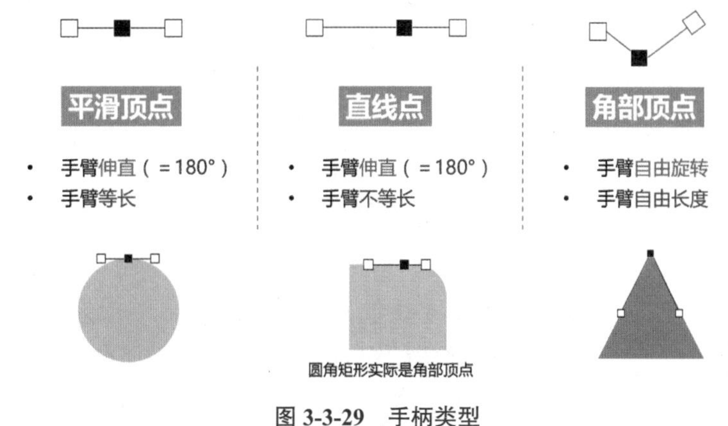

图 3-3-29　手柄类型

① 本节参考：http://weibo.wm/slidelab

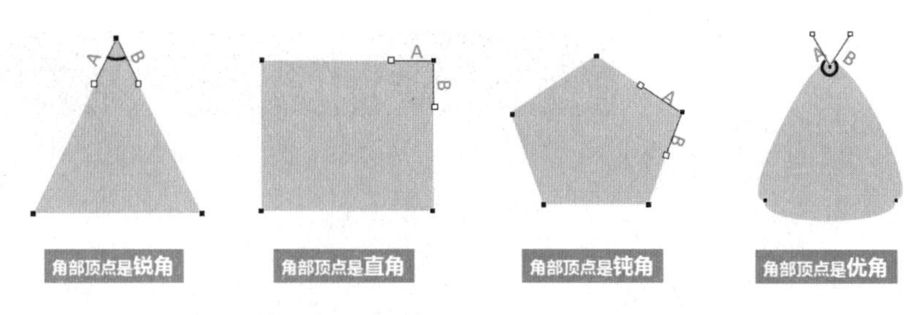

图 3-3-30　不同角度的角部顶点

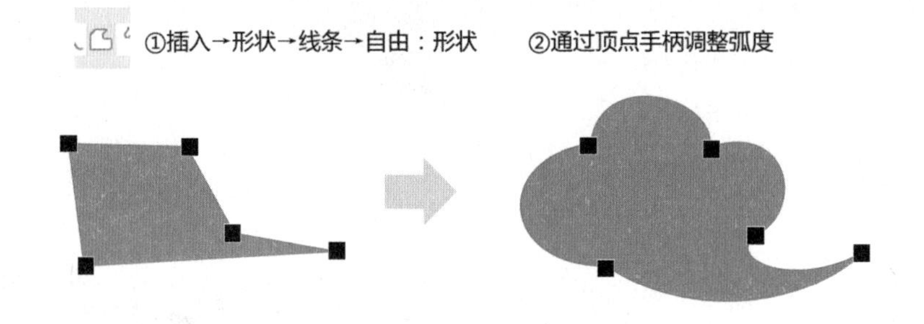

图 3-3-31　绘制祥云形状

绘制图形并不是教师必须掌握的技能，只需要了解其原理即可，因为我们可以利用大量已有的图标素材来丰富 PPT 的设计。

3.3.3　图标素材的妙用

1. 认识图标

（1）图标的含义和特性

图标是具有明确指代含义的计算机图形，英文名为 icon，具有高度浓缩并快捷传达信息、便于记忆的特性。电脑桌面上的计算机、回收站以及应用程序的图标起到了功能标识的作用，帮助用户方便快捷地识别程序和软件。

图标在 PPT 中的应用也是如此，运用图标可以形象快捷地传达的相关内容，帮助学生更快地理解所要表达的教学内容，同时又能够丰富 PPT 的页面元素，使 PPT 更有设计感，达到辅助文字进行内容和视觉传达的效果。

（2）图标的格式

图 3-3-32　图标的格式变换

图标有两种：一种图标的本质是图形，是矢量的，缩放或拉伸都不会使其有像素效果上的损失。如图 3-3-32 中的图标是形状的组合，可以对组合内的形状进行颜色或边框等格式的修改；另一种是图片格式的，不能够无限放大，也不能灵活地改变外观样式。

2. 图标的用途

前面提到图标可以帮助学生更快更形象地了解所要传达的教学内容。下面将介绍图标在教学 PPT 中的几种用途。

（1）内容图示处理

为文本添加对应含义的图标，可使所表达的内容图示化，更便于理解、产生共鸣。

运用图标进行 PPT 页面内容图示化，是丰富 PPT 页面设计和美观度的简单可行且效果明显的方法（见图 3-3-33 及 3-3-34）。

图 3-3-33　内容图示处理示例一

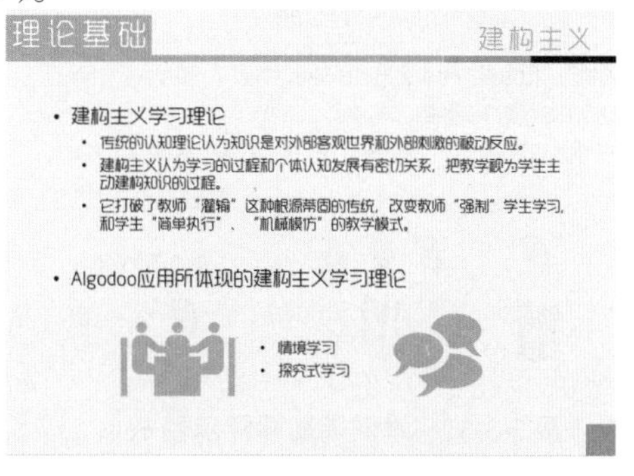

图 3-3-34　内容图示处理示例二

（2）突显文本信息

有时单纯的文本关键词排列无法起到给人印象深刻的效果。这时就需要运用图标来辅助强调关键信息。图 3-3-35 所示的课程概览中包含了四个章节的内容，分别用图标进行了突出强调，这便于使课程章节快速地被学习者读取。

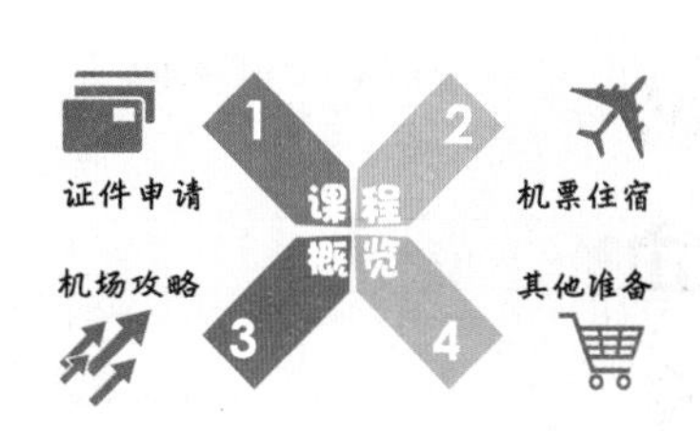

图 3-3-35　突显文本信息示例一

再如，介绍量表初步编制的方法就可以用图标加文本的方式来突显编制方法和步骤，如图 3-3-36 所示。

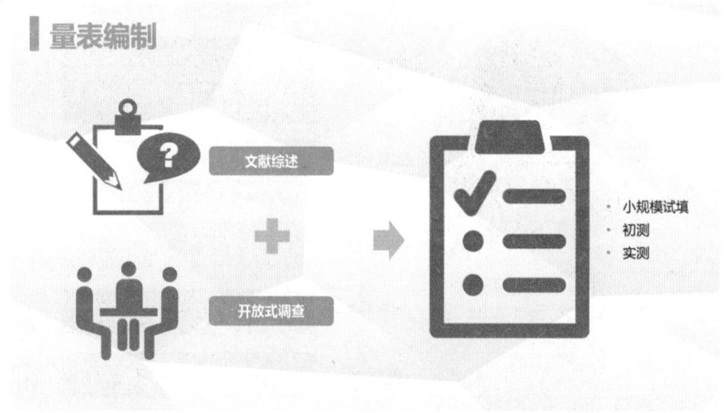

图 3-3-36　突显文本信息示例二

（3）举例辅助解释

对于一些概念性的内容，可以用活泼一点的图标进行举例解释，如图 3-3-37 中用兔子和胡萝卜图标来解释算数平均数的概念。

再如图 3-3-38，介绍概率密度分布曲线的峰度时，用两只不同厉害程度的小狗的尾巴来类比“厚尾”和“瘦尾”，再配上“风度看尾部，峰度也看尾部！”的幽默文字，帮助学生在轻松愉快的课堂氛围下，掌握记忆和区分曲线特征的技巧。

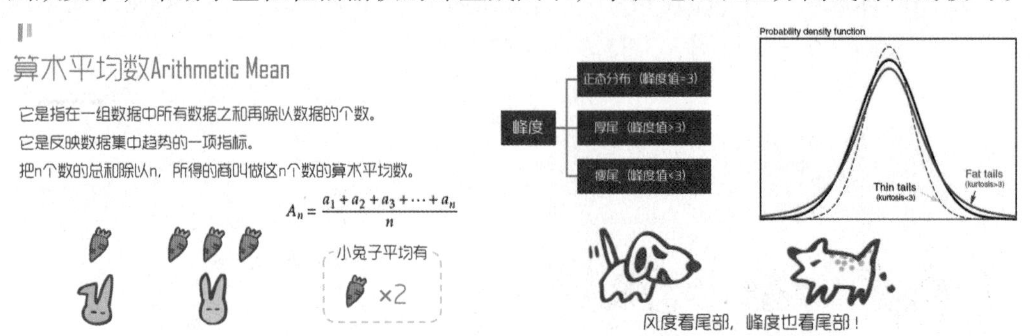

图 3-3-37 举例辅助解释示例一

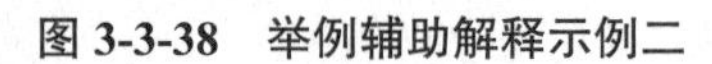

图 3-3-38 举例辅助解释示例二

（4）概括段落内容

使用图标可以形象地概括段落所介绍的内容。图标可以放置在段落之前、之后，通过外观含义，帮助学生理解、记忆和回顾所教内容（图 3-3-39）。

门类	计算机科学
名称	手持设备的安卓系统编程 Programming Mobile Applications for Android Handheld Systems
平台	coursera
网址	https://class.coursera.org/android-001

图 3-3-39 概括段落内容示例一

图 3-3-40 介绍的是联通主义理论代表人物西蒙斯的主要教研经历，经历的左侧是年份，

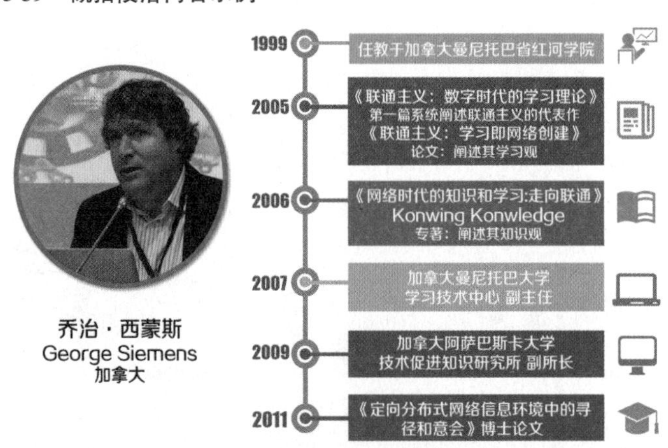

图 3-3-40 概括段落内容示例二

右侧的图标是对该年份的经历的概括。

（5）区分内容类别

在制作教学课件时，会涉及不同类型的教学活动，如阅读文本材料、观看教学视频、小测验等，为了更好地帮助学习者辨识活动类型，可以在标题前面加上相应的图标（图 3-3-41，3-3-42）。

图 3-3-41　区分内容类别示例一

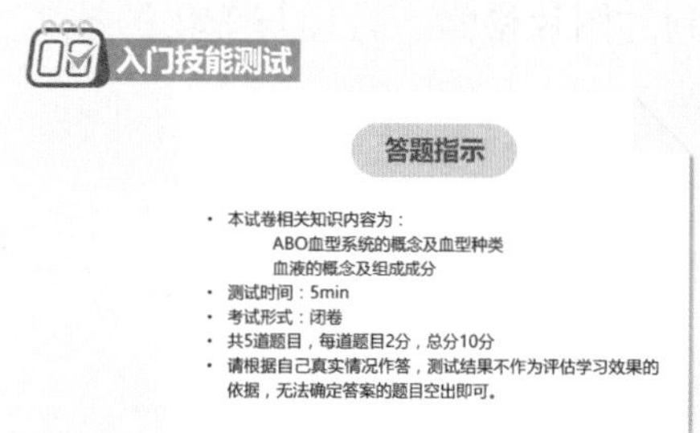

图 3-3-42　区分内容类别示例二

这样的设计其实在中小学课本中已经很常见了，只不过能够将这一设计运用到教学 PPT 制作中的教师却很少。

（6）丰富页面设计

在章节过渡页中，可以加入对应含义的图标，同时让图标的配色和 PPT 整体配色风格一致。如此，可使过渡页的设计不至于单调乏味，也使得图标和章节标题交相辉映，提升视觉效果的同时，也使章节内容得到突显（图 3-3-43，3-3-44）。

图 3-3-43　丰富页面设计示例一

图 3-3-44　丰富页面设计示例二

此外，还可以利用图标进行页面背景的设计，如图 3-3-45，就是重复使用多个图标，使其不规则排列，形成和主题内容贴合的具有设计感的 PPT 背景图案。

图 3-3-45　丰富页面设计示例二

3.4 图片处理与美化

教学 PPT 不同于课本，它是教师授课的演示工具，是帮助教师更好地传递教育内容的教学媒体。俗话说“一图胜过千言”，适当地运用图片，可以帮助教师更好地讲述教学内容，丰富教学形式，提高学生学习兴趣。下面介绍制作教学 PPT 需要用到的图片检索、处理与美化的技巧。至于图文排版这一重要内容，就要留到第 5 章再为大家介绍。

3.4.1 图片选择

1. 图片选择原则

图片选择的原则很简单“高清免费”“主题相关”“紧跟潮流”。

（1）高清免费

在选择图片时，尽量选取清晰度高的图片。网络上还有很多非常好的素材网站，需要注意的是，使用图片时尽量找版权免费的图片和素材。这里为大家推荐两个提供免费图片素材下载的网址，分别是国外的 Pixabay 和国内的千图网。

（2）主题相关

教师需要结合教学主题和内容进行检索，图文不符可是配图的一大误区。一副图片再美，再高清，与教学内容毫无关系，只会干扰学生的注意力，大大降低学习效果。试想一下，教师正在教学生数学公式时，PPT 页面上一只 GIF 格式的小狗图像动来动去，恐怕学生的心思都在思考小狗什么时候能停下来了吧。

（3）紧跟潮流

前几年很流行的韩国立体图形 PPT，早已过时、3D 小人的配图也不再流行。制作 PPT 与平面设计类似，可以找到适合风格、具有的特色，但刚开始实践时，需要紧跟设计潮流，多模仿当下流行的设计作品。目前流行的 PPT 设计风格有扁平化、全图型、IOS 磨砂风格、win10 色块设计等。相应地，PPT 图片的选择也要贴合所设定的 PPT 整体风格。

2. 图片检索技巧

进行图片检索与在搜索引擎上搜索信息一样，需要一定的技巧。

（1）页面大图检索技巧

在制作 PPT 时，为了得到耳目一新的视觉效果，可以在封面、章节过渡页和结尾页配上高清实景大图。

- **封面大图**

如“XX旅行印记”为教学主题的PPT（图3-4-1），就可以在PPT背景处放置骑行的图片。检索关键词可以是“旅行”“骑行”。

- **目录页大图**

在目录页的设计中，可以选择与主题相关的大图。如图3-4-2中背景图片是教师在黑板上写字，就可以用“教师”“粉笔”“黑板”等关键词进行检索了。

图3-4-1　页面大图示例一

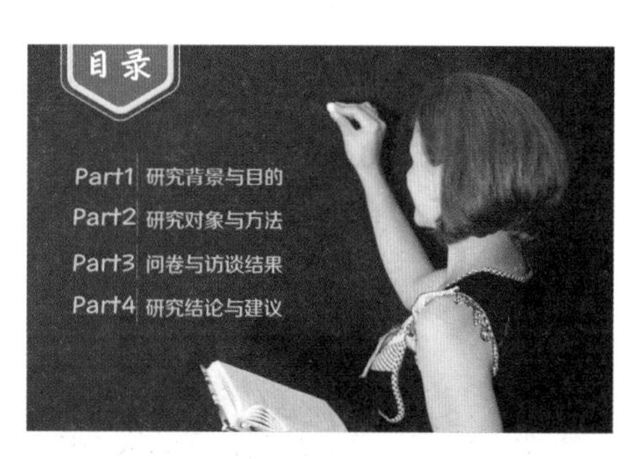

图3-4-2　目录页示例

- **章节过渡页大图**

章节过渡页的大图可以搭配色块和文字。比如，在介绍“数字故事的起源与发展”时，可以配上手绘的小花，给人创造故事、萌芽发展的感受，正好配合了“数字故事的起源与发展”这一小节的主题（图3-4-3）。这类图片并不是靠搜索得到的，而是在浏览“小清新”风格壁纸时发现的，也就是说，要找高清素材，也可以去提供壁纸素材的网站中找到。

如果想要搜索配合“数字故事的起源与发展”的图片素材，则可以用“数字化”加“计算机”等关键词进行检索。

再比如，介绍台湾主题的内容时，可以用台湾的自然风光，比如检索“台湾美景”，便可以找到很多高清大图（图3-4-4）。

图3-4-3　页面大图示例二

图3-4-4　页面大图示例三

● **结尾页大图**

在结尾页可以不用放置和教学主题特别相关的图片，可以是校园景色（北大未名湖，图 3-4-5）或者当季的美景，给人舒服愉快的感受。

（2）正文配图检索技巧

正文配图通常要结合具体的小块的内容，比如图 3-4-6 中教学设计的目标人群是高中生，那么配图就可以这样检索“学生”，如果想要卡通风格，就可以加上“卡通”“漫画”“扁平化”其中一个关键词。

图 3-4-5　页面大图示例四

图 3-4-6　正文配图示例一

在介绍输血与血型的关系的 PPT 中，在插入真实图片的同时，还可以检索关键词“血型”“漫画”来为 PPT 配上简单有趣的卡通人物图片（图 3-4-7）。

仅用文字描述“发热反应”还不够，配以小女孩发烧的图片，会让人更加心疼，从而加强对凝集反应对人体危害的认识（图 3-4-8）。这里的检索关键词可以是“儿童”或“孩子”加上“发热”“生病”等。

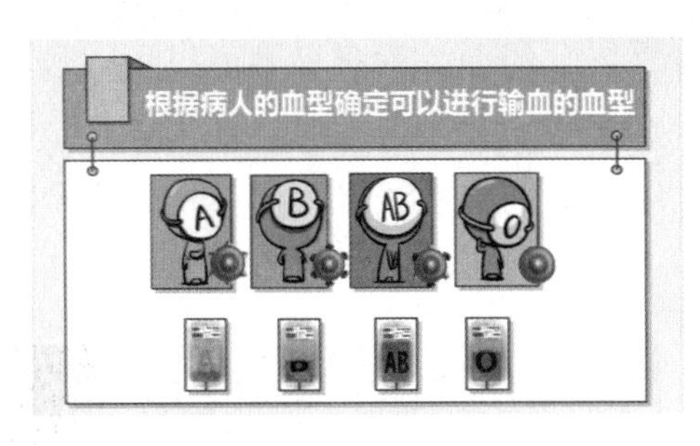

图 3-4-7　正文配图示例二

图 3-4-8　正文配图示例三

3. 建立教学图片库

除了在需要做 PPT 的时候检索图片外，平时还可以有意识地积累图片素材。比如，可以把一些有趣高清大图设为轮番播放的幻灯片桌面背景，可以让你在熟悉图片库的同时，有更多的制作灵感。

此外，还可以建立学科图片的文件夹，比如，地理学科的教师，可以搜集一些与地理相关的图片素材，如卡通手绘地图，航海船，风向标等；教育技术、计算机相关领域的教师就可以多收集一些“学习”“知识”“互联网”“计算机”等关键词的图片。

这样在做 PPT 的时候，可以直接使用教学图片库中的素材，省时省力。在检索新素材的时候，可以把好的素材添加到图片库中，慢慢建立起个人教学图片库（图 3-4-9）。

图 3-4-9　建立教学图片库

3.4.2 图片处理

1. 图片裁剪

（1）裁剪多余区域

如图 3-4-10 所示，图片的裁剪功能可以有助于裁剪掉 PPT 中多余的区域。

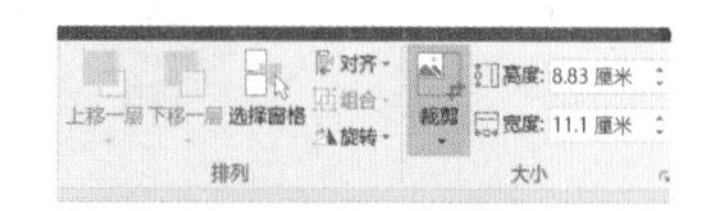

图 3-4-10　裁剪掉多余区域

（2）裁剪为形状

PPT 的裁剪功能还可以把图片裁剪为各种样式的图形（图 3-4-11）。

（3）裁剪横纵比

如图 3-4-12 所示，通过调整横纵比，还可以使图片变成圆形或正方形。

图 3-4-11　裁剪为各种样式的图形

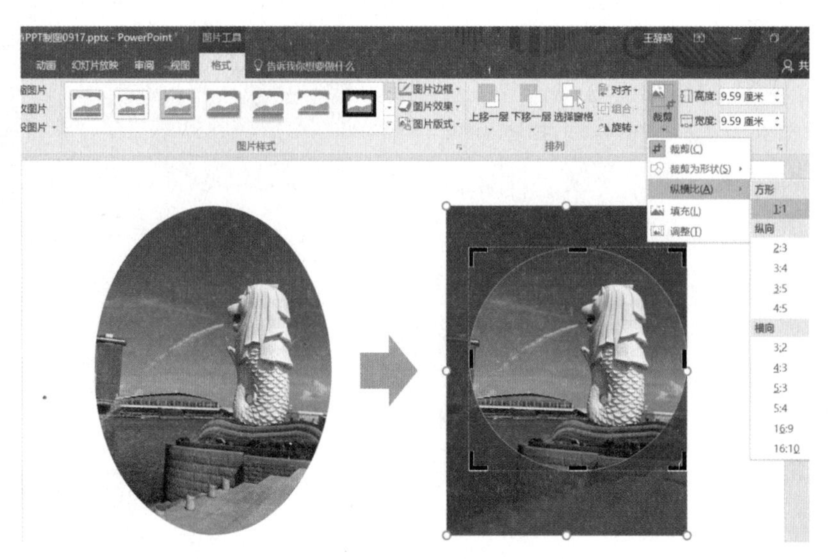

图 3-4-12　裁剪横纵比

比如人物的图像，就可以裁剪成圆形，再配上带有其理论观点的圆角矩形，使 PPT 的设计更加丰富（图 3-4-13）。

将图片裁剪为扇形，再配上色块和文字，也可以起到不错的辅助效果（图 3-4-14）。

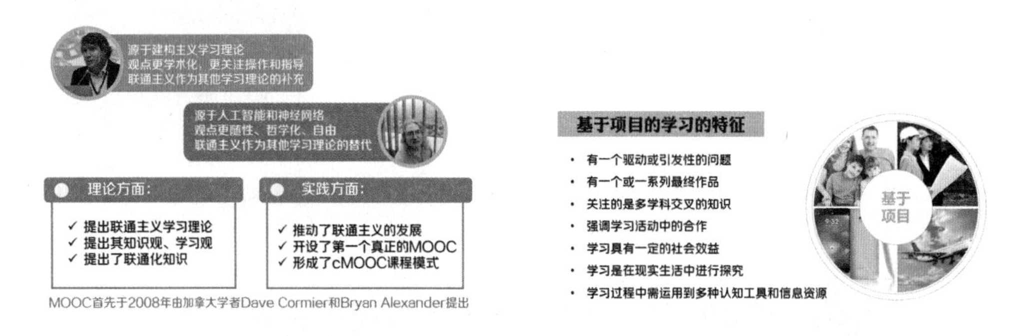

图 3-4-13　人物图像裁剪为圆形　　　　图 3-4-14　图片裁剪为扇形

2. 图片压缩

当插入了大量高清图片后，PPT 文件会变得很大，这时就需要进行图片压缩，来减小 PPT 文件的大小。单击压缩图片按钮，弹出压缩图片设置窗口（图 3-4-15）。

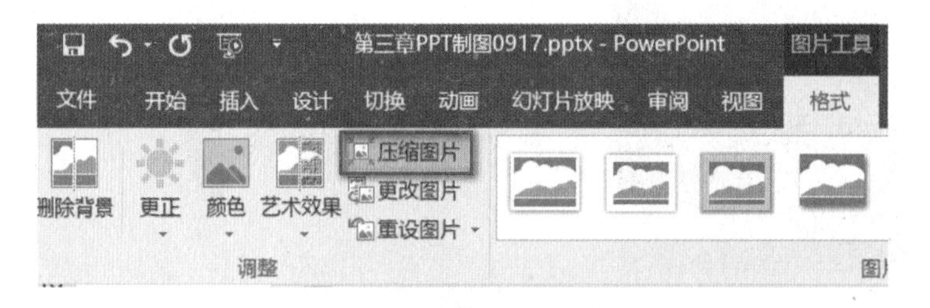

图 3-4-15　图片压缩功能

取消默认的“仅应用于此图片”，就会将所有图片被裁减的区域删除掉，并且适当地调整分辨率，如选择 Web 选项，进一步压缩图片（图 3-4-16）。

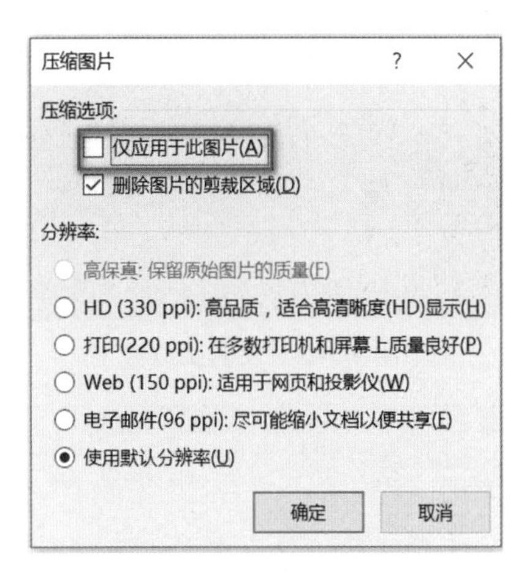

图 3-4-16 图片压缩选项

3.4.3 图片美化

1. 添加图片边框

随着设计风格日趋扁平化和轻量化，PPT 自带的图片样式（图 3-4-17）大多都已过时，在这里不推荐直接使用这些样式。

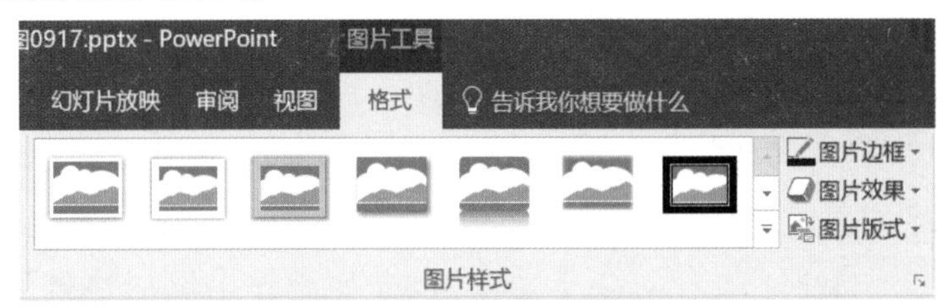

图 3-4-17 图片样式选项卡

但还有一种样式是可以继续使用的，就是为图片添加边框（图 3-4-18），边框颜色的选择可以参考 PPT 的整体配色；边框粗细和虚实则可以按照整体风格或个人喜好进行设置。

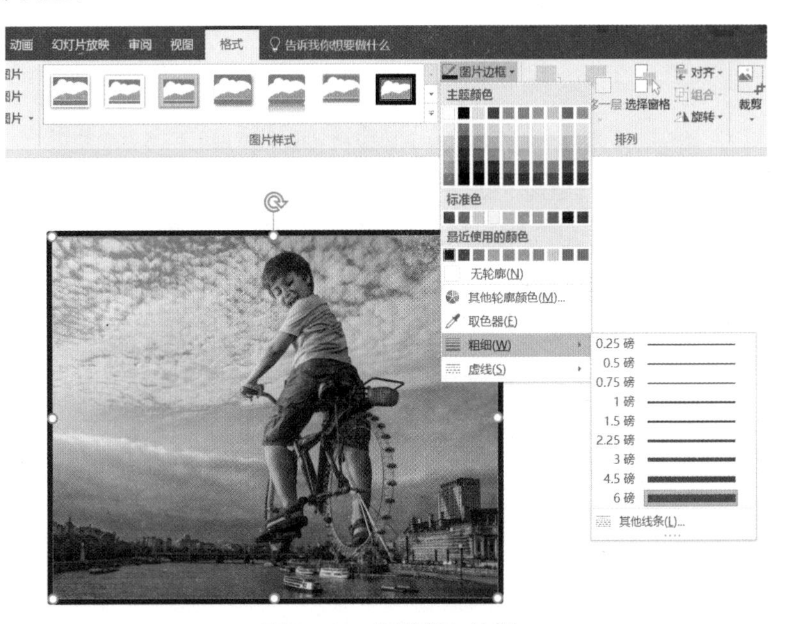

图 3-4-18 图片添加边框

图 3-4-19　图片伪边框

在图片的下一图层，还可以添加两个不同颜色的半圆，形成有趣的“伪边框”（图 3-4-19）。

2. 图片效果调整

PPT 自带了多种图片效果调整功能，均在【图片格式】的“调整”功能区中，相当于自带了 PS 特效功能。

（1）图片更正

图片更正功能中可以调整图片的“锐化 / 柔化”程度，以及“亮度”和“对比度”（图 3-4-20）。

（2）图片颜色

图片颜色功能可以调整图片的“颜色饱和度”“色调”，以及对图片重新着色。这些功能可以使图片的颜色有明显的改变（图 3-4-21），如制作出黑白格调的 PPT 就可以用这种方法来处理彩色图片。

图 3-4-20　图片更正

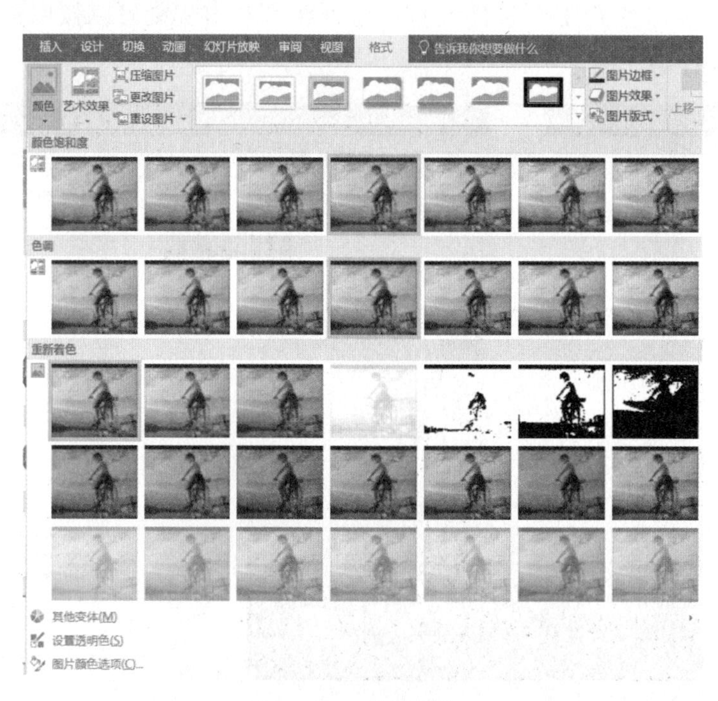

图 3-4-21　图片颜色

（3）图片艺术效果

图片艺术效果功能则可以使图片具有雕刻、蜡笔、虚化等特殊效果。如虚化图片（图 3-4-22），并在图片上面添加文字，就是常用的一个效果。

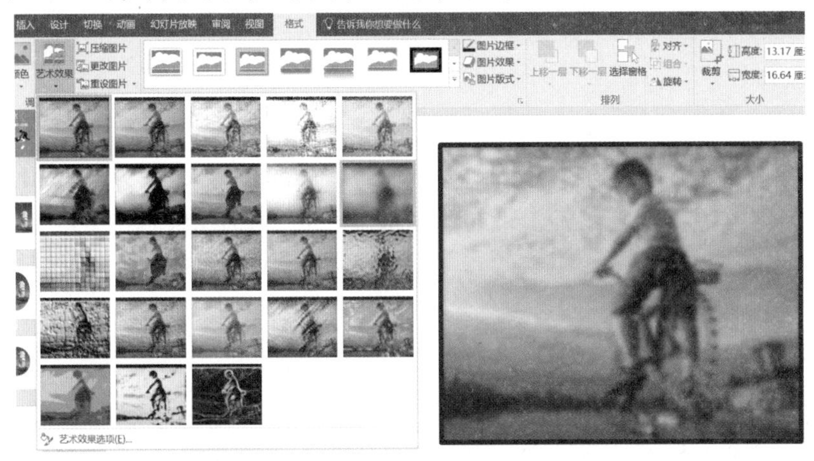

图 3-4-22　图片艺术效果

（4）去掉图片纯色背景

PPT 自带了图片抠图功能，但这一功能仅能较好地应用在纯色背景图片上（图 3-4-23），对于构成较为复杂的图片抠图，还是得借助外援 PS 软件才能取得好的抠图效果。

图 3-4-23　去掉图片纯色背景示例

如图 3-4-24，背景是白色横条纹，插图是带有白色背景的卡通图片。这时可以在“图片颜色”功能中找到“设置透明色”，单击后鼠标右上方会出现一个灰色边框的取色图标，单击图片背景的纯色区域，就可以将白色背景变为透明的了。

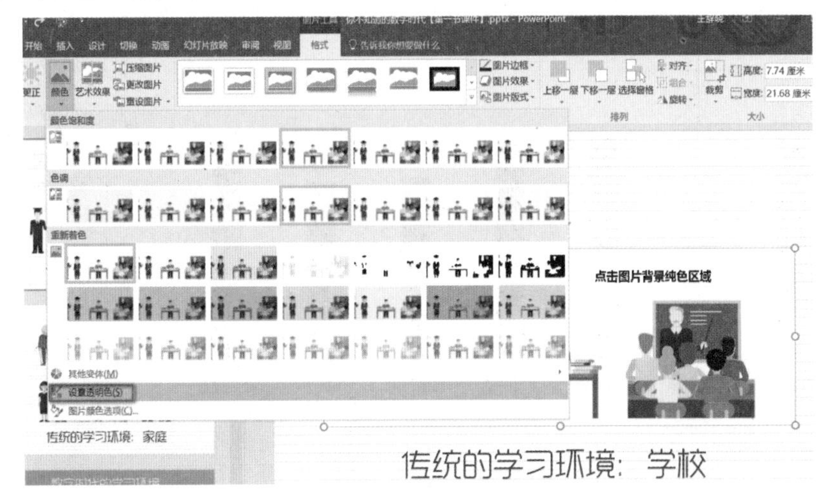

图 3-4-24　去掉图片纯色背景

图片的用途和图标是相似的，部分图标不过是矢量的，微型的图片而已。读者可以联系前面介绍的图标用途，举一反三，灵活地将图片运用在 PPT 制作中。图文、图形的综合排版是非常有趣的部分，让我们在第 5 章继续一起学习吧。

3.5 图表设计与美化

PPT 中的图表常用的有信息图、结构图、流程图等。下面分别介绍这些图表的设计与美化技巧，以及 PPT 自带的图表制作功能 SmartArt。

3.5.1 信息图

常见的信息图有条形图、饼图、环形图、折线图，这些信息图通常是在 excel 或其他数据图表工具里面就该设计好样式，然后直接粘贴到 PPT 页面中。实际上，PPT 也具备美化基本信息的功能，但是必须是 excel 中制作的信息图表。

1. 条形图

（1）条形图的基本设计

条形图和柱状图的设计与美化类似，因此都归在这里介绍了。

信息图表的元素可以适当地进行精简，使图表简洁大方。单击可编辑图表，右上方的第一个按钮“+”，可以调整图表元素，如去掉“坐标轴标题”“图例”等（图 3-5-1）。这一功能对于其他类型的信息图表同样适用。需要注意的是标题、标签、单位、数据来源这些元素需要保留。

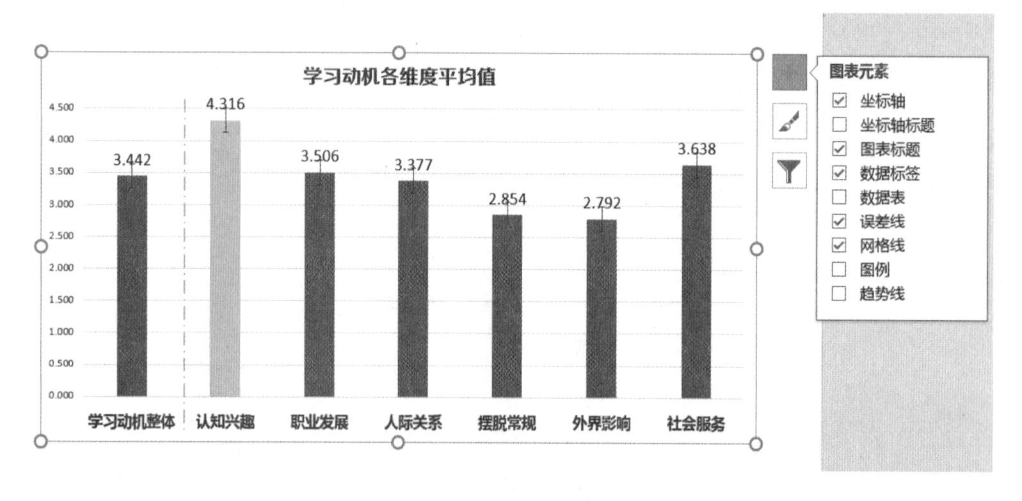

图 3-5-1　设置条形图元素

此外，还可以改变条形图中个别列的颜色，双击该列，即可通过操作后改变颜色。

双击整个图表会在PPT页面右侧弹出“设置数据系列格式”，可以对条形图的系列样式进行调整（图3-5-2）。

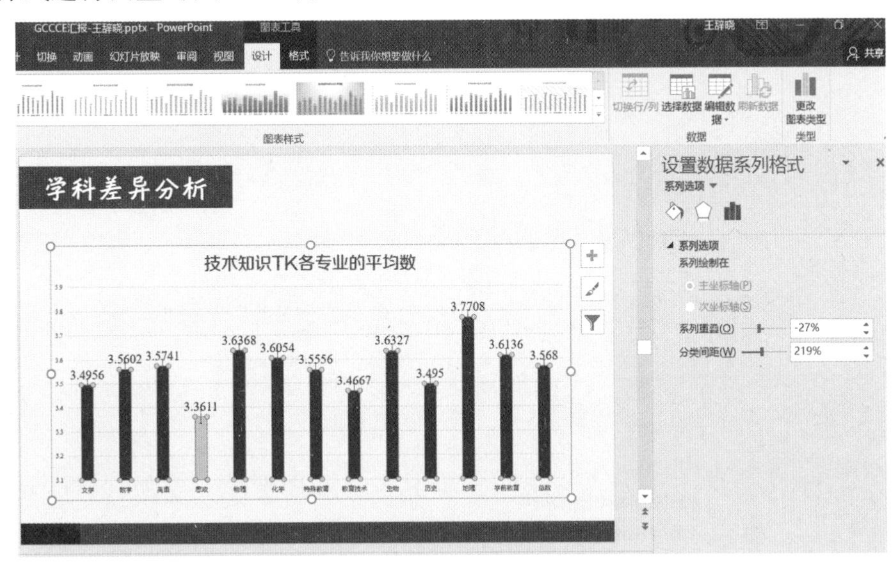

图 3-5-2　设置条形图格式

（2）条形图的图形填充

条形图和柱状图的图形样式除了是默认的长方形外，还可以是其他形状（图3-5-3）。比如我们绘制一个三角形，然后【Ctrl + C】复制这个三角形，接下来单击柱状图，然后【Ctrl + V】，之前的柱状图就变成了橘黄色的三角形样式了。

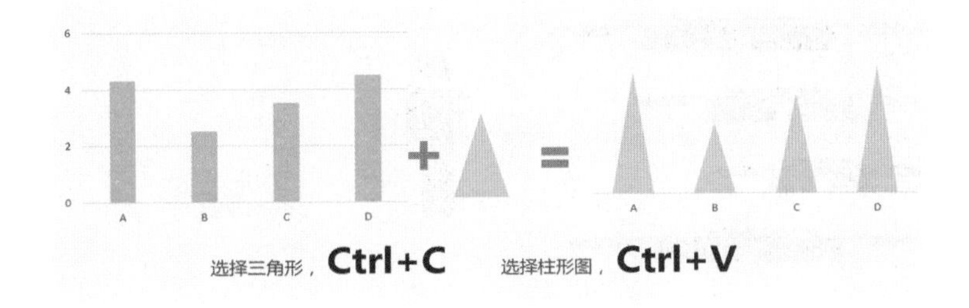

图 3-5-3　条形图图形修改

其原理是用三角形这一图形填充了柱状图，并且可以注意到这里的填充方式是“伸展”，即三角形可以纵向伸展。

除了可以用图形填充柱状图外（图3-5-4），还可以用图片填充柱状图和条形图，比如当制作人数条形图时，可以用人形剪影图片来填充条形图。

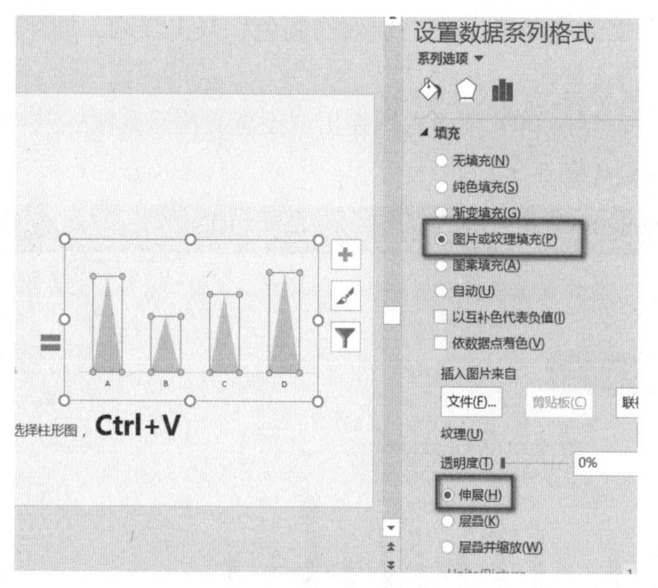

图 3-5-4　图形填充柱状图

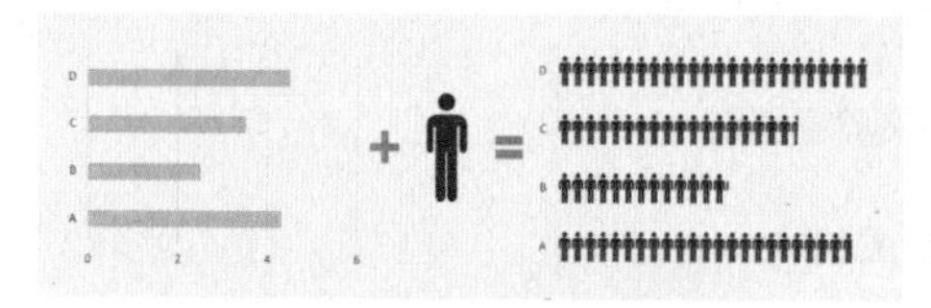

图 3-5-5　人形填充条形图

其方法和图形填充类似，但需要注意，要得到图 3-5-5 的效果，需要将图片填充设置为“层叠”；如果是默认的“伸展”，则会出现图 3-5-6 的效果。

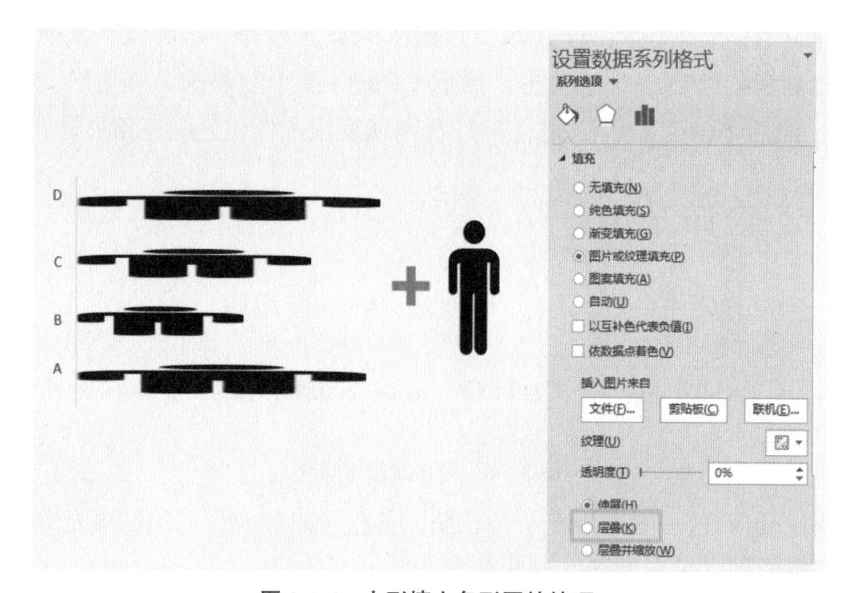

图 3-5-6　人形填充条形图的技巧

（3）条形图的修饰

如图 3-5-7 所示，还可以调整条形图填充和边框效果，并在条形图下方为各项添加相应含义的图标。

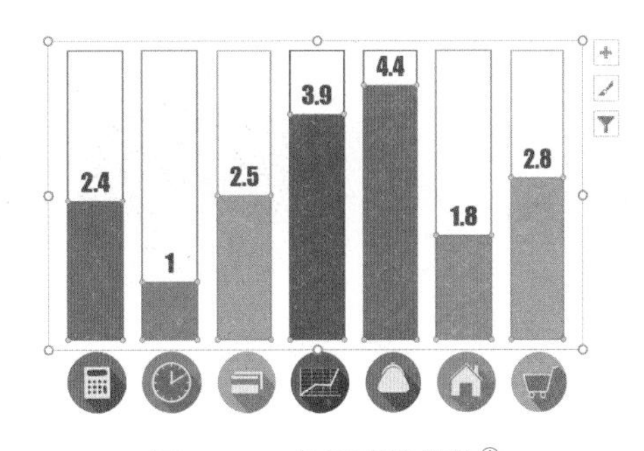

图 3-5-7　条形图的修饰①

2. 饼图

填充饼图的各个扇形（图 3-5-8）需要有一定的区分度，可以由同一颜色的不同饱和度渐变排列。颜色填充样式尽量简单，采用纯色填充即可。

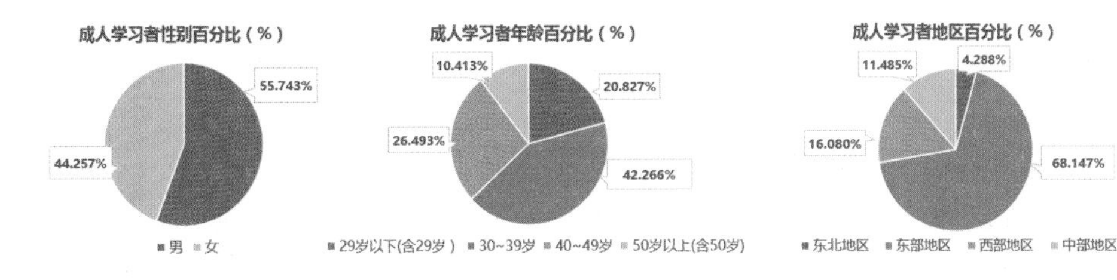

图 3-5-8　设置饼图格式

饼图标签的设置也是双击图表，在“设置数据标签格式”中勾选“百分比”，标签位置选择“最佳匹配”，再进行手动微调，并在“数字”中将小数位设置为需要精确的位数，比如 3，如图 3-5-9 所示。

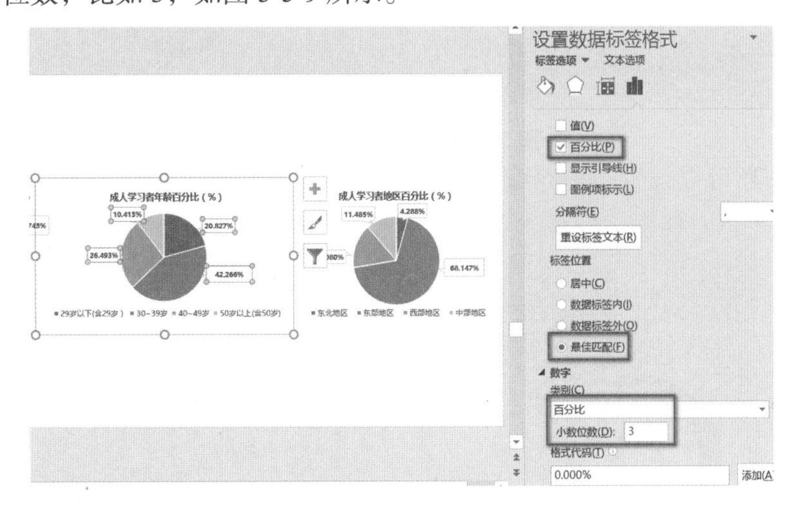

图 3-5-9　设置饼图标签样式

此外，还可以调整饼图中非重要内容扇形的透明度，得到如图 3-5-10 的效果：

① 此处摘自布衣公子PPT教程之信息图表精选：http：//teliss.blog.163.com/

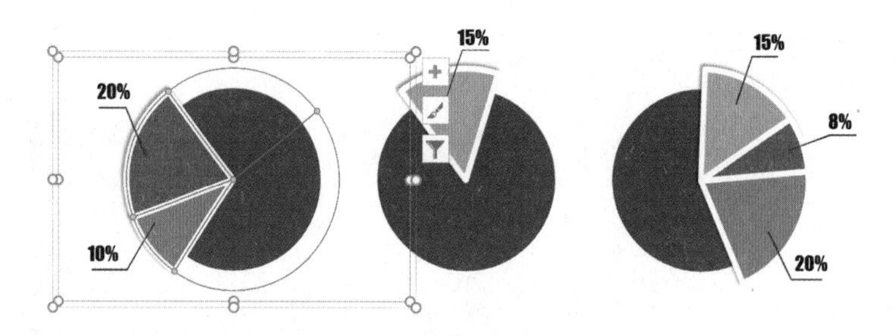

图 3-5-10 饼图格式调整①

3. 环形图

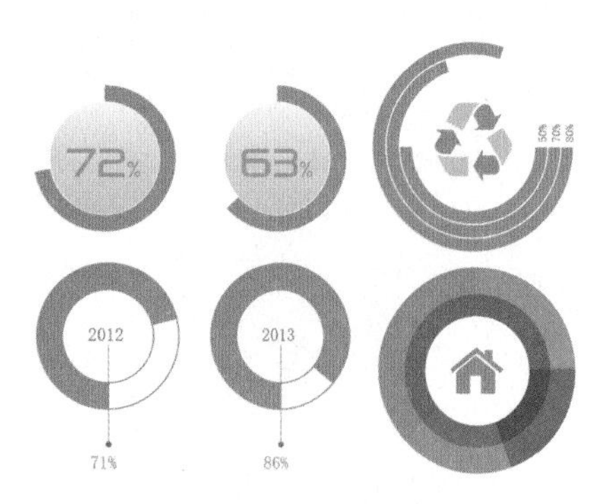

图 3-5-11 环形图样式②

环形图具有一个或多个同心环，可以在 PPT 中为同心环设置不同的颜色，或者改变环形的填充透明度，为中间空白区域添加数据标签、图标等。

图 3-5-11 及 3-5-12 的效果是主体圆环借助于辅助的灰底圆形和单独的数字标签组合而成：将主体图表中 37% 的环形区域及边框设置为无色，63% 的区域设置为目标颜色，边框为无色。

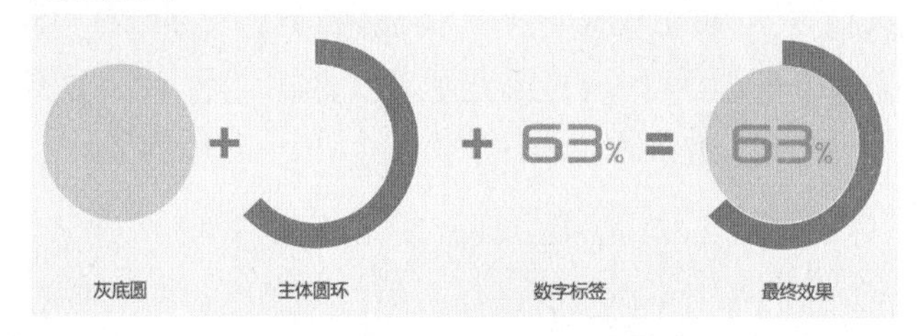

图 3-5-12 环形图设计技巧

环形图还可以设置第一个扇形起始的角度以及圆环内径的大小（图 3-5-13），拖动滑块就可以直接预览效果。

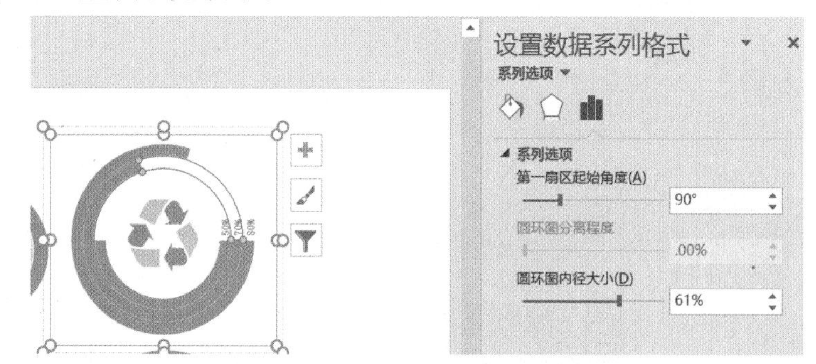

图 3-5-13 设置环形图样式

① 此处摘自布衣公子PPT教程之信息图表精选：http：//teliss.blog.163.com/

② 此处摘自布衣公子PPT教程之流行图表设计：http：//teliss.blog.163.com/

4. 折线图

对于折线图，除了精简图表元素之外，也可以对其进行修饰。修饰方法与填充条形图类似，即插入一个图形，然后【Ctrl + C】复制这个图形，接下来单击折线图的折点，然后【Ctrl + V】，就完成了对折线图的修饰了（图 3-5-14）。不过并不是所有的折线图都适合这样修饰，不要一味追求技巧的应用，要考虑具体的教学情境。

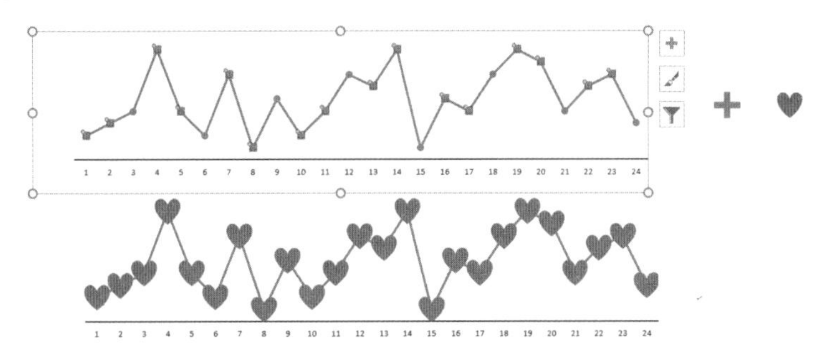

图 3-5-14　折线图的装饰示例一

为折线图添加“居中”格式的数据标签，得到如图 3-5-15 效果。

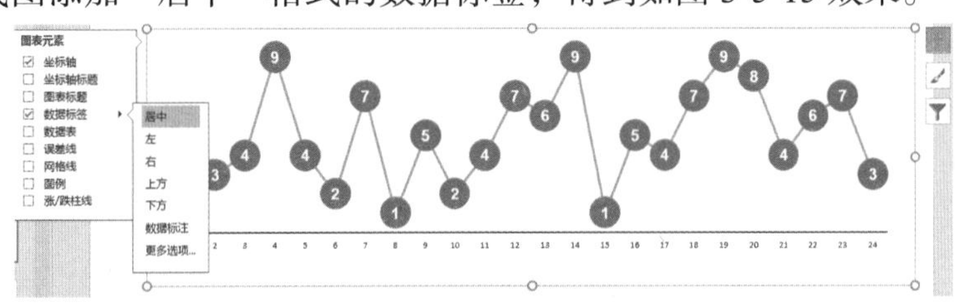

图 3-5-15 折线图的装饰示例二

5. 其他图表

（1）地图类图表

图 3-5-16 的中国地图各区域均由可编辑的形状构成，为不同抽样数量的区域

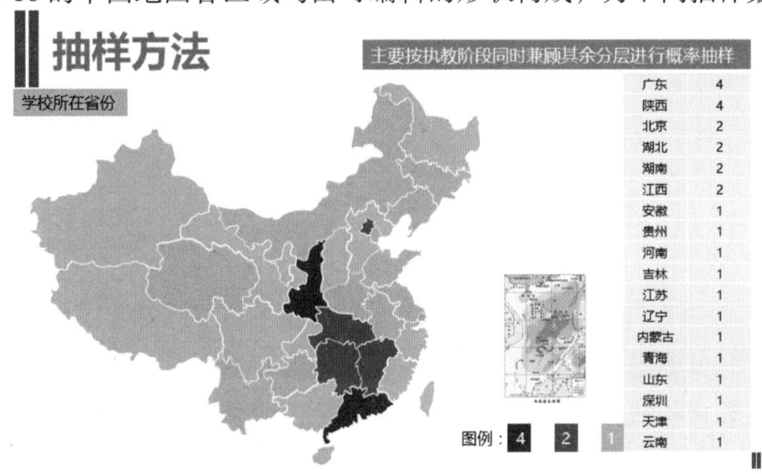

图 3-5-16 地图类图表

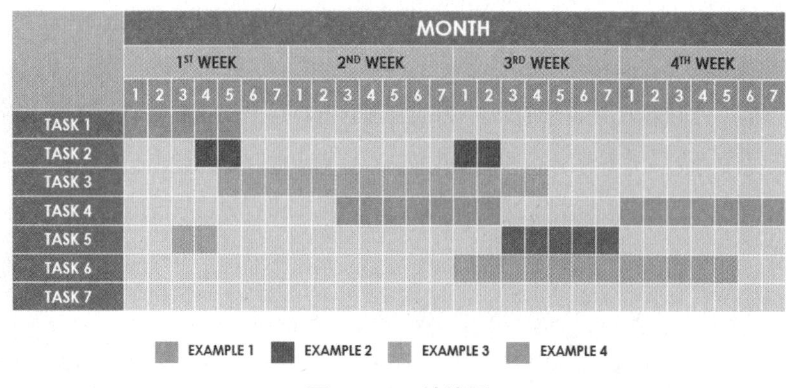

图 3-5-17　甘特图

填充不同的颜色，给人一目了然的直观感受。类似地，世界地图、省份地图等也可以参考这样的方式。

（2）甘特图

如图 3-5-17 所示，甘特图通过条状图来显示项目、进度和其他时间相关的系统进展的内在关系随着时间进展的情况。

（3）自制数据图表

在展示信息数据时，不用局限于已有的图表类型，如图 3-5-18 所示。在利用色块和图示，突出研究对象类型的同时，展示了问卷有效数和问卷回收数。读者可以灵活地根据要展示的教学内容，设计独创的数据展示图表。

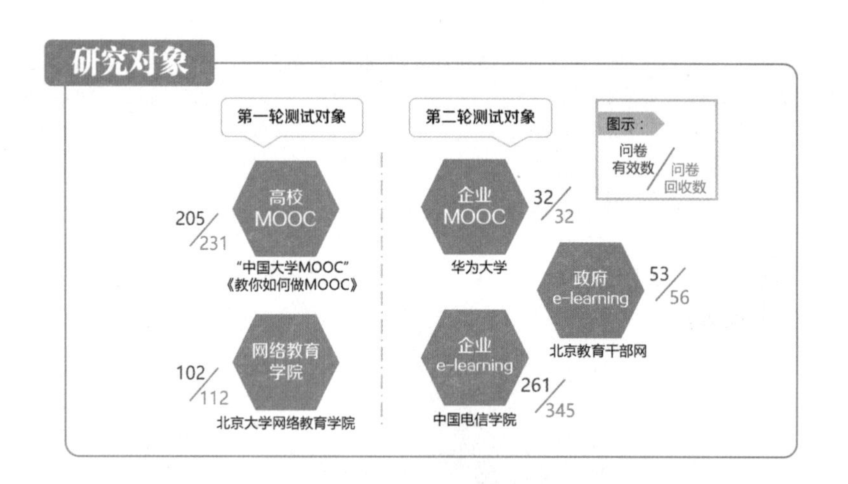

图 3-5-18　自制数据展示图表

PPT 还有很多隐藏的好用的功能，也许在这本书里无法详尽地描述，但是借助资源丰富的互联网和教师强大的动手实践能力，相信教师一定能够熟练地掌握 PPT 信息图表的设置与美化功能。

3.5.2 结构图

前面介绍的“形状的连接”是在 PPT 中绘制结构图、流程图的基础。这一小节将介绍几种不同类型的结构图的设计技巧。

1. 组织结构图

组织结构图可以由上至下或由下至上来绘制一个组织各个层级的组成架构。图 3-5-19 的组织结构图是由文本框、色块、线条构成的。

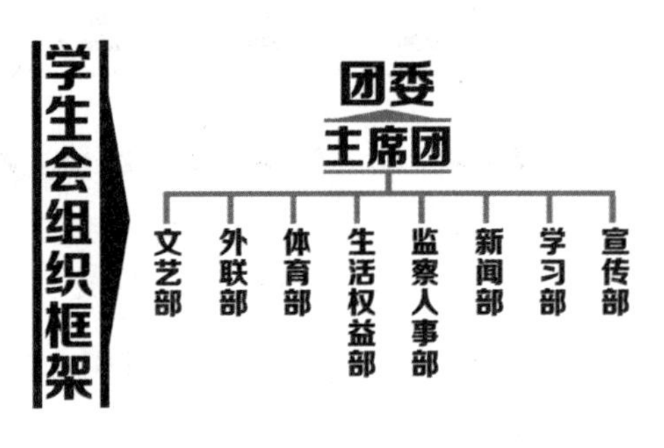

图 3-5-19　组织结构图示例一

也可以直接在圆角矩形中输入文本，然后用箭头进行连接。根据教学主题风格，选择简单的黑边框（图 3-5-20）。

对上面的组织结构图进行如下修改：取消边框、填充颜色、变换字体为方正启功体，可以得到图 3-5-21 的效果。两种效果均很简洁、直观，是展示组织结构图不错的选择。

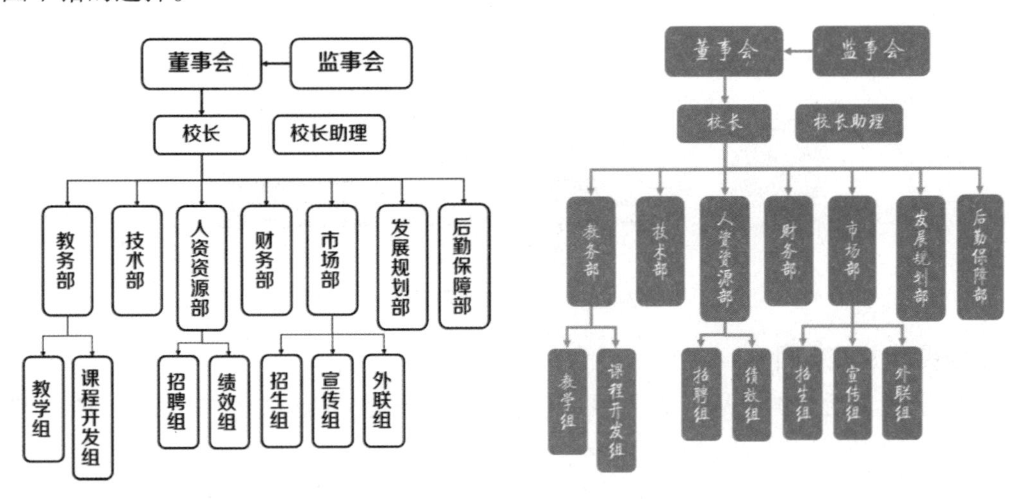

图 3-5-20　组织结构图示例二　　图 3-5-21　组织结构图示例二样式调整

还可以用圆形的图标或图片进行结构图的绘制。除了层级化的组织结构，去中心化扁平化的组织结构也日趋常见（图 3-5-22）。

2. 成分结构图

成分结构图描述了一个整体各子成分的构成。图 3-5-23 介绍了两个分量表内部维度的项目构成，及每个项目的数量。

对于较为严肃的理论性内容，成分结构图就可以采用文本框和线条图形简单

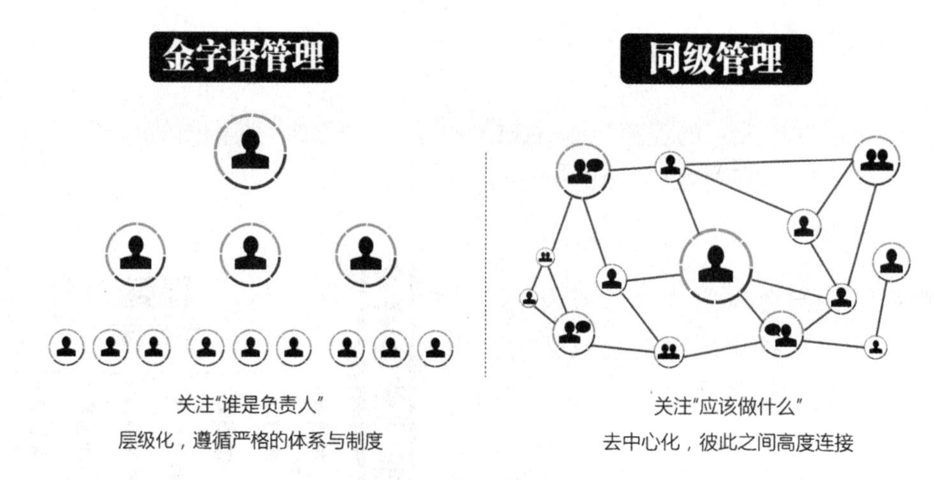

图 3-5-22　组织结构图示例三

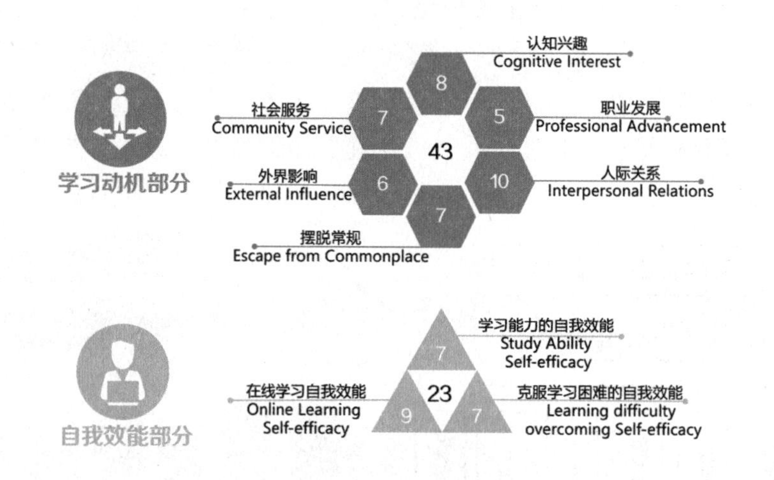

图 3-5-23　成分结构图示例一

搭配的设计方式（图 3-5-24）。

对于较为活泼的主题，就可以用色彩明亮、形状叠加的方式来设计结构（图 3-5-25）。

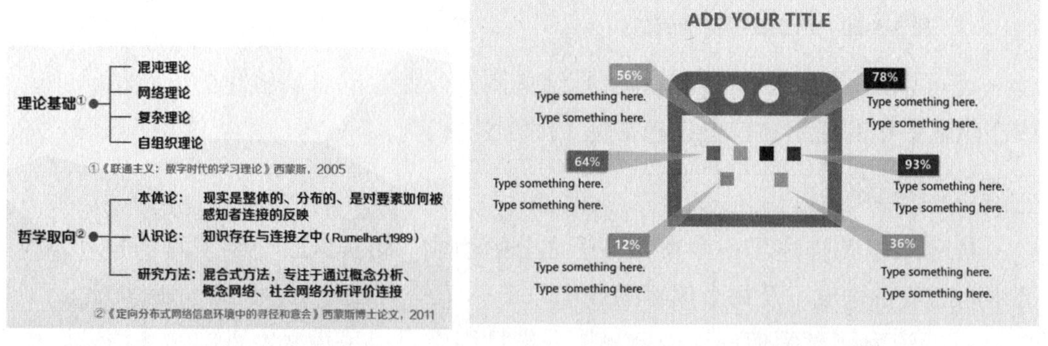

图 3-5-24　成分结构图示例二

图 3-5-25　成分结构图示例三

如图 3-5-26 所示，成分结构图还可以在不同成分旁边标注其所占整体的权重或百分比。

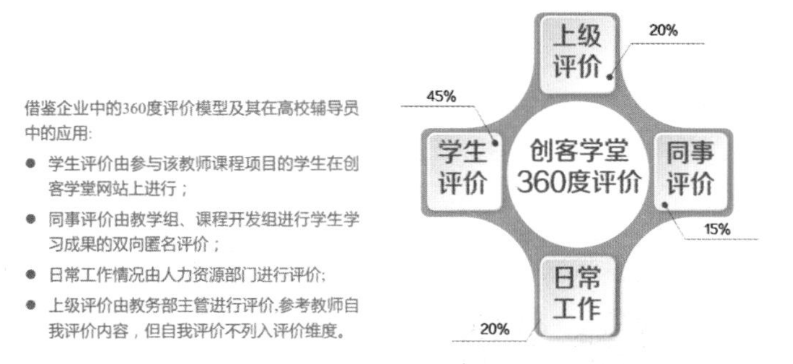

图 3-5-26　成分结构图示例三

3. 分类结构图

分类结构图除了介绍种类，还需介绍分类依据。如图 3-5-27 将教育实验法分为四类，用拼图和项目列表等方式简明扼要地将信息呈现出来。

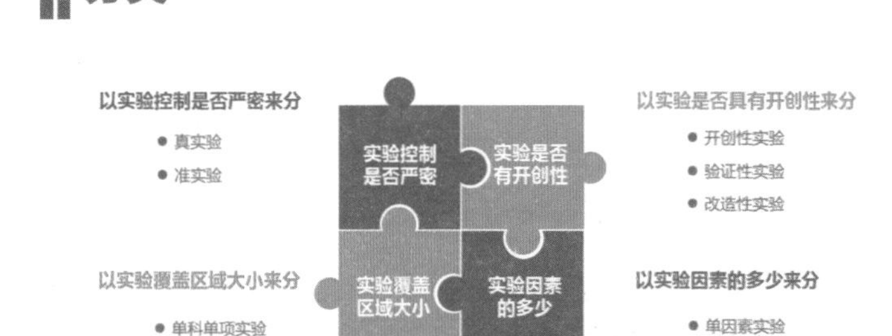

图 3-5-27　分类结构图示例

4. 关系结构图

关系结构图重在表达个体之间的联系，比如因果关系、影响关系等 (图 3-5-28)。

还可以形象地用坐标轴不同象限，来描述个体之间的关系和所形成的内容 (图 3-5-29)。

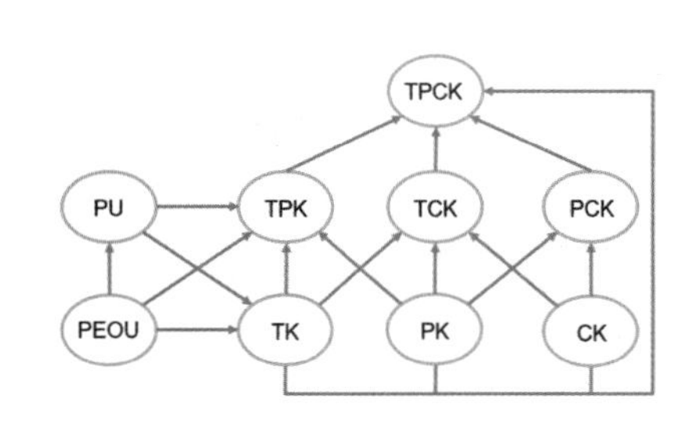

图 3-5-28　关系结构图示例一

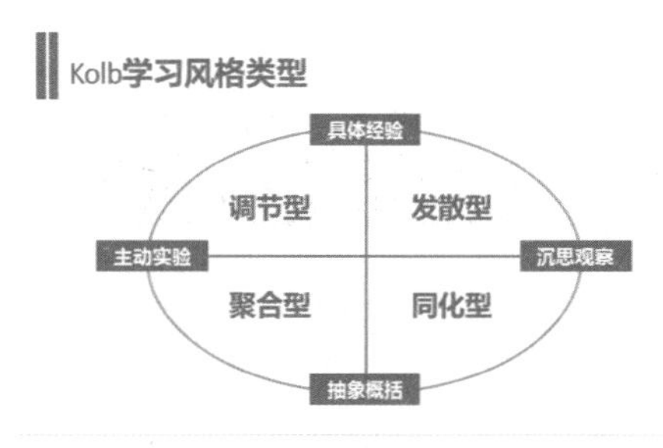

图 3-5-29　关系结构图示例二

运用箭头和文本框标注，可描述个体间的递进关系（图 3-5-30）。

再如 3-5-31，学习的层次可以用渐进的梯形构成，学习理论与学习层次的联系则用箭头来连接。

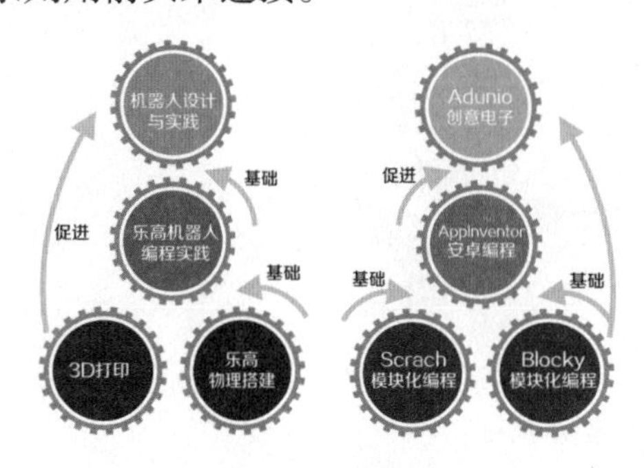

图 3-5-30 关系结构图示例三

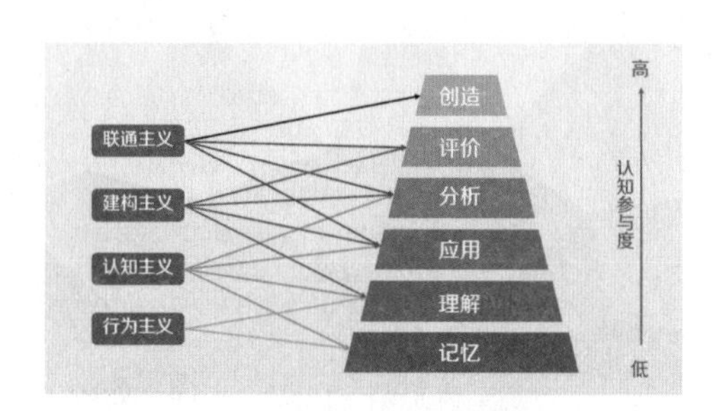

图 3-5-31 关系结构图示例四

3.5.3 流程图

1. 时间流程图

时间流程图是按照事件发展的时间顺序来描绘过程的流程图。时间轴可以是横向的，事件名称罗列在年份之中。如图 3-5-32。

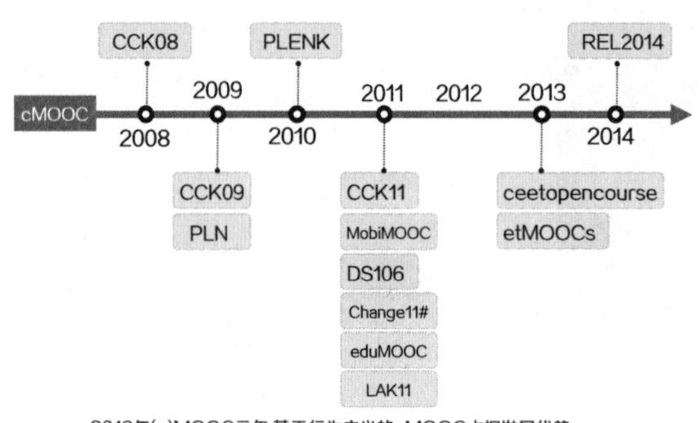

图 3-5-32 时间流程图示例一

时间轴也可以是纵向的，然后将具体事件置于年份右侧。如图 3-5-33。

时间流程图也可以用来描述阶段时期的事件，然后在对应的阶段下方，列出年份时间段和事件名称。如图 3-5-34。

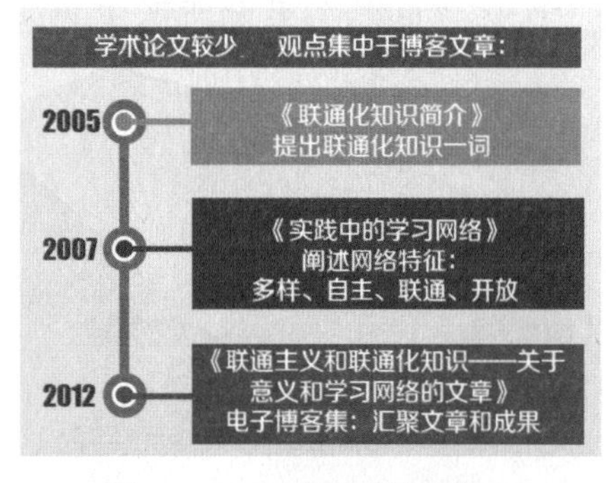

图 3-5-33 时间流程图示例二

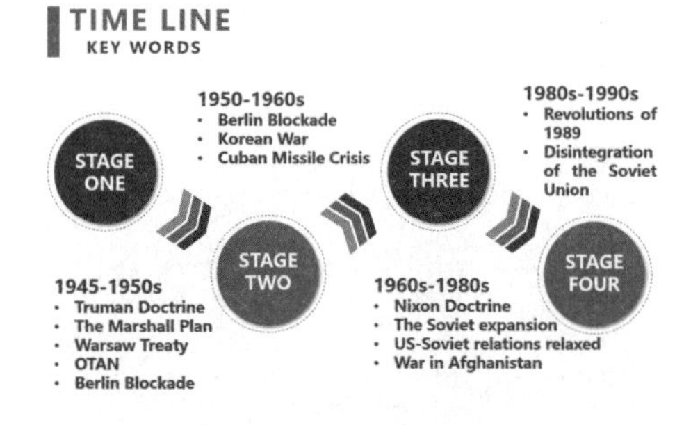

图 3-5-34 时间流程图示例三

2. 操作流程图

操作流程图描述了进行一个事件的流程。在介绍不同模块、不同用户权限时，可以用图 3-5-35 这样的流程图来展示。

前面小节介绍的“文本的处理和美化”也属于操作流程图，包含了主步骤和子步骤（图 3-5-36）。

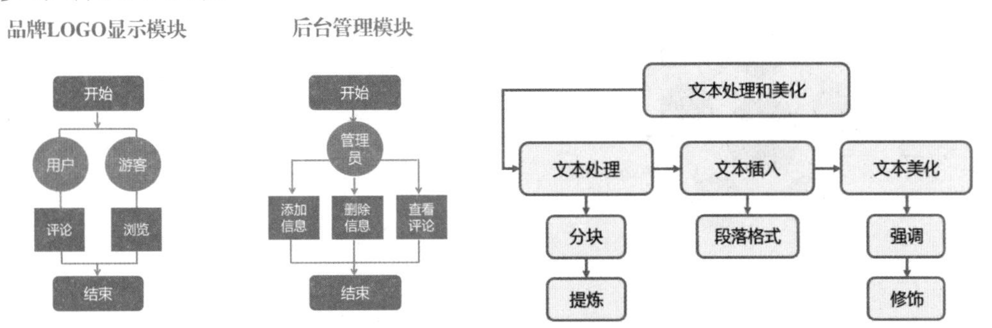

图 3-5-35　操作流程图示例一　　　　图 3-5-36　操作流程图示例二

专业的流程图中不同的形状有不同的含义：通常圆角矩形代表开始和结束、长方形代表正向步骤、菱形代表判断和循环。还可以在相应步骤旁边加上虚线引导和文字描述，这样的流程图看起来就专业细致很多了，如图 3-5-37 所示。

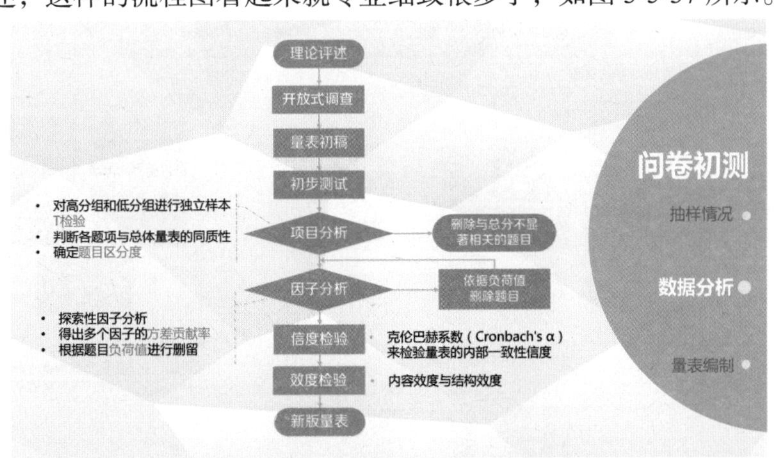

图 3-5-37　操作流程图示例三

配合前面介绍的图标及图形应用，可以在讲课时把教学流程整体思路展示出来，如图 3-5-38，它生动形象地描述了网络信息技术教学环境下的课堂教学流程。

图 3-5-38　操作流程图示例四

3.5.4 SmartArt

1.SmartArt 基本用法

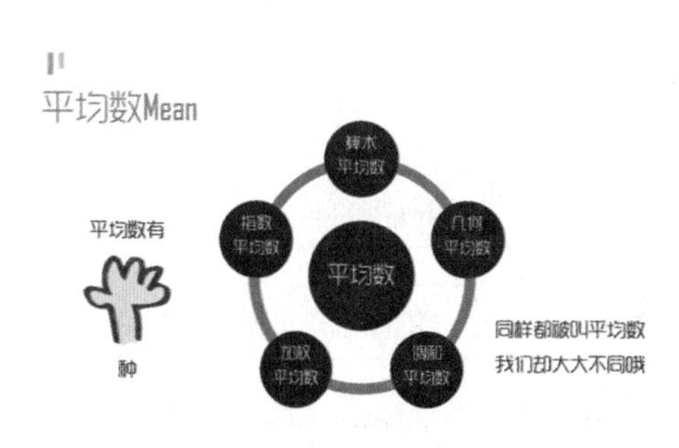

图 3-5-39　SmartArt 示例一

SmartArt 图形是信息和观点的视觉表示形式。可以通过从多种不同布局中进行选择来创建 SmartArt 图形，从而快速、轻松、有效地传达信息。图 3-5-39 的平均数类型图就是用 PPT 的 SmartArt 图形快速制作而成的。

前面介绍的结构图和流程图制作起来很需要耐心，PPT 的 SmartArt 图形却可有助于节省绘制图形的时间。在【插入】选项卡中，单击“SmartArt”便会弹出“选择 SmartArt 图形”的窗口（图 3-5-40）。

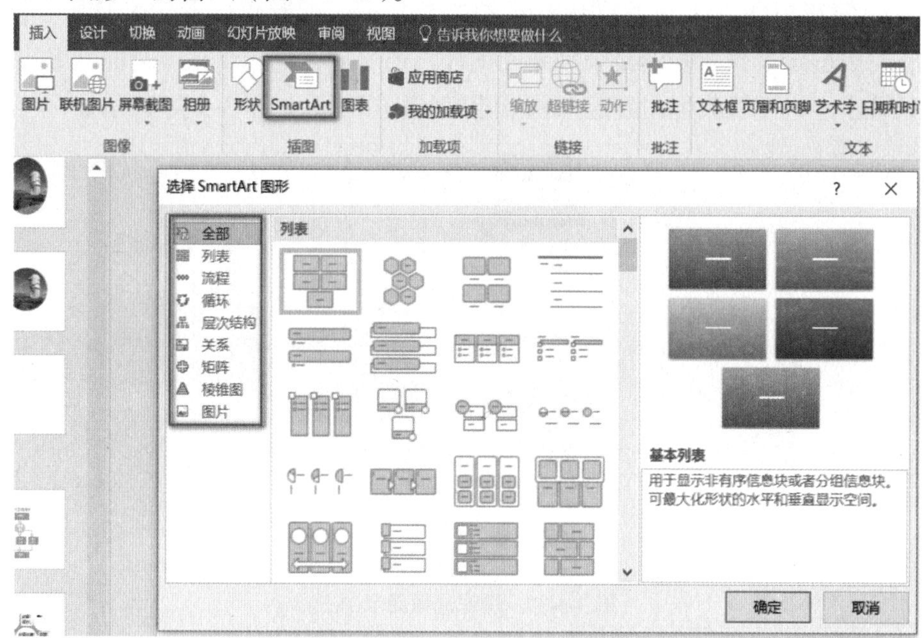

图 3-5-40　选择 SmartArt 图形

SmartArt 图形有多种类别，如列表、流程、循环、层次结构等。单击中间列表中各 SmartArt 图形按钮，可以在右侧预览该 SmartArt 图形样式和功能简介。

下面以“射线循环图”和“垂直蛇形流程图”为例，介绍 SmartArt 的基本用法。

（1）射线循环图

在“选择 SmartArt 图形”的窗口中找到“射线循环图”，单击确定（图 3-5-41）。

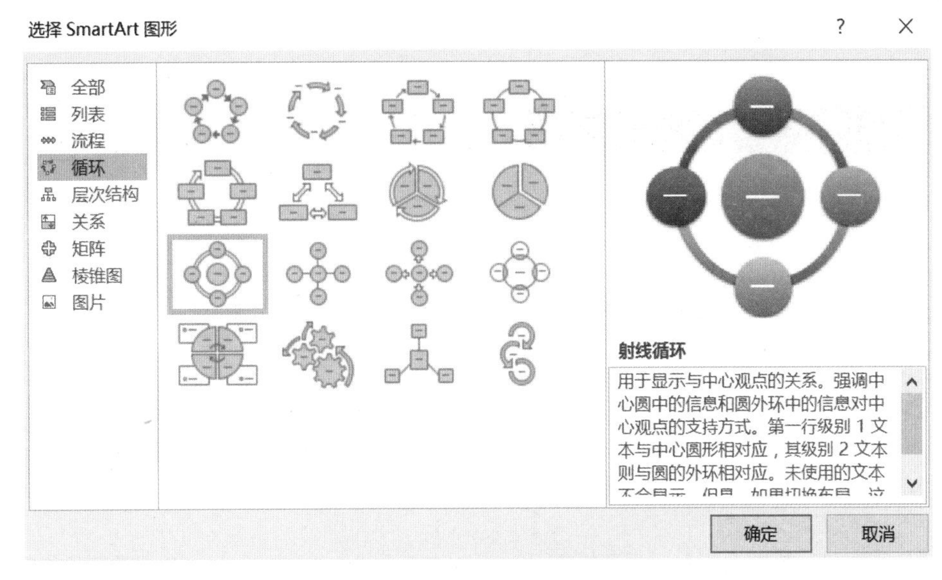

图 3-5-41　选择射线循环图

单击射线循环图，在弹出右侧窗口键入文字，得到如图 3-5-42 的效果。

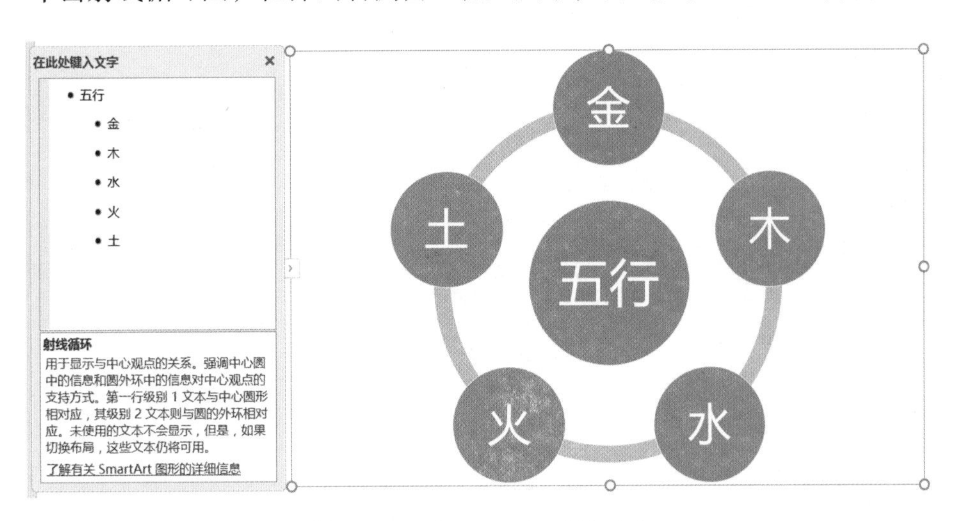

图 3-5-42　为 SmartArt 键入文字

可以用 PPT 自带的 SmartArt 图形颜色更改功能（图 3-5-43），快速地改变其配色及其他外观格式，也可以选中单个图形对其进行形状格式的修改。

选中 SmartArt 图形，可以直接对其内部所有文字调整字体颜色和大小等样式，最终得到如图 3-5-44 的射线循环图效果。

（2）垂直蛇形流程图

在“选择 SmartArt 图形”的窗口中找到“垂直蛇形流程图”，单击确定（图 3-5-45）。

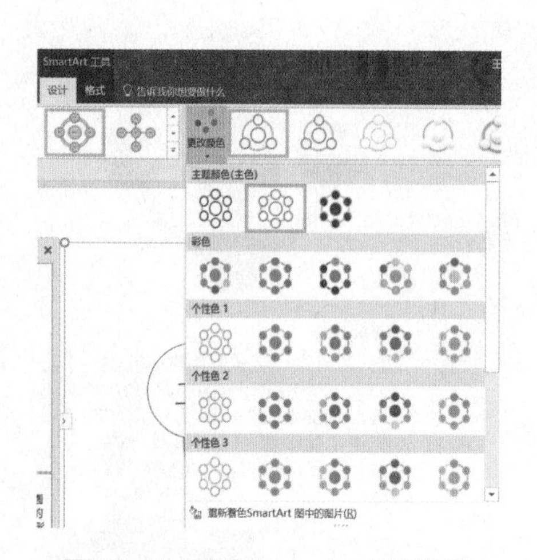

图 3-5-43　更改 SmartArt 图形颜色

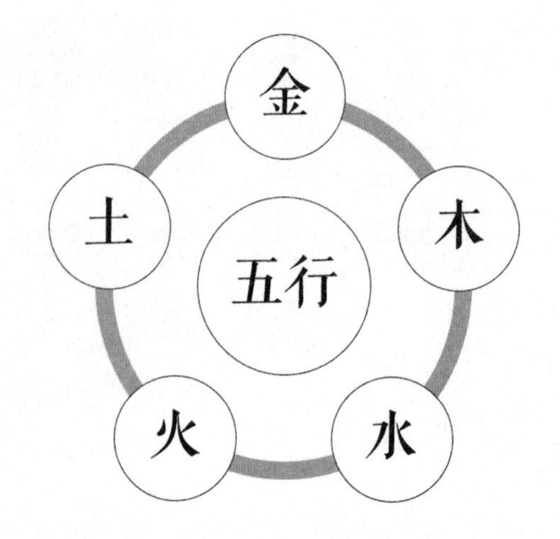

图 3-5-44　SmartArt 射线循环图效果

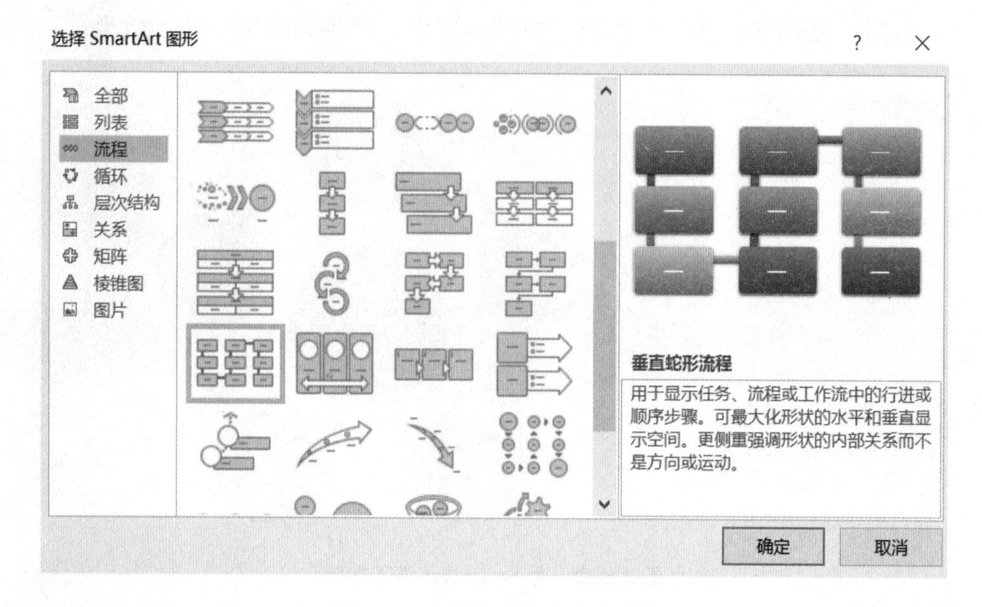

图 3-5-45　选择垂直蛇形流程图

单击垂直蛇形流程图，在弹出右侧窗口键入文字，得到如图 3-5-46 的效果。

选中所有圆角矩形，将其填充为绿色；选中所有细长方形，将其填充为棕色；选中所有圆角矩形，缩小文字字号。最终得到如图 3-5-47 效果。

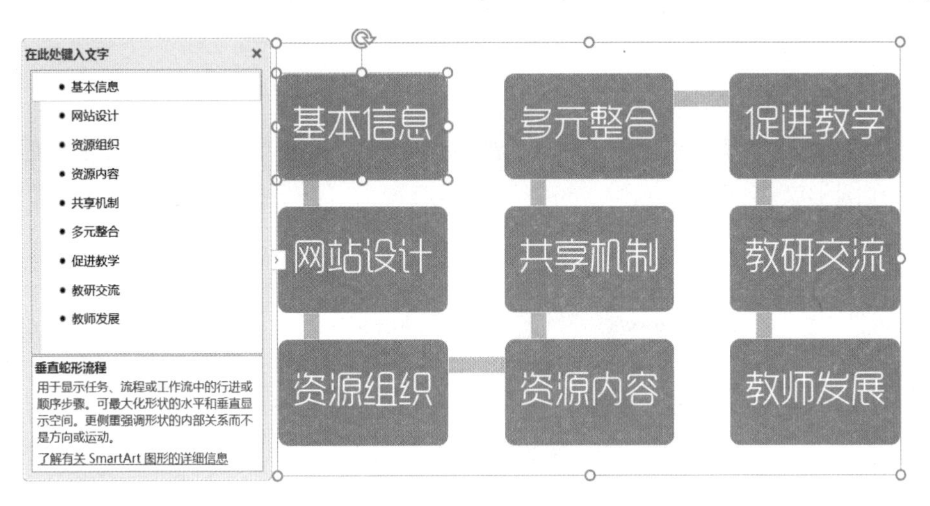

图 3-5-46　为垂直蛇形流程图键入文字

2.SmartArt 的变换

选择前面制作的“射线循环图”，在“板式”中选择“基本射线图”，即可快速变换 SmartArt 类型，得到如图 3-5-48 的效果。

类似的，可以选择“其他布局”，为 SmartArt 图形变换更多的样式，需要注意有些 SmartArt 图形是有项目数目限制的。

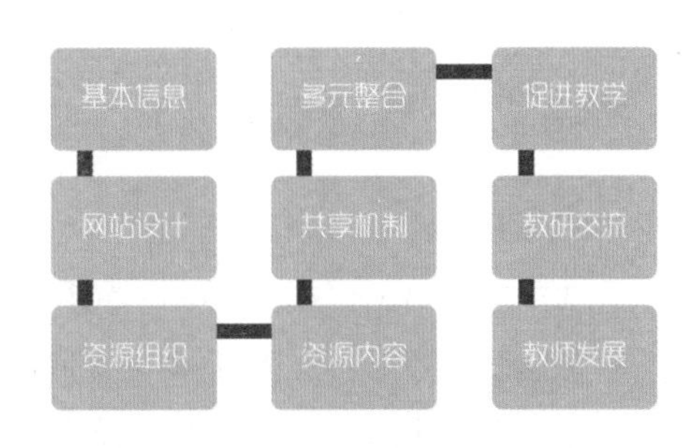

图 3-5-47　垂直蛇形流程图效果

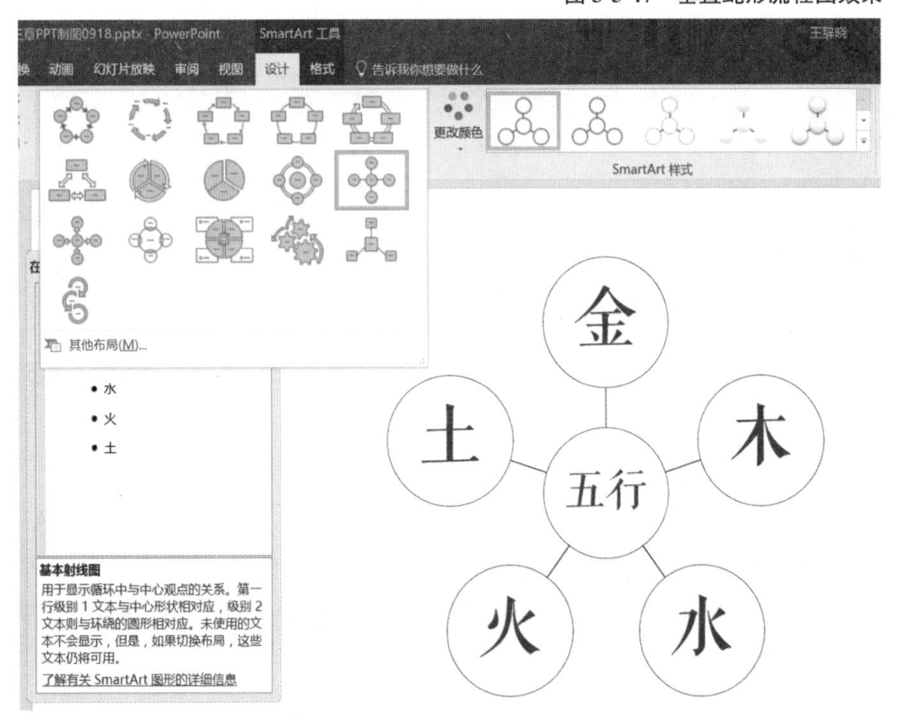

图 3-5-48　变换 SmartArt 类型示例

（1）SmartArt 转换为文字

选中 SmartArt 图形，单击右键，选择“转换为文本”（图 3-5-49，图 3-5-50）。

SmartArt 图形便被转换为项目列表形式的可编辑文本框了，这也是快速提取 SmartArt 图形文本的方式。

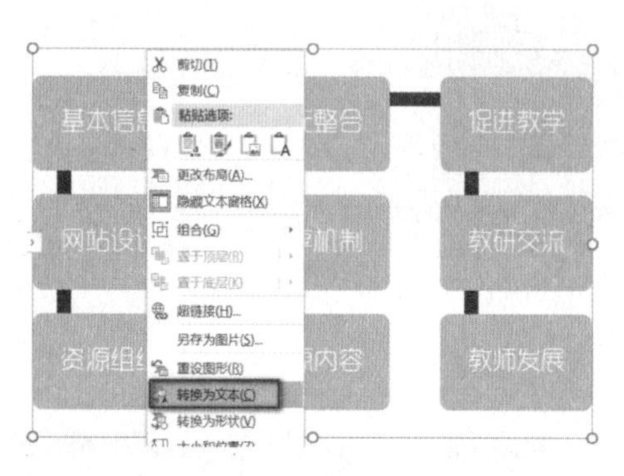

图 3-5-49　将 SmartArt 转换为文本

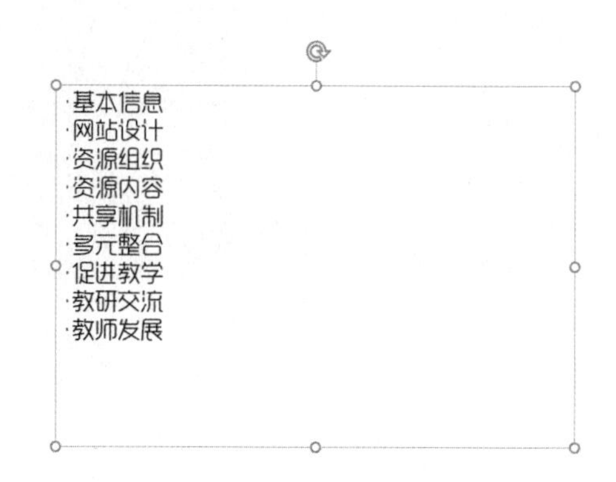

图 3-5-50　SmartArt 转换为文本

（2）SmartArt 转换为形状

选中 SmartArt 图形，单击右键，选择“转换为形状”（图 3-5-51）。

SmartArt 图形被转换为一个普通的形状组合，其中每个图形都是可以编辑的，且是可以拆分、移动的，但在右侧弹出列表中键入文字的功能随之消失了（图 3-5-52）。

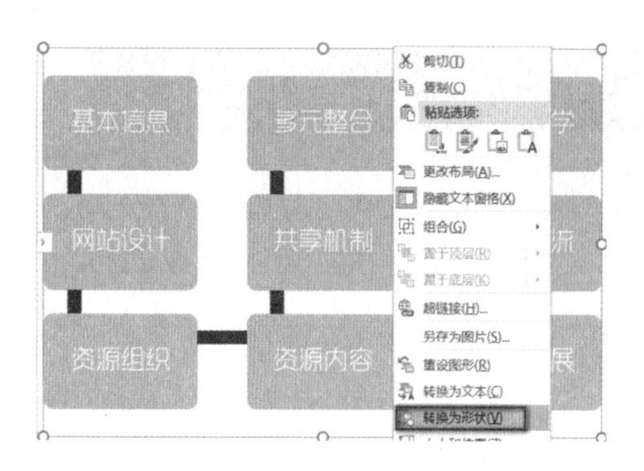

图 3-5-51　将 SmartArt 转换为形状

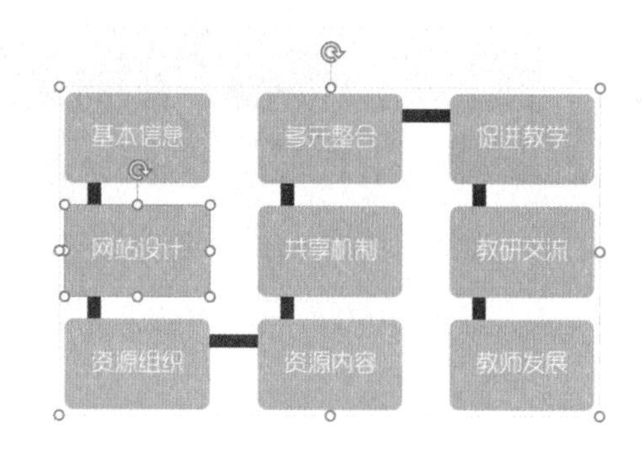

图 3-5-52　SmartArt 转换为形状

3. 把文字交给 SmartArt

SmartArt 图形可以转换为文字，反过来，文字也可以转换为 SmartArt 图形。在 PPT 中插入文本框，使文本按段落排列，然后在【开始】选项卡中单击“转换为 SmartArt”。在弹出的“选择 SmartArt 图形”窗口中选择“棱锥图”中的“基本棱锥图”（图 3-5-53）。

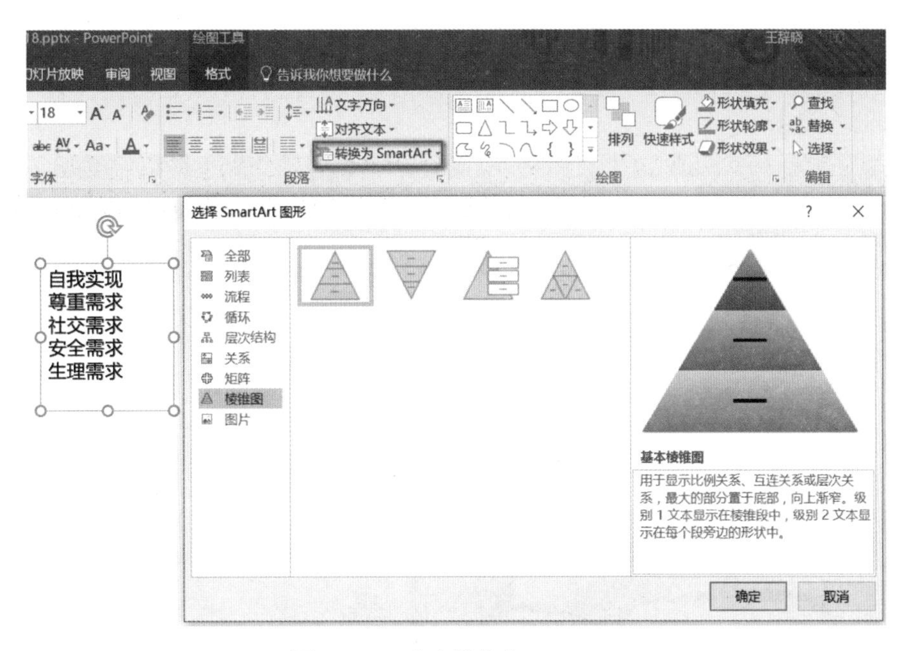

图 3-5-53　文本转换为 SmartArt

调整文本大小和 SmartArt 图形样式，得到如图 3-5-54 的效果。

类似地，借助这一功能，可以快速地将文本转换为多种类型的 SmartArt 图形。

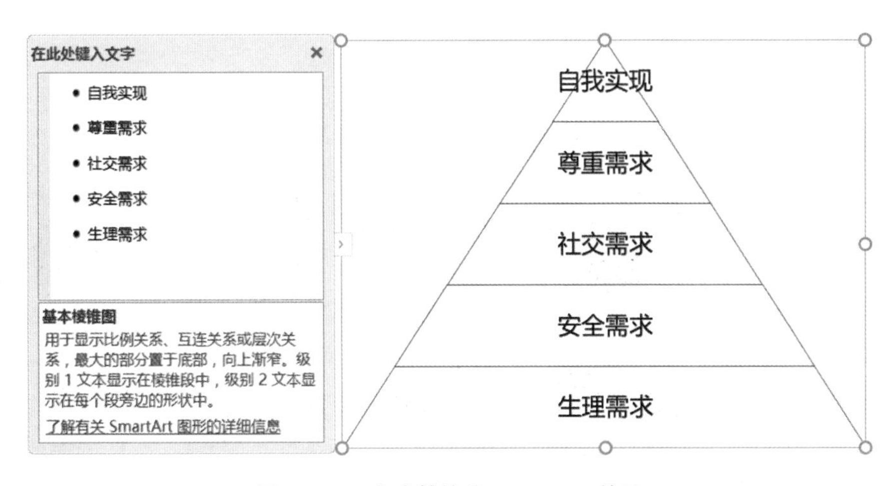

图 3-5-54　文本转换为 SmartArt 效果

4. 把图片交给 SmartArt

SmartArt 还可以实现图片的快速整理和排版。【Ctrl + A】选中 PPT 页面中的所有图片。在【图片工具】中找到"图片版式"，单击下三角，可以看到多个 SmartArt 图形选项（图 3-5-55）。

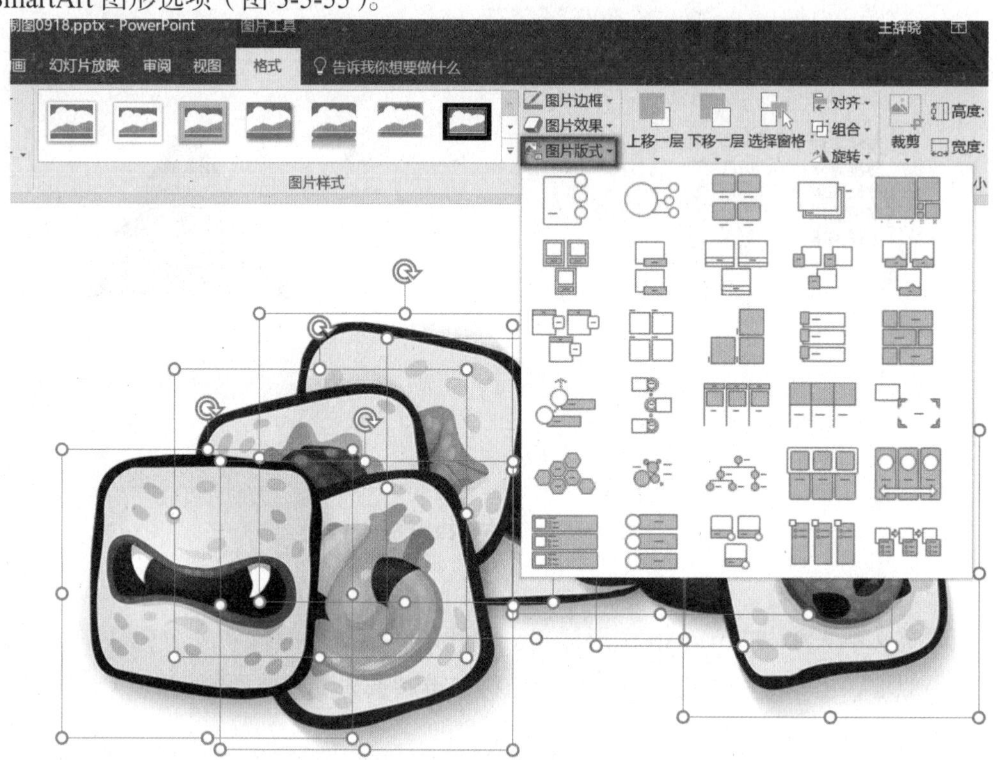

图 3-5-55 SmartArt 图片版式

选择"蛇形图片透明文本"SmartArt 样式，得到如图 3-5-56 的效果，还可以给每个图片添加介绍文本。

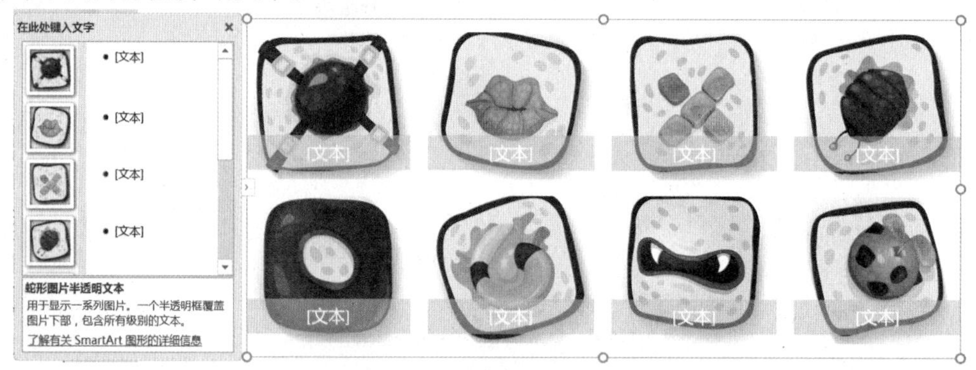

图 3-5-56 用 SmartArt 排版图片

第 3 章介绍了字体、文本、图形、图片、图表的处理和美化技巧，接下来的章节将会继续介绍教学 PPT 对象的处理方法。

第 4 章　教学 PPT 中的富媒体运用

导读

本章主要内容介绍音频、视频和动画等对象作为富媒体在教学 PPT 中的应用（图 4-1）。

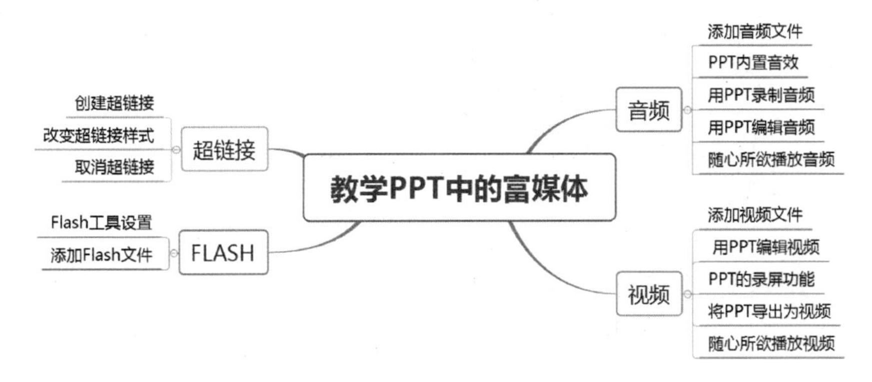

图 4-1　本章内容导读

什么是“富媒体”？富媒体（Rich Media）即丰富的媒体。早先，由于带宽技术等限制，网上只有文本，后来逐渐有了图片，实现了文本和图片的整合，再后来音频、视频也逐渐加入，所以就有了富媒体的说法。随着信息技术的发展，在互联网上传播的信息，不仅有文字或图片，同时还可以包括动画、视频、互动、音乐或语音效果等，这就是所谓的富媒体（图 4-2）。富媒体之“富”，是建立在宽带网络基础上的，是相对于窄带网络信息相对贫乏而言的，是一个建立在多媒体基础上的相对概念。

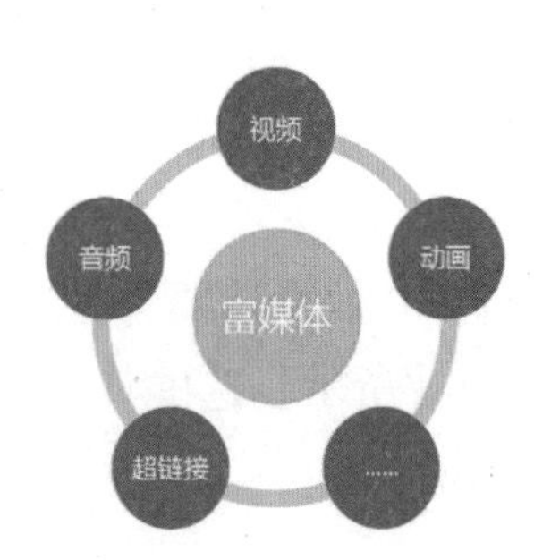

图 4-2　富媒体

富媒体的应用使 PPT 内容更加丰富充实，且能帮助教师制作出具有创意和特色的教学 PPT。本章重点介绍

“音频、视频、超链接、Flash”四种富媒体在教学PPT中的运用。

4.1 音频

4.1.1 添加音频文件

当我们制作了一份完整的PPT后，想让这份演示文稿更生动一点，在播放幻灯片时有背景音乐或旁白，那就需要音频文件，那么，怎样在PPT中插入音频文件呢?

在PPT菜单栏中，点击“插入—音频”，在音频下拉菜单中选择“PC上的音频”，如图4-1-1所示，在弹出窗口中选中提前已经下载好的音频文件，点击“插入”，幻灯片中会出现一个“小喇叭”图标；选中它，单击其左下角的“播放”按钮，即可进行播放，如图4-1-2所示。

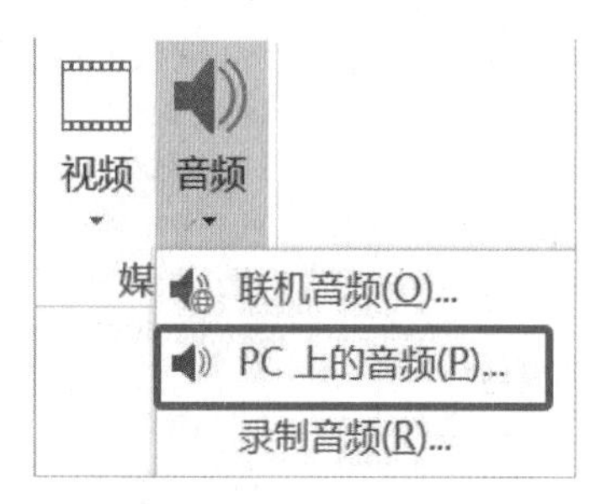

图4-1-1 插入音频文件

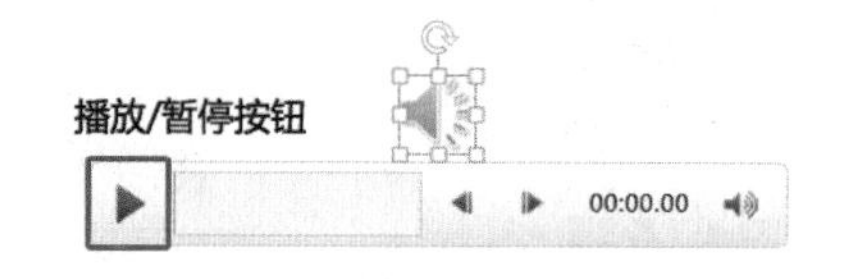

图4-1-2 音频播放控制条

因为不同版本PPT的设置略有不同，建议选择WAV或MP3格式的音频文件插入音频文件。另外，也可以通过直接拖拽的方式快速为PPT添加音频文件，选中要添加的音频文件，直接拖入打开的PPT中即可。

4.1.2 PPT内置音效

PPT中内置了近20种音效，为PPT对象添加特定的音效可以起到突出强调、渲染气氛等效果，使PPT演示更加生动，那该如何使用这些内置音效呢?

首先，要为PPT对象添加一个动画，在动画窗格里，点击该动画的下拉菜单，选择“效果选项”。在“声音”一栏，会看到PPT提供的所有内置音效效果，如图4-1-3所示。选中某个音效确定后，在演示PPT时，音效与动画会伴随该对象同时出现。

4.1.3 用 PPT 录制音频

有时候我们希望在 PPT 中加入演讲者的原音讲解，对于我们进行产品讲解演示、商务会议演示或者制作电子相册等都非常方便好用，那怎样在 PPT 中录音呢？

准备录制旁白音频的设备，普通麦克风即可。一般笔记本电脑自带录音软件，也可以直接使用，但录音可能会出现杂音或声音偏小的情况。

图 4-1-3　PPT 内置音效

在 PPT 菜单栏中选择“插入—音频—录制音频”，会弹出如 4-1-4 所示的录音界面。首先，为本段录音取一个名字，然后点击带有红点的按钮开始录音，录音结束后点击带有方块的按钮停止录音，点击带有三角形的按钮可对刚才的录音进行回放，点击“确定”后保存录音，PPT 页面中就会出现“小喇叭”图标。

图 4-1-4　PPT 录音界面

如果想要对录音进行简单的编辑，右键点击“小喇叭”标识，选择“修剪”选项（见图 4-1-5），会弹出如图 4-1-6 所示的编辑界面，可自行设置音频的开始与结束时间。

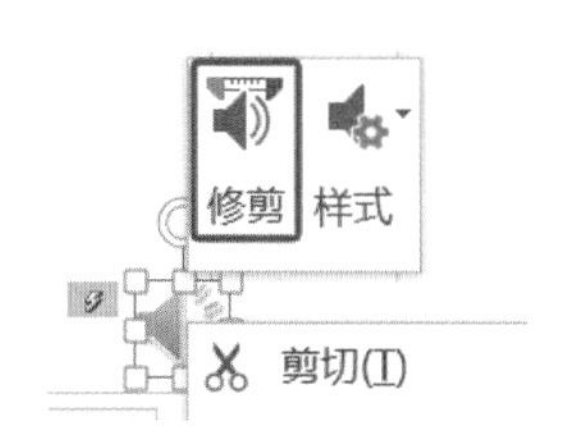

图 4-1-5　修剪录音选项

图 4-1-6　编辑录音界面

4.1.4 用 PPT 编辑音频

对于已插入的音频文件，不管是背景音乐、音效还是录音，都可利用 PPT 的音频处理工具简单编辑音频，使其与文稿内容更加匹配，播放效果更加自然。

1. 淡入、淡出处理

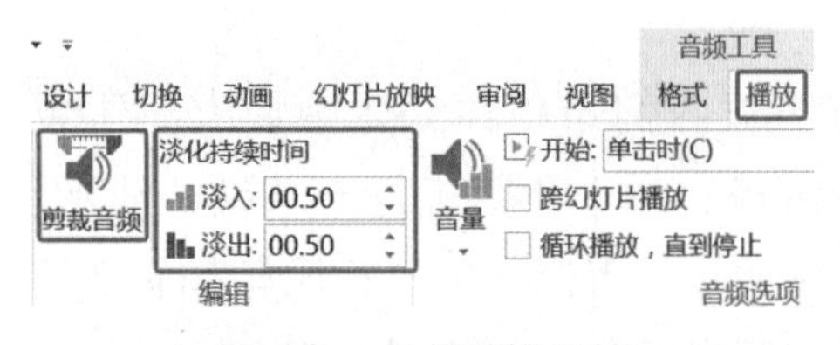

图 4-1-7　音频淡化处理

选中已添加的音频文件，单击“音频工具”下的“播放”，展开对应选项卡，调整淡化持续时间框中的“淡入”和“淡出”数值，也可直接输入所需数值，设置添加音频的淡入和淡出效果（见图 4-1-7）。

2. 剪裁音频

选中已添加的音频文件，单击“音频工具”下的“播放”，展开对应选项卡，点击“剪裁音频”，则进入如图 4-1-6 所示的音频编辑界面，可通过设置音频的开始时间与结束时间完成对音频的剪裁。

4.1.5　随心所欲播放音频

幻灯片中的版块内容比较多，想让不同的版块呈现不同效果，要对背景音乐进行分割，那么如何让插入的音乐在恰当的位置停止和播放呢？下面就介绍一些音频播放设置的小技巧。

当 PPT 中插入一段音频，页面中会出现一个“小喇叭”图标，默认情况下，在播放幻灯片时，音频在单击鼠标时开始播放。在工具栏“音频工具——播放”选项下，可以设置音频开始播放的形式并让“小喇叭”图标在放映时隐藏（见图 4-1-8）。

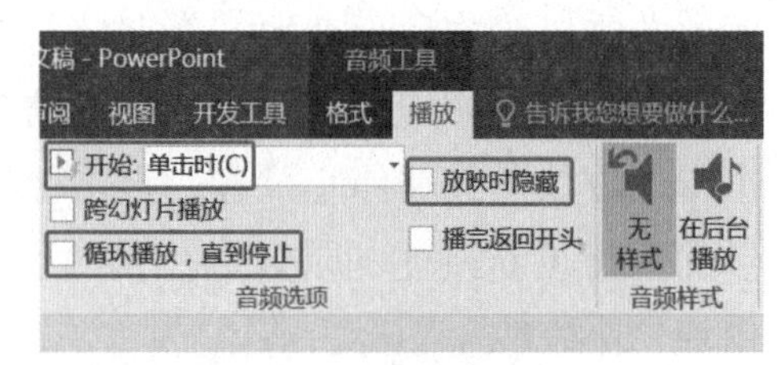

图 4-1-8　音频播放菜单

如果想对音频播放进行更加细致的设置，点击菜单栏“动画——动画窗格”，打开“效果选项”（见图 4-1-9），可以看到有“效果”和“计时”两个选项卡，点击“效果”，可以设置音频的开始和停止播放时间（见图 4-1-10），点击“计时”，则可以设置音频是否延迟播放、重复播放等（见图 4-1-11）。各位教师可根据自己演示的实际情况自定义设置音频播放效果。

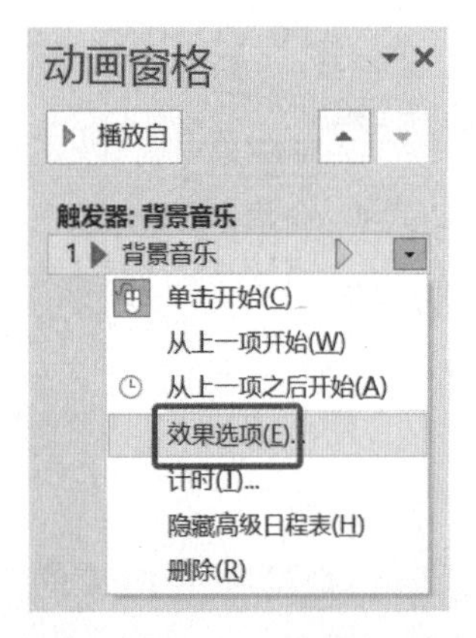

图 4-1-9　音频动画窗格

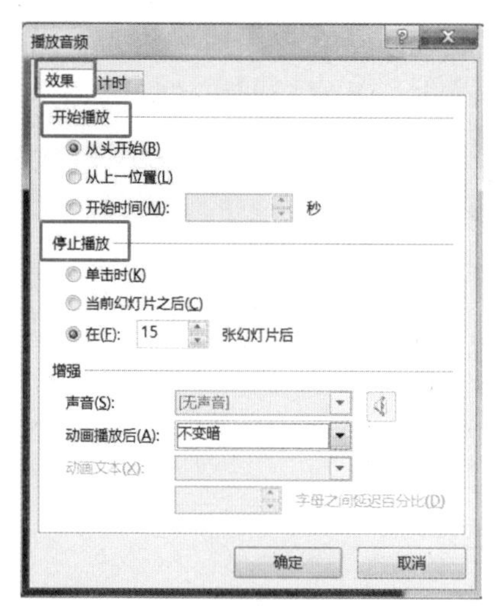

图 4-1-10　音频播放效果设置

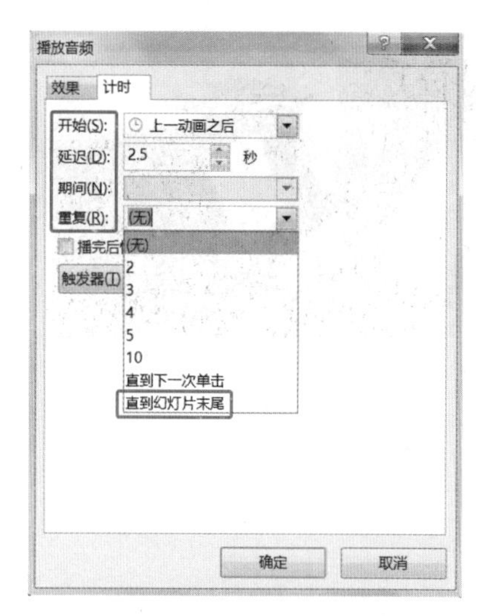

图 4-1-11　音频播放计时设置

4.2　视频

4.2.1　添加视频文件

在进行 PPT 演示时，有时需要播放一段视频，将视频文件提前添加到 PPT 中，则可以在演示中直接播放视频，无需切换其他软件。那么，怎样在 PPT 中添加视频文件呢？

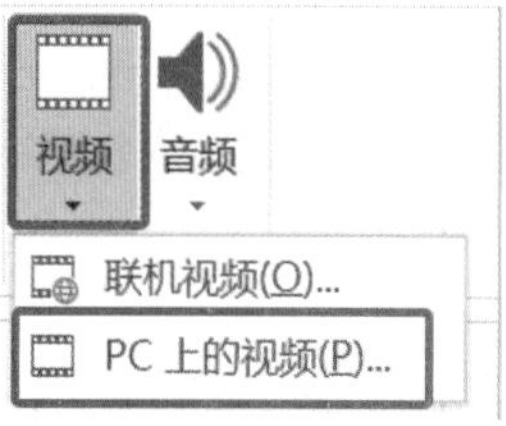

在 PPT 菜单栏中，点击“插入—视频”，在视频下拉菜单中选择“PC 上的视频”，如图 4-2-1 所示，在弹出窗口中选中要插入的视频文件，点击“插入”。

图 4-2-1　插入视频文件

值得注意的是，并不是所有的视频格式都可以插入 PPT 讲稿中，在选择本地视频文件时，点击“视频文件”下拉菜单，会看到此版本 PPT 所支持的所有视频格式，以 2016 版为例，如图 4-2-2 所示。如果视频格式不符合要求，则需要在插入前用格式转换工具对视频格式进行调整。

图 4-2-2　2016 版本 PPT 支持视频格式

用鼠标选中已插入的视频文件，并将它移动到合适的位置，然后根据屏幕的提示直接点选“播放”按钮来播放视频。在播放过程中，可以将鼠标移动到视频窗口中，单

图 4-2-3 视频播放窗口

击一下，视频就能暂停播放。如果想继续播放，再单击一下鼠标即可（见图 4-2-3）。

使用这种方法将视频文件插入幻灯片中后，PPT 只提供简单的“暂停”和“继续播放”控制，而没有其他更多的操作按钮供选择。另外，也可以通过直接拖拽的方式快速为 PPT 文稿添加视频文件，选中要添加的视频文件，直接拖入打开的 PPT 文稿中即可。

4.2.2 用 PPT 编辑视频

不需要专门的剪辑软件，PPT 也可以简单编辑处理插入的视频文件，下面介绍用 PPT 处理视频的方法步骤。

1. 淡入、淡出处理

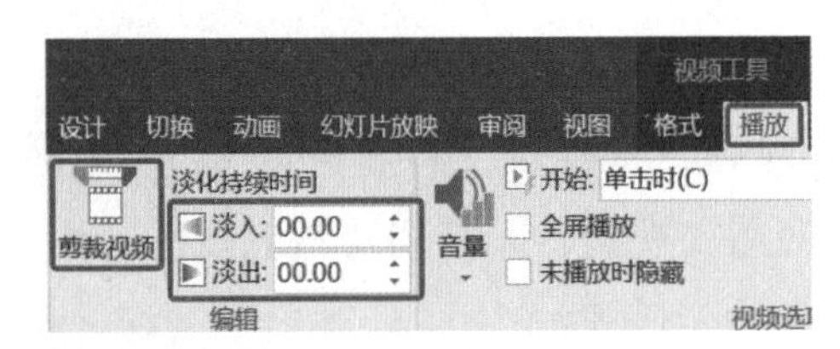

图 4-2-4 视频编辑菜单

选中已添加的视频文件，单击菜单栏中，“视频工具”下的“播放”选项，调整淡化持续时间框中的“淡入”和“淡出”数值，也可直接输入所需数值，完成添加音频的淡入淡出效果（见图 4-2-4）。

2. 剪裁视频

选中已添加的视频文件，单击菜单栏中，“视频工具”下的“播放”选项，点击“剪裁音频”，则弹出如图 4-2-5 所示的视频剪裁窗口，可通过播放视频选择视频的起止时间，也可手动输入起止时间。在暂停状态下，可通过点击“上一帧”和“下一帧”按钮进行细微调整。

3. 更改视频外观

默认情况下，PPT 中插入的视频文件为原始比例下的矩形框，也可根据喜好自行设计视频外观。选中插入的视频文件，在菜单中的视频工具中点击“格式”，在展开的菜单中，点击“更正”可调节视频亮度和对比度，点击“颜色”可为视频添加一层颜色滤镜，点击“视频形状”“视频边框”和“视频效果”，可改变视频的边框形状和为视频添加阴影等（见图 4-2-6）。

图 4-2-5　视频剪裁窗口

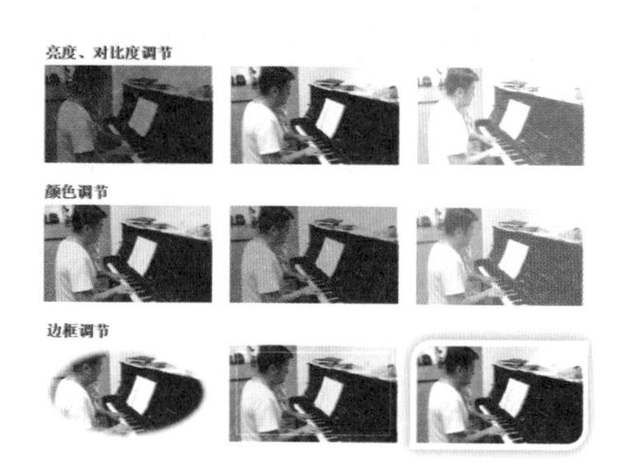

图 4-2-6　外观更改效果图

4.2.3　PPT 的录屏功能

在教学中，“录屏 + 教师讲解”是一种常见的电子课件形式，它操作简单，尤其适用于软件操作演示、视频直播等教学形式，因此广受教师与学生喜爱。对于教师来说，录屏不仅能更好地辅助教学，也是现代教师应具备的基本技能之一。

想要录屏，需要有一款方便好用的录屏软件。利用 PPT 就可以录屏，且操作步骤简单，视频画质清晰。下面，就将介绍如何利用 PPT 录屏。

打开 2016 版 PPT，菜单栏中选择“插入”，在最右边“媒体”一栏中点击“屏幕录制”，会弹出如图 4-2-7 所示窗口。首先，点击“选择区域”选择录屏区域，虚线框中的部分为录屏区域（见图 4-2-8），虚线框以外的区域则不会被录制；如果虚线绘制有误，只需再次点击“选择区域”，进行重新选择即可。

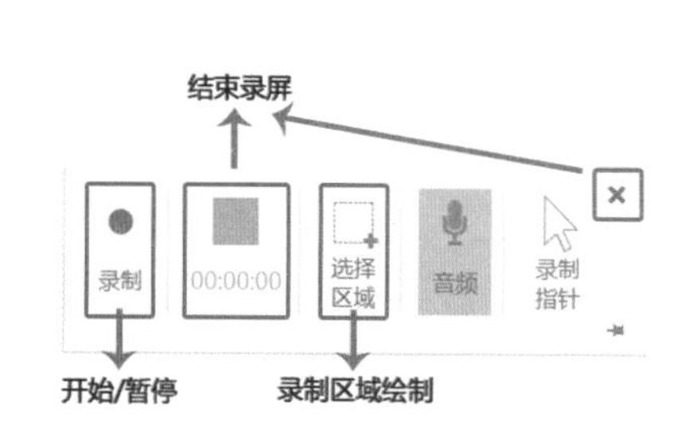

图 4-2-7　录屏窗口

图 4-2-8　录屏区域选择

选择好录屏区域，点击“录制”按钮，3、2、1 倒计时后开始录屏，这时可以一边讲课，一边进行操作演示，录屏区域内的所有轨迹以及教师讲课的声音都可被录制下来。点击带有方块的按钮，或直接关闭录屏窗口可结束录屏。此时 PPT 中会自动生成刚才录制的视频文件，如图 4-2-9 所示。

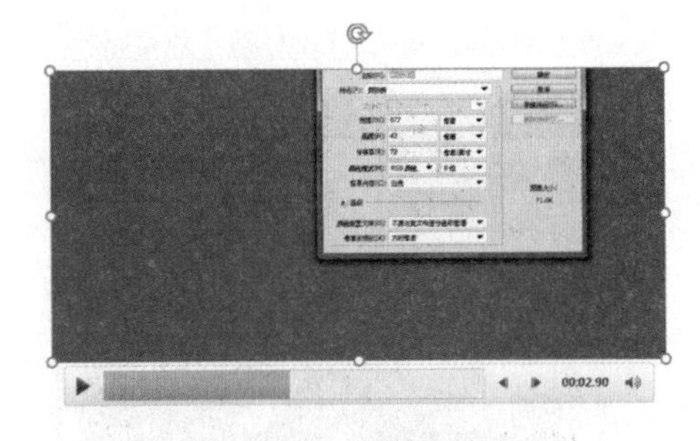

图 4-2-9 录屏视频

4.2.4 将 PPT 导出为视频

视频制作在一般人看来具有较强的专业性，不仅要能合理编排素材，还要会操作专门的视频编辑软件。其实，利用 PPT 一样可以导出视频格式文件。

打开一个已完成的 PPT 文稿，点击“文件—另存为”，选择文件类型为“MPEG-4”或者“Windows Media”（见图 4-2-10），则可分别导出 MP4 和 WMA 格式的视频文件。

PowerPoint 放映
启用宏的 PowerPoint 放映
PowerPoint 97-2003 放映
PowerPoint 加载项
PowerPoint 97-2003 加载项
PowerPoint XML 演示文稿
MPEG-4 视频
Windows Media 视频
GIF 可交换的图形格式
JPEG 文件交换格式
PNG 可移植网络图形格式
TIFF Tag 图像文件格式

图 4-2-10 导出视频格式

只要对 PPT 对象进行美观的排版设计，并添加适当的动画效果，用 PPT 导出的视频同样能达到专业水准。课件视频、电子相册、Flash 动画……快来亲自尝试下吧。

4.2.5 随心所欲播放视频

与音频播放效果一样，同样可以根据演示需要对视频的播放效果进行自定义设置。

当在 PPT 中插入一段视频文件后，默认状态下，在放映幻灯片时，需要点击视频下方播放控制条中的播放按钮来播放视频。在工具栏“视频工具—播放”选项下，可以设置视频开始播放的形式，让视频在未播放时隐藏及全屏播放等（见图 4-2-11）。

如果想对视频播放进行更加细致的设置，点击菜单栏“动画—动画窗格”，打开“效果选项”，点击“计时”，可以设置视频是否延迟播放、重复播放等（见图 4-2-12）。

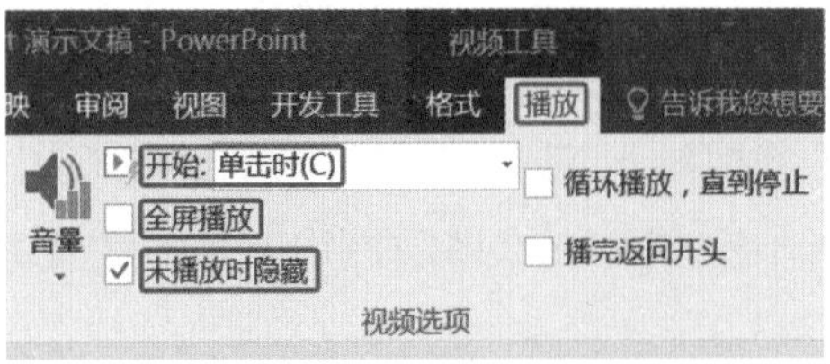

图 4-2-11　视频播放菜单

图 4-2-12　视频播放计时设置

4.3　超链接

在讲超链接的设置方法前，首先，让我们先来了解下，什么是超链接？以及PPT 中的超链接都能链接什么？

超链接是指页面对象之间的链接关系，能合理、协调地把 PPT 中的各个元素、页面通过超链接构成一个有机整体，使浏览者能够快速访问想要访问的内容或页面。

一般来讲，PPT 中的超链接可以从一张幻灯片链接到同一演示文稿中的另一张幻灯片，或者从一张幻灯片链接到另一演示文稿的某张幻灯片、邮件地址、网页或文件。另外，也可以针对 PPT 中的某一对象（文本、图片、图形……）创建链接（见图 4-3-1）。

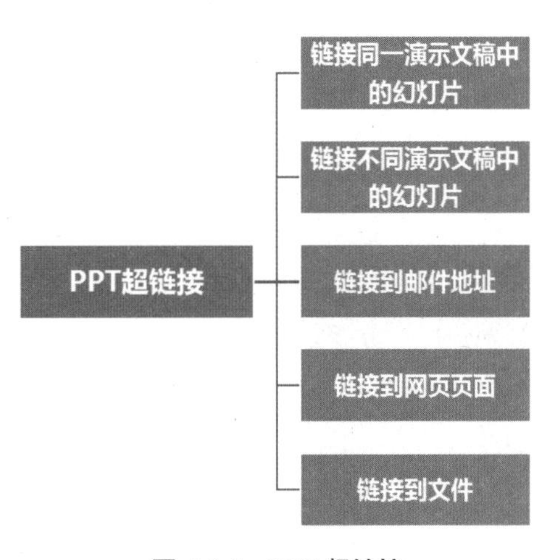

图 4-3-1　PPT 超链接

4.3.1　创建超链接

在 PPT 中可以通过两种方法来创建超链接，第一种是利用“超链接按钮”创建超链接；第二种是利用“动作设置”创建超链接。下面逐一介绍将这两种方法。

1. 利用“超链接按钮”创建超链接

首先，用鼠标选中需要超链接的对象。这里需要注意的是，如果对象是图片或图形，只需点中对象即可，如果对象是一段文字中的一部分，则需要将这部分

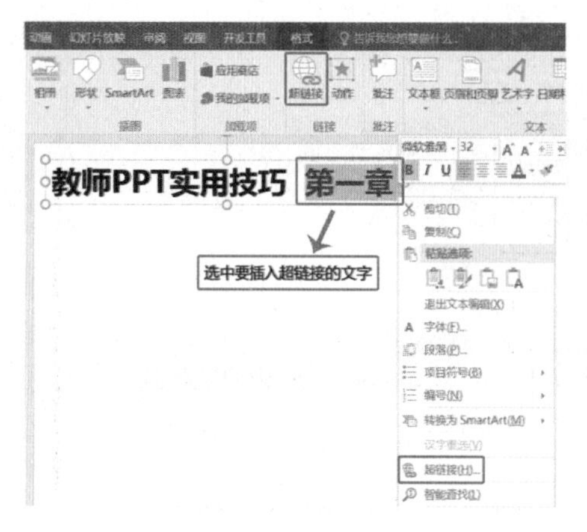

图 4-3-2　创建超链接

文字都选中，如图 4-3-2 所示。选中对象后，点击菜单栏“插入——超链接”，或者单击鼠标右键，在弹出的快捷菜单中点击“超链接”选项。

接着在弹出的“插入超链接”窗口，可以选择要添加的超链接形式，包括：本地文件、网页地址、同一演示文稿中的幻灯片、其他演示文稿中的幻灯片和电子邮件地址（见图 4-3-3）。

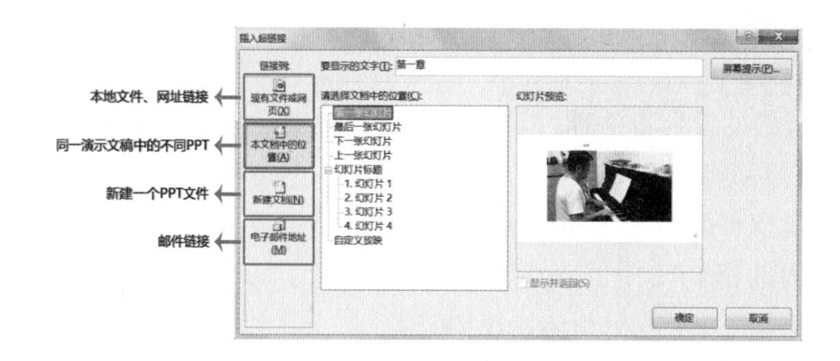

图 4-3-3　超链接形式

2. 利用“动作设置”创建 ppt 超链接

同样选中需要创建超链接的对象（文字、图片、图形等），点击菜单栏“插入——动作”，弹出“动作设置”对话框，在对话框中有两个选项卡“单击鼠标”与“鼠标移过”，通常选择默认的“单击鼠标”。

单击“超级链接到”选项，打开超链接选项下拉菜单，根据实际情况选择其一，然后单击“确定”按钮，如图 4-3-4 所示。

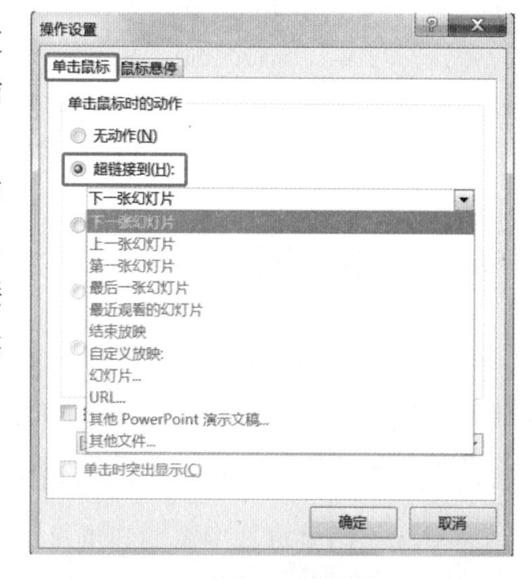

图 4-3-4　超链接选项

4.3.2　改变超链接样式

为对象添加 PPT 后，默认的超链接字

体颜色为蓝色，且带有下划线，如果觉得这种默认样式与 PPT 整体设计风格不符，也可以自定义设置超链接样式。

进入“设计”选项卡，单击“变体”选项组中的“颜色”，在下拉菜单中选择“自定义颜色”，如图 4-3-5 所示。

在弹出的“自定义”窗口中选择“超链接”和“已访问的超链接”，就可以任意设置颜色。设置好后可以在右边的“示例”中看到超链接的效果，点击保存即可（见图 4-3-6）。

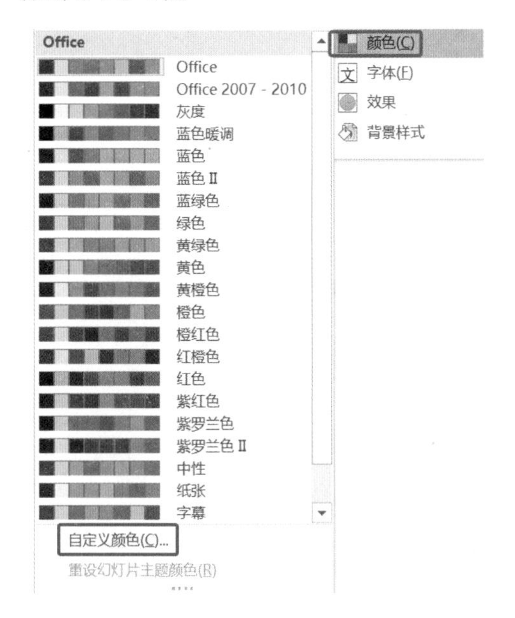

图 4-3-5　自定义超链接颜色

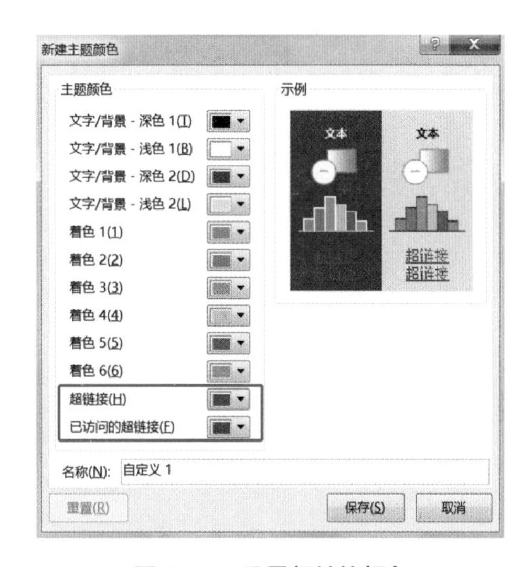

图 4-3-6　设置超链接颜色

4.3.3　取消超链接

如果对 PPT 中的超链接不满意或者想要改变超链接，我们该怎么取消原有的超链接呢？只需要选中链接，然后单击右键，在快捷菜单中选中“取消超链接”即可。

4.4　Flash 动画

制作 PPT 有时需要插入 SWF 格式的 Flash 动画，给 PPT 增添一些效果，那么，怎样在 PPT 中插入 SWF 格式的动画并设置动画的播放模式呢？接下来的内容会逐一介绍。

4.4.1 Flash 工具设置

打开要插入 Flash 动画的 PPT，点击“文件”菜单，在左侧展开的下拉菜单中，点击“选项”，在弹出的新窗口中，选择“自定义功能区”，在最右侧一栏中，将“开发工具”前面的小方框勾选上，点击“确定”按钮，如图 4-4-1 所示。

图 4-4-1　打开开发工具

返回 PPT 页面，这时在最上方的菜单栏中会出现“开发工具”选项，进入“开发工具”菜单，点击“其他控件”按钮（见图 4-4-2）；在弹出的新窗口中，找到“shockwave flash object”并选中，点击“确定”退出（见图 4-4-3）。

图 4-4-2　开发工具菜单

图 4-4-3　其他控件窗口

4.4.2 添加 Flash 文件

返回文稿，此时光标变成了十字状态，按下鼠标并拖动，画出 Flash 文件的播放位置。当释放鼠标的时候，就能看到 Flash 控件播放的具体位置以及大小，选中这个控件，单击鼠标右键，在弹出的菜单中选择“属性表”选项（见图 4-4-4）。此时会弹出一个“属性”面板，在“Movie”项右侧方框中输入 Flash 文件的名称，在“playing”项右侧下拉菜单中选择“True”（见图 4-4-5）。设置完成后关闭对话框，Flash 动画文件就已成功添加到 PPT 中了，预览文稿，当播放到此张 PPT 时，Flash 文件会自动播放。

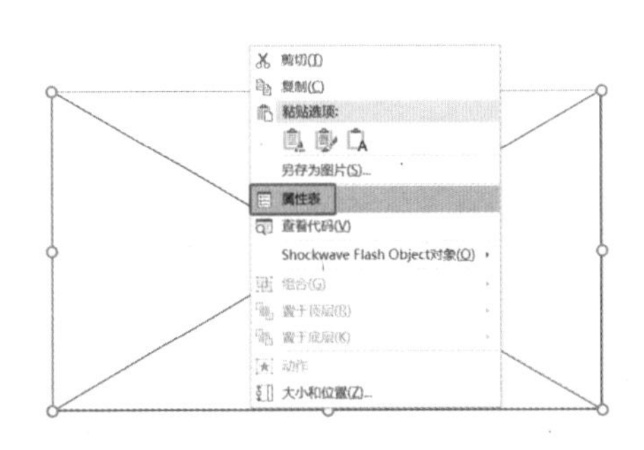

图 4-4-4　绘制动画播放区域

图 4-4-5　插入动画并设置播放

本章我们着重介绍了教学 PPT 中富媒体的使用，在接下来的第 5 章中，进入中级篇教学，将从设计与排版角度介绍如何制作出精致美观的 PPT。

中篇　教学 PPT 设计技巧

第 5 章　教学 PPT 的设计与制作

导读

在第 3 章和第 4 章中，介绍了 PPT 对象的处理与美化，在第 5 章将从更加全局观的角度来介绍 PPT 的设计与制作（图 5-1）。

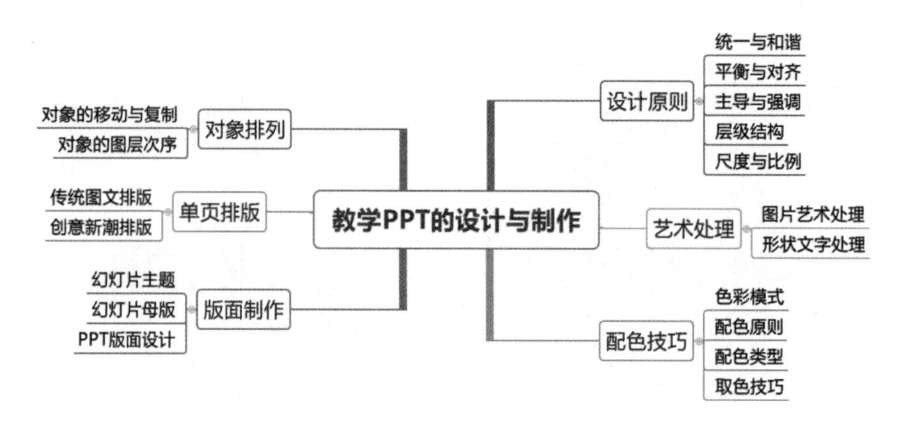

图 5-1　本章内容导读图

首先，介绍 PPT 设计的五个原则和配色技巧，从设计师的角度探索 PPT 的美观设计。接下来，介绍 PPT 对象的排列技巧和艺术处理，如何更加快捷地制作 PPT，并且掌握当下流行的 PPT 风格设计方法。掌握了 PPT 设计技巧与原则后，我们将会从传统图文排版和创意新潮排版两个方面，应用这些技巧和原则，打造美观高效的 PPT 单页设计。最后，介绍幻灯片母版的作用及设计技巧，并从 PPT 版面五要素入手，打造独一无二的教学 PPT 模板。

5.1　PPT 设计原则①

PPT 的设计与排版离不开平面设计的一些原则和技巧，懂得一些基本的平面设计原则，有助于你更好地把握 PPT 对象的整体设计和布局。接下来，将介绍 PPT 平面设计的五个原则及具体形式。

5.1.1　统一与和谐

如图 5-1-1 所示，PPT 设计的首要原则是"统一 & 和谐"，PPT 不同页面的设计、字体、字号、配色等，都应该有统一的风格和选用，否则会使得 PPT 很凌乱并且像是随意拼接出来的。

图 5-1-1　PPT 设计原则：统一 & 和谐

1. 亲密

PPT 对象的排列要考虑对象之间的远近距离，距离相近的对象更容易被看成一组，如图 5-1-2，即使中间没有线条的分隔，也可以直观地在视觉效果上发现，多个圆形被分成了两组。即制作 PPT 时，同一组的对象距离要近，不同组的对象之间要有适当的距离。

2. 相似

同一组内的对象在颜色或形状上有相似之处（图 5-1-3），可以得到统一和谐的效果。

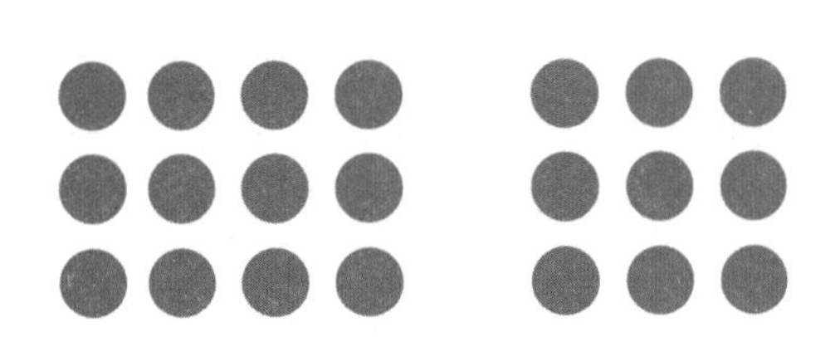

亲密
PROXIMITY
时刻要注意元素之间的距离及其带来的影响

图 5-1-2　统一 & 和谐：亲密

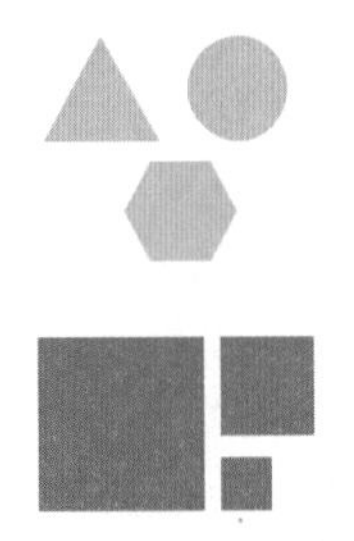

相似
SIMILARITY
元素组内的元素相似之处也能带来统一

图 5-1-3　统一 & 和谐：相似

① 本节参考：http://www.pptstore.net/author/嘉文钱

3. 节奏

对象在颜色、位置、大小等属性上的变化能够为 PPT 页面增加一些节奏感，同时又不失统一（图 5-1-4）。

4. 重复

某种元素或者其属性重复多次地在不同页面相同位置使用，是让整个 PPT 板式统一的方法。例如，图 5-1-5 就是五个大原则制图中运用的统一元素，这一技巧在 PPT 过渡页和正文标题的设计中很适用。

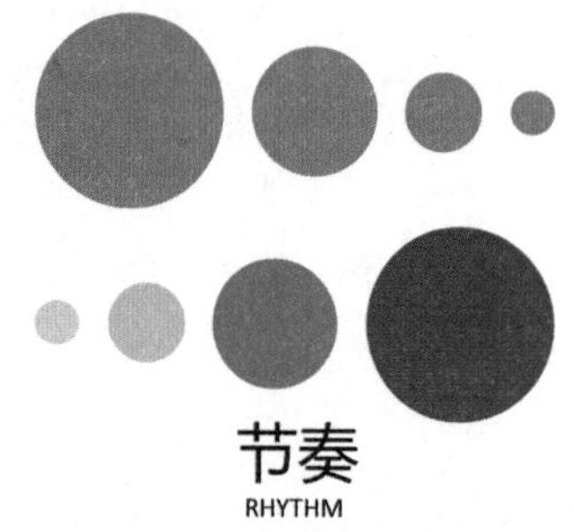

图 5-1-4　统一 & 和谐：节奏

编号
“大原则的名称”
大原则名称的英文
重复
REPETITION
某些元素（或它的某种属性）重复多次使用

图 5-1-5　统一 & 和谐：重复

5.1.2　平衡与对齐

图 5-1-6　PPT 设计原则：平衡 & 对齐

如图 5-1-6 所示，“平衡与对齐”能够为 PPT 页面设计添加美感。在第 3 章图形的添加与组合中，介绍了三类常见的排列方式和操作方法，是实现 PPT 多个对象平衡与对齐的基础。

1. 对称

围绕某条轴，对称排列 PPT 对象，同时兼顾大小、形状上的对应（图 5-1-7）。

2. 对齐

对多个对象可进行左右对齐、顶部和底部对齐、居中对齐，横向、纵向分布等操作（图 5-1-8）。

3. 均衡

从图 5-1-9 可以看出，两边的元素形状、颜色等属性不一样，但在视觉上，由于配色、大小、位置相似，使得整个页面保持了平衡感。

4. 绕圈

SmartArt 图形中有一大部分都是讲元素进行绕圈排列的（见图 5-1-10），不但

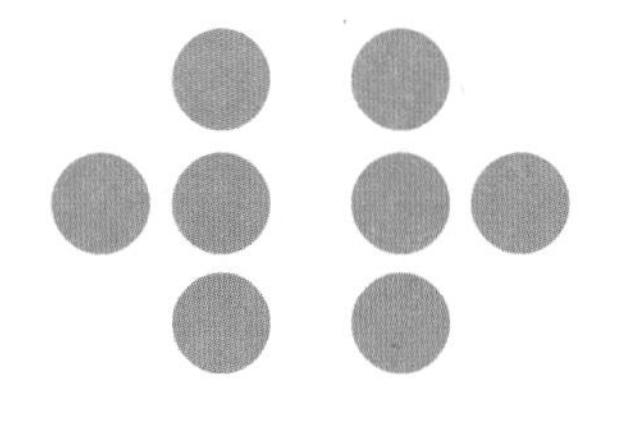

对称
SYMMETRY
围绕某条轴对称的元素在排列、大小、形状上有一一对应

图 5-1-7　平衡 & 对齐：对称

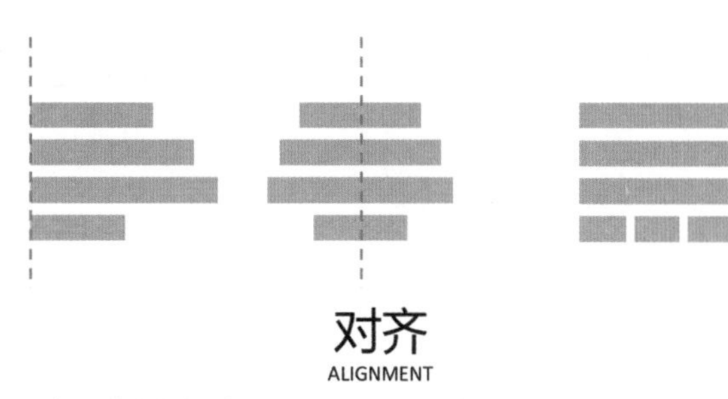

图 5-1-8　平衡 & 对齐：对齐

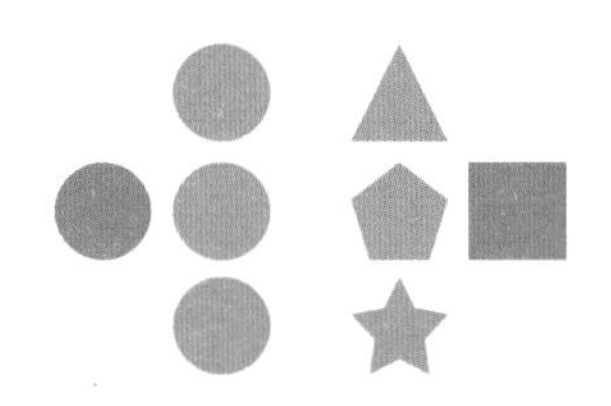

均衡
ASYMMETRY
两边的元素形状、颜色等属性不一样，但是保持视觉平衡

图 5-1-9　平衡 & 对齐：均衡

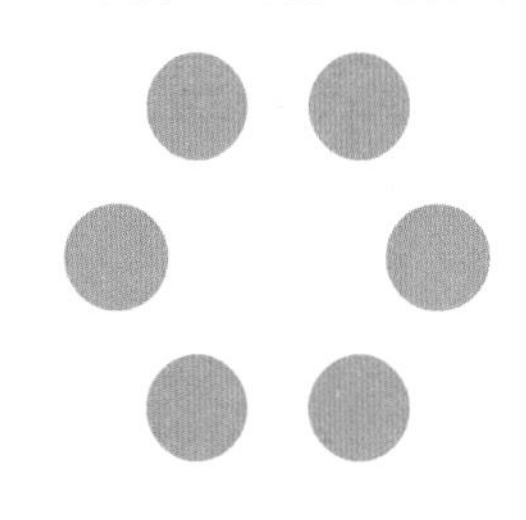

图 5-1-10　平衡 & 对齐：绕圈

可以描述从属关系，还给人平衡完整之感。

5.1.3　主导与强调

第 3 章介绍了文本强调的六种方法。对于其他 PPT 对象，“主导与强调”对于突出重点、引起注意同样重要（图 5-1-11）。“主导与强调”有几种主要方法：形状强调、颜色强调、尺寸强调、明暗强调和装饰强调。文本强调中的斜体相当于“形状强调”，变色和反衬相当于“颜色强调”，加大字号和加粗则相当于“尺寸强调”，下划线相当于“装饰强调”。

原则五
“ 主导 & 强调 ”
DOMINANCE & EMPHASIS

图 5-1-11　PPT 设计原则：主导 & 强调

1. 形状强调

前面介绍了统一平衡的原则，而从表现形式上打破视觉平衡会起到突出重点的效果。比如在形状为圆的对象中间，添加形状为正方形的对象，与众不同即为突出（图 5-1-12）。

2. 颜色强调

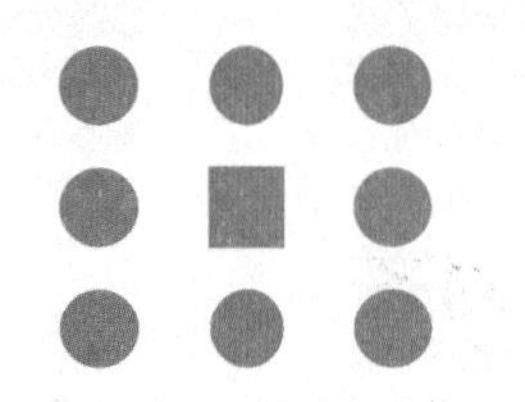

形状强调
HIGHLIGHT
在表现形式上打破视觉平衡去突出重点

图 5-1-12　主导 & 强调：形状强调

使用与主色色差较大的颜色，也可以得到突出显示的效果（图 5-1-13）。

3. 明暗强调

同样的形状，通过改变填充颜色的亮度，来得到明暗强调的效果（图 5-1-14）。

4. 尺寸强调

形状大小的变化，可以起到尺寸强调的效果（图 5-1-15）。用尺寸大小表示对象的重要程度，类似于饼图扇形弧度的大小。

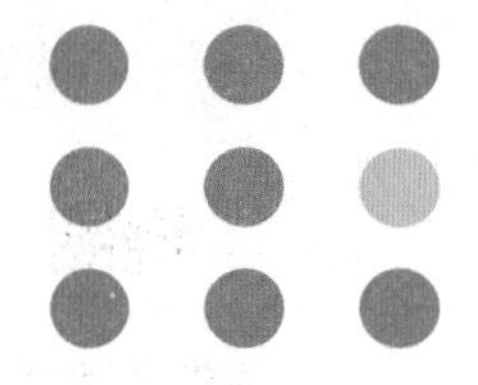

颜色强调
COLOR
某个元素用不同颜色去区分

图 5-1-13　主导 & 强调：颜色强调

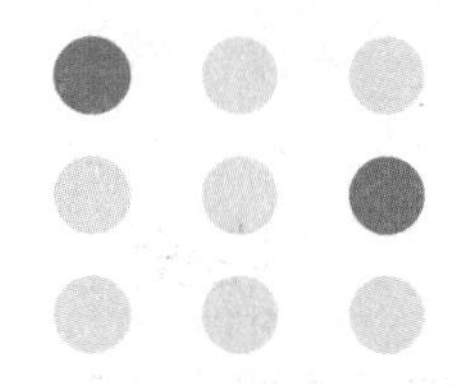

明暗强调
LIGHT & DARK
明暗的不同带来元素之间的对比

图 5-1-14　主导 & 强调：明暗强调

5. 装饰强调

改变对象的边框或填充的纹理样式，或者用线条进行装饰，不但可以起到修饰的效果，还能够突出显示要强调的内容（图 5-1-16）。

尺寸强调
SIZE
用尺寸不同的元素去强调某一元素

图 5-1-15　主导 & 强调：尺寸强调

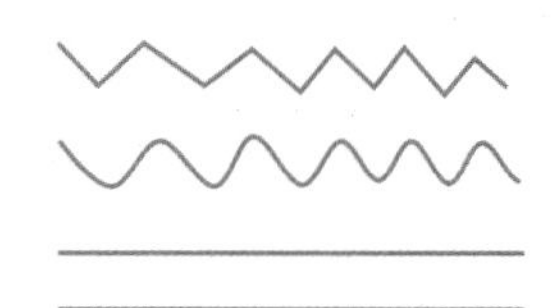

装饰强调
LINE
纹理或纹理的变化带来元素之间的对比

图 5-1-16　主导 & 强调：装饰强调

5.1.4 层级结构

除了前面提到的元素按圆形排列可以表达从属结构外，构成层级结构（图 5-1-17）还有树状结构、巢状结构，以及从视觉重量上进行层级结构的区分。

图 5-1-17　PPT 设计原则：层级结构

1. 树状结构

类似于第 3 章介绍的组织结构图，树状结构中各元素按照树干、树枝、枝条的等级依次排列（图 5-1-18）。树状结构不仅限于由上至下的排列方式，还有由下至上、由左至右的排列。

2. 巢状结构

巢状结构本质上与树状结构相同，都是对元素父级、子级、孙级的排列，只不过巢状结构的排布向四周伸展，能够在表达层级关系的同时，体现元素间的扁平化关系（图 5-1-19）。

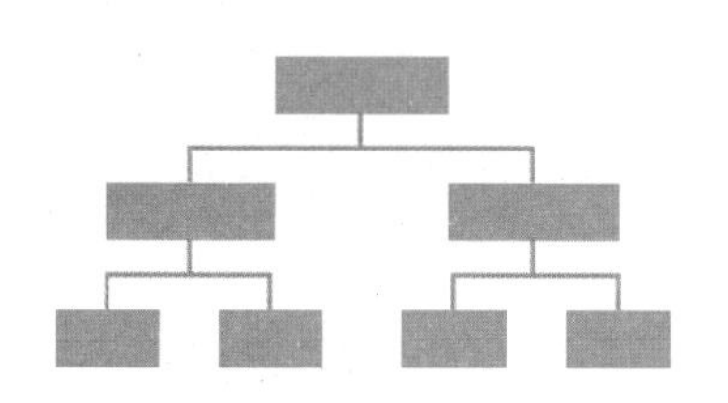

树状结构
TREES
元素按照树干、树枝、枝条的等级去排列

图 5-1-18　层级结构：树状结构

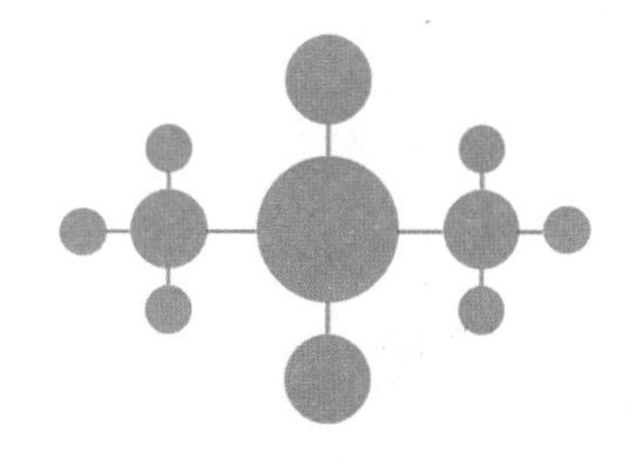

巢状结构
NESTS
元素按照自己的父级、子级、孙级去分布

图 5-1-19　层级结构：巢状结构

3. 视觉重量

将颜色、大小有同样视觉重量的对象放置在同一层级中（见图 5-1-20）。比如页面中的一级标题的字体加粗字号较大，而正文字体的字号则较小。

图 5-1-20　层级结构：视觉重量

5.1.5 尺度与比例

“尺度与比例”是从整体的角度来进行设计与排

原则四

“ 尺度 & 比例 ”

SCALE & PROPORTION

图 5-1-21　PPT 设计原则：尺度 & 比例

版的原则（见图 5-1-21）。在建筑、雕刻艺术中，精心设计的比例给人视觉上流连忘返的体验。同样在平面设计中，尺度和比例的掌握也是必不可少的。

1. 尺度

元素的尺度变化要遵循一定规律，用来表示对象之间的联系（图 5-1-22），比如递进关系、层级关系。

2. 比例

比例，即比值，两数相比所得的值。将元素以视觉和谐的比例进行排列，可以得到较好的视觉体验（图 5-1-23）。例如，黄金分割是指将整体一分为二，较大部分与整体部分的比值等于较小部分与较大部分的比值，其比值约为 0.618。这个比例被公认为是最能引起美感的比例，因此被称为黄金分割。

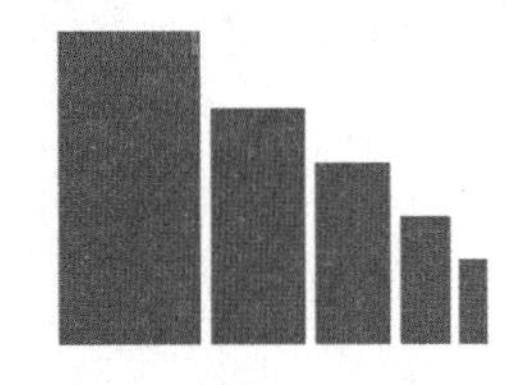

尺度

SIZE

虽然每个元素尺度有变化，但这种变化带有联系

图 5-1-22　尺度 & 比例：尺度

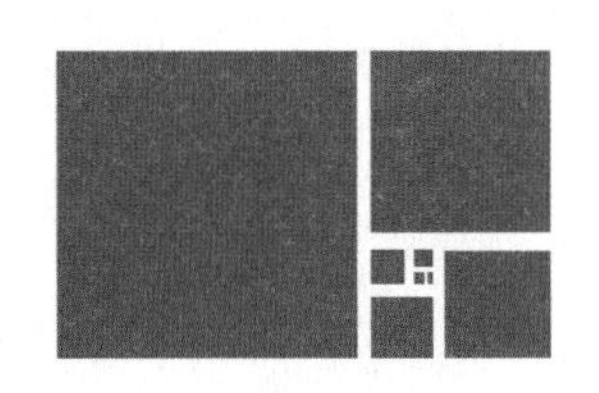

比例

RATIO

相关元素以一种视觉和谐的比例（例如黄金分割）变化出现

图 5-1-23　尺度 & 比例：比例

3. 切分

PPT 页面构图和摄影构图有着异曲同工之妙，运用画面的等比例切分，起到视觉引导的效果。下面主要介绍三种常见的切分构图方法（见图 5-1-24）。

九宫格构图是用四条线把画面分成九个小块，四条线的交点是线条的黄金分割点，可将主体或需要引导学生注意的内容放置在其中一个黄金分割点处，一般认为，右上方的交叉点最为理想，其次为右下方的交叉点。

切分

DIVISIONS

画面的切分（九宫格、三分法、对角线）有视觉引导的效果

图 5-1-24　尺度 & 比例：切分

三分法构图则是把画面横向或纵向切分为三份，每一份中心都可放置主体形态，这种构图适宜多形态平行焦点的

主体，也可表现大空间、小对象，也可反相选择。这种画面构图，表现鲜明，构图简练。

对角线构图是把主体放置在对角线上，有立体感、延伸感和运动感。

5.2　PPT 配色技巧

介绍完 PPT 的平面设计技巧，将介绍 PPT 中的“颜色”该如何选择与搭配。

5.2.1　色彩模式

色彩模式是数字世界中表示颜色的一种算法。在数字世界中，为了表示各种颜色，人们通常将颜色划分为若干分量。常见的色彩模式有 RGB、CMYK、HSL 三种色彩模式。

1.RGB 色彩模式

RGB 色彩模式（见图 5-2-1）是工业界的一种颜色标准，是通过对红（R）、绿（G）、蓝（B）三个颜色通道的变化以及它们相互之间的叠加来得到各式各样的颜色的，RGB 即是代表红、绿、蓝三个通道的颜色，这一标准几乎包括了人类视力所能感知的所有颜色，是目前运用最广的颜色系统之一。

电脑屏幕上的所有颜色，都由红色、绿色、蓝色这三种色光按照不同的比例混合而成的。红色（R）、绿色（G）、蓝色（B）是三个显示单位，屏幕上的任何一个颜色都可以由一组 RGB 值来记录和表达。

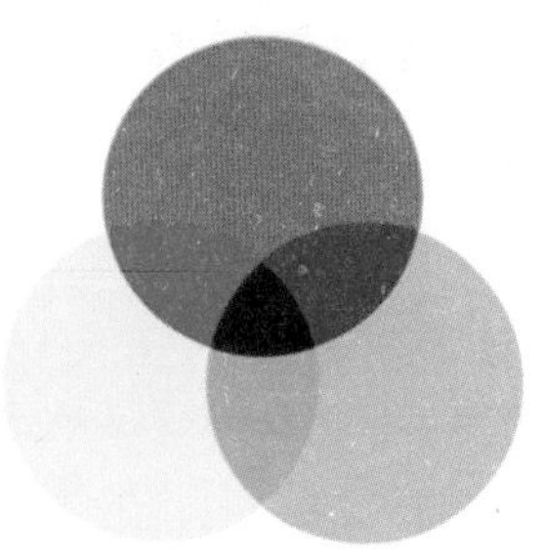

图 5-2-1　RGB 色彩模式

选中形状后，在“形状填充”下拉菜单中单击“其他填充颜色”（图 5-2-2）。

弹出“颜色”对话框后，选择“自定义”选项卡中，即可在 RGB 颜色模式下，查看到颜色的具体 RGB 数值（图 5-2-3）。

2.CMYK 色彩模式

CMYK 色彩模式，又称印刷四色模式，是彩色印刷时采用的一种套色模式，利用色料的三原色混色原理，加上黑色油墨，共计四种颜色混合叠加，形成所谓“全彩印刷”。

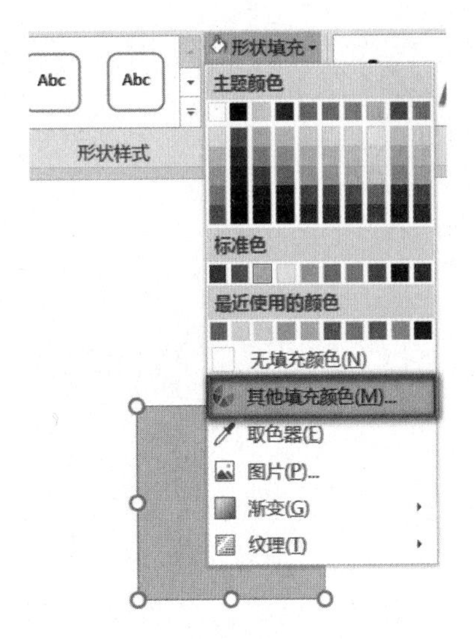

图 5-2-2　查看形状颜色属性

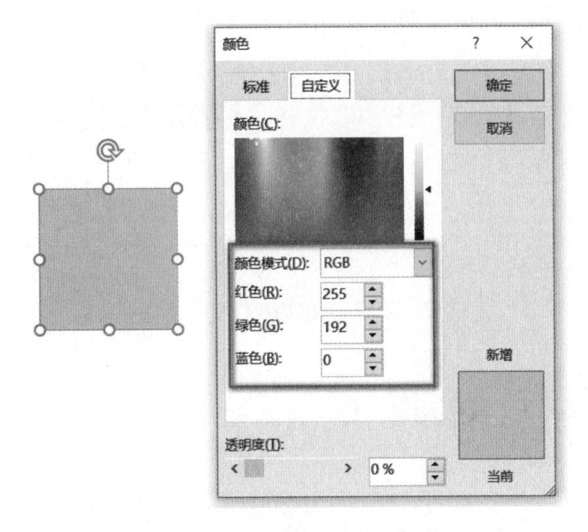

图 5-2-3　查看形状 RGB 值

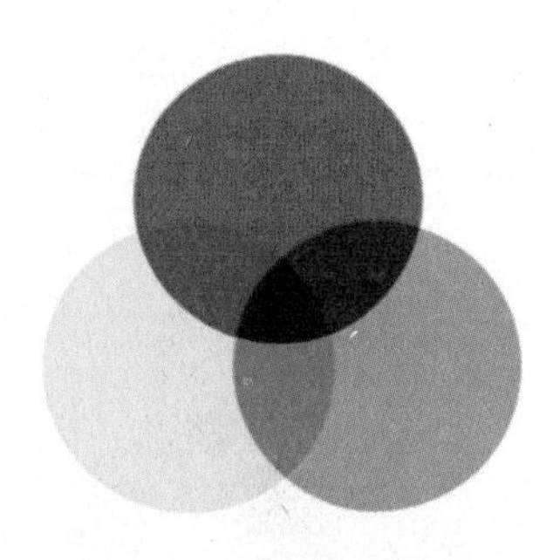

图 5-2-4　CMYK 色彩模式

CMYK 和 RGB 相比有一个很大的不同：RGB 模式是一种发光的色彩模式，人在一间黑暗的房间内仍然可以看见屏幕上的内容；CMYK 是一种依靠反光的色彩模式，需要外界光源。例如阅读报纸时，是由阳光或灯光照射到报纸上，再反射到人眼中，才看到内容。

因此，只要在屏幕上显示的图像，就是 RGB 模式表现的。只要是在印刷品上看到的图像，就是 CMYK 模式表现的。比如杂志、报纸、宣传画等，都是印刷出来的，那么就是 CMYK 模式的了。

3.HSL 色彩模式

HSL 色彩模式（图 5-2-5）是工业界的一种颜色标准，是通过对色相（H）、饱和度（S）、明度（L）三个颜色通道的变化以及它们相互之间的叠加来得到各式各样的颜色的，HSL 即是代表色调、饱和度、明度三个通道的颜色，其中色相又称为色调，饱和度又称为纯度。

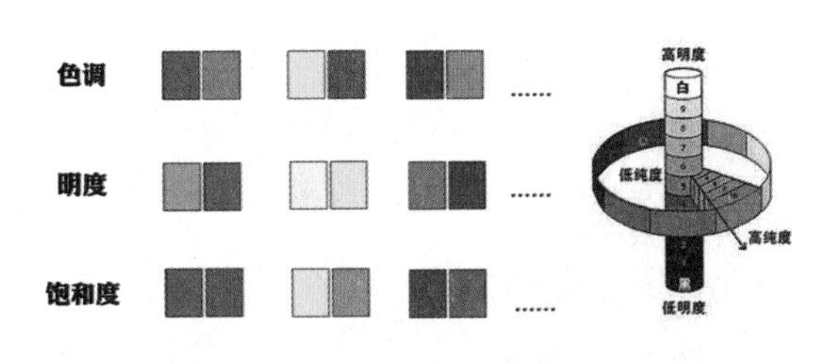

图 5-2-5　HSL 色彩模式

色相是指能够比较具象地表示某种颜色色别的名称；饱和度是指色彩的鲜艳程度，也称色彩的纯度；明度指颜色在明暗、深浅上的不同变化。

（1）色相环

井然有序的色相环让使用的人能清楚地看出色彩平衡、调和后的结果。色相环有很多种，比如六色相环、十二色相环、二十四色相环等，其中最常用的是十二色相环。

十二色相环是由原色（primary hues），二次色（secondary hues）和三次色（tertiary hues）组合而成（见图 5-2-6）。色相环中的三原色是红、黄、蓝色，在环中形成一个等边三角形。二次色是橙、紫、绿色，处在三原色之间，形成另一个等边三角形。红橙、黄橙、黄绿、蓝绿、蓝紫和红紫六色为三次色。三次色是由原色和二次色混合而成。

色相环中相对的颜色是互补色（图 5-2-7），如红色和绿色、黄色和紫色、橘黄色和藏蓝色等。给定颜色旁边的颜色则是相似色，如绿色和蓝色，红色和橘黄色等。

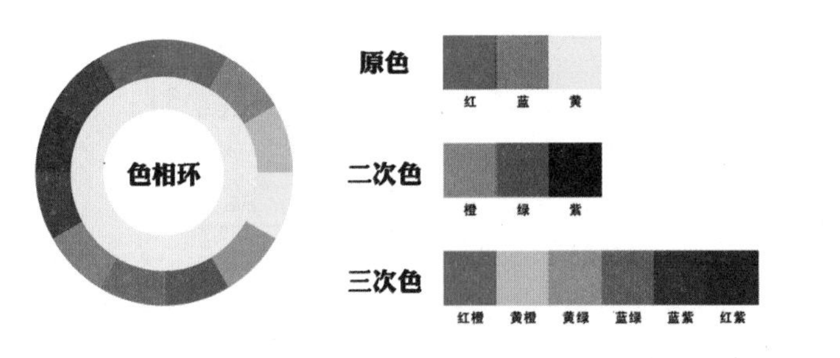

图 5-2-6　十二色相环

红色—绿色
橙色—蓝色
紫色—黄色

图 5-2-7　互补色

（2）色温

至于颜色的冷暖即色温，可以从色相环中发现其递进变化的规律了（图 5-2-8）。

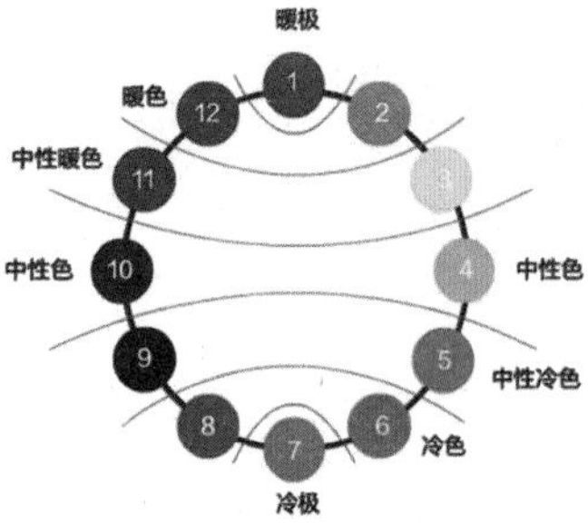

暖极
暖色
中性暖色
中性色
中性色
中性冷色
冷色
冷极
1 2 3 4 5 6 7 8 9 10 11 12

图 5-2-8　色彩冷暖

5.2.2　配色原则

PPT 的配色原则不是追求色彩丰富，也不是追求与众不同，而是要让观众在视觉上感到舒适，长时间观看不会产生视觉疲劳，同时色彩的选择又能够跟主题相呼应。下面介绍 PPT 配色的三个原则：不刺眼、易辨识、知冷暖。

1. 不刺眼

颜色饱和度越高，视觉上会感觉越刺眼。适当降低颜色饱和度，会使其在保持原有色相的前提下，给人以视觉上的舒适感。如图 5-2-9，从刺眼组和舒适组的对比可以看出，白色图标在舒适

图 5-2-9　刺眼组与舒适组的色彩对比

组的显示效果也要好于刺眼组，如图 5-2-10。

PPT 标准色中的黄色是饱和度很高的颜色，如果直接用这个颜色来为形状进行填充，那么效果真的是太刺眼了。可以单击“其他填充颜色”来降低刺眼颜色的饱和度。

在弹出的“颜色”对话框中，选择“自定义”选项卡，切换至 HSL 色彩模式，可以看到黄色的色调、饱和度和亮度的数值，其中饱和度数值是 255，已经达到了最高饱和度值，如图 5-2-11。

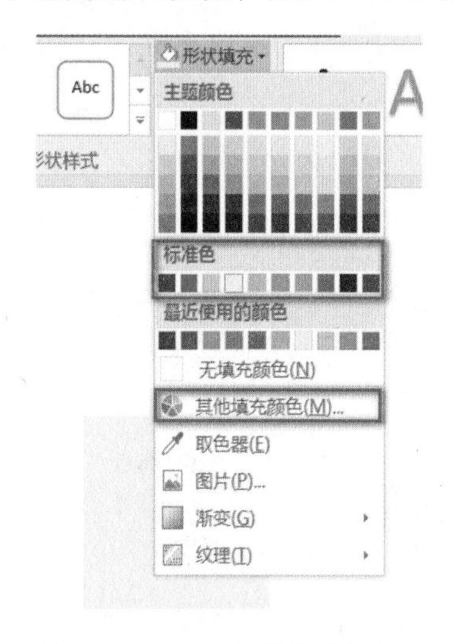

图 5-2-10　PPT 标准色中的黄色

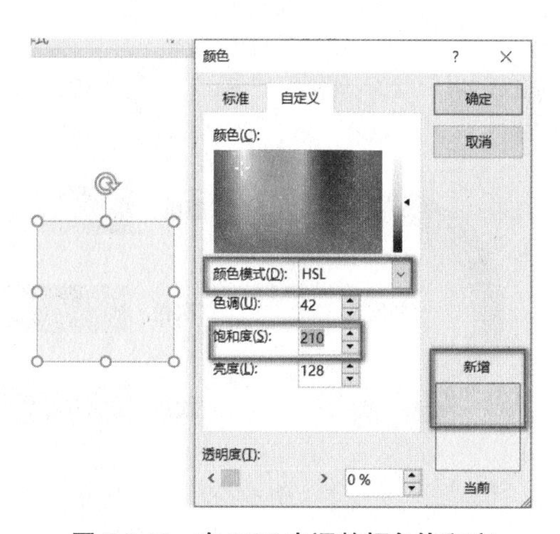

图 5-2-11　在 PPT 中调整颜色饱和度

通过调整该数值到 210，可从该选项卡右下角的“新增”颜色预览框中看到降低饱和度后的颜色。单击确定，该形状的颜色就会变成刚才调整好的颜色，效果上便温和了许多。

2. 易辨识

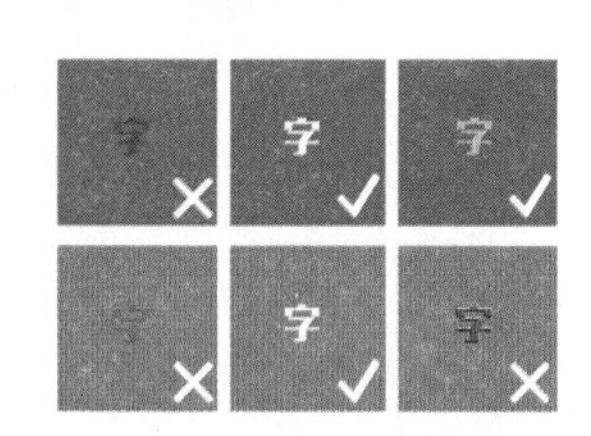

图 5-2-12　易识别与不易识别的色彩搭配

颜色的搭配，尤其是文本和背景色的搭配，要使人易于辨识（图 5-2-12）；否则不但会让人辨识起来费力，还会很快地产生视觉疲劳。尽量使用色彩差别较大的颜色进行搭配，但也要注意不要使用互补色来搭配，比如绿地红字就很容易让人眼花。

3. 知冷暖

颜色有冷暖，其传达的含义也不尽相同。暖色系颜色可以用于主题积极活泼

的文科类教学内容；而冷色系颜色则可以用于主题深沉的教学内容和科技理科类教学内容（图 5-2-13）。

下面附上各颜色所代表的含义，便于在色彩选择上参考。

暖色

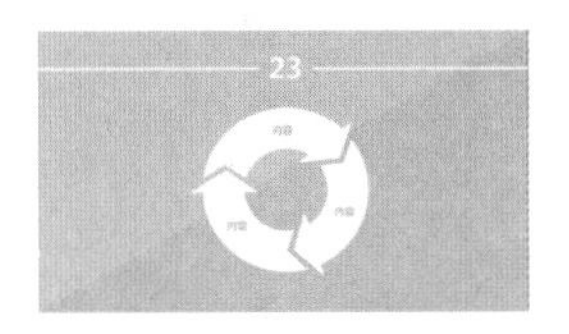

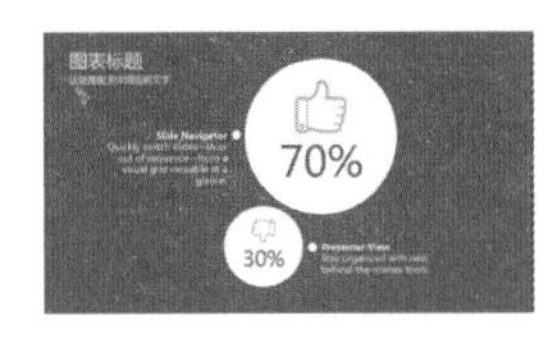

冷色

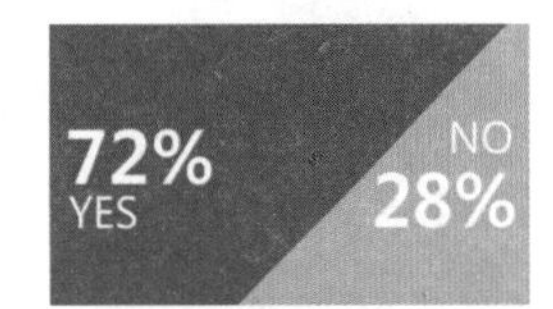

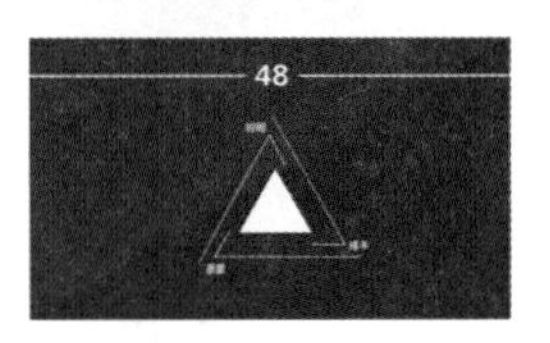

图 5-2-13　颜色冷暖与内容表达

- **红色**：热烈、喜庆、激情、避邪、危险、热情、浪漫、火焰、暴力、侵略
- **橙色**：温暖、食物、友好、财富、警告
- **黄色**：艳丽、单纯、光明、温和、活泼、明亮、光辉、疾病、懦弱
- **绿色**：生命、安全、年轻、和平、新鲜、自然、稳定、成长、忌妒
- **青色**：信任、朝气、脱俗、真诚、清丽
- **蓝色**：整洁、沉静、冷峻、稳定、精确、忠诚、安全、保守、宁静、冷漠、悲伤
- **紫色**：浪漫、优雅、神秘、高贵、妖艳、创造、谜、忠诚、稀有
- **白色**：纯洁、神圣、干净、高雅、单调、天真、洁净、真理、和平、冷淡、贫乏
- **灰色**：平凡、随意、宽容、苍老、冷漠
- **黑色**：正统、严肃、死亡、沉重、恐怖、能力、精致、现代感、死亡、病态、邪恶

5.2.3　配色类型

1. 黑白灰

图 5-2-14　黑白灰配色

黑与白可以营造出强烈的视觉效果；而近年来流行的灰色融入其中，缓和黑与白的视觉冲突感觉，从而营造出另外一种不同的风味（图 5-2-14）。三种颜色搭配出来的空间中，充满冷调的现代与未来感。

图 5-2-15　黑白灰配色示例

在这种色彩情境中，会由简单而产生出理性、秩序与专业感。图 5-2-15 介绍的是交谈十二法则，小面积的黑色起到强调作用。而大面积使用黑色则又是另一种效果。

2. 黑白灰 + 单色

黑白灰再配上色环上任意一种单色，同时调节单色饱和度使之较为舒适不刺眼（图 5-2-16）。

黑白灰 + 蓝色，给人整洁、沉静、探索科学的感觉。黑白灰 + 绿色则给人自然、发展的感觉。

黑白灰 + 玫红色，给人创造、探索之感。至于选择何种单色来作为主色，需要结合相应的主题。

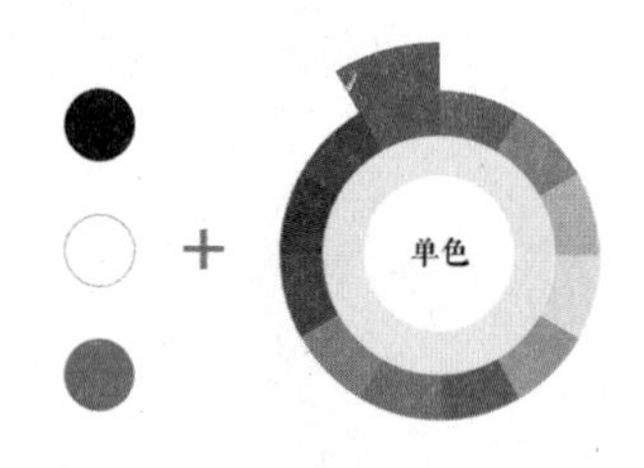

图 5-2-16　黑白灰 + 单色

3. 黑白灰 + 同类色

同类色指色环上同一色相、不同饱和度的颜色。黑白灰搭配某种颜色的同类色能够带来层次更为丰富的效果（图 5-2-17 至 5-2-19）。

图 5-2-17　黑白灰 + 单色示例一

图 5-2-18　黑白灰 + 单色示例二

紫色同类色与黑白灰搭配的效果如图 5-2-20，颜色的层次感也为元素设计添加了灵活性。

将蓝色同类色与黑白灰进行搭配（图 5-2-21），并且同类色可以打造出折纸效果。

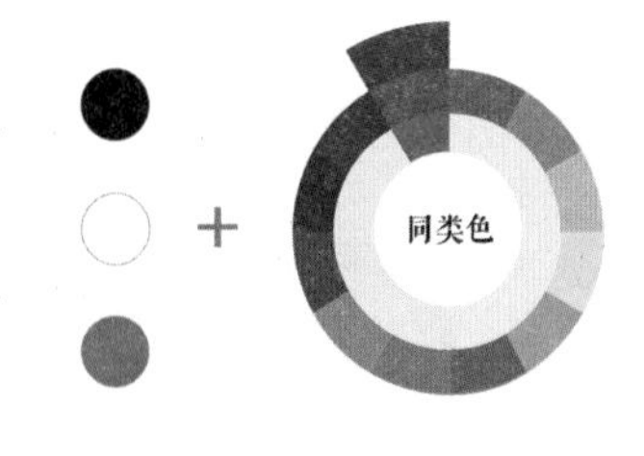

图 5-2-19　黑白灰 + 同类色

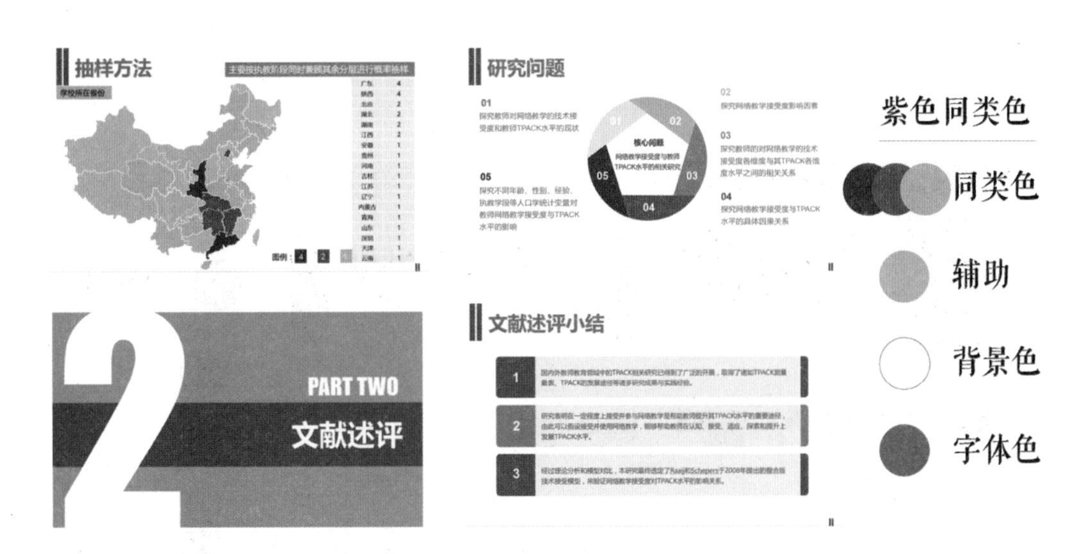

图 5-2-20　黑白灰 + 同类色示例一

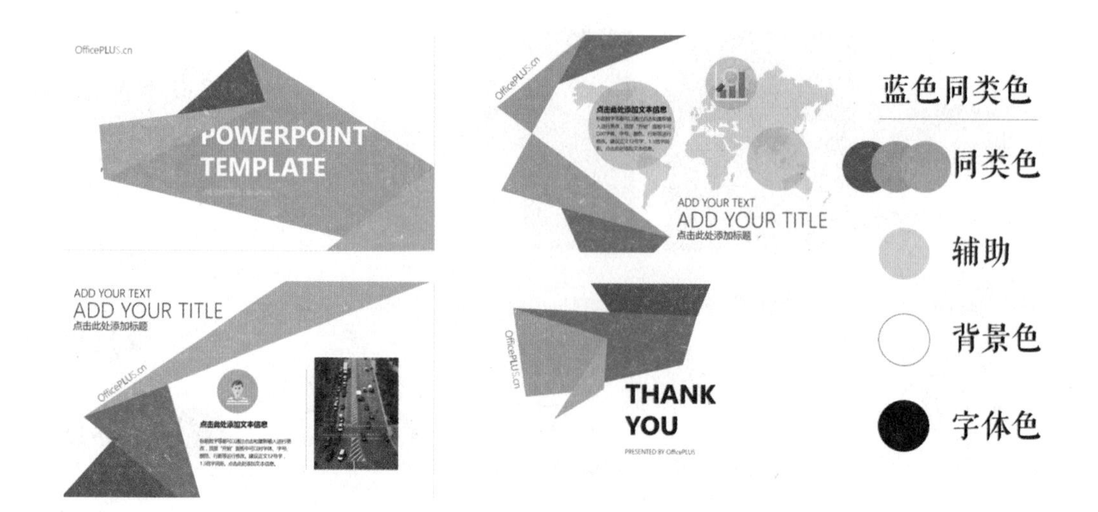

图 5-2-21　黑白灰 + 同类色示例二

4. 黑白灰 + 相似色

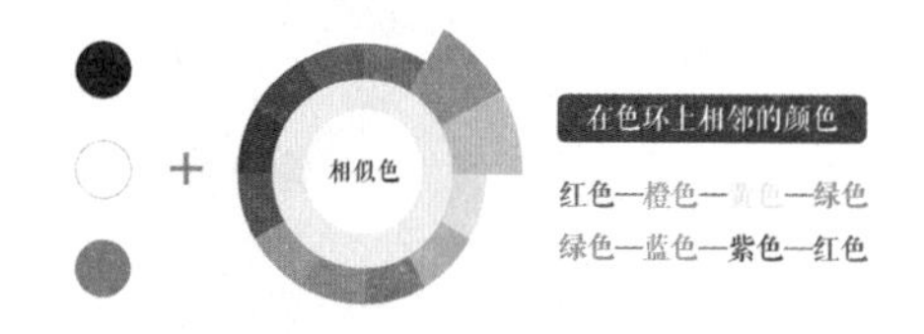

图 5-2-22　黑白灰 + 相似色

相似色指色环上相邻的颜色，例如红色和橙色、黄色和绿色、蓝色和紫色，等等（图 5-2-22）。

红色和黄色、黑色和白色相搭配，可以营造出温暖、热烈的效果（图 5-2-23）。而蓝色和绿色与黑白灰相搭配（图 5-2-24），则能将科技思维以活泼轻松的形式展示出来。

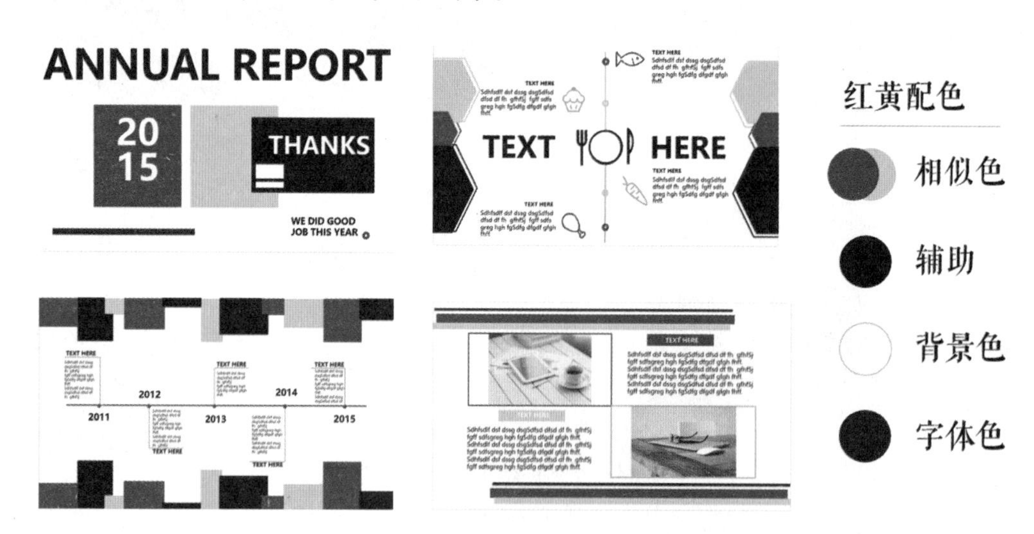

图 5-2-23　黑白灰 + 相似色示例一

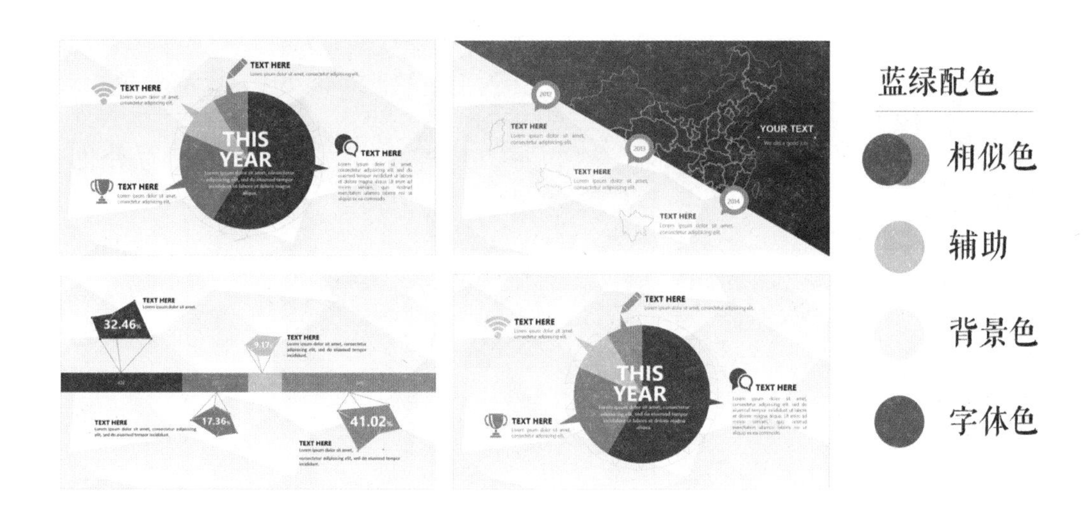

图 5-2-24 黑白灰 + 相似色示例二

5. 黑白灰 + 互补色

互补色是色环上相对的颜色，两种颜色在色调上有强烈的对比。

橙色和紫色能够形成强烈的反差，且搭配起来有热情、创造之感（图 5-2-25）。

蓝色和黄色也可以形成强烈对比效果，但黄色饱和度较高，不适合用于大面积填充，仅可以作为少量装饰点缀（图 5-2-26，5-2-27）。

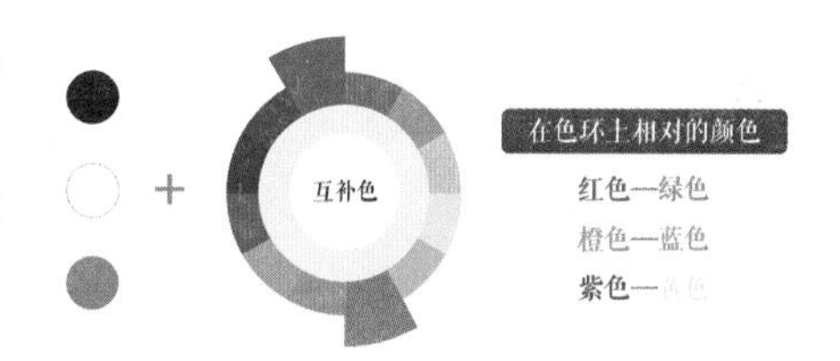

图 5-2-25 黑白灰 + 互补色

图 5-2-26 黑白灰 + 互补色示例一

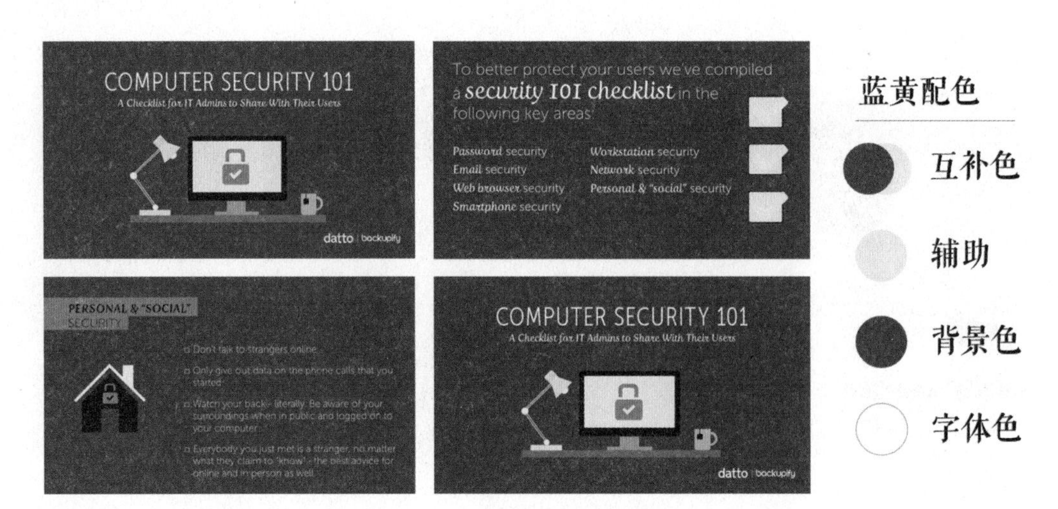

图 5-2-27　黑白灰 + 互补色示例二

6. 黑白灰 + 彩色

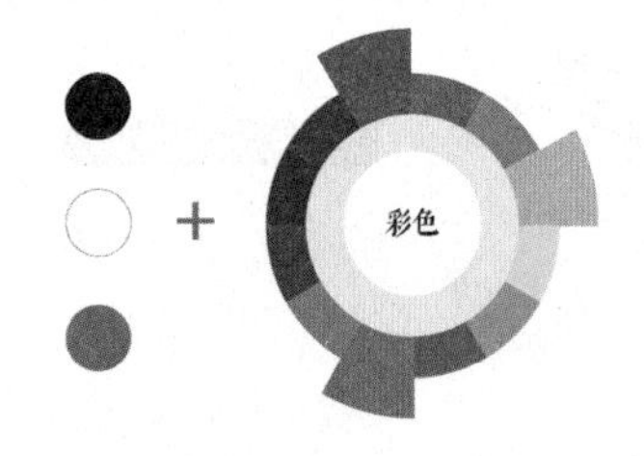

图 5-2-28　黑白灰 + 彩色

黑白灰为配色，多个颜色为主色，可以搭配出鲜艳、明亮的效果（图 5-2-28 至 5-2-30）。

饱和度较低的多个色彩相搭配，不但不会感觉页面凌乱，反而有活泼、欣欣向荣的氛围。

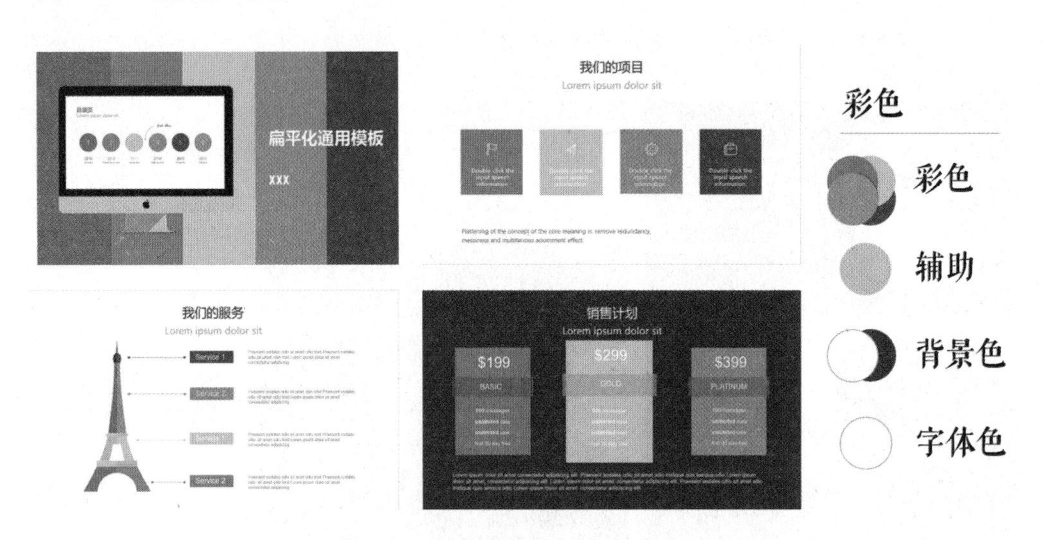

图 5-2-29　黑白灰 + 彩色示例一

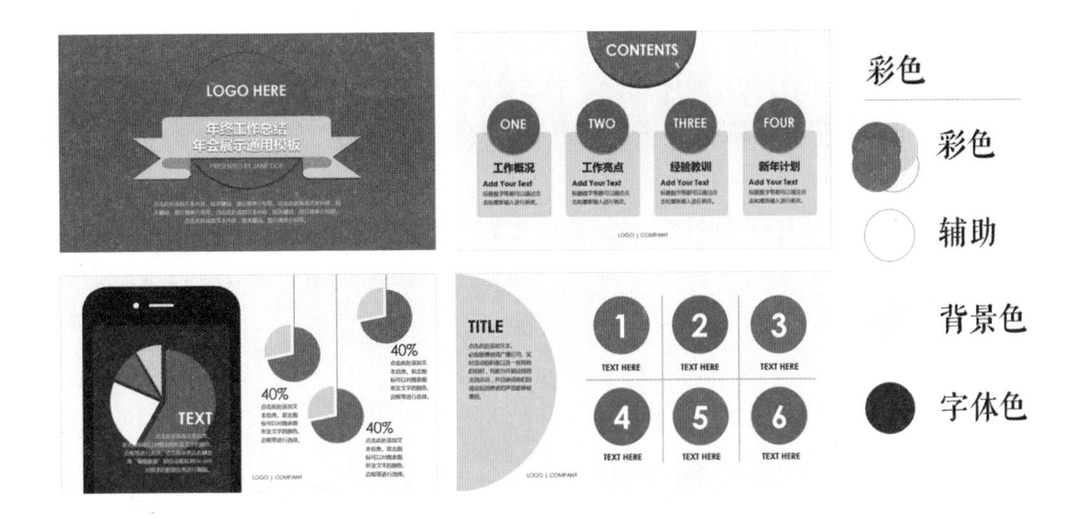

图 5-2-30　黑白灰 + 彩色示例二

5.2.4 取色技巧

1. 取色器

选中形状后，在形状填充下拉列表中选择“取色器”，鼠标会变成取色器图标，此时点击 PPT 页面中任何对象的颜色，都可以得到这一颜色的 RGB 值，同时选中的形状也会被填充为该颜色（图 5-2-31）。

如图 5-2-32 所示，可以提取页面中任何一种颜色，作为 PPT 形状的颜色。

图 5-2-31　从 PPT 页面进行取色

图 5-2-32　从 PPT 页面进行取色后

2. 从已有配色中取色

大部分人可能在配色方面还缺乏技巧，但是我们却可以利用 PPT 的“取色器”功能，来从已有的物品中取色，作为配色的选择。

（1）从 LOGO 取色（图 5-2-33）

LOGO 的配色传达了其独特的含义，比如，巴塞罗那奥运会的 LOGO 中的主色就可以作为运动主题相关的 PPT 配色。我们还可以用校徽、协会 LOGO 等，进行 PPT 的配色。

（2）从图片取色（图 5-2-34）

大自然是最棒的艺术家，从自然植物或人文风景中也可以提取到很舒适的配色。

图 5-2-33　从 LOGO 取色　　　图 5-2-34　从图片取色

（3）从 PPT 模板中取色

从已有 PPT 模板中直接取色或者直接复制元素也是很好的选择。此外，前面介绍的格式刷，可以一键复制已有对象的格式，即填充颜色和边框颜色。

（4）配色网站

图 5-2-35 是两个配色网站上提取好配色的图片，可以直接复制到 PPT 中，然后使用取色器进行颜色填充。这两个网站分别是花瓣网和 pinterest。

图 5-2-35　配色网站推荐

5.3　PPT 对象排列

第 3 章中形状的排列中，介绍了 PPT 对象的对齐与纵向横向分布的操作技巧。而如何更加快捷地将对象进行排列？移动、复制是提高 PPT 排版设计的法宝。这一小节将介绍 PPT 对象的移动与复制的技巧，以及对象的图层次序。

5.3.1　对象的移动与复制①

想要快速地进行对象的移动与复制，并且能够保证对象比例不失衡，仅仅知道“Ctrl + C”和“Ctrl + V”是远远不够的。接下来介绍 PPT 对象快速移动与复制的技巧。

1.Shift + 鼠标

首先介绍 Shift 键相关的快捷操作（图 5-3-1）。

（1）垂直水平移动

选中任一或多个对象，按住 Shift 键，同时拖动对象，会发现对象只能够按照水平和垂直的方向移动，有助于快速地进行水平和垂直方向的对象位置移动（图 5-3-2）。

图 5-3-1　Shift 与鼠标移动

（2）绘制中心对称图形

插入图形时，按住 Shift 键来绘制图形，得到的图形是中心对称图形（图 5-3-3），即圆形、正方形、正六边形等。

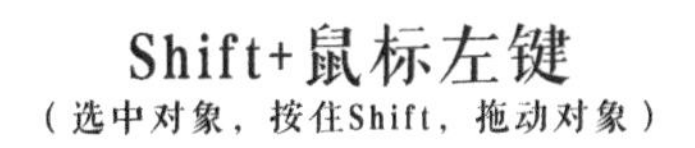

图 5-3-2　垂直水平移动

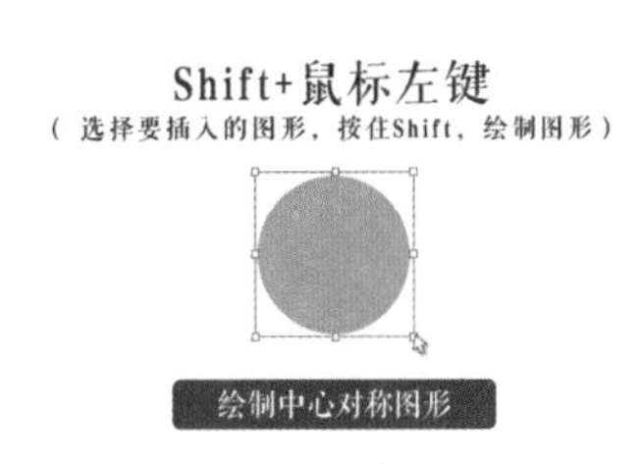

图 5-3-3　绘制中心对称图形

① 本小节参考：http://www.pptstore.net/author/Smile呆鱼/http://weibo.wm/teliss

Shift+鼠标左键
（选中对象，按住Shift，拖动控点）

图 5-3-4　对角等比例缩放

（3）对角等比例缩放

选中任一对象，按住 Shift，拖动操控点，可将该图形对角等比例地进行缩放（图 5-3-4）。选中多个图形也可以如此操作进行缩放，但相对位置会发生变化。若想要多个对象缩放时的相对位置不变，则需将多个对象进行合并，再进行缩放操作。

2.Ctrl ＋鼠标

接下来，介绍 Ctrl 键的相关操作（图 5-3-5）。

（1）复制对象到指定位置

选中对象，按住 Ctrl 键，同时拖动对象，即可实现对象的复制（图 5-3-6）。

图 5-3-5　Ctrl 与鼠标移动

Ctrl+鼠标左键
（选中对象，按住Ctrl，拖动对象）

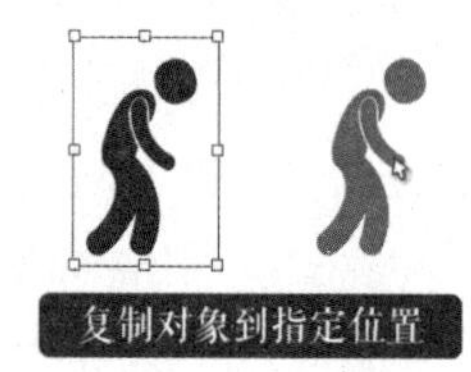

图 5-3-6　复制对象到指定位置

（2）中心等比例缩放

选中对象，按住 shift 键和 Ctrl 键，拖动操控点，就可以实现对象中心的等比例缩放（图 5-3-7）。

Shift+Ctrl+鼠标左键
（选中对象，按住Shift和Ctrl，拖动控点）

中心等比例缩放

图 5-3-7　中心等比例缩放

（3）页面中心缩放

将鼠标放置 PPT 页面中，且不选择任何对象，按住 Ctrl 键，同时滚动鼠标滑轮，可以实现页面的缩放（图 5-3-8）。

Ctrl+鼠标滑轮
（鼠标放于编辑窗口，滚动滑轮）

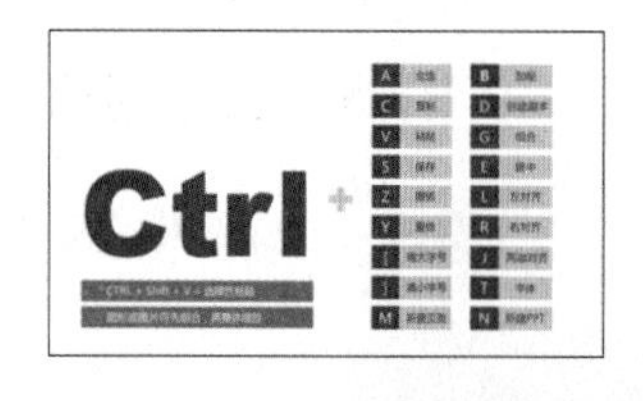

页面中心缩放

图 5-3-8　页面中心缩放

3.Ctrl 快捷键

Ctrl 键和其他字母按键相组合，可以快捷实现许多操作，常用的快捷键见图 5-3-9。

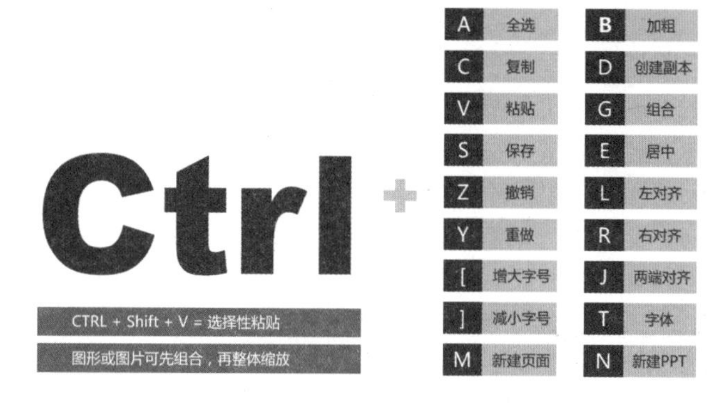

图 5-3-9　Ctrl 快捷键

下面仅介绍“Ctrl + D”快捷键的具体使用技巧，可快速地画出多个间距相同的图形（图 5-3-10）。

Step1：先绘制一个正圆。

Step2：Ctrl + D 创建第二个正圆。

Step3：（此步骤为关键步骤）选中副本的情况下，移动副本到如下位置后。

Step4：按 N 次 Ctrl + D，得到水平等距的一排圆形。

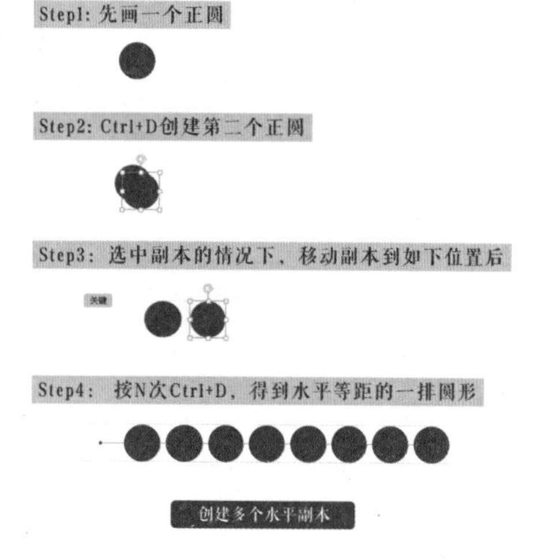

图 5-3-10　创建多个水平副本

5.3.2　对象的图层次序

1. 认识对象的图层

PPT 页面中各个对象在与我们视线平行的空间中是有图层顺序的，类似于 PS 中的图层。在图 5-3-11 中，线条应置于圆形之后，要得到右侧的效果，需要将左侧灰色线条置于圆形下一层。选中灰色线条，单击右键，点击“置于底层”，即可得到右侧图形组合的效果。

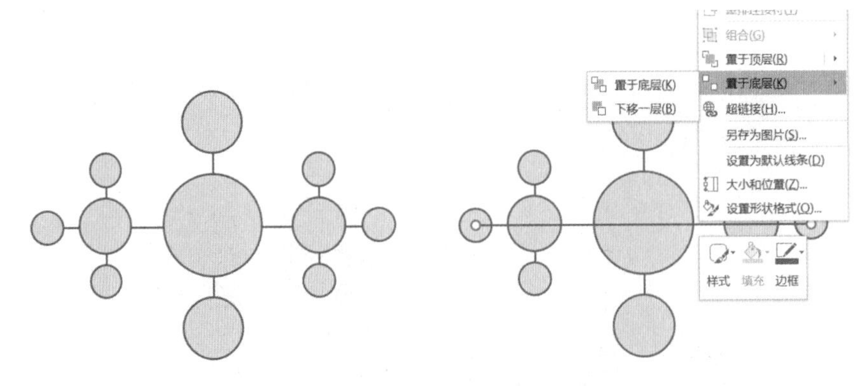

图 5-3-11　将对象置于底层

2. 选择窗格的妙用

图 5-3-12　选择窗格

当PPT页面对象过多，且重叠关系较为复杂时，可以使用“选择窗格”以更好地进行对象的图层排列。

在【开始】选项卡中，找到【排列】按钮，在下拉列表中单击“选择窗格”，即可以看到各个对象的图层位置，以及对象的组合关系（图5-3-12）。

前面提到PPT中有两把刷子，一个是“格式刷”，一个是“动画刷”。而PPT中还有两扇窗，一个便是“选择窗格”，另一个则是“动画窗格”（图5-3-13），与“动画刷”一同，将会在第6章进行介绍。

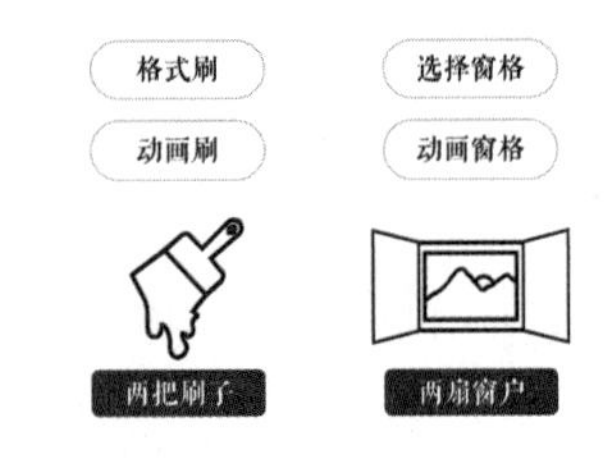

图 5-3-13　两把刷子和两扇窗户

5.4　对象艺术处理

将教学PPT设计的新颖美观，并不是为了迎合学生的口味，而是将教学视为一种艺术，将教学工具视为实现这一艺术的宝刀。磨刀不误砍柴工，这一部分可不是看看就能学会的，要亲自动手才可以领悟其技术操作背后的创意设计。

除了简单的裁切、填充、边框设置，图片、形状（色块）的艺术处理可以让PPT的页面设计更加新潮有趣。这一部分将介绍几种图片与形状的艺术处理方法。

5.4.1　图片艺术处理

1. 虚化效果

图片虚化是常见的大图处理技巧。选中图片，单击右键，选择【设置图片格式】，右侧出现图片设置窗格（图 5-4-1）。

图 5-4-1　图片艺术效果选项

调节半径滑块，改变虚化值至合适效果（见图 5-4-2）。

图 5-4-2　图片虚化半径

配上文本和色块，形成如图 5-4-3 及 5-4-4 的效果。

将虚化半径调至更高，便可以形成IOS风格，使页面层次感和质感大大提升。

图 5-4-3　图片虚幻效果示例一

图 5-4-4　图片虚幻效果示例二

2. 蒙版效果

蒙版效果指在图片上方添加全部或部分半透明形状。调节形状透明度，可使图片亮度和清晰度降低，突出文本、增加层次感。图 5-4-5 是将黑色填充形状的透明度调至 71% 的效果。

图 5-4-5　为图片添加黑色蒙版效果

图 5-4-6　为图片添加白色蒙版效果

除了选用黑色进行图形填充外，还可以采用白色填充，使画面有清新的效果。可以选用全部蒙版效果，也可以选用部分蒙版效果（图 5-4-6）。

除了黑白两色，还可以为图片添加其他颜色的蒙版（图 5-4-7），并且蒙版的形状也可进行创意设计。

将多个形状进行填充，形成叠加蒙版效果（图 5-4-8），不同颜色的形状填充，使蒙版颜色层次性更加丰富。

3. 聚焦效果

幻灯片背景通常使用纯色填充。下面将要的介绍的并不是幻灯片背景的如何

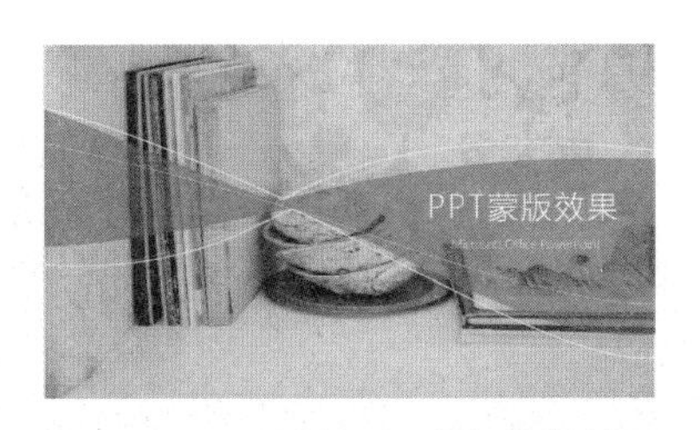

图 5-4-7　为图片添加彩色蒙版效果

图 5-4-8　为图片添加叠加蒙版效果

设置。而是借助幻灯片背景填充，打造图片聚焦效果。

首先，将幻灯片背景填充为图片，需提前保存好一张高清大图，进行文件导入（图 5-4-9，5-4-10）。

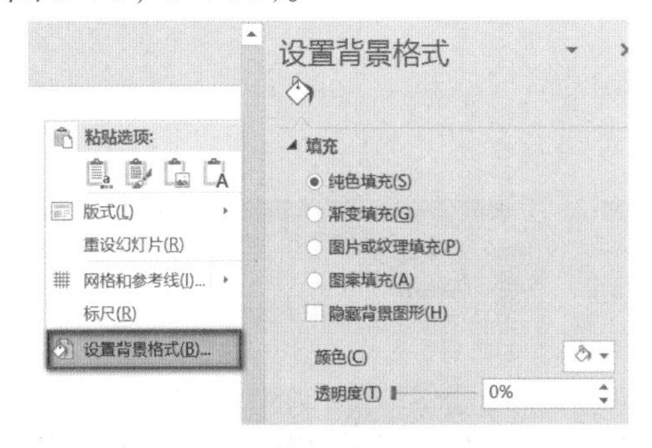

图 5-4-9　设置幻灯片背景格式

图 5-4-10　将幻灯片背景填充为图片

接下来，为该页 PPT 添加蒙版效果，再绘制一个正圆形（图 5-4-11）。设置圆形的填充效果为“幻灯片填充”（图 5-4-12）。

图 5-4-11　在蒙版图片页面上添加形状

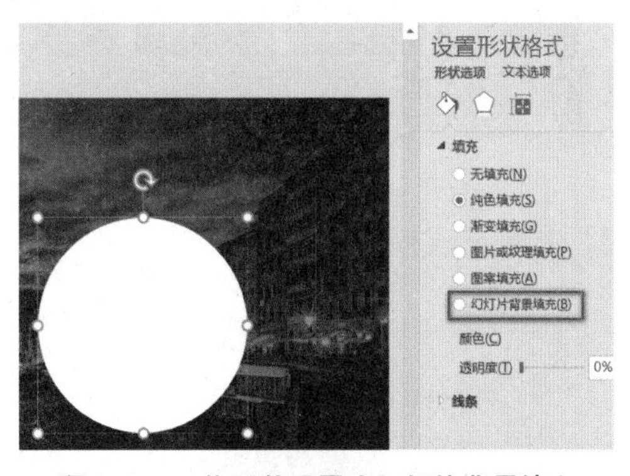

图 5-4-12　将形状设置为幻灯片背景填充

圆形即可被填充为幻灯片背景图片（图 5-4-13），并且没有蒙版效果，这样就能够将观众的视线聚焦到圆形区域之中。

移动圆形的位置，填充图片的区域也跟随圆形的移动而移动（图 5-4-14），像探照灯一样图形的位置，可以随意移动。

图 5-4-13　将形状进行幻灯片背景填充

最后，还可以为聚焦效果添加边框、线条、文本等装饰（图 5-4-15）。

图 5-4-14　移动填充形状的位置

图 5-4-15　修饰聚焦效果

4. 色差效果

为 PPT 页面进行图片背景填充，并将相同图片放置于页面之上。调整该图片的饱和度（图 5-4-16）至最低，将图片设置为黑白效果。

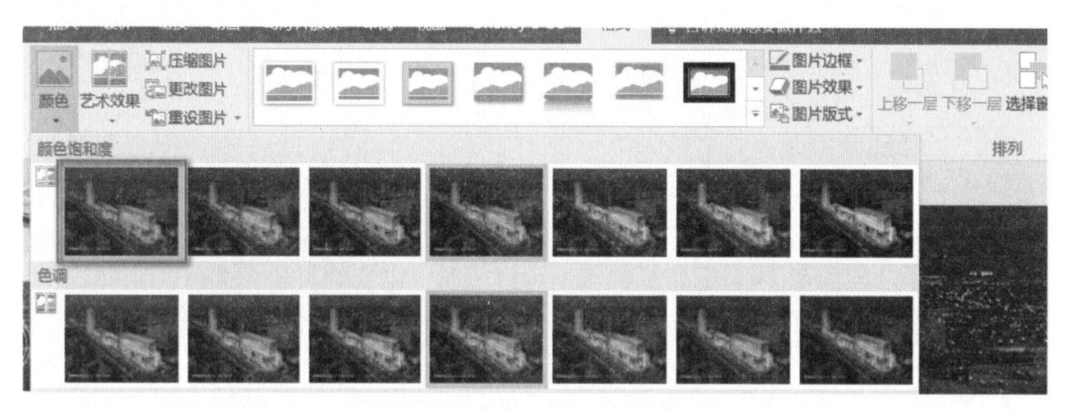

图 5-4-16　图片颜色饱和度更改

添加形状，将其设置为“幻灯片背景填充”，即可将形状填充为彩色图片，与黑白背景形成颜色反差（图 5-4-17）。

5. 网格效果

如图 5-4-18 所示，图片网格化排版指将大图用网络进行切分，并添加文本、色块等的修饰。下面将介绍两种图片网格化处理的方法。

图 5-4-17　图片色差效果

图 5-4-18　图片网格化排版

（1）基本方法

在图片上方，添加整体大小相同、每格接近正方形的表格，将表格边框设置为白色、1.5 磅粗细，即实现了图片网格切分的效果（图 5-4-19）。

接下来，为网格化后的图片添加色块和文本来进行适当美化（图 5-4-20）。

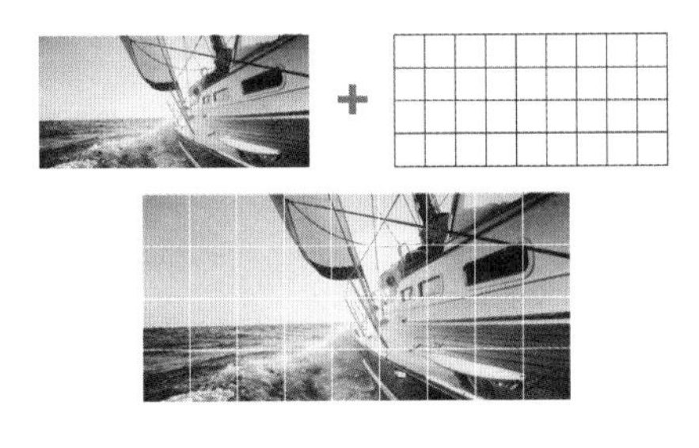

图 5-4-19　为图片添加表格

图 5-4-20　美化网格化图片

（2）进阶处理

图片网格化的基本方法，本质上没有对图片进行改变；而图片网格化的进阶处理则会使图片被网格彻底切分（图 5-4-21 至 5-4-26）。

第一步，绘制好表格，选中图片按【Ctrl ＋ C】将其复制。

第二步，选中表格，打开设置形状格式窗口。

第三步，将表格填充为剪贴板中的图片。选择“图片或纹理填充”，插入图片来自“剪贴板”，即可将先前复制的图片填充进每个网格中了。

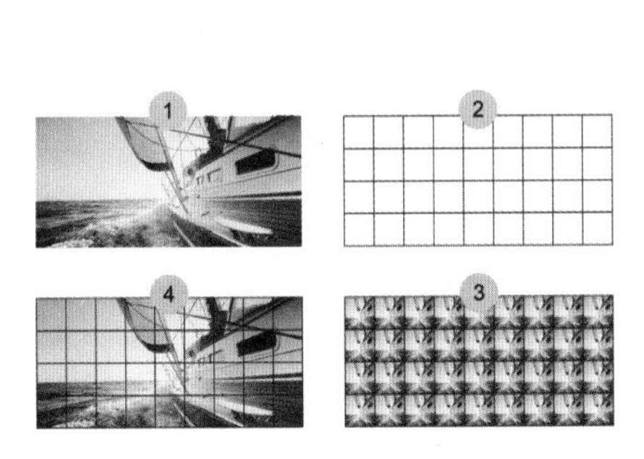

图 5-4-21　图片网格化进阶处理流程

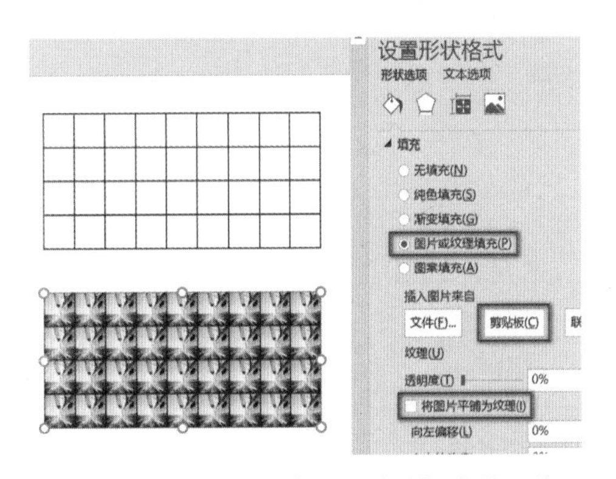

图 5-4-22　将表格填充为剪贴板中的图片

第四步，勾选“将图片平铺为纹理”，整个表格将填充为整张图片。

第五步，选中填充后的表格，【Ctrl ＋ C】进行复制。

第六步，【Ctrl ＋ Alt ＋ V】将表格进行选择性粘贴，在弹出的【选择性粘贴】对话框中，选择“图片（增强型图元文件）”，使表格粘贴为增强型 EMF 图片。

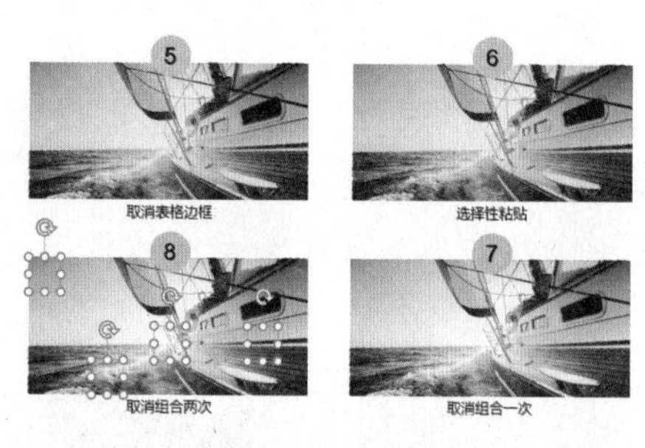

图 5-4-23 图片网格化进阶处理流程续

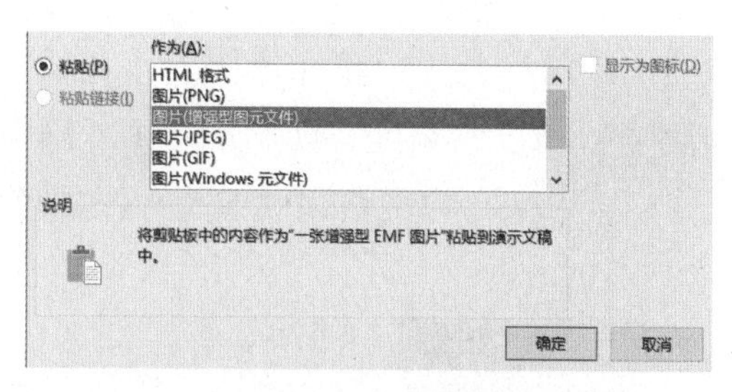

图 5-4-24 选择性粘贴为增强型图元文件

第七步，选择该文件，右键【取消组合】，使其变为一个组合的图形对象。

第八步，再次进行【取消组合】，图片独立为一个个可移动的小块了。

图 5-4-25 取消组合一次

图 5-4-26 移动图片方块

5.4.2 形状文字处理

1. 渐变效果

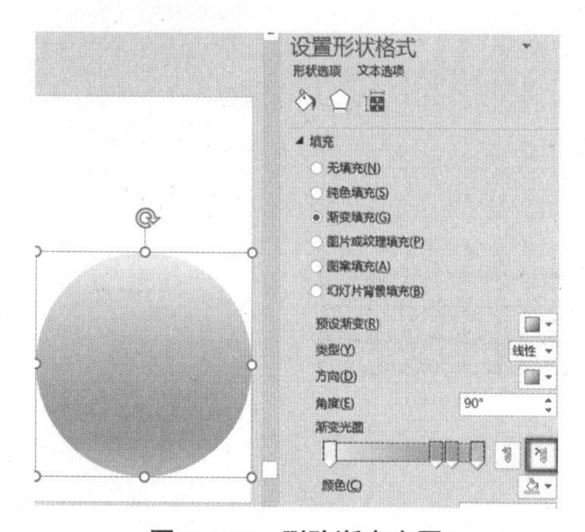

图 5-4-27 删除渐变光圈

普通的渐变效果，不同颜色之间会有过渡，下面介绍瞬间变换颜色的渐变设置（图 5-4-27 至 5-4-29）。

（1）形状渐变

在 PPT 页面插入圆形，打开设置形状格式窗口，选择渐变填充，找到渐变光圈的操控点，删除两边的操控点，仅留下中间两个操控点。

为余下两个操控点填充两种不同的颜色。

改变两个操控点的位置，均设置为 50%，即可发现圆形被两种颜色分成两半。

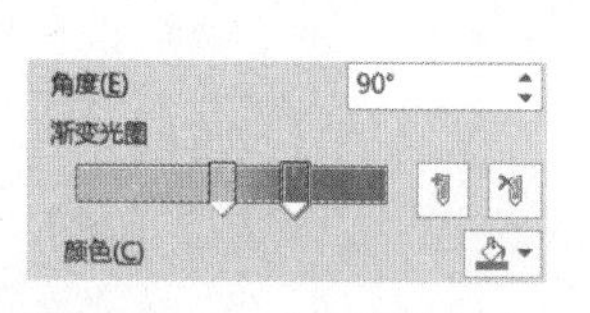

图 5-4-28 改变渐变颜色

实际上的原理是让两个操控点位置数值相同，如图 5-4-30 将操控点位置均设置为 40%。

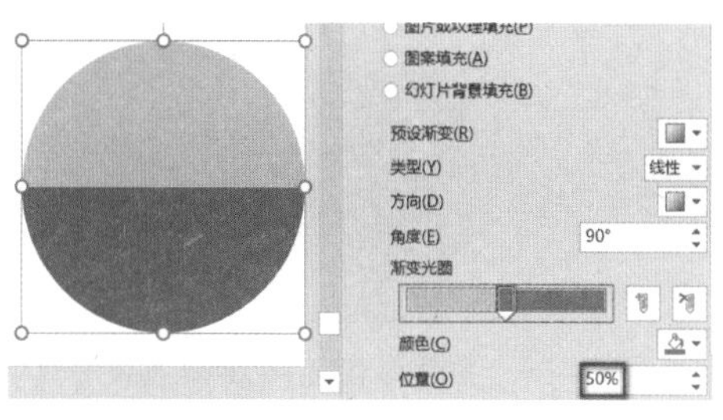

图 5-4-29　改变操控点位置

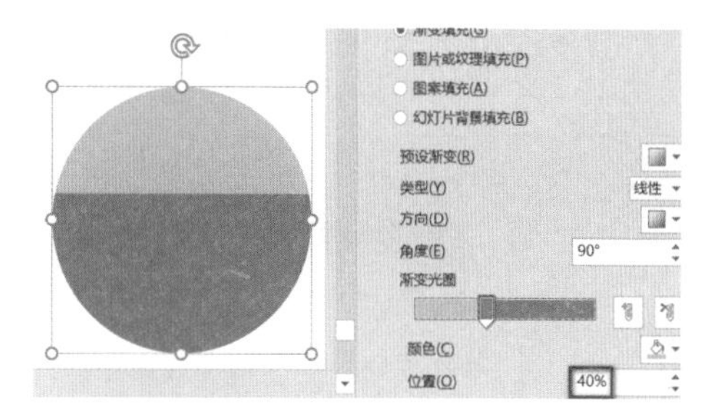

图 5-4-30　再次改变操控点位置

单击“方向”下三角按钮，选择 45% 的渐变方向，即可改变形状渐变边界的方向和类型（图 5-4-31，5-4-32）。

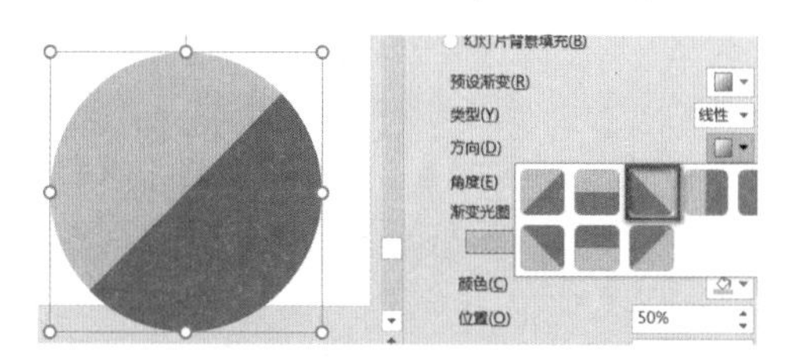

图 5-4-31　改变渐变方向

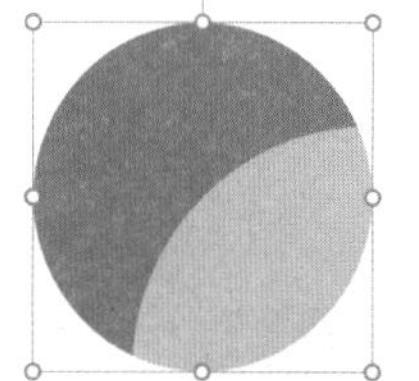

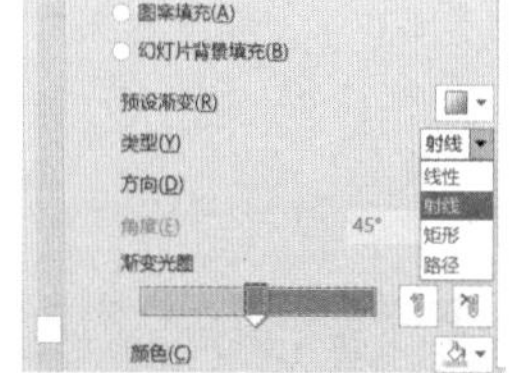

图 5-4-32　改变渐变类型

此外，还可以改变图形填充的透明度，可为图形添加边框等设置。同样，对于幻灯片背景的填充也可以用同样的方法进行渐变设置（见图 5-4-33）。

图 5-4-33　幻灯片背景渐变设置

（2）文字渐变

与形状的渐变设置类似，文字也可以进行渐变填充（图 5-4-34）。

将背景设置为与文本渐变色相反的渐变填充，可以形成如图 5-4-35 和 5-4-36 的效果。

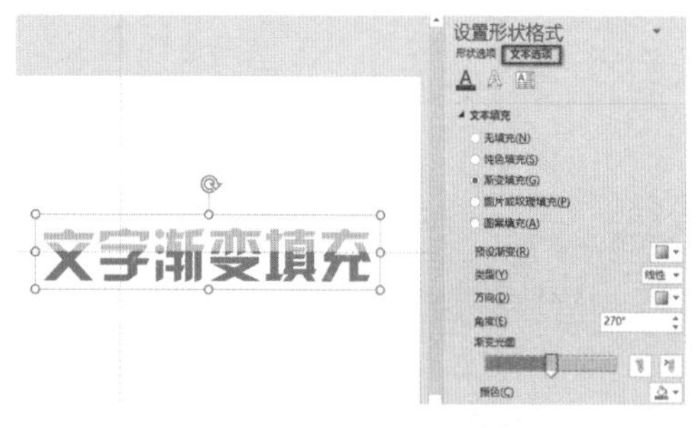

图 5-4-34　文字渐变填充

调整渐变方向，可以打造不同的效果。

图 5-4-35　文字渐变效果一　　图 5-4-36　文字渐变效果二

2. 炫彩填充

图 5-4-37　复制炫彩图片到剪贴板

选中炫彩图片，【Ctrl + C】将该图片复制到剪贴板（图 5-4-37）。

选中文本框，调至文本格式设置，将文字设置为“图片或纹理填充”，选择“剪贴板”填充，即可将先前复制在剪贴板的图片填充到文字之中。

图 5-4-38　文字炫彩填充

搭配炫彩图片，可形成如图 5-4-38 及 5-4-39 的效果。

与文字类似，形状也可以被图片填充，形成炫彩效果（图 5-4-40）。

图 5-4-39　文字炫彩效果

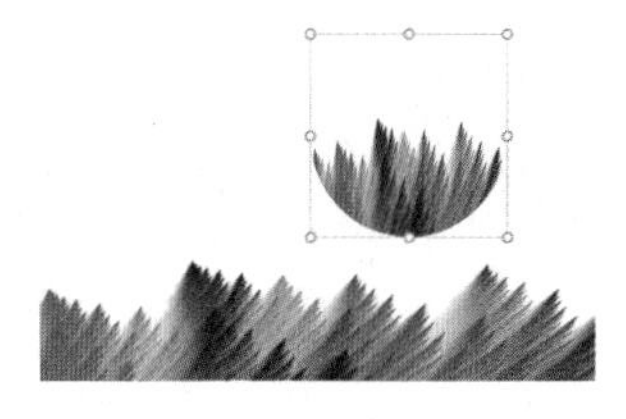

图 5-4-40　形状炫彩效果

当然除了炫彩图片，还可以选择其他类型的图片，比如星空、大海等，制作出更多的文字、形状填充效果。

3. 镂空效果

（1）文本镂空

运用第 3 章介绍过的对象合并操作，可以打造文本和形状的镂空效果。在 PPT 页面上添加一张高清大图，并在图片上方添加蒙版和文本，蒙版颜色没有要求。

选中蒙版和文本，在“格式”选项卡中选择“合并形状”，单击【组合】按钮，即可将文本和蒙版合并为一个形状，并且蒙版格式与文本之前格式相同，原来文本的位置则变成了镂空效果（图 5-4-41，5-4-42）。

图 5-4-41　在图片上方添加蒙版和文本

图 5-4-42　将蒙版和文本进行组合

调整合并后形状的透明度，可形成镂空效果。此外，还可以改变形状的填充颜色来搭配 PPT 页面的设计。

对蒙版的形状和颜色进行变化，可以打造更加美观、层次感更丰富的镂空效果（图 5-4-43，5-4-44）。

图 5-4-43　文本镂空效果一

图 5-4-44　文本镂空效果二

（2）图形镂空

绘制与图片大小相同的长方形，并绘制一个五角形，再将两个形状进行合并（图 5-4-45）。改变合并后形状的颜色填充，去掉其边框设置，并降低其透明度，得到如图 5-4-46 效果。

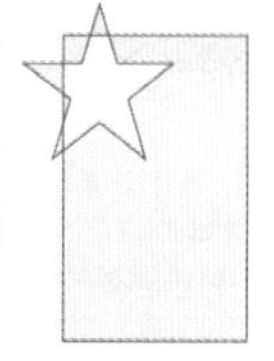
图 5-4-45　将形状进行合并

图 5-4-46　改变合并形状的格式

将合并形状放置在图片上方，并添加文本、线条等的修饰，可以打造时尚杂志的设计效果（图 5-4-47）。

图 5-4-47　形状镂空效果

5.5 PPT 单页排版

为了更好地辅助表达，PPT 设计中常采用大量图片、图表、图形来增加信息量，或使信息更为直观。上一节介绍了 PPT 对象的艺术处理效果，运用这些设计技巧，可以丰富 PPT 单页排版设计。这一节将从 PPT 单页的传统图文排版和创意新潮排版两个方面介绍 PPT 单页排版的设计与制作。

5.5.1 传统图文排版

在通常情况下，传统图文排版使用较多，排版风格简洁、朴素，适合于传统的课堂教学。在第 3 章，前面已经介绍过纯文字处理的注意事项和设计技巧，这里不再赘述，而是主要介绍包含图片、图表等的 PPT 传统单页排版的设计技巧。

1. 单图排版

视频、Flash 通常是单独放在 PPT 页面中的，但有时也会配上少量的文字注释，其排版同单图排版类似，因此这里仅介绍单图排版的设计与制作。

（1）左右排列

图文左右排列是最常见的单图排版形式（图 5-5-1 和图 5-5-2）。

（2）上下排列

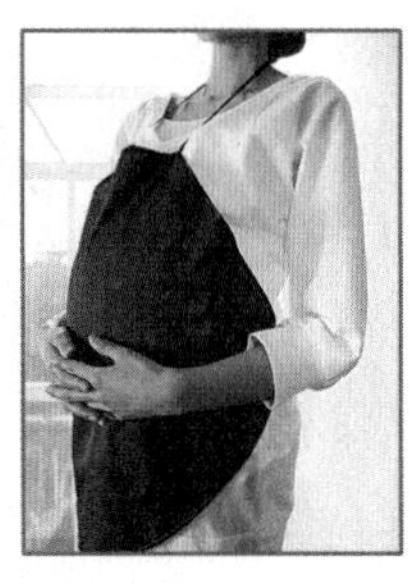

图 5-5-1 单图排版 - 左右排列示例一

图 5-5-2 单图排版 - 左右排列示例二

上下排列图文也是单图排版常见的设计形式（图 5-5-3）。

在使用图片时，将图片背景去除会得到不错的效果（图 5-5-4）。

（3）图片剪切

将图片剪切为不同形状，再搭配文本框进行排列，也是单图排版的方式之一（图 5-5-5 和图 5-5-6）。

传统的学习方式

- 标准化的、趋同化的集体学习方式（班级授课制）
- 有着统一的学习目标
- 统一的教学大纲

图 5-5-3　单图排版 - 上下排列示例一

图 5-5-4　单图排版 - 上下排列示例二

图 5-5-5　单图排版 - 图片剪切示例一

图 5-5-6　单图排版 - 图片剪切示例二

2. 多图排版

有时单页教学 PPT 需要展示多个图片，这时图文的排版形式就可以变得丰富多样了。

（1）对称排列

将图形左右或上下对称排列，符合 PPT 设计原则中的“平衡与对齐”，既可以表现展示内容的对比，还可以展示其种类多样性和统一性（图 5-5-7，5-5-8）。

图 5-5-7　多图排版 - 对称排列示例一

TESTIMONIAL

Option Strategies Display Your Presentation Idea

图 5-5-8　多图排版 - 对称排列示例二

（2）并列排列

当对象个数为奇数时，可以将其并列排列，得到图 5-5-9 和图 5-5-10 的效果。

图 5-5-9 多图排版 - 并列排列示例一

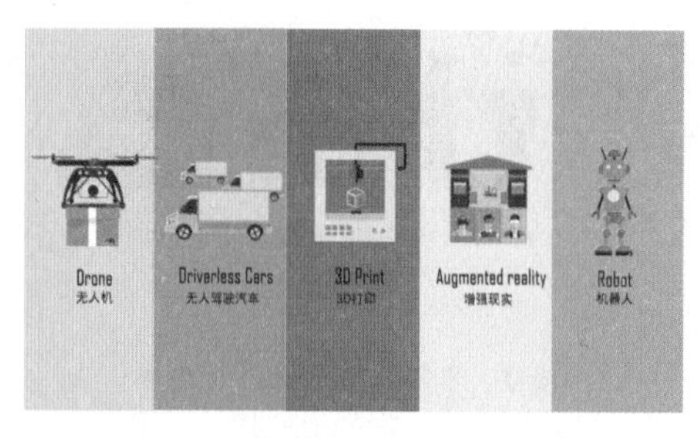

图 5-5-10 多图排版 - 并列排列示例二

（3）混合排列

图形和文本左右排列顺序可以有序切换，得到图 5-5-11 和图 5-5-12 的混合排列效果。

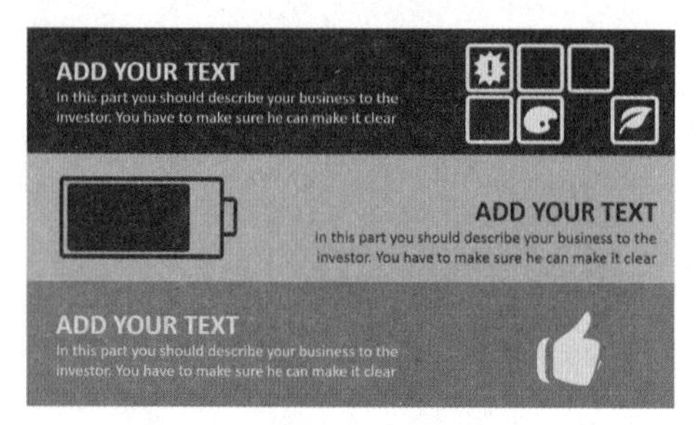

图 5-5-11 多图排版 - 混合排列示例一

图 5-5-12 多图排版 - 混合排列示例二

图片与文字上下排列形成组合，符合 PPT 设计原则的“统一与和谐”中的亲密原则。七个组合等间距排列，形成如图 5-5-13 的效果。

将多图片剪切为大小相近却有层次的圆形，添加边框和三角箭头后紧贴排列，并配上解释文本，形成如图 5-5-14 的效果。

图 5-5-13 多图排版 - 混合排列示例三

图 5-5-14 多图排版 - 混合排列示例四

3. 图表排版

图表排版不仅指信息图、结构图的排版，还指借用图表形式进行文本排版的设计。

（1）信息图表

信息图表本身可以单独放置在一页 PPT 中，但可以提取关键信息，添加文本解释或注释。图表和文本的排列方式可以左右、上下排版（图 5-5-15，5-5-16）。也可以根据具体内容进行中心辐射状排版，将文本放置在图表四周。

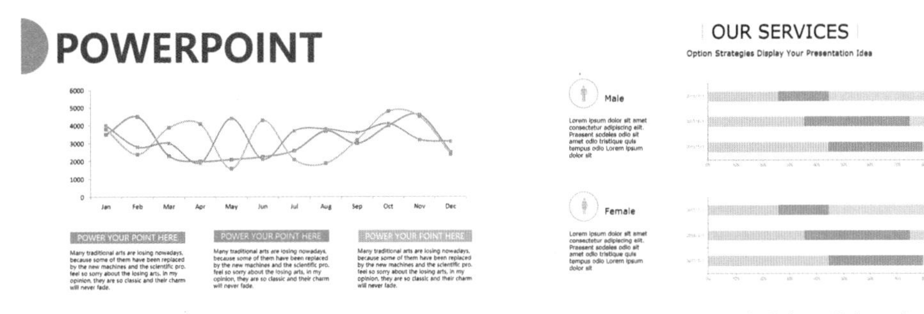

图 5-5-15　图表排版 - 信息图表示例一　　　图 5-5-16　图表排版 - 信息图表示例二

此外，还可以发挥想象力，将信息图表进行适当美化，如添加图标、装饰轮廓等（图 5-5-17，5-5-18）。

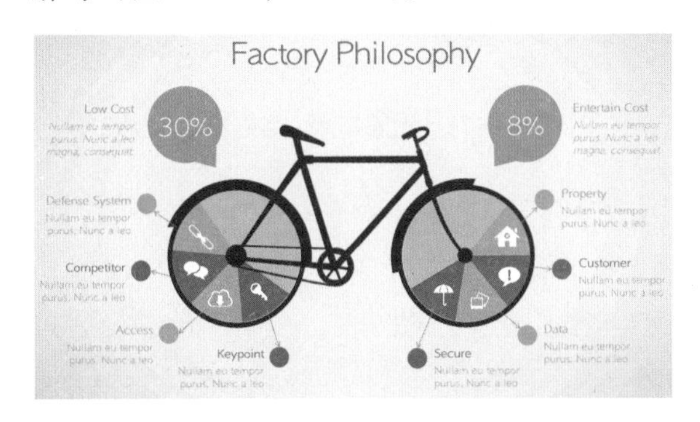

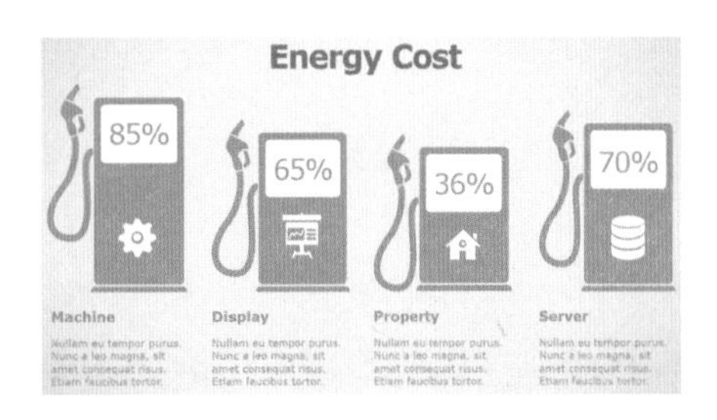

图 5-5-17　图表排版 - 信息图表示例三　　　图 5-5-18　图表排版 - 信息图表示例四

还可借用部分与整体的结构图进行信息的描述，如为不同成分填充不同颜色，并用该颜色装饰右侧文本信息，形成对应关系（图 5-5-19）。

请在此输入标题

图 5-5-19　图表排版 - 信息图表示例五

（2）结构图表

结构图表描述了事物之间的关系和结构，除了第 3 章介绍的结构图种类及设计外，文本信息还可以以图表的形式呈现出来，效果类似第 3 章介绍过的 SmartArt。如图 5-5-20 表示了自我中心思维的特点及其具体表现，表达的并列关系。

图 5-5-21 的金字塔形状描述了马斯洛需求层次理论。需要注意的是，有时 PPT 模板中的图形中子元素的个数并不符合要求，这时可以对模板图形进行编辑。但插入 SmartArt 后，再进行适当的修饰才是更加简便的方式。

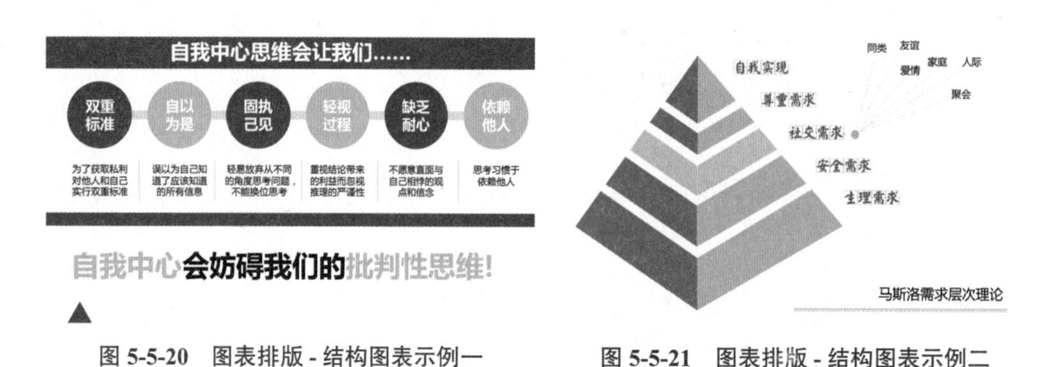

图 5-5-20　图表排版 - 结构图表示例一

图 5-5-21　图表排版 - 结构图表示例二

图 5-5-22 是类似鱼骨图的图表排版方式。

图 5-5-23 属于“中心辐射型”图表，在图表周围加上文本描述，要比仅罗列文本更加生动形象，有整体感。SmartArt 包含很多这类的图表，在第 3 章进行了详细介绍，这里就不再多举例。

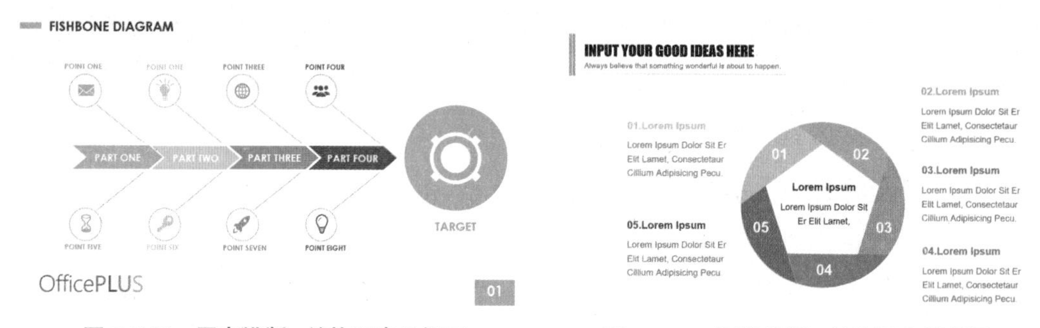

图 5-5-22　图表排版 - 结构图表示例三

图 5-5-23　图表排版 - 结构图表示例四

除了“中心辐射型”（图 5-5-23），还可以在 PPT 页面中心或一侧放置组合图形，通过箭头对应文本相连接，不但可以使页面更加美观，还增加了内容的层次感（图 5-5-24）。

使用建筑物或其他物体，可以带来不错的效果，但需要注意所选的物体要和教学内容相关，否则就会干扰学生的注意力（如图 5-5-25）。

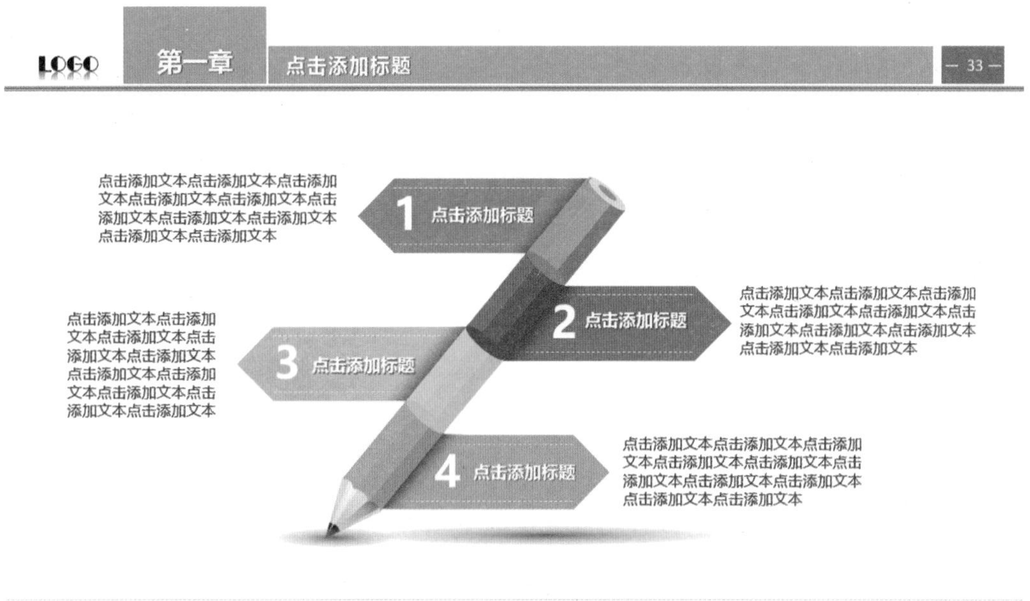

LOGO
第一章
点击添加标题
— 33 —
点击添加文本点击添加文本点击添加文本点击添加文本点击添加文本点击添加文本点击添加文本点击添加文本点击添加文本点击添加文本
1 点击添加标题
2 点击添加标题
点击添加文本点击添加文本点击添加文本点击添加文本点击添加文本点击添加文本点击添加文本点击添加文本点击添加文本点击添加文本
点击添加文本点击添加文本点击添加文本点击添加文本点击添加文本点击添加文本点击添加文本点击添加文本点击添加文本点击添加文本
3 点击添加标题
4 点击添加标题
点击添加文本点击添加文本点击添加文本点击添加文本点击添加文本点击添加文本点击添加文本点击添加文本点击添加文本点击添加文本

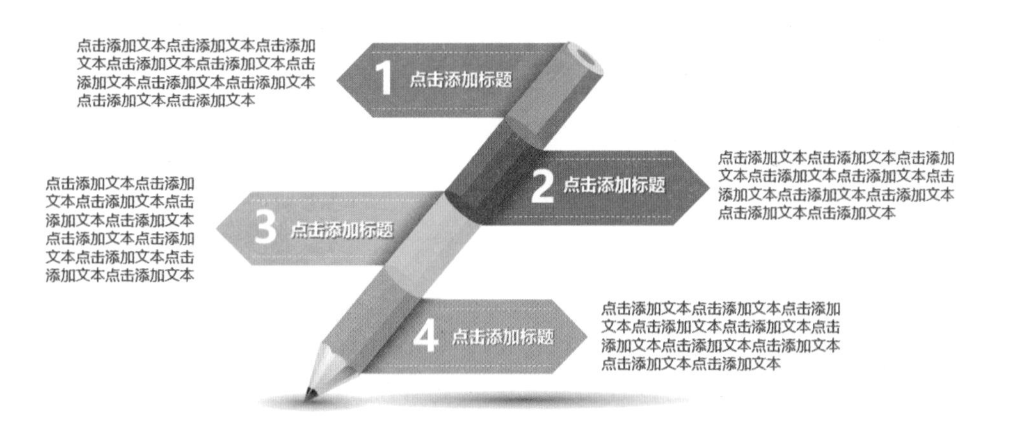

图 5-5-24　图表排版 - 结构图表示例五

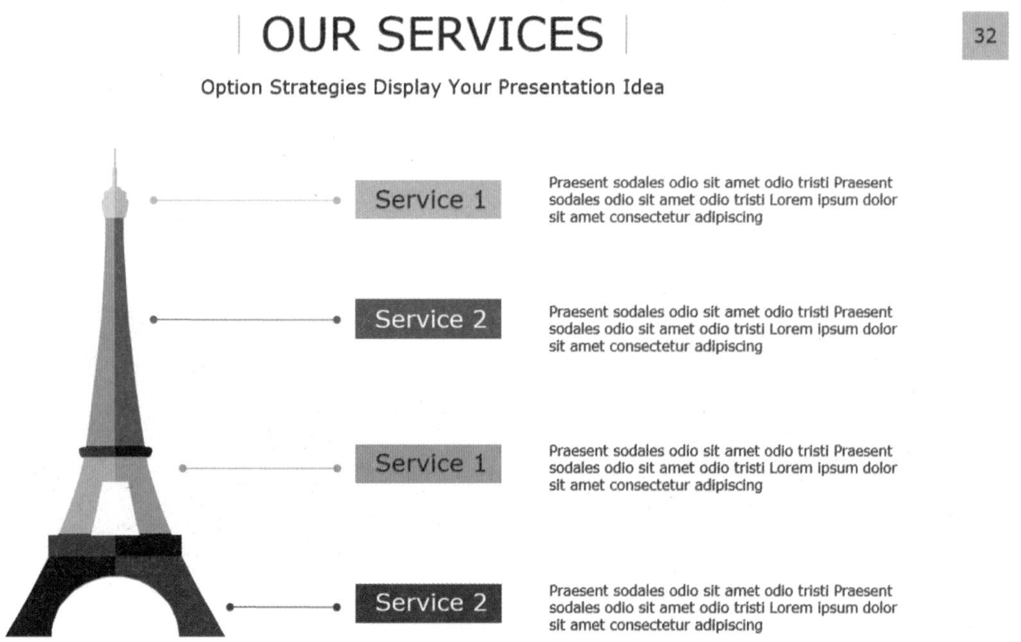

OUR SERVICES
32
Option Strategies Display Your Presentation Idea
Service 1
Praesent sodales odio sit amet odio tristi Praesent sodales odio sit amet odio tristi Lorem ipsum dolor sit amet consectetur adipiscing
Service 2
Praesent sodales odio sit amet odio tristi Praesent sodales odio sit amet odio tristi Lorem ipsum dolor sit amet consectetur adipiscing
Service 1
Praesent sodales odio sit amet odio tristi Praesent sodales odio sit amet odio tristi Lorem ipsum dolor sit amet consectetur adipiscing
Service 2
Praesent sodales odio sit amet odio tristi Praesent sodales odio sit amet odio tristi Lorem ipsum dolor sit amet consectetur adipiscing

图 5-5-25　图表排版 - 结构图表示例六

以上介绍的排版模式不但可以应用于PPT正文页的设计，还可以灵活运用在PPT封面、封底等的设计。只不过元素数量不同，封面和封底的元素较少，但设计原则却是相似的。

5.5.2 创意新潮排版

色块不但可以使传统图文排版更加丰富美观，还可以与图片相搭配，形成创意新颖的排版形式。接下来将介绍全图排版、半图排版以及一些图片、色块等的创意设计。

1. 全图排版

所谓“全图型”PPT并不单指一张高清大图再配上文字这么简单，这是一种弱化标题，突出整个页面的设计形式，使其更有视觉冲击力。全图型PPT页面像精美的海报，能够给读者带来梦幻般的观影感受。

在教学PPT中，通常只有少数情况下会使用全图PPT：内容赏析、案例导入、情感互动等。全图型PPT需要依靠目录页、过渡页加强整体逻辑，此外，还需要依靠教师的授课技巧来凸显其内在逻辑。

全图型PPT制作的三要素：精炼的文字、贴切的高清大图、细节上的创意。下面介绍全图型PPT的几种类型及设计技巧。

（1）图片与标题

设计PPT首页或过渡页时可以使用大图做背景，再搭配醒目的标题（图5-5-26）。还可以运用文本填充和色块等进行修饰，如图5-5-27则是仿照网页设计而成的全图PPT页面。

图 5-5-26　全图排版 - 图片与标题示例一

图 5-5-27　全图排版 - 图片与标题示例二

运用半透明色块进行对角分割，引导观众关注对角线及图形交叉点的对象（图5-5-28）。全图背景加上纯色填充的图形，再辅以半透明的色块，形成如图5-5-29过渡页效果。

图 5-5-28　全图排版 - 图片与标题示例三

图 5-5-29　全图排版 - 图片与标题示例四

（2）图片与目录

在全图背景上添加目录与添加标题类似，需要使目录内容与全图形成视觉上的反差，以突显目录内容图 5-5-30。

除了将目录章节名称横向或纵向列于全图背景之上，还可以借助流程图和形状，使目录更有层次感（图 5-5-31）。

图 5-5-30　全图排版 - 图片与目录示例二

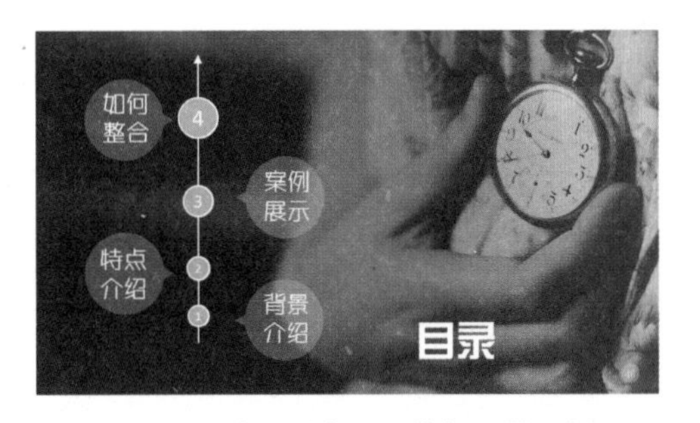

图 5-5-31　全图排版 - 图片与目录示例二

（3）图片与正文

全图作为背景，搭配少量文字的正文，可以打造唯美的意境（图 5-5-32）。

黑色背景给人阴沉、严肃之感，搭配白色文字，再配上戈尔巴乔夫低头的神情的背景大图，尽显苏联失利的落寞与忧伤。可以发现，页面并不需要完全填充，要懂得留白的艺术（图 5-5-33）。

图 5-5-32　全图排版 - 图片与正文示例一

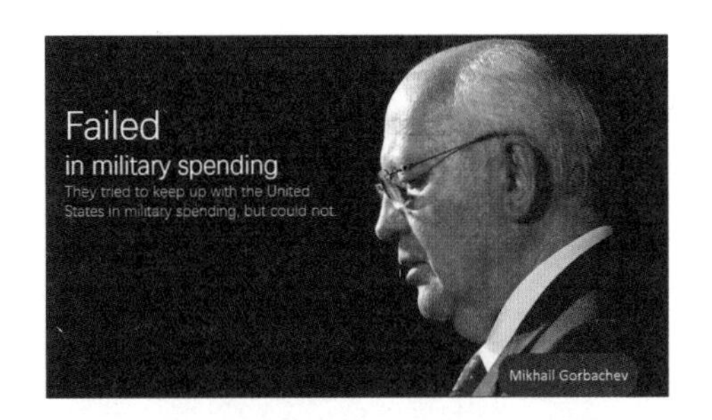

图 5-5-33　全图排版 - 图片与正文示例二

运用大面积色块进行文本的填充也是不错的选择（图 5-5-34）。

正文字体的放大强调，搭配放大镜背景图，形成如图 5-5-35 的效果。

图 5-5-34　全图排版 - 图片与正文示例三

图 5-5-35　全图排版 - 图片与正文示例四

2. 半图排版

相比于全图排版，半图排版中图片占整个 PPT 页面的比例缩减了一半左右，既能发挥大图的震撼效果，又能保留一定的传统排版设计，也是一种不错的创意排版方式。

（1）图片与标题

选择主题相关的图片，并将图片放置于标题上方，是常见的半图排版方式。

将图片进行适当的形状裁切，搭配线条装饰，形成如图 5-5-36 效果。

除了可以作为封面页，过渡页也可以使用半图加图形文本的组合（图 5-5-37）。

图 5-5-36　半图排版 - 图片与标题示例一

图 5-5-37　半图排版 - 图片与标题示例二

（2）图片与目录

利用半图将页面进行切分，图片的另一侧可以采用传统的目录列表设计方式来呈现（图 5-5-38 和图 5-5-39）。

图 5-5-38　半图排版 - 图片与标题示例三

图 5-5-39　半图排版 - 图片与目录示例一

同样，在非图片区域可以用图形图标以及文本的组合方式来制作目录（图 5-5-40）。

图片剪切为三角形后，可以将目录标题依次放在长边方向上，使目录更有层次感（图 5-5-41）。

图 5-5-40　半图排版 - 图片与目录示例二

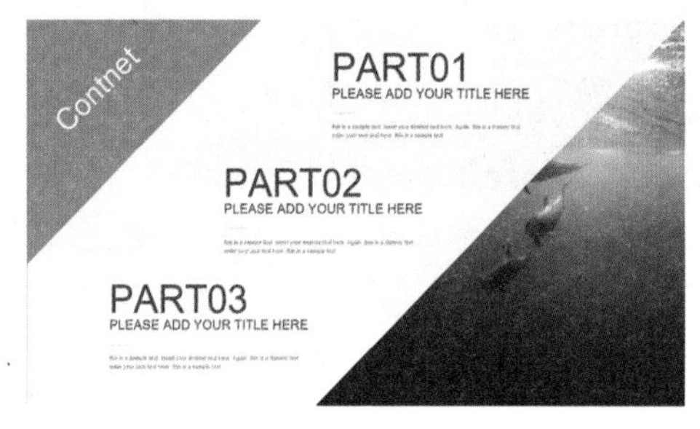

图 5-5-41　半图排版 - 图片与目录示例三

（3）图片与正文

图片与正文上下、左右排列是半图排版中常见的方式（图 5-5-42）。

背景清爽的图片还可以搭配颜色鲜艳的 LOWPOLY 色块图，形成如图 5-5-43 效果。LOWPOLY 指由多个纯色三角形填充的画面数字艺术，在前面介绍的一些案例中，已经呈现过 LOWPOLY 元素。

图 5-5-42　半图排版 - 图片与正文示例一

图 5-5-43　半图排版 - 图片与正文示例二

除 LOWPOLY 背景图外，还有 LOWPOLY 图形，如图 5-5-44 的云朵形状。

图片的裁切、色块、实线边框相搭配，形成活泼、富有生机的页面效果（图 5-5-45）。

图片剪切为圆形，仅在页面中呈现一部分弧形，再搭配图标、线条等元素，可打造出杂志效果（图 5-5-46）。

图片和正文内容还可以叠加，运用色块和文本填充，将文本内容放置于图片上方，弱化背景的同时，为页面增加了层次感和艺术性（图 5-5-47）。

图 5-5-44　LOWPOLY 图形

图 5-5-45　半图排版 - 图片与正文示例三

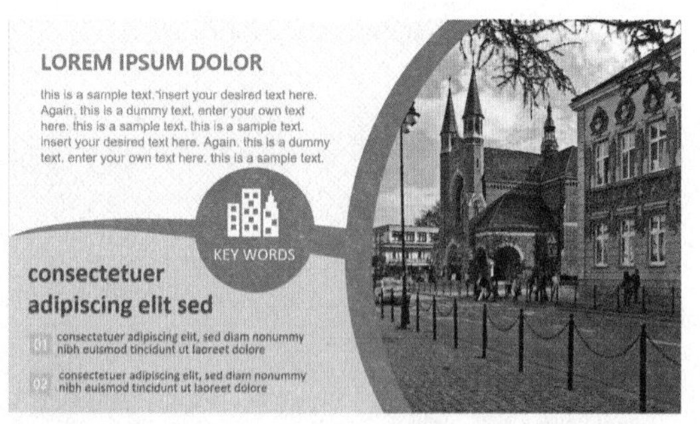

图 5-5-46　半图排版 - 图片与正文示例四

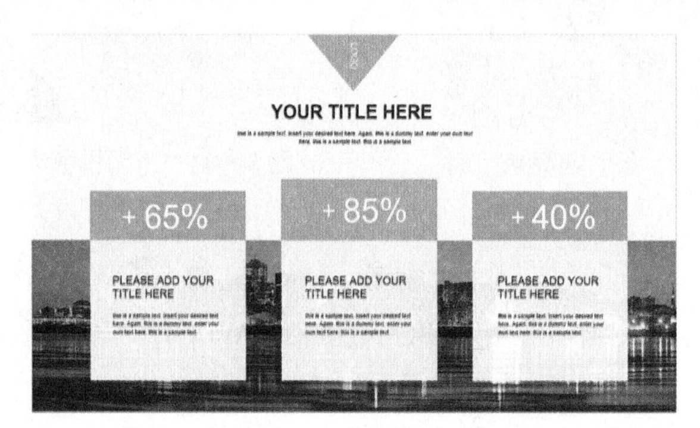

图 5-5-47　半图排版 - 图片与正文示例五

5.6　PPT 版面制作

一个完整的教学 PPT 需要由不同版面以及内容逻辑构成。本节将介绍幻灯片母版的作用及设计技巧，并从 PPT 版面五要素入手，打造合适的教学 PPT 模板。

5.6.1　幻灯片主题

1. 选择幻灯片主题

幻灯片主题是 PPT 预设的幻灯片版面设计，包含版式、字体、配色等的设置。

新建一个空白幻灯片后，在【设计】选项卡中找到主题，打开下拉菜单，可以看到 PPT 自带若干幻灯片主题，选择其中一个主题（图 5-6-1）。

2. 修改幻灯片主题

打开【设计】选项卡中的变体下拉菜单，点击“颜色”，即可预览 Office 的多种配色，如选择“绿色”配色，刚才的主题也会随之改变颜色（图 5-6-2 和 5-6-3）。

此外，还可以在变体菜单中更改主题的字体、形状默认效果等（图 5-6-3 和图 5-6-4）。

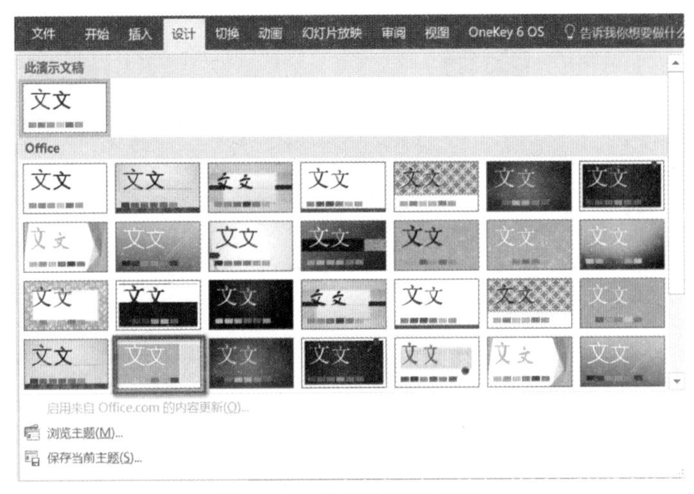

图 5-6-1　选择幻灯片主题

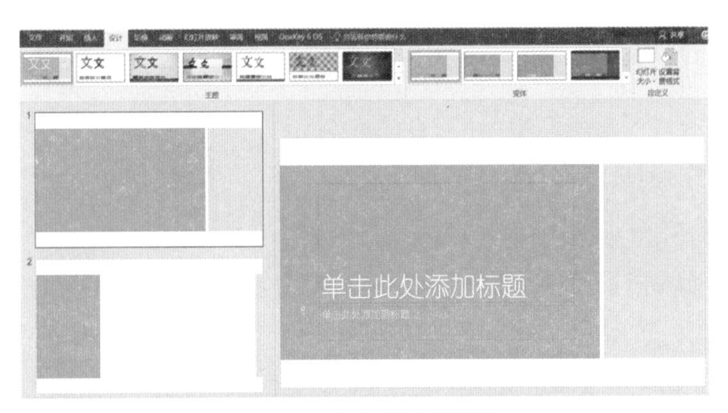

图 5-6-2　幻灯片主题预览

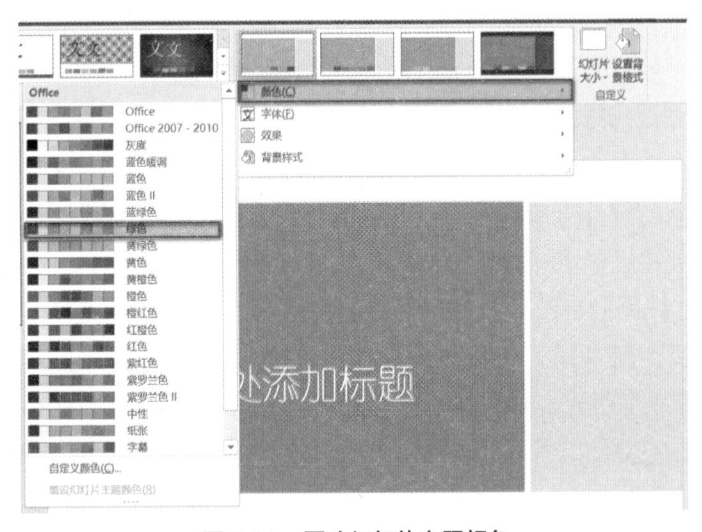

图 5-6-3　更改幻灯片主题颜色

图 5-6-4 更改幻灯片主题

5.6.2 幻灯片母版

1. 认识幻灯片母版

（1）幻灯片母版视图

幻灯片母版相当于一个框架，存储幻灯片版式的设置信息，包括字体、占位符大小或位置、背景设计和配色方案等。在【视图】选项卡中找到“母版视图”，单击“幻灯片母版”按钮(图 5-6-5)。

图 5-6-5 母版视图中的幻灯片母版

在幻灯片母版视图（图 5-6-6）中，可以看到所有可输入内容的区域，这类区域被称为“占位符”，如标题占位符、副标题占位符等。幻灯片母版版式中的占位符的位置、大小以及外观样式等属性，相当于一个样式框架。在占位符中输入标题（图 5-6-7），可以应用于多个幻灯片页面，既能使 PPT 外观有统一性，又能提高工作效率。

（2）使用幻灯片母版

母版的版式设置了样式，而内容则需要在普通视图中的 PPT 页面上进行编辑。单击“关闭幻灯片母版”，重新回到普通视图中，在幻灯片标题占位符中输入标题。

新建一页幻灯片时，可以在【开始】选项卡中点击“新建幻灯片”按钮，并从框架中选择一个版式，即可新建这一版式的 PPT 页面（图 5-6-8）。

还可以在左侧幻灯片预览栏单击右键，选择“新建幻灯片”，然后为新建的幻灯片更改版式（图 5-6-9）。选中新建的幻灯片，在【开始】选项卡中找到“版式”

按钮，选择其中一款版式，即可将新建的幻灯片设置为该版式了。

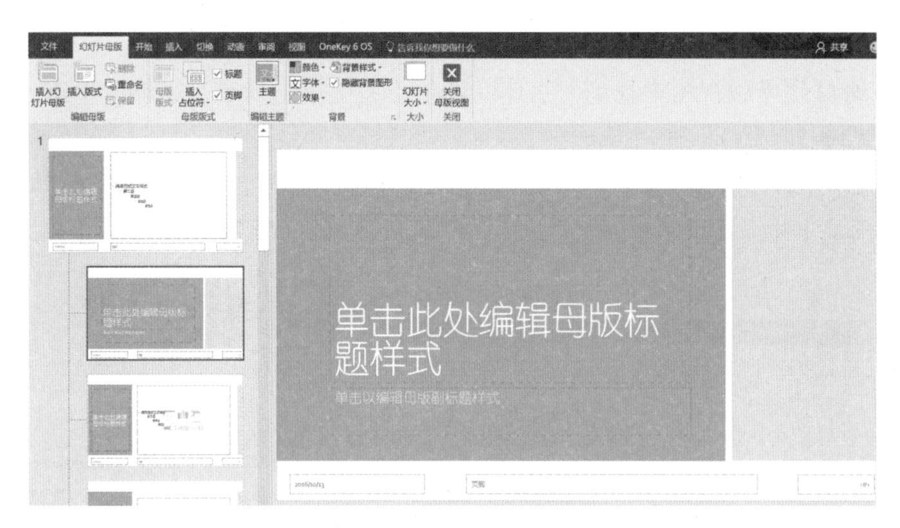

图 5-6-6　幻灯片母版视图

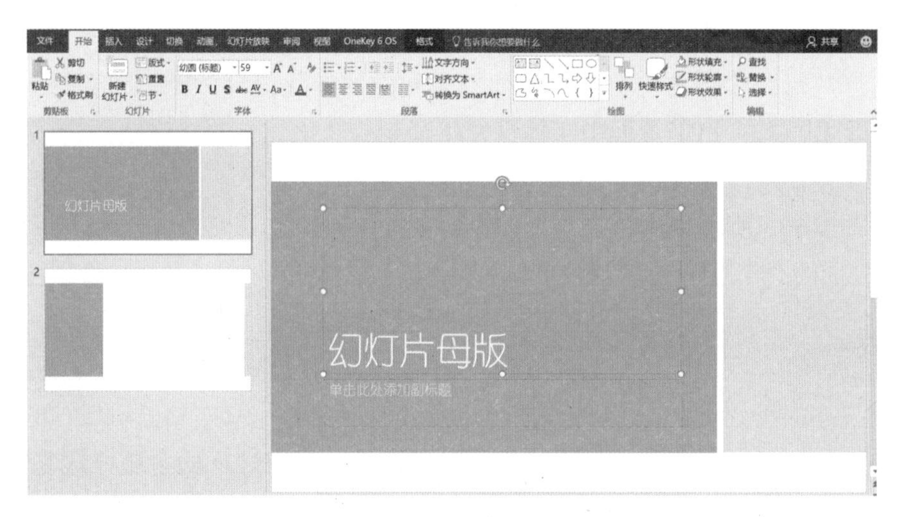

图 5-6-7　在占位符中输入标题

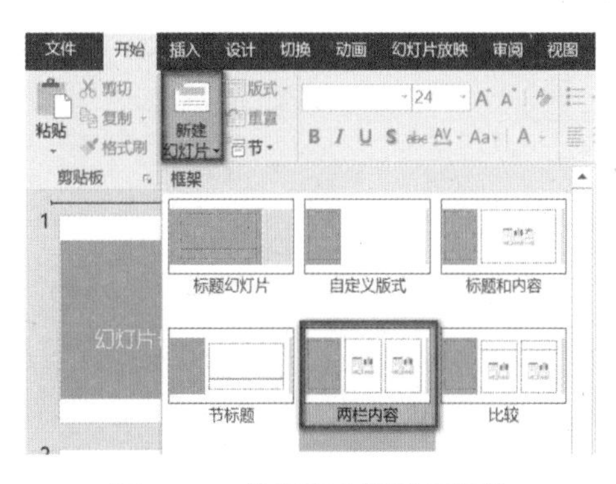

图 5-6-8　从框架中新建幻灯片

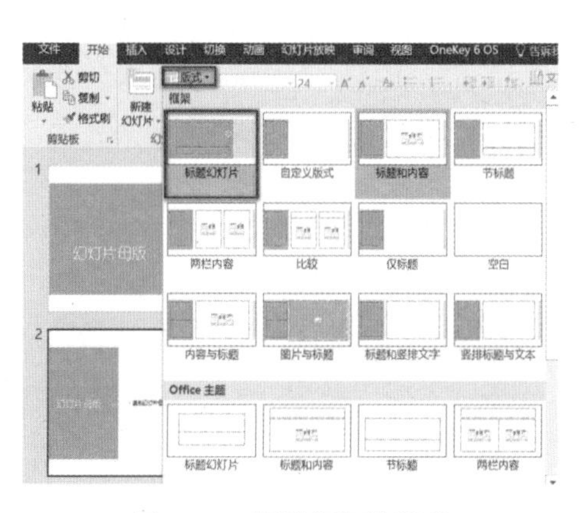

图 5-6-9　更改幻灯片版式

2. 编辑幻灯片母版

（1）编辑主题字体

在幻灯片母版视图中找到“字体”选项，右键单击自定义字体，单击“编辑”按钮（见图 5-6-10）。

在弹出的“编辑主题字体”对话框中（图 5-6-11），更改西文和中文字体，并可在右侧预览字体样式示例。更改主题字体名称后，单击“保存”按钮（图 5-6-12）。

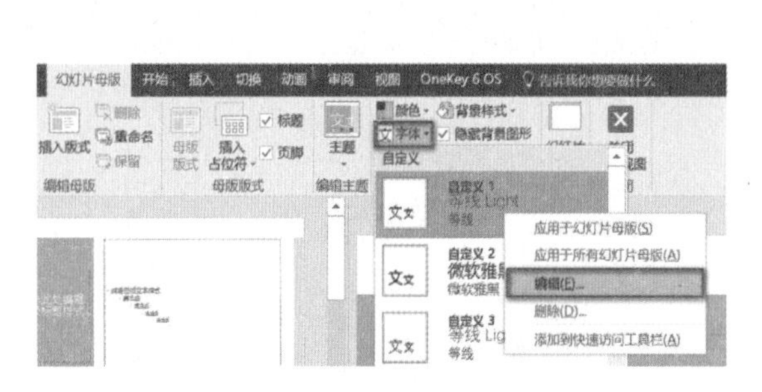

图 5-6-10　幻灯片母版自定义字体

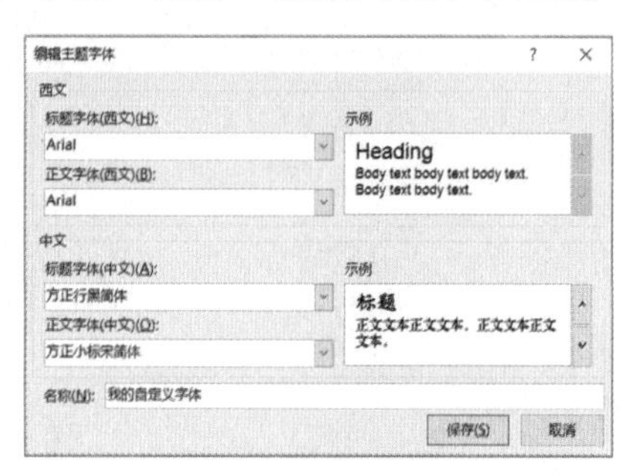

图 5-6-11　编辑主题字体

幻灯片母版中各占位符的字体便有了相应的变化，而应用母版版式的 PPT 页面中字体也发生了相应变化。

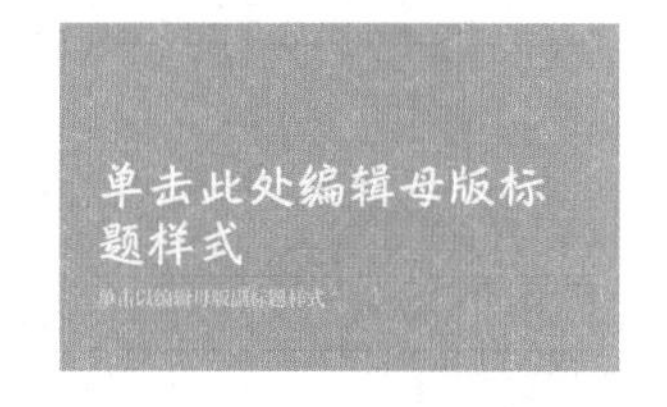

图 5-6-12　主题字体修改效果

（2）复制幻灯片主题样式

如图 5-6-13 所示，在 PPT 右下方找到一排并列的按钮，从先前的“普通视图”切换到“幻灯片预览”。

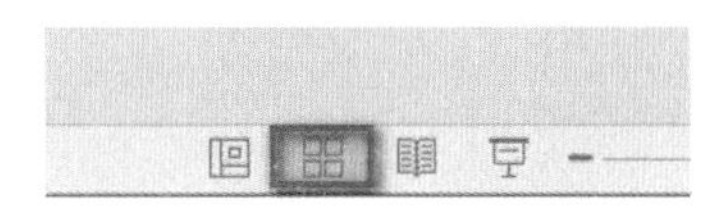

图 5-6-13　幻灯片预览按钮

即可预览已有 PPT 页面在放映状态时的样式。选中第二个有主题样式的 PPT，在【开始】选项卡中选择“格式刷”，单击第三张幻灯片，即可将第二张幻灯片的主题样式复制到第三张幻灯片上（图 5-6-14，5-6-15）。

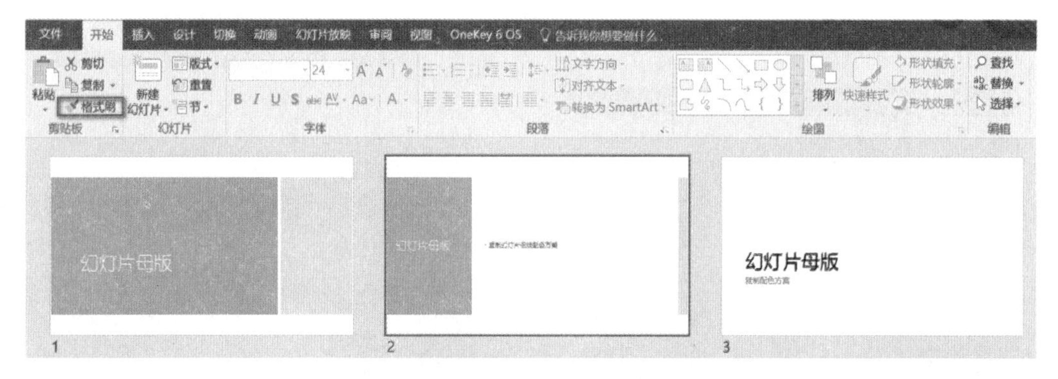

图 5-6-14　对 PPT 页面应用格式刷

需要注意的是，第三张幻灯片是由幻灯片默认黑白主题中的版式制作而来，

即其标题和内容均是在占位符中编辑的。如果是直接在PPT页面中插入文本框或形状，那么主题样式将无法用这种方式进行复制，只能够用格式刷复制单个对象的样式。

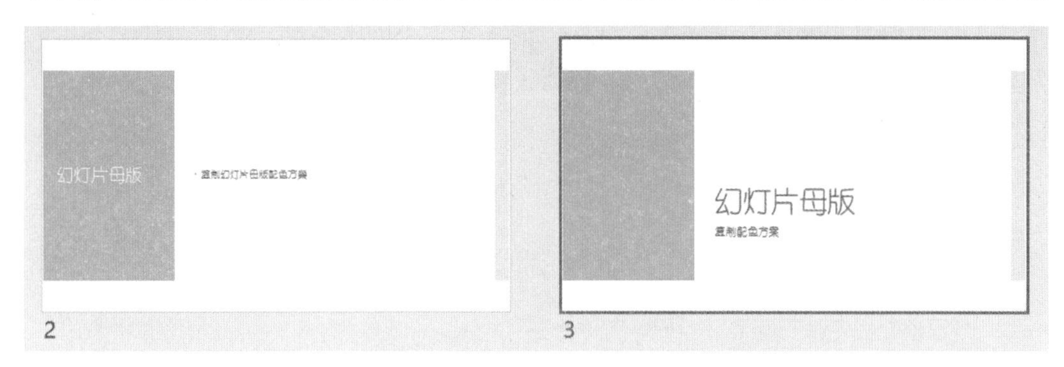

图 5-6-15　复制幻灯片主题样式

（3）字体替换

前面提到，应用了幻灯片母版中占位符的文本框的字体，可以随主题字体的变化而统一变化。而有时占位符不能够满足所有的文本添加需求，此时需要单独在PPT页面中添加文本框，而自行添加的文本框无法随主题字体变化而变化。

当需要更改这些文本的字体时，就需要另一种技巧来进行字体的变换了——字体替换功能。“替换”功能可以替换文本内容，而“字体替换”功能则是将PPT各页面中的一种字体一键更换为另一种字体。在【开始】选项卡中找到“替换”按钮，单击“替换字体”按钮，如图5-6-16。

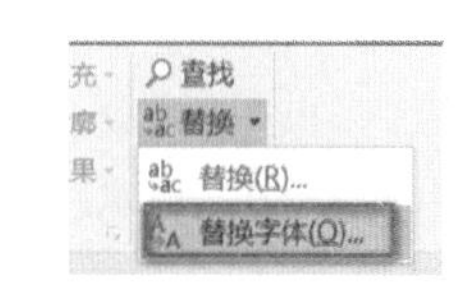

图 5-6-16　替换字体按钮

在弹出的替换字体对话框中，选择被替换的字体“幼圆”，再选择替换为“方正剪纸简体”，点击“替换”按钮，如图5-6-17，即可将各PPT页面中字体为幼圆的文本替换为方正剪纸简体的字体样式。

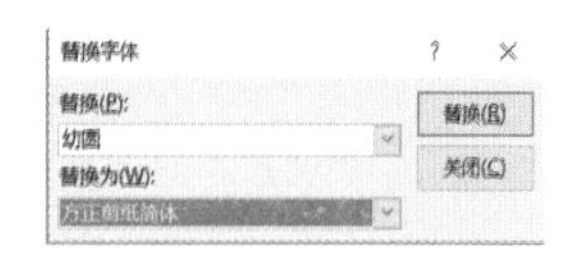

图 5-6-17　替换字体对话框

（4）编辑占位符

在幻灯片母版视图中，找到母版版式按钮栏，有两个勾选框（图5-6-18）。勾选“标题”框，表示该版式包含标题占位符；勾选“页脚框”，表示该版式底部含有日期、页码等页脚。

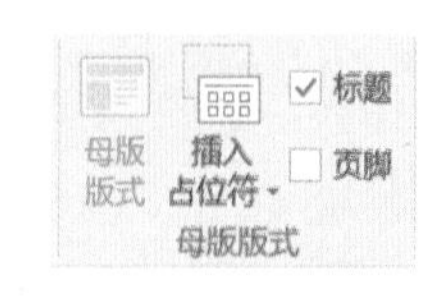

图 5-6-18　母版版式按钮栏

图 5-6-19　插入占位符

在“插入占位符”下拉菜单中选择任一占位符样式（图5-6-19）。即可在版式空白处绘制占位符，并且可以修改占位符的样式。修改方式与普通文本框修改方式相同。

版式中默认的占位符也可以进行样式的修改和位置的移动。

（5）添加页码

除了使用页脚中默认的页码外，还可以自行添加和美化页码。在幻灯片母版视图下，切换至【插入】选项卡。首先，插入一个小的文本框；然后，在文本框为输入状态下时，单击“幻灯片编号”按钮（图 5-6-20）。

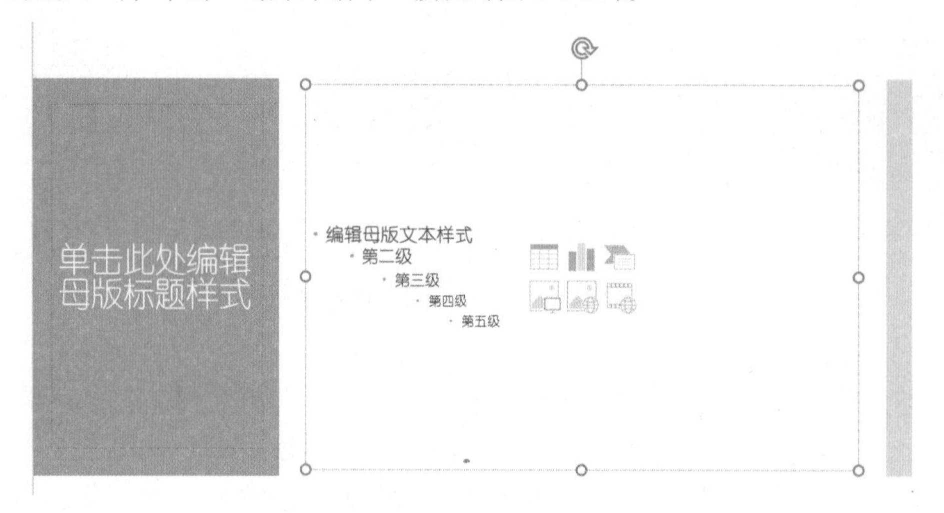

图 5-6-20　绘制占位符

弹出“页眉和页脚”对话框，勾选“幻灯片编号”选项框，单击“应用”按钮（图 5-6-21，5-6-22）。

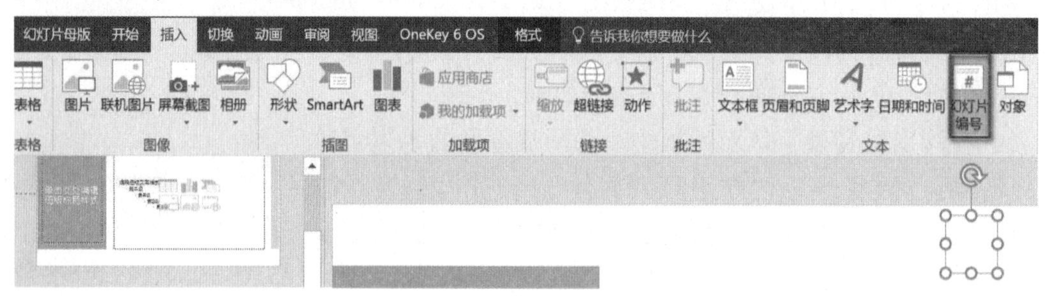

图 5-6-21　插入幻灯片编号

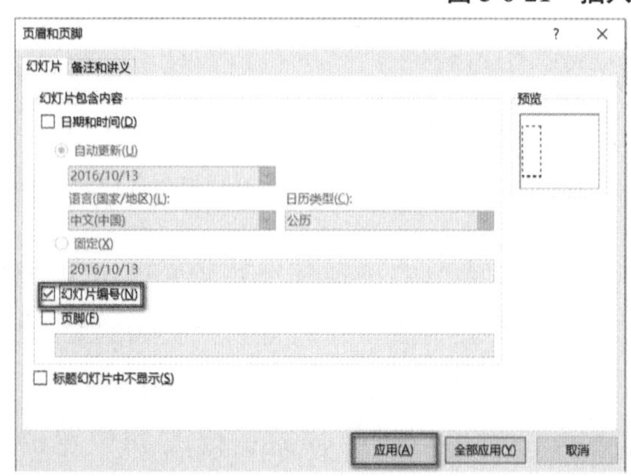

图 5-6-22　页眉和页脚对话框

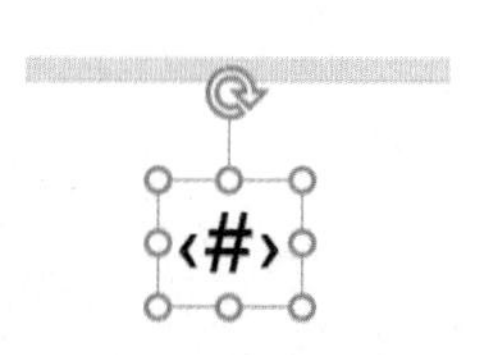

图 5-6-23　母版中的幻灯片编号

即在该文本框中添加了幻灯片编号域（图 5-6-24）。

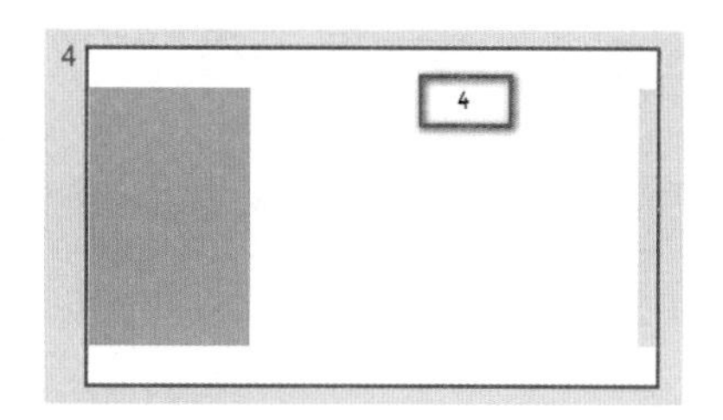

图 5-6-24　幻灯片编号预览

关闭幻灯片母版视图，选择带有幻灯片编号域的版式来新建一页 PPT，即可在该 PPT 页面中看到页码值。

重新回到幻灯片母版视图，为幻灯片页码进行美化，如更改文本颜色、字体，在其下一图层添加形状等（图 5-6-25）。

切换到普通视图中，即可看到美化后的页码样式（图 5-6-26），但页码的位置需要进一步调整，使其出现在不显眼的位置，以免喧宾夺主。

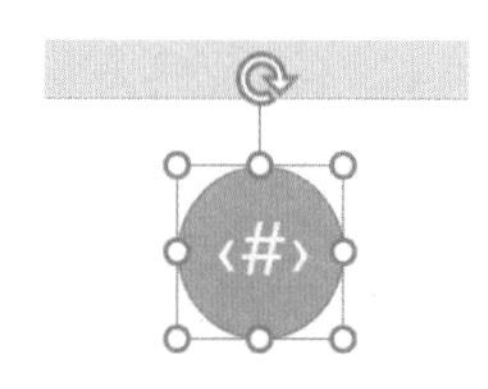

图 5-6-25　美化幻灯片编号样式

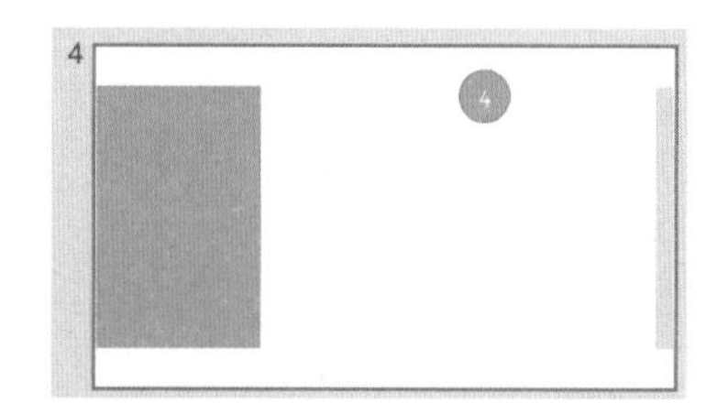

图 5-6-26　美化后页码预览

（6）添加 LOGO

在制作教学 PPT 时，有时需要将学校或院系的 LOGO 加入 PPT 之中。将 LOGO 复制到每页 PPT 之中可是件麻烦差事，而有了幻灯片母版，就可以在版式中合适的位置插入 LOGO 图片（图 5-6-27）。

应用这一版式的 PPT 页面，都会在相应位置上呈现 LOGO（图 5-6-28）。

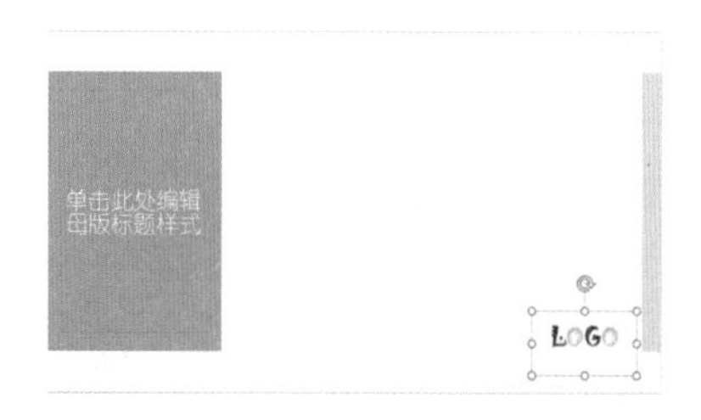

图 5-6-27　在版式中添加 LOGO

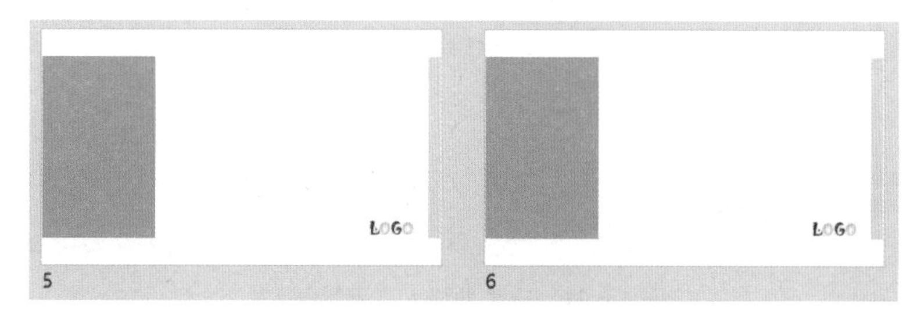

图 5-6-28　PPT 页面中的 LOGO

5.6.3 PPT 版面设计

掌握了 PPT 母版的设计，就可以动手制作属于自己的教学 PPT 模板了！下面让我们来看一下 PPT 版面的构成及设计技巧吧。

图 5-6-29　PPT 版面五要素

1.PPT 版面五要素的构成

一个结构完整的 PPT，需要包含封面页、目录页、内容模块间的过渡页、正文页和封底页，这五种页面就构成了 PPT 版面的五要素（图 5-6-29）。

图 5-6-30 至 5-6-32 呈现 PPT 版面五要素在 PPT 中应用的示例。

图 5-6-30　PPT 版面五要素示例一

图 5-6-31　PPT 版面五要素示例二

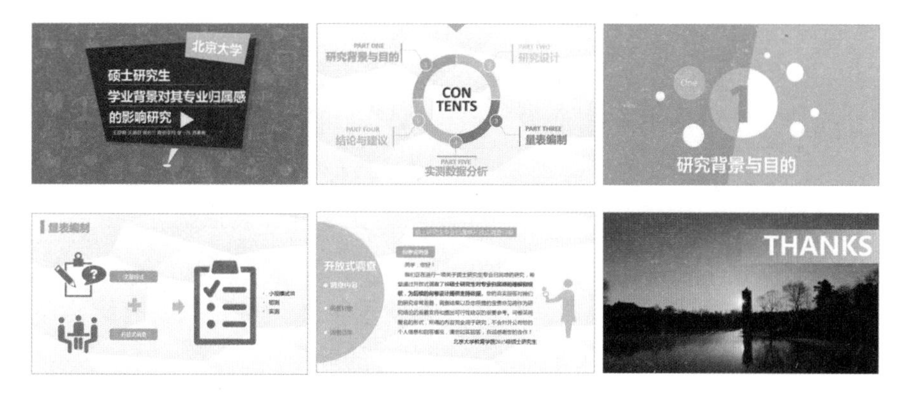

图 5-6-32 PPT 版面五要素示例三

下面将从各要素出发，介绍版面五要素在教学 PPT 中的具体应用。

2. 版面五要素在 PPT 中的应用

（1）封面页：教学主题也可以抖包袱

设计封面页（图 5-6-33）可以参考前面介绍设计样式，选用与教学主题相关的图形或图片，加上文字即可。可结合教学 PPT 主题，选择严肃类、卡通类、新潮类等不同封面样式。

图 5-6-33 教学 PPT 封面页示例

有时教师可能不希望开门见山地在教学一开始就告知学习者教学主题，这时就可以运用一些 PPT 动画设计技巧，或者在封面页之前添加若干 PPT 页面作为导入页（图 5-6-34，5-6-35）。

图 5-6-34 导入页与封面页示例一

在导入页中添加教学导入内容，在内容和形式上需要能够吸引学习者注意，可以采取的方式有：

①提问。

②运用故事性、冲突和矛盾的事件。

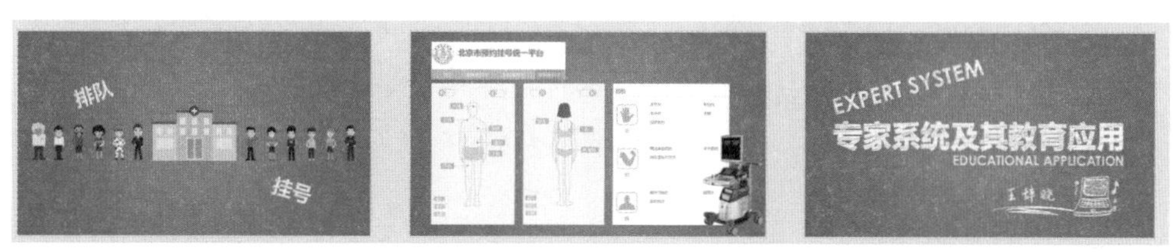

图 5-6-35 导入页与封面页示例二

③运用图表、图片、模型、电影等手段。

通过导入页逐步引出教学主题，使封面页成为教学开场阶段将要抖出的包袱，类似于加涅的九段教学法中的“激发学习兴趣与动机”。

可以说，导入页的作用是提高学习者学习兴趣、激发其学习动机，同时引出教学主题；封面页的作用则是为学习者呈现教学主题并加以强调。

（2）目录页：告知学习者教学目标

无论是一堂课还是一节微课，都有一定的逻辑和结构，只要有结构就会有讲述的先后顺序，即需要应用目录来呈现教学内容的顺序。

如图 5-6-36 所示，即便仅仅介绍占位符的使用这样短的教学内容，都可以在目录中呈现出来。

目录页不但可以让学习者快速知晓这节课的主要内容以及大概能够掌握的学习目标，还能够让教师清晰地掌握自身教学内容的框架（图 5-6-37）。

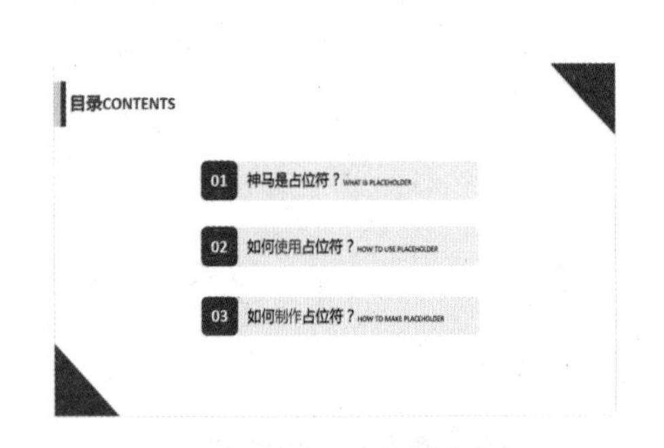

图 5-6-36　教学 PPT 目录示例一

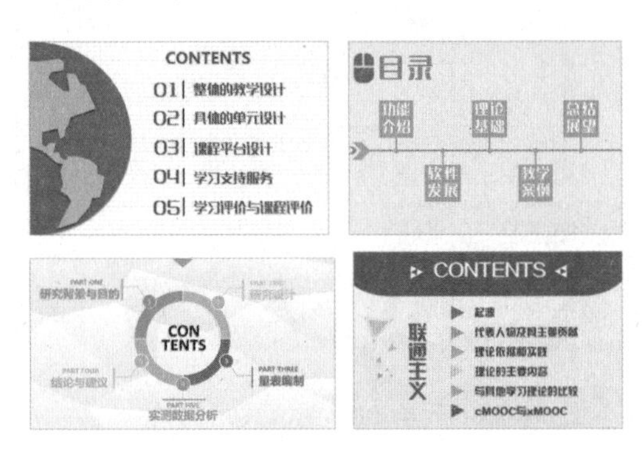

图 5-6-37　教学 PPT 目录示例二

（3）过渡页：教学模块的承上启下

过渡页与目录页相对应，目录页中列出的教学模块均需要单独用一个过渡页来呈现（图 5-6-38）。同一 PPT 的过渡页的设计要有整体感。

图 5-6-38　教学 PPT 过渡页示例

过渡页之间的部分是正文页。如果整个教学 PPT 的配色是彩色，那么每个过渡页和其之后的正文页可以用不同的颜色来进行设计，使教学模块之间在色彩上有明显的区分（图 5-6-39）。

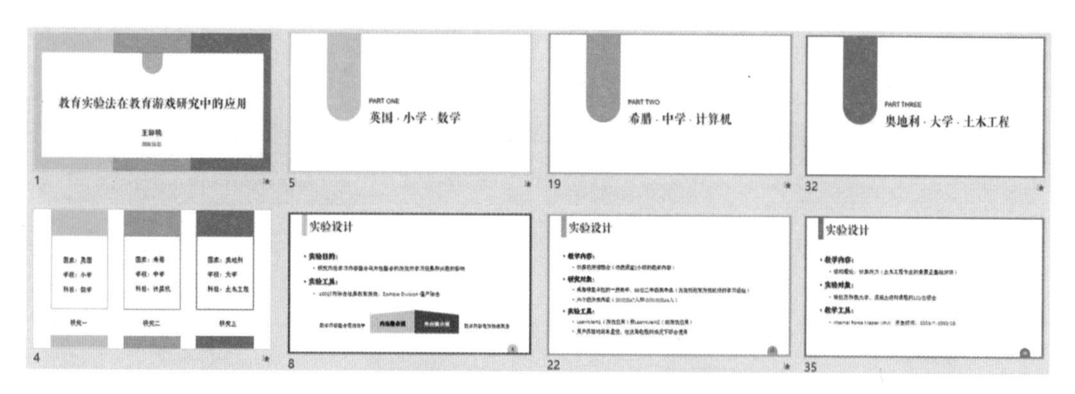

图 5-6-39　彩色配色的 PPT 过渡页

此外，过渡页中还可添加内容提要，其作用相当于教学模块的子目录（图 5-6-40）。

图 5-6-40　过渡页中的内容提要

（4）正文页：教学内容有的放矢

正文页是呈现教学内容的主要载体。作为教学 PPT，和普通演示 PPT 不同之处是，在每页 PPT 中需要尽量有标题栏以及子标题栏，以标明这一页 PPT 讲述的内容和整体逻辑（图 5-6-41）。

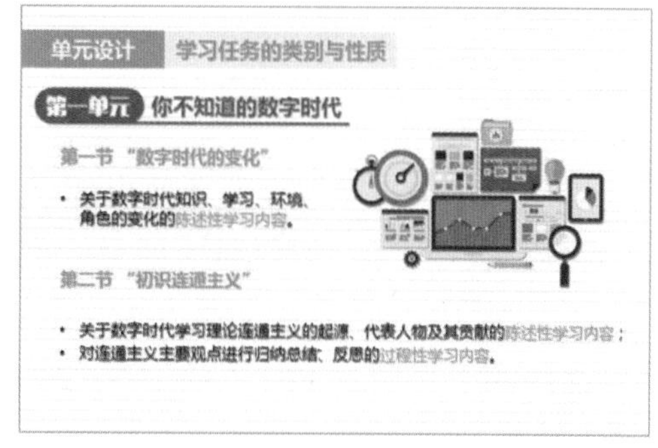

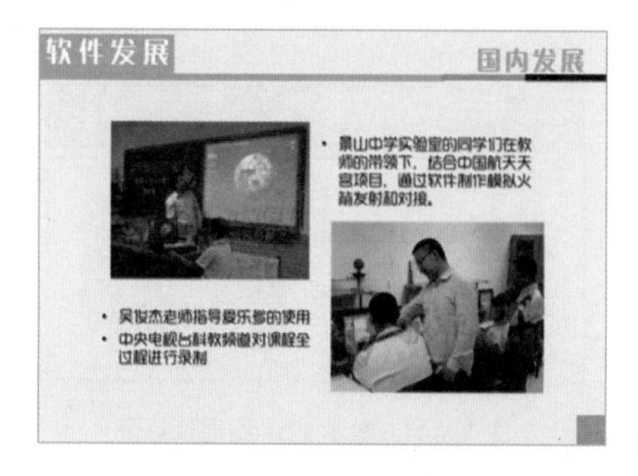

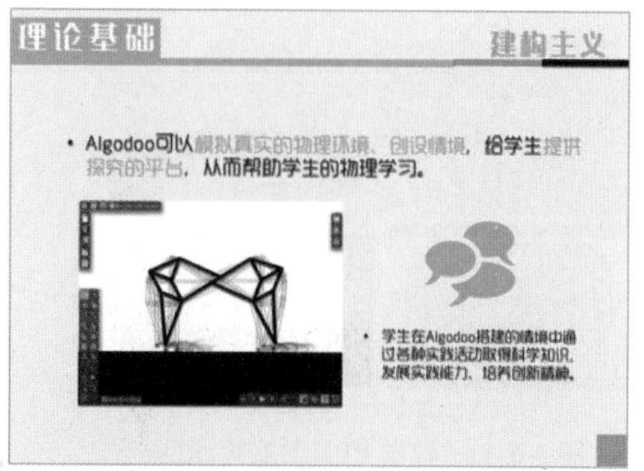

图 5-6-41　教学 PPT 正文页示例一

正文页中内容排版与设计要符合 PPT 设计原则，并且还要符合教学理论和学习者的认知风格。了解学习者和教学内容，做好教学设计，才能够做出真正优秀的教学 PPT，进行有的放矢的教学（图 5-6-42）。

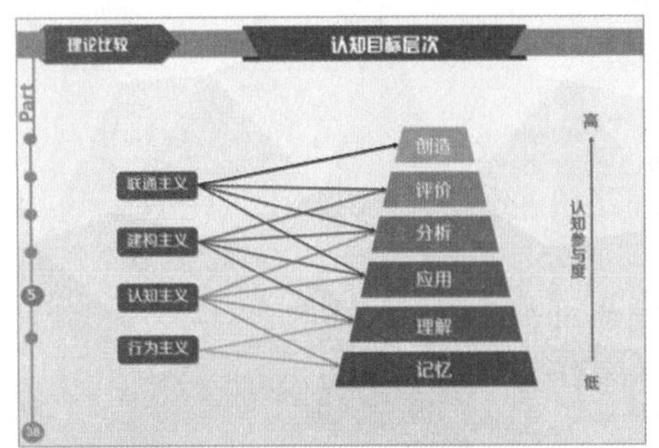

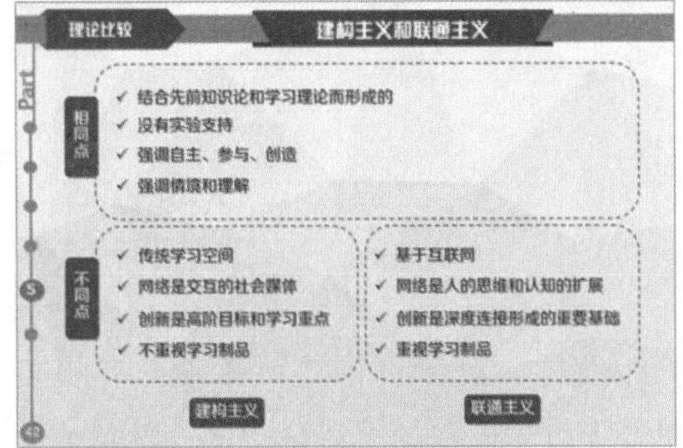

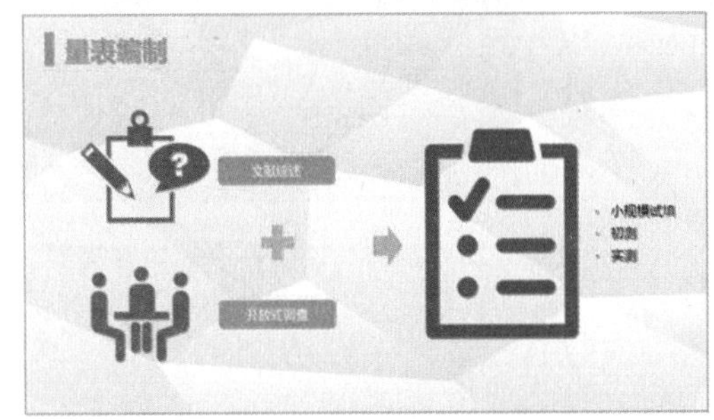

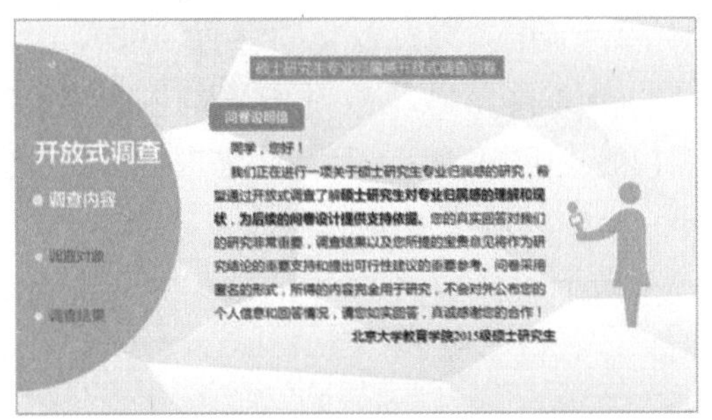

图 5-6-42　教学 PPT 正文页示例二

（5）结尾页：布置作业环节也能成为课堂彩蛋

普通演示 PPT 结尾仅需要列上“感谢聆听”“谢谢”等文本，有需要的话可以加上制作者的单位信息和联系方式（图 5-6-43）。

而应用于教学的 PPT 可能还需要一些课堂彩蛋，比如如何以更加有趣的方式将作业信息列在 PPT 上（图 5-6-44）。

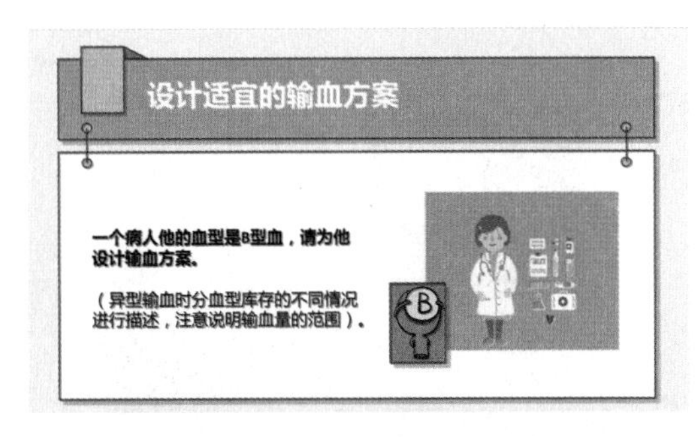

图 5-6-43　教学 PPT 封底页示例　　**图 5-6-44　教学 PPT 结尾页彩蛋**

想要做好更有趣的课堂彩蛋，PPT 动画的设计可少不了，在第 6 章中，将会介绍 PPT 动画的设计与制作，以提升教学 PPT 演示效果，为课堂添加更多趣味。

第 6 章　与教学融为一体的 PPT 动画效果

导读

前面的章节中，介绍了教学 PPT 的设计与制作，想要让教学 PPT 更加丰富生动，就需要掌握 PPT 的高级技能——PPT 动画设计与制作。教学 PPT 动画不追求炫目，而应达到与教学融为一体的效果，使其充分地发挥作用以辅助教学内容的呈现（图 6-1）。

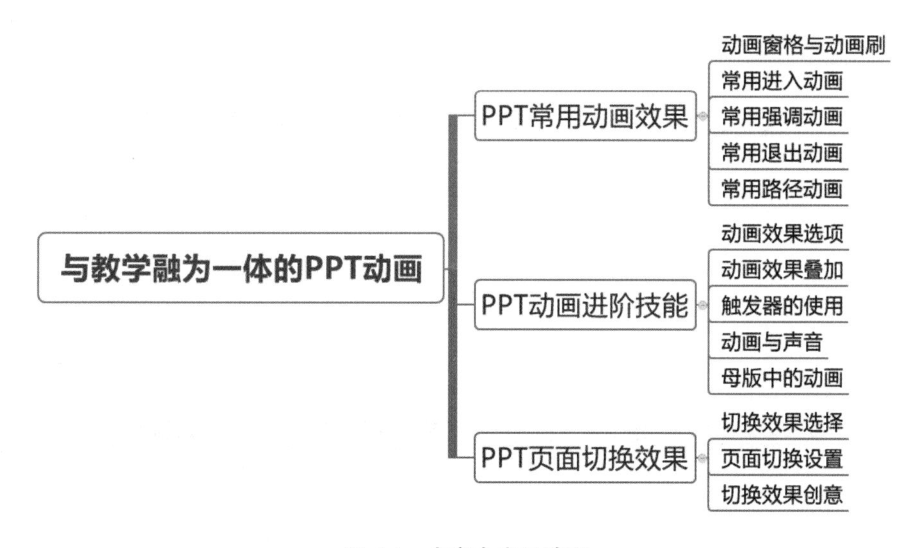

图 6-1　本章内容导读图

本章将介绍从三个方面介绍 PPT 动画的设计与制作。首先，介绍 PPT 常用动画效果；接下来，介绍 PPT 动画的进阶技能；最后，介绍 PPT 页面之间切换效果的设置。通过对教学 PPT 添加适宜的动画，更好地完成教学 PPT 这一艺术作品。

6.1 PPT 常用动画效果

教学 PPT 的动画应用与创意类动画有较大差异。创意类的动画更加吸引人眼球、酷炫生动，而教学 PPT 的动画则应与教学融为一体，适时适量出现，过于突兀会干扰学生对知识内容的注意。

本节将会介绍教学 PPT 中常用的简单且有效的动画效果，分别是进入动画、强调动画、退出动画和动作路径动画。

6.1.1 动画窗格与动画刷

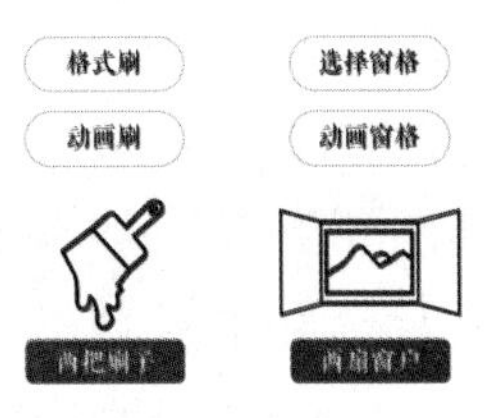

图 6-1-1　两把刷子和两扇窗户

在介绍动画效果之前，先来回顾一下第 5 章提到过的“两把刷子”和“两扇窗户”（图 6-1-1），其中格式刷和选择窗格已经在第 3 章介绍过了，那么这一小节，将介绍动画窗和动画刷格的应用。

1. 认识动画窗格

在【动画】选项卡中点击“动画窗格”按钮（图 6-1-2）。

图 6-1-2　动画窗格按钮

可在 PPT 页面右侧看到打开后的动画窗格（图 6-1-3），可以看到一个名为“椭圆 3”的对象的动画动作，并在 PPT 页面中看到该对象左上角标有动作“1”，代表这个动画动作是该页面的第一个动画，依此类推。

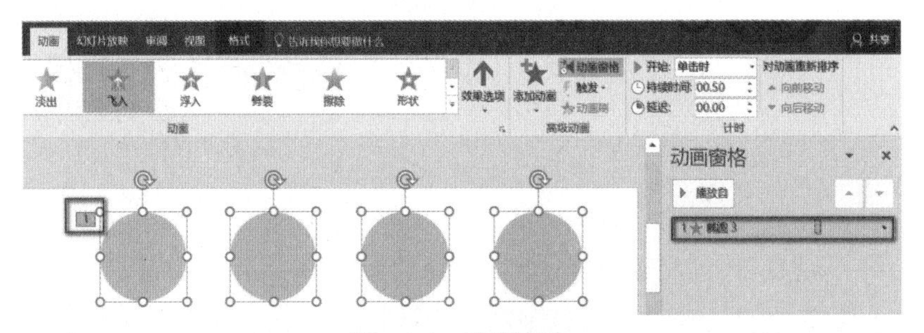

图 6-1-3　动画窗格

2. 动画刷的使用

（1）单击动画刷

首先选择某种已经设置了动画效果的某个对象（文字或图像等），单击动画刷（图 6-1-4），鼠标右上角带有刷子图标，然后单击想要应用相同动画效果的某个对象，即可将上一对象的动画效果复制到这一对象上。

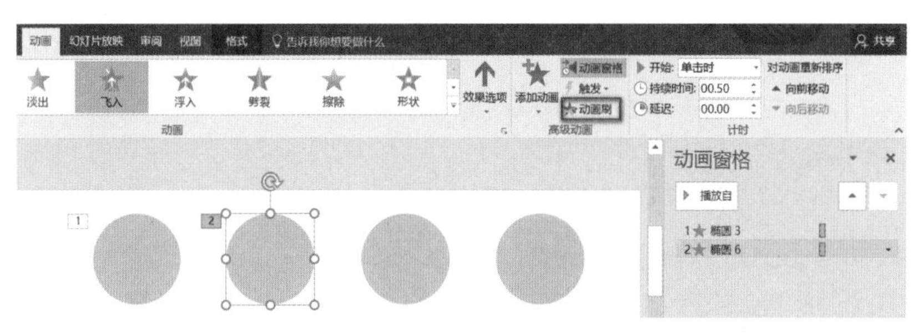

图 6-1-4　单击动画刷

单击完成之后，鼠标恢复正常形状，再次使用时还需要重新单击动画刷按钮。

（2）双击动画刷

选中带有动画效果的某个对象，双击“动画刷”（图 6-1-5）按钮后，可以将该动画应用于多个对象。只需再次单击“动画刷”即可取消动画刷。

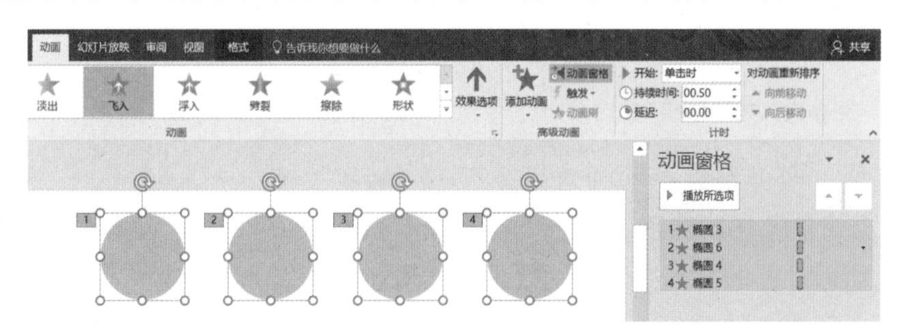

图 6-1-5　双击动画刷

6.1.2　常用进入动画

进入动画，指对象从无到有出现在 PPT 页面之中的动态变化效果。

1. 基本进入动画

在【动画】选项卡中，可以看到多种常用的进入动画效果，图标颜色为绿色。选中对象，单击动画效果，即可为对象添加该动画效果的默认设置（图 6-1-6）。

图 6-1-6　常用进入动画

除“旋转”“弹跳”“形状”外，其他动画均可应用于PPT教学动画中。那为什么这三种动画不适合教学PPT呢?

为对象添加“旋转”和“弹跳”两种效果后，可以明显发现，这两种动画华而不实，极其干扰学生的注意力，且动画时间冗长。而“形状”动画则是由于较为过时不建议使用。

2. 更多进入动画

在动画下拉列表中，可以看到“更多进入效果”的按钮（图6-1-7），单击这一按钮，即可打开“更多进入效果”对话框。类似地，“更多强调效果”“更多退出效果”按钮也在这一位置。

图 6-1-7　更多进入效果按钮

在“更多进入效果”对话框中（图6-1-8），可以看到进入动画效果被分成了四类：基本型、细微型、温和型、华丽型。选中对象的情况下，点击动画效果名称，即可预览该动画效果，点击“确定”按钮，即可为对象添加该动画效果。

除了前面推荐的基本进入动画效果，这里还推荐以下几种适合于教学PPT的动画效果：切入、回旋、升起、浮动、曲线向上、上浮和下浮。

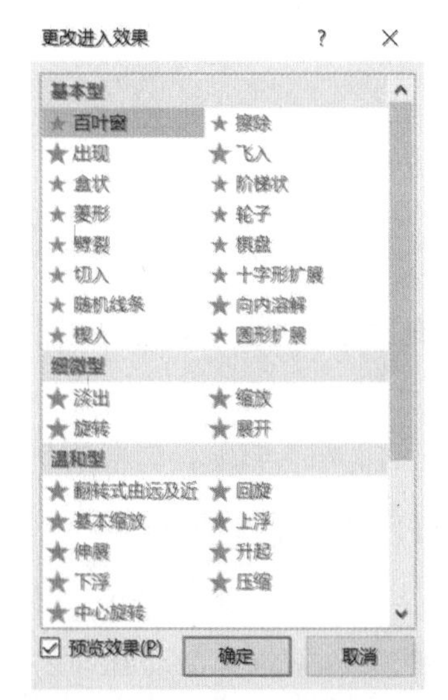

图 6-1-8　更多进入效果对话框

6.1.3　常用强调动画

强调动画，指将对象进行突出显示的动态变化效果。

1. 基本强调动画

在【动画】选项卡中，可以看到多种常用的进入强

调效果，图标颜色为黄色（图 6-1-9）。选中对象，单击动画效果，即可为对象添加该动画效果的默认设置。常用且适合于教学 PPT 的强调动画有：脉冲、跷跷板、对象颜色、加粗展示等。

图 6-1-9　基本强调动画

2. 更多强调动画

同样，在“更多强调效果”对话框中（图 6-1-10），可以看到强调动画效果被分成了四类：基本型、细微型、温和型、华丽型。

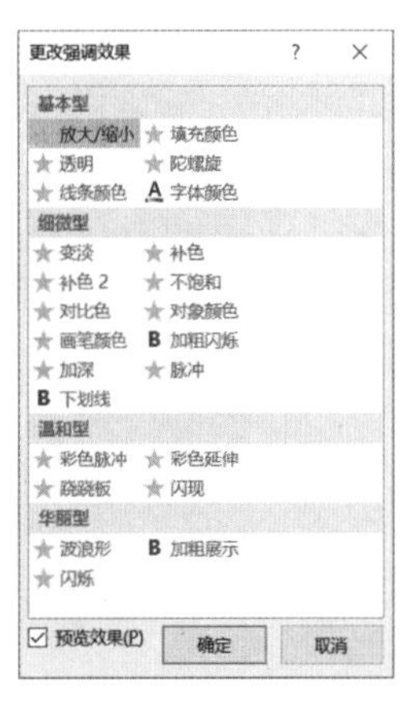

图 6-1-10　更多强调动画

6.1.4　常用退出动画

退出动画，指对象从有到无消失在 PPT 页面之中的动态变化效果。

1. 基本退出动画

在【动画】选项卡中，可以看到多种常用的退出强调效果，图标颜色为红色（图 6-1-11）。选中对象，单击动画效果，即可为对象添加该动画效果的默认设置。

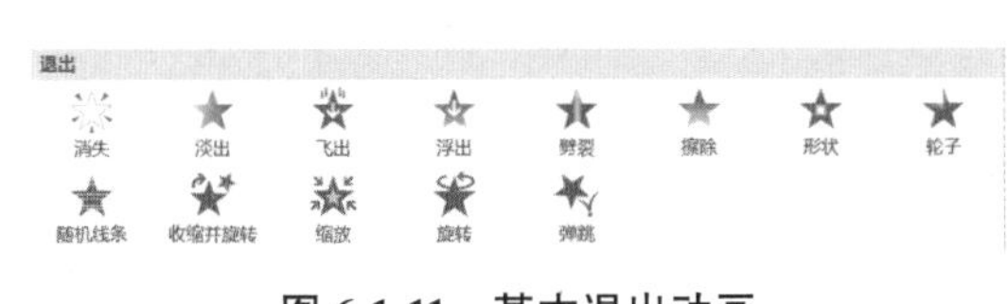

图 6-1-11　基本退出动画

同样，除“旋转”“弹跳”“形状”外，其他动画均可应用于 PPT 教学动画中。

2. 更多退出动画

在“退出进入效果”对话框中，可以看到退出动画效果被分成了四类：基本型、细微型、温和型、华丽型。

通常情况下，使用基本退出动画就可以满足教学 PPT 动画需要了，不过有兴趣者也可以在 PPT 中预览一下各个退出动画的效果（图 6-1-12）。

图 6-1-12　更多退出动画

6.1.5 常用路径动画

动作路径动画，指对象沿某条路径进行运动的动态变化效果。

1. 基本路径动画

在【动画】选项卡中，可以看到多种常用的基本路径动画（图 6-1-13）。选中对象，单击动画效果，即可为对象添加该动画效果的默认设置。

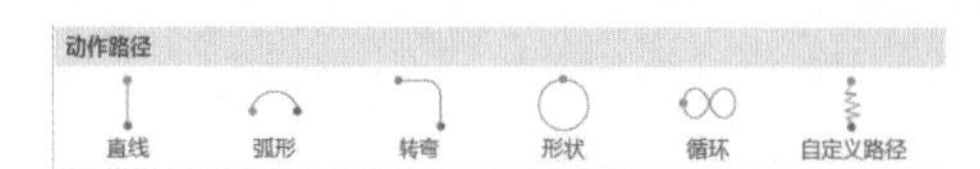

图 6-1-13 基本路径动画

以“直线”路径动画为例，选中某一对象，为其添加直线路径动画（图 6-1-14）。可看到带有两个三角形的虚线路径，即为该对象的动作路径。绿色三角为路径开始操控点，红色三角为路径结束操控点。

选中路径结束操控点，操控点变为圆形，即为激活状态，同时出现路径动画结束后对象的位置（图 6-1-15）。

移动操控点位置，即可改变路径路线和结束位置（图 6-1-16）。同样，路径开始操控点也可以进行相同的操作。

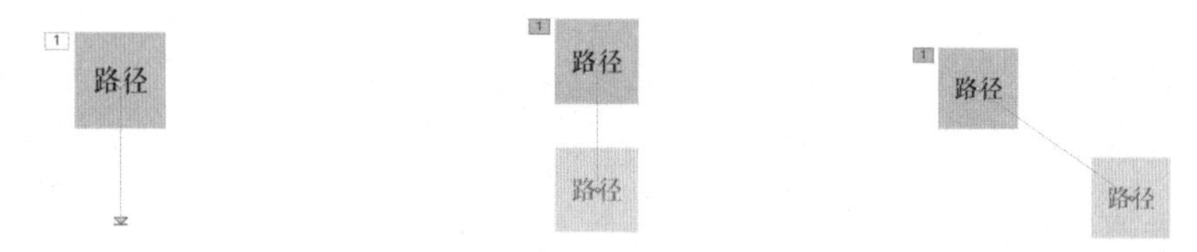

图 6-1-14 为对象添加直线路径动画　图 6-1-15 选中路径操控点　图 6-1-16 移动路径结束操控点

由图 6-1-17 可见，除了可以为对象添加已有动作路径，还可以为其自定义路径。选中某一对象，为其添加“自定义路径”动画，用鼠标在 PPT 页面绘制任意一条线，即出现该线条的动作路径。预览动画即可看到该对象沿自定义路径进行运动。

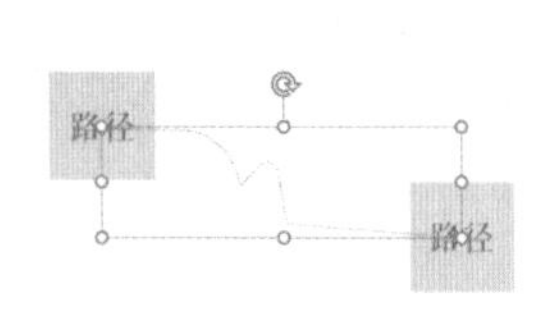

图 6-1-17 自定义路径

选择刚才绘制的路径，可发现该路径类似 PPT 对象，可以进行拉伸缩放，同时对象的动作路径也发生相应变化。

2. 其他动作路径

在动画下拉列表中，可以看到“其他动作路径”按钮，单击这一按钮，即可打开“其他动作路径”对话框（图 6-1-18）。

“更多动作路径”（图 6-1-19）包括多种形状、图像构成的预设路径，分为基本、直线和曲线、特殊三类。

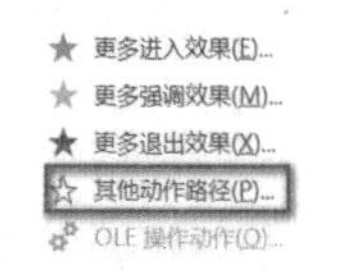

图 6-1-18 其他动作路径按钮

路径动画在教学 PPT 中应用较少，但可应用于数据图像等路径，如利用“圆形”路径，可制作对象按圆形路径运动的效果。

此外，路径动画的默认时长都较长，那么如何修改动画效果的时长呢？下一节便会介绍动画效果的详细设置。

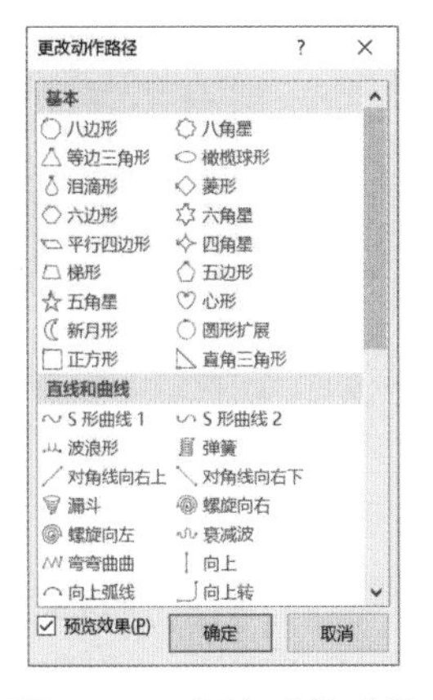

图 6-1-19　更多动作路径

6.2　PPT 动画进阶技能

6.2.1　动画效果选项

PPT 动画的默认效果，可能存在时长较长、运动方向不合适等问题，这时就需要我们进行手动设置，得到更满意的动画效果。

1. 常用效果选项

常用效果选项有：动画开始、动画时长、延迟播放、动画方向。下面以“浮入”动画为例，介绍常用动画效果的设置。

（1）动画开始

动画开始时机有三种，分别是：单击时播放、从上一动画开始、从上一动画之后开始。

在动画设置选项卡中可以看到“开始”下拉选项，可以在动画窗格中动画效果的下拉菜单中进行设置。

图 6-2-1 中矩形 1 设置为单击鼠标时播放动画，持续时间为默认的 1s。

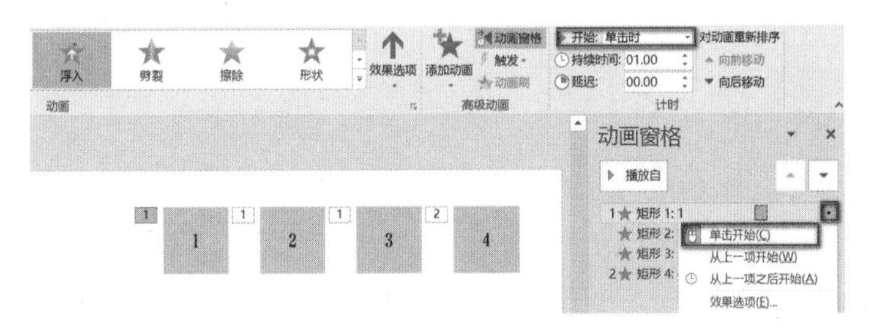

图 6-2-1　单击时播放

矩形 2 则为与上一动画同时开始（图 6-2-2），即矩形 1 动画开始时，矩形 2 动画也同步开始，只是两者的持续时间有所不同。

矩形 3 设置为从上一动画之后开始（图 6-2-3），上一动画指鼠标单击开始的最近的上一动画，即矩形 1 的动画。因此当矩形 1 动画结束后，矩形 3 的动画开始进行。

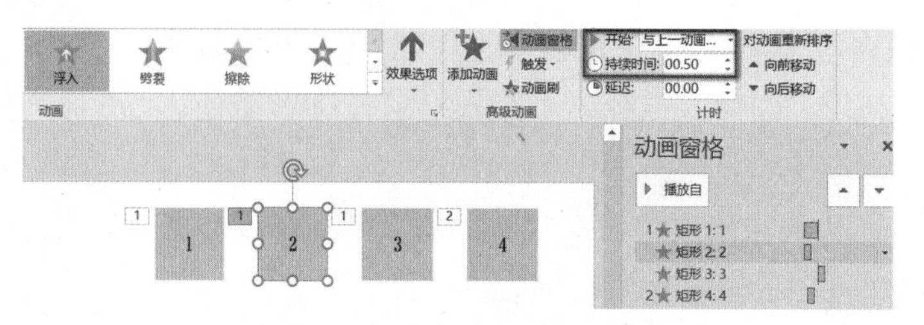

图 6-2-2　与上一动画同时开始

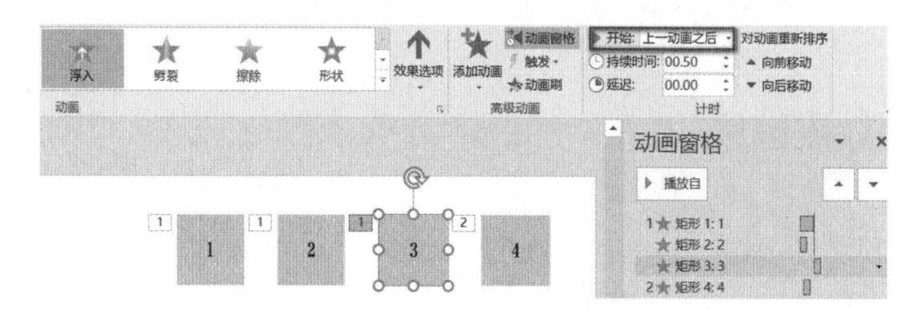

图 6-2-3　从上一动画之后开始

（2）动画时长

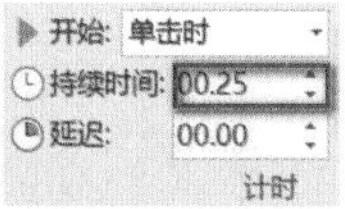

"浮入"动画的默认时长为 1s，动画持续时间偏长。对于其他动画效果也有同样的原则，即对象出现的动画效果设置为 0.25 到 0.5s 效果较好。

图 6-2-4　动画计时

可单击持续时间设置的上下箭头来切换时间长度，也可直接输入时长（图 6-2-4）。

（3）延迟播放

延迟播放是指动画效果比预设动画启动晚一段时间，具体延迟时间可在动画选项卡中设置（图 6-2-5）。

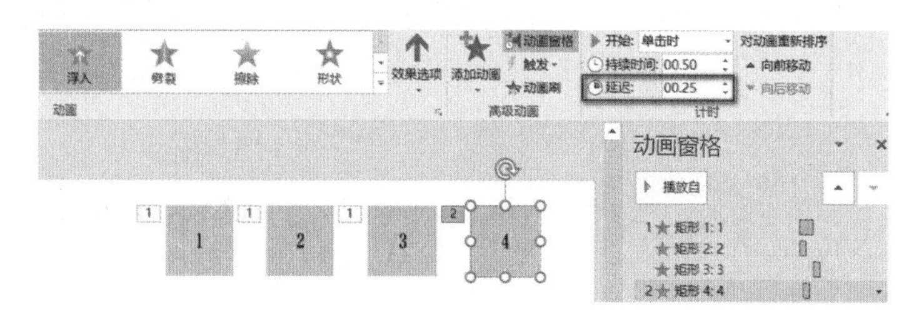

图 6-2-5　延迟播放

（4）动画方向

一部分动画包含对象出现、运动或退出的方向，可在动画选项卡中选择适合的方向（图 6-2-6）。

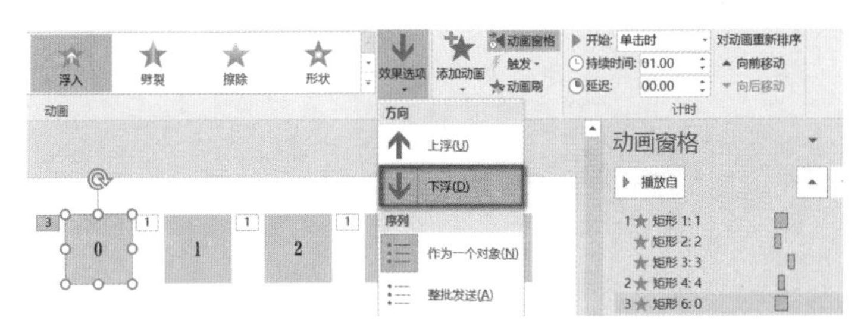

图 6-2-6　动画方向设置

2. 其他效果选项

除了常用动画效果选项，还有一些其他效果选项设置。双击动画窗格中的动画效果，或者在动画效果下拉菜单中单击“效果选项”，即可打开动画的效果选项设置对话框。

下面以“飞入”动画和“陀螺旋”动画为例，来介绍更多的动画效果选项设置。

（1）飞入动画

从图 6-2-7 可见，“飞入”动画不仅有飞入的方向，还有结束的效果，在效果选项对话框中，拖动弹跳结束滑块，单击确定。再次预览飞入动画效果，可发现对象在飞入动画结束时有弹跳效果。

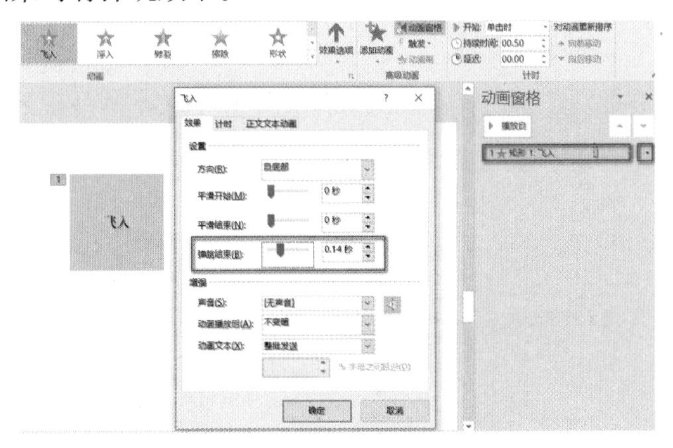

图 6-2-7　飞入动画的弹跳结束

类似地，其他动画的更多效果也可以在效果选项设置中找到。

（2）陀螺旋动画

为对象添加“陀螺旋”动画效果后，打开效果选项对话框，切换至“计时”面板，在“重复”下拉列表中选择“直到幻灯片末尾”，则该对象会一直重复陀螺旋动画直至切换到下一张幻灯片（图 6-2-8）。

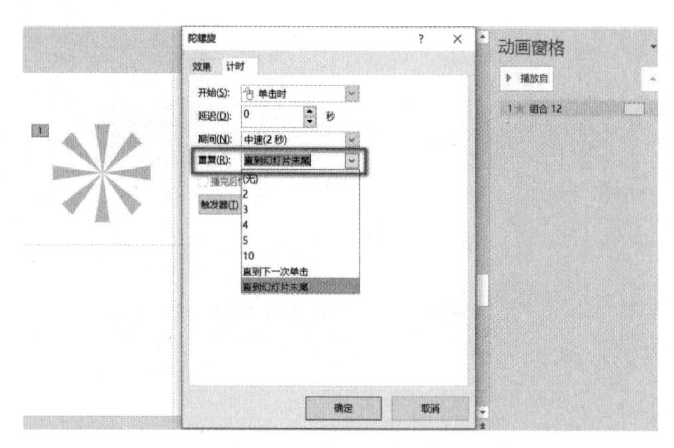

图 6-2-8　陀螺旋动画的重复效果

在重复下拉列表中还可以选择重复的次数，或者“直到下一次单击”时结束该动画效果。此外，除其他计时效果外，在“期间”中还可以选择不同速度的动画时长。

3. 文本动画选项

（1）文字按字发送

为文本添加“下拉”动画，打开动画效果选项对话框，将“动画文本”设置为“按字 / 词”（图 6-2-9）。预览文本动画，即可发现文字以字或词为一个单位，即整体进行下拉这一动画。

之前默认“整批发送”的文本动画效果则是整个文本框呈现下拉动画。

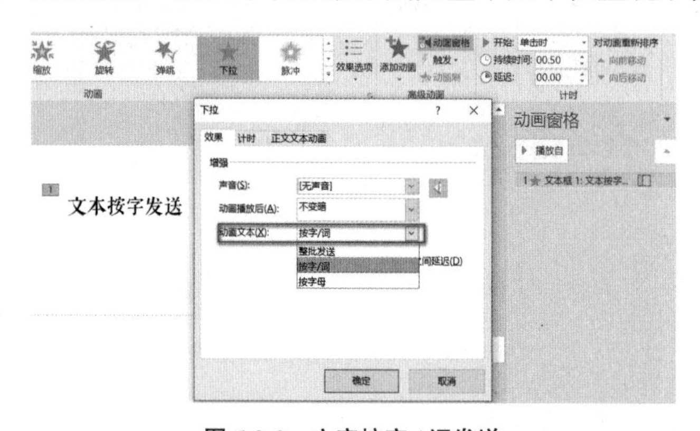

图 6-2-9　文字按字 / 词发送

类似地，其他文本动画可以选择“整批发送”“按字 / 词”或“按字母”发送的动画效果。

（2）组合文本动画

为包含多个段落的文本框添加动画时，还可以设置整个文本框发送、按段落依次发送。

为文本框添加“擦除”动画后，打开动画效果设置对话框，切换至“正文文本动画”面板，可发现默认的组合文本设置是“作为一个对象”，即整体文本框被添加擦除动画效果（图 6-2-10）。

图 6-2-10　组合文本作为一个对象

将组合文本设置为“按第一级段落”（图 6-2-11），再次预览文本框的动画效果：每一段落的文本需依次单击来以擦除的效果出现。

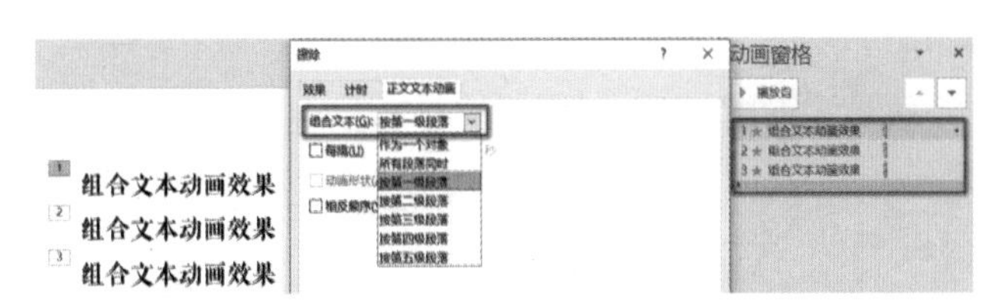

图 6-2-11　组合文本按第一级段落

切换至“效果”面板，可设置段落文本播放后的颜色变化，如设置为灰色（图 6-2-12）。

如图 6-2-13，单击下一段落文本动画时，上一段落文本会变灰，可以使学习者将注意力集中于下一段落的文本。

图 6-2-12　文本播放后变暗

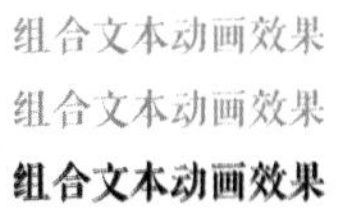

组合文本动画效果
组合文本动画效果
组合文本动画效果

图 6-2-13　文本播放后变暗效果

4.SmartArt 动画

SmartArt 图形也可以依次逐个在页面出现。为 SmartArt 图形添加“淡出”效果，打开动画效果选项对话框，切换至“SmartArt 动画”面板，将“组合图形”设置为“逐个”（图 6-2-14），即可使 SmartArt 图形的各主元素设置为鼠标单击时出现。

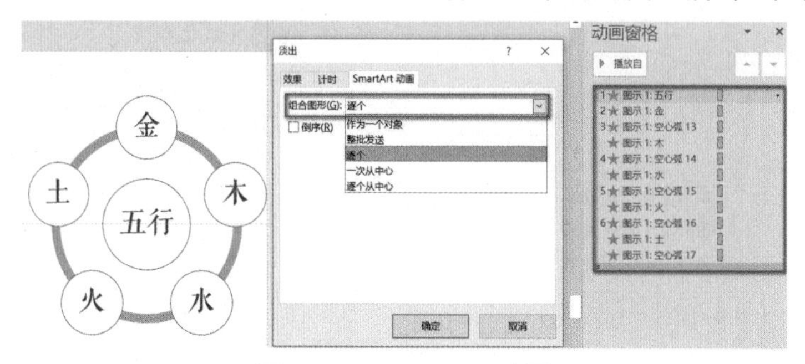

图 6-2-14　SmartArt 动画

6.2.2　动画效果叠加

有时需要为同一对象添加多个动画以得到更好的效果。比如“缩放”与“脉冲”动画的叠加，就可以起到对象出现并强调的效果。

首先，为对象添加“缩放动画”（图 6-2-15）。

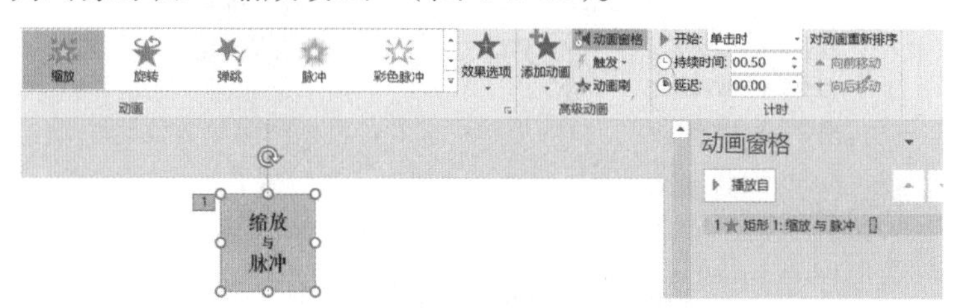

图 6-2-15　为对象添加缩放动画

接下来是关键步骤，单击动画选项卡中的“添加动画”按钮，在下拉列表中选择动画，才能为同一对象添加多个动画效果。否则，选择的动画效果将会覆盖上一动画效果，仅能够为同一对象添加一个动画。

单击“添加动画”按钮，选择“脉冲”动画（图 6-2-16）。

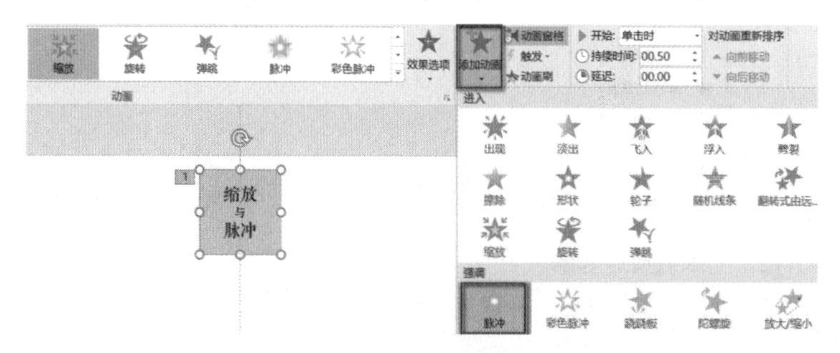

图 6-2-16　为对象添加脉冲动画

设置“脉冲”动画在“缩放”动画之后出现，即可实现预想的效果。

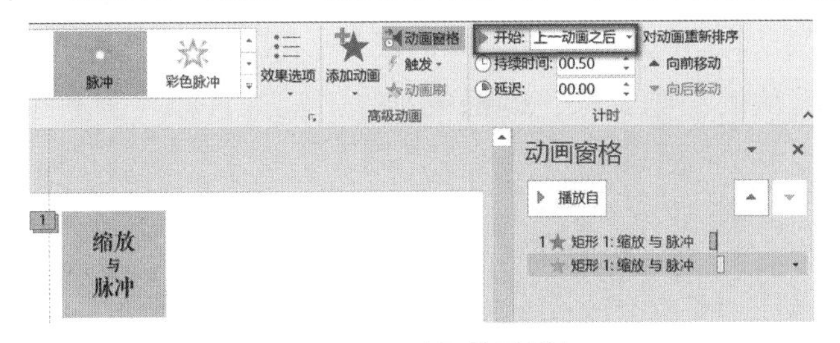

图 6-2-17　动画效果叠加

有些叠加的动画效果设置为“与上一动画同时”效果会更好。此外，退出动画与强调动画也可以进行效果叠加（图 6-2-17）。

6.2.3　触发器的使用

PPT 动画中还有一个功能可以实现简单的交互——触发器。触发器可以是 PPT 中的任一对象，单击触发器，可以触发另一对象的响应，如动画、音频和视频的播放等。

1. 触发器的制作

（1）动画触发器

在 PPT 页面中插入两个矩形，分别为矩形 1、矩形 2。为矩形 1 添加“翻转式由远及近”动画。在“动画”选项卡中的高级动画面板中，找到“触发”按钮，选择“单击”中的对象“矩形 2”，即将矩形 2 设置为矩形 1 进入动画的触发器（图 6-2-18）。

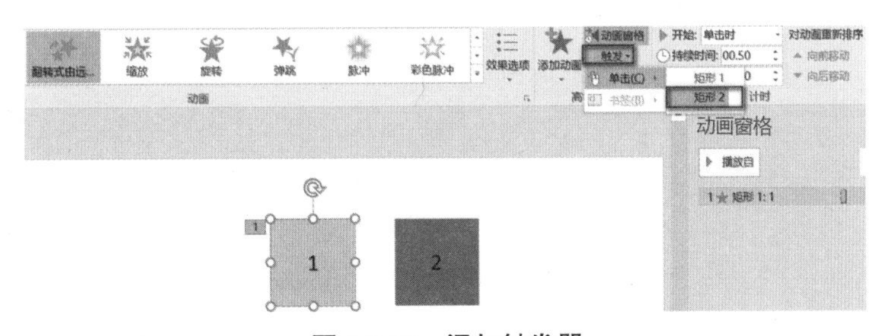

图 6-2-18　添加触发器

在放映状态下，鼠标移至矩形 2 上方，会变成手型图标，单击矩形 2 区域，即可触发矩形 1 进入动画。

（2）播放触发器

使用 PPT 触发器控制视频与声音的播放暂停的操作类似，这里以声音为例，介绍播放触发器的使用。

在 PPT 页面添加音频，将其置于页面之外，再绘制两个心形。打开动画窗格，可发音频有一个默认的动画效果，即播放动作。选择音频，为其添加触发器“心形2”，如图 6-2-19。

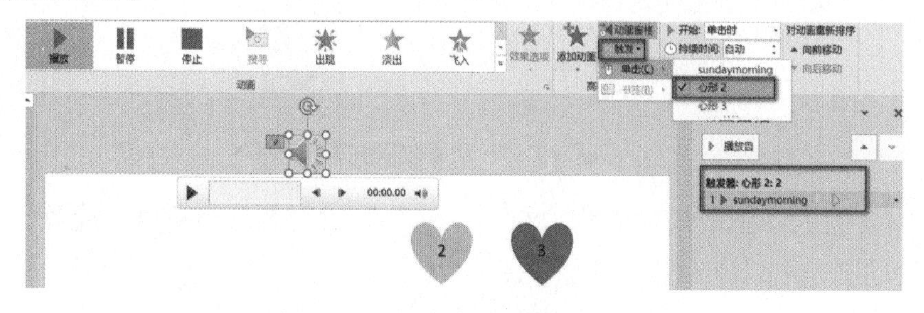

图 6-2-19　为声音添加播放触发器

选中音频，单击“添加动画”按钮，为其添加“暂停”动画，如图 6-2-20。

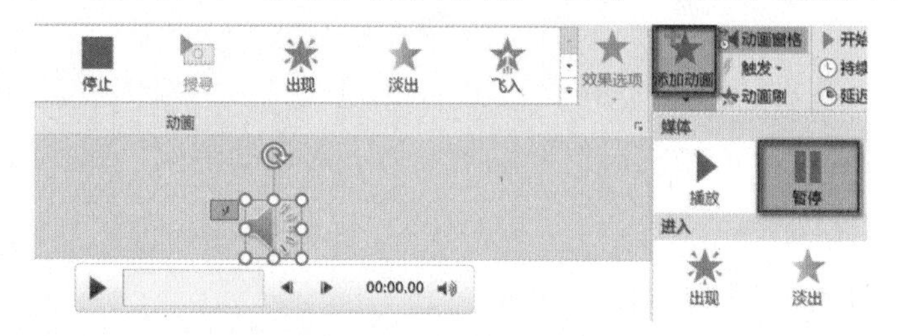

图 6-2-20　为声音添加暂停动画

在动画窗格中选中该音频的“暂停”动画（图 6-2-21），为这一动画添加触发器“心形 3”。

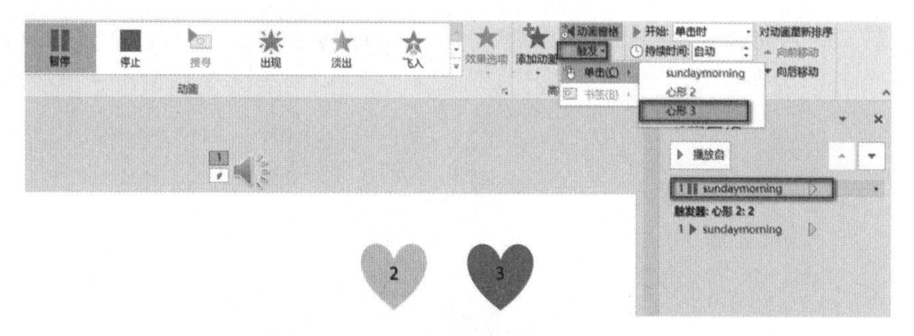

图 6-2-21　为声音添加暂停触发器

在放映状态下，单击“心形 2”音频播放，单击“心形 3”音频暂停；再次单击“心形 2”，音频再次播放（图 6-2-22）。此外，还可以尝试为音频添加“停止”动画的触发器。

在 PPT 放映状态下，无需切换到其他播放器，就可以控制音频的播放与暂停，方便又美观。

视频的触发器控制也可实现同样操作。

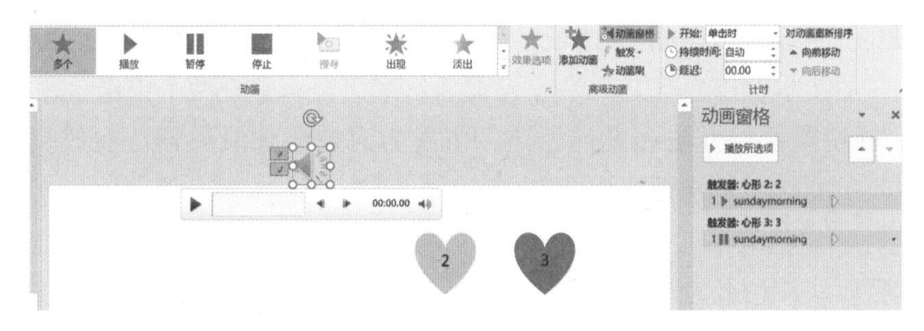

图 6-2-22　声音播放与暂停触发器

2. 交互式选择题

PPT 可以制作出带有简单反馈效果的交互式选择题。下面以“输血匹配题”为例，介绍交互式选择题的制作方法。

首先，将问题和选择题选项放置 PPT 页面中，可以是文本框，也可以是形状或图片。如图 6-2-23，4 个选项分别是四种血型的输血袋。

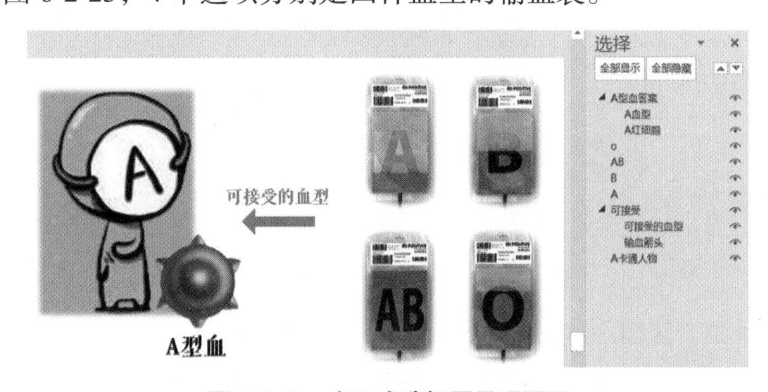

图 6-2-23　交互式选择题呈现页面

由于 PPT 页面对象的默认名称不易辨识，在对象较多且需要做触发器的情况下，需对主要对象进行重命名。打开“选择窗格”，双击对象名称，输入便于区分的文本，即可为对象及组合重新命名。

A 型血仅能接受 A 型和 O 型血的输血，因此在输血袋上层置入相应对错图片（图 6-2-24）。

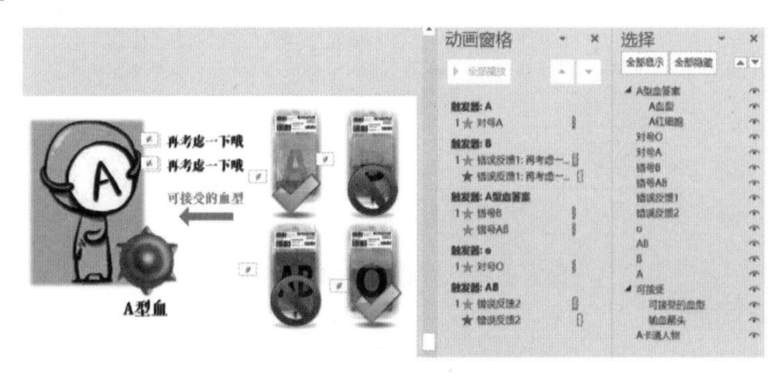

图 6-2-24　交互式选择题响应页面

预设的效果为：单击正确选项，呈现绿色对勾；单击错误选项，呈现“再考虑一下哦”的文本框作为反馈；单击 A 型血答案组合，呈现两个错误示意图片。

按照触发器添加方法和设计思路，依次为对象添加触发器。在放映状态下，即可实现简单的交互式选择题效果。

此外，当学生处于低年级时，还可以为正确答案添加音效，如当学生答对时，播放鼓掌音效。该怎么为动画添加声音呢？下一小节见分晓。

6.2.4 动画与声音

1. 为动画添加声音

图 6-2-25　为动画添加合适的音效

为对象添加“淡出”进入动画，打开动画选项对话框，在“效果”面板中找到声音下拉菜单，可以看到多个 PPT 自带音效，可为对象的动画添加合适的音效（图 6-2-25）。

声音下拉菜单最后一行是“其他声音”，单击这一选项，可选择计算机中保存的其他音频，比如图 6-2-26 中选择了名为“loop 1”的音频，来为对象动画添加音效。

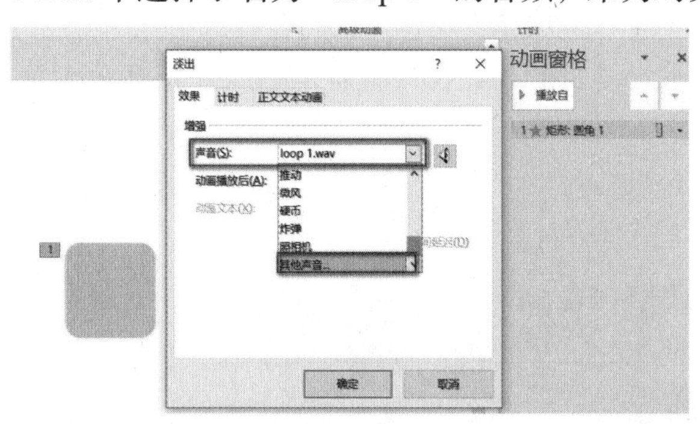

图 6-2-26　为动画添加本地音效

2. 声音与动画同步

在 PPT 页面中绘制一个矩形，为其添加动画“淡出”进入效果。在页面中置

入一段音频或录制一段音频，在动画窗格中，将该音频的动画拖拽至矩形动画下方，即可取消音频的触发器功能。

将音频设置为“从上一项开始”，即当矩形出现时，该音频开始播放（图 6-2-27）。

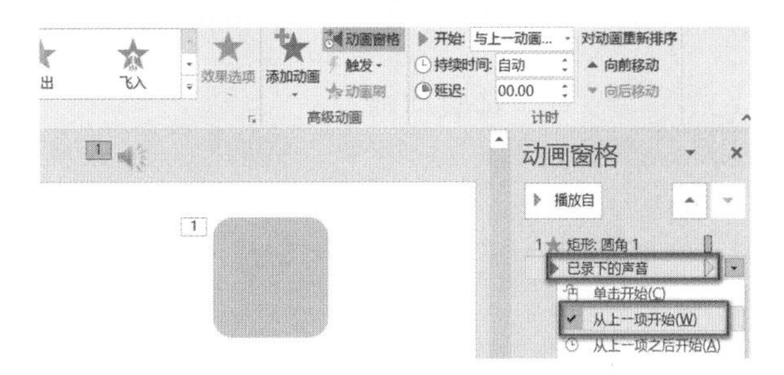

图 6-2-27　声音与动画同时开始播放

此外，还可以设置从上一项之后开始，即对象动画播放完，音频开始播放。

6.2.5　母版中的动画

第 5 章介绍过幻灯片母版的应用，幻灯片母版的元素可作为版式多次应用在 PPT 页面之中。同样，对于幻灯片母版中对象的动画效果，也可多次应用在 PPT 页面，而较为常用的则是过渡页的母版动画。

在幻灯片母版视图中，可插入形状和占位符，制作过渡页版式。还可以为形状和占位符添加动画（图 6-2-28）。

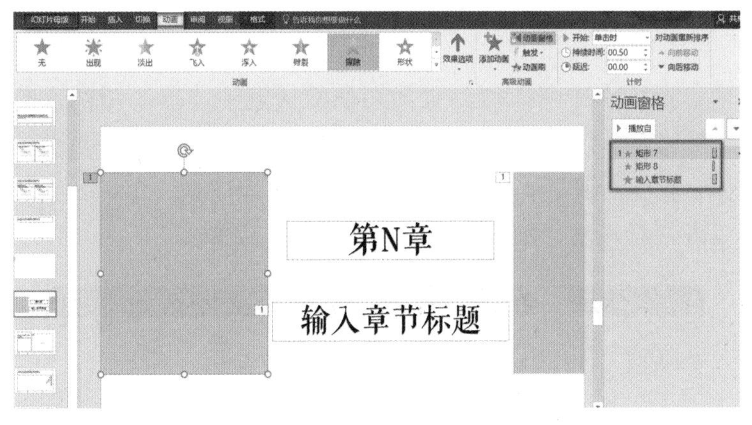

图 6-2-28　为幻灯片母版添加动画

退出幻灯片母版视图，在占位符中输入文字，在放映状态下，形状和文本便按照母版中设置的动画进行显示了。

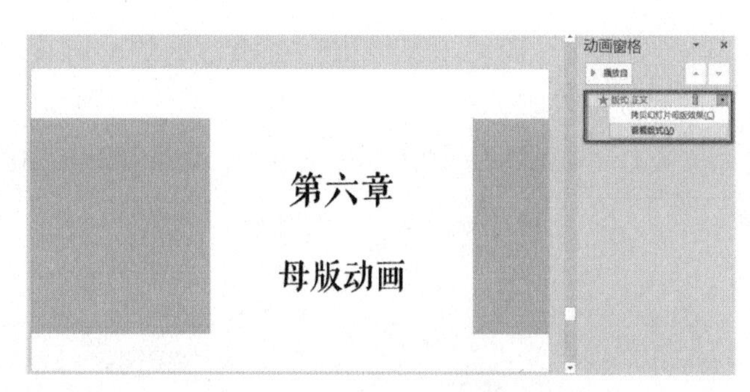

图 6-2-29　应用幻灯片母版动画

打开动画窗格，可以看到一个不可修改的“版式”动画。打开下拉菜单，可单击“查看版式”，直接进入幻灯片母版视图，并定位至该版式（图 6-2-29）。

当 PPT 过渡页或某些特殊正文页需要制作动画效果时，不妨为在幻灯片母版中，为该版式的图形和占位符添加动画，可谓省时又省力。

6.3　PPT 页面切换效果

前两小节介绍的都是在 PPT 页面之中为对象添加的动画效果，本小节将介绍 PPT 页面之间的切换效果。

6.3.1　切换效果选择

1. 切换效果选项

在【切换】选项卡中可以看到页面切换效果选项，单击切换效果图标，即可为当前幻灯片添加切换效果（图 6-3-1）。添加的切换效果指上一页面到当前页面的过渡动画，对于首页，则是从黑屏到当前页面的过渡动画。

切换效果有三种类型：细微型、华丽型和动态内容。

图 6-3-1　切换效果选项

页面间切换效果的作用是使页面间在视觉上有更替、进入新部分的感觉。

切换效果应设置在封面页、目录页、过渡页、结尾页中，而不要为每个正文页都添加切换效果，否则会干扰学习者注意力，并且会占用较多的放映时间。

2. 切换效果推荐

教学 PPT 动画的切换效果要简洁有力。过于华丽的效果并不适合于页面间的切换，比如华丽型中的“日式折纸”“闪耀”等，效果使人眼晕且时长较长。

下面推荐适合于教学 PPT 页面的切换效果，具体见图 6-3-2 中红框标出的切换效果。

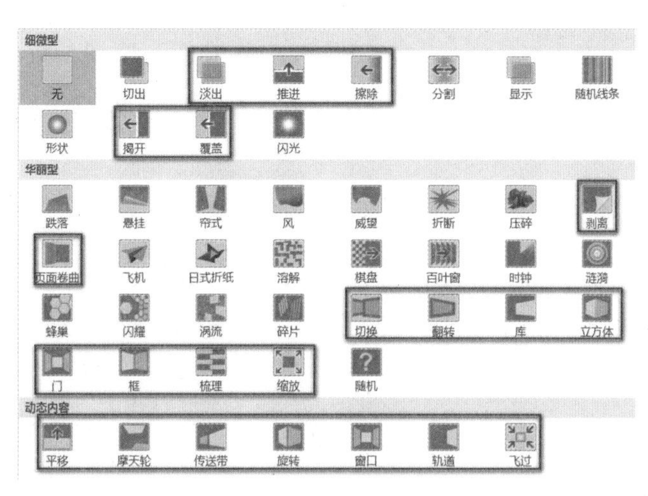

图 6-3-2　切换效果推荐

6.3.2　页面切换设置

1. 切换效果设置

同对象动画效果设置类似，页面切换效果也可以进行设置（图 6-3-3）。

以“旋转”切换效果为例，其默认持续时间是 2s，时长较长，可将其更改为 1s。单击“效果选项”按钮，便可以看到“旋转”切换效果的四种切换方向，可根据实际情况，选择切换方向。

此外，还可以为切换效果添加 PPT 的自带音效或本地音效。

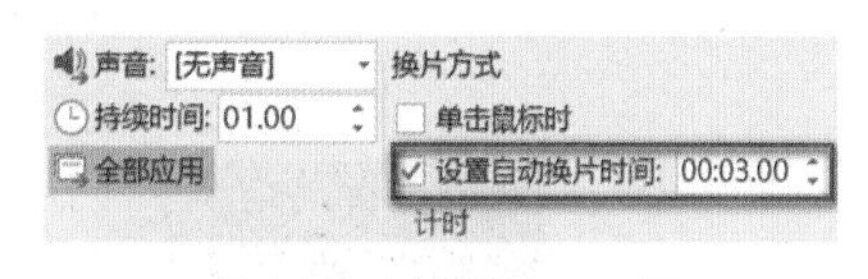

图 6-3-3　切换效果设置

2. 换片方式设置

（1）默认换片方式

PPT 页面的默认换片方式是“单击鼠标时”切换，即在放映状态下，单击页面会切换到下一张幻灯片（图 6-3-4）。

图 6-3-4　默认换片方式

（2）自动换片设置

使用 PPT 制作可自动播放的电子相册，便需要进行自动换片的设置（图 6-3-5）。

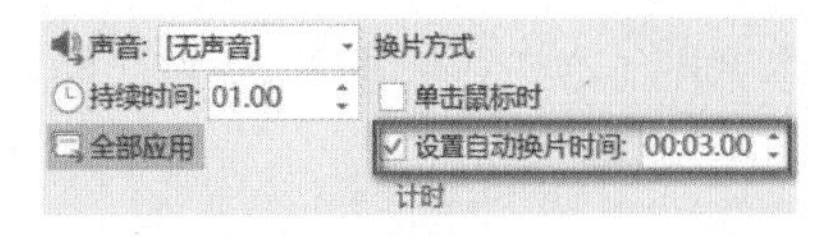

图 6-3-5　自动换片设置

取消“单击鼠标时”选项框，勾选“设置自动换片时间”选项框，设置自动换片时长，单位为 s，指自动播放时停留在当前页面的持续时间。

单击“全部应用”按钮，可将这一页面的切换效果设置应用于全部页面。

切换至【幻灯片放映】选项卡，单击“设置幻灯片放映”按钮，在弹出的“设置幻灯片放映”对话框中找到“放映选项”。勾选“循环播放，按 ESC 终止”选项框，即可将整个 PPT 设置为自动循环播放的效果（图 6-3-6）。

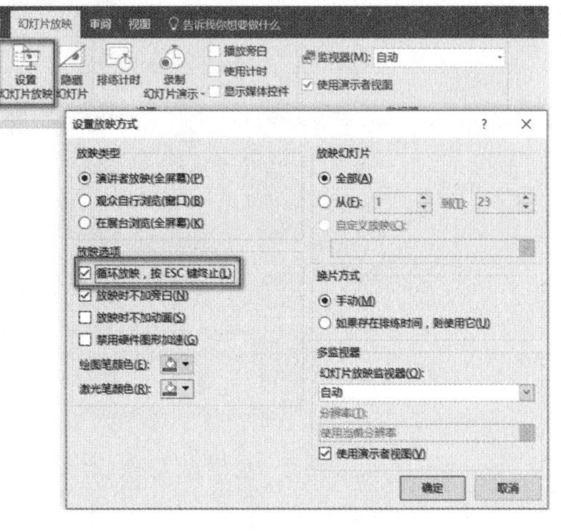

图 6-3-6　幻灯片循环播放

6.3.3　切换效果创意

页面间的切换效果还可以结合页面元素，打造创意展示效果。下面以“擦除”“飞过”切换效果为例，介绍切换效果的创意设计。

1. 擦除切换效果

为将两页幻灯片插入同一图片，可把第一页中的图片的饱和度调为 0，使其变为黑白效果；为第二页幻灯片添加“擦除”切换效果（图 6-3-7）。

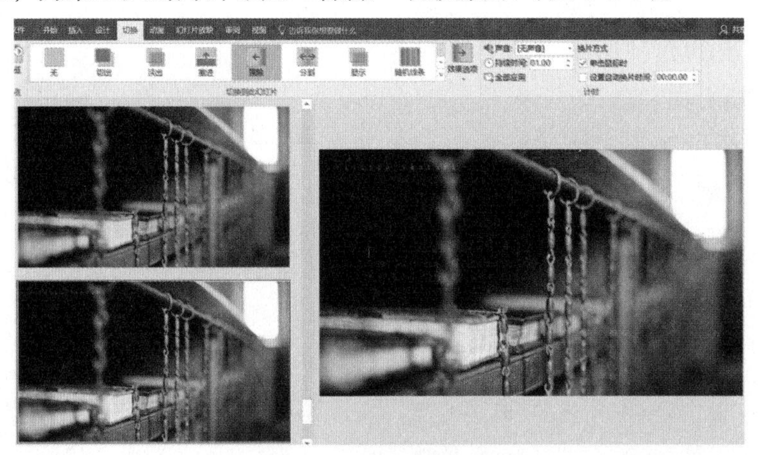

图 6-3-7　擦除切换效果

从第一页幻灯片开始进行播放，两页之间的切换效果可以打造出图片由黑白效果逐渐过渡到彩色的效果。这一创意设计可以用于感情渲染、背景介绍等教学环节。

2. 飞过切换效果

两页幻灯片设置为相同背景图片，在第一页幻灯片中置入多个元素，在第二页幻灯片中置入包含多个元素的 T 恤衫。如图 6-3-8 所示，为第二页幻灯片添加“飞过”切换效果。

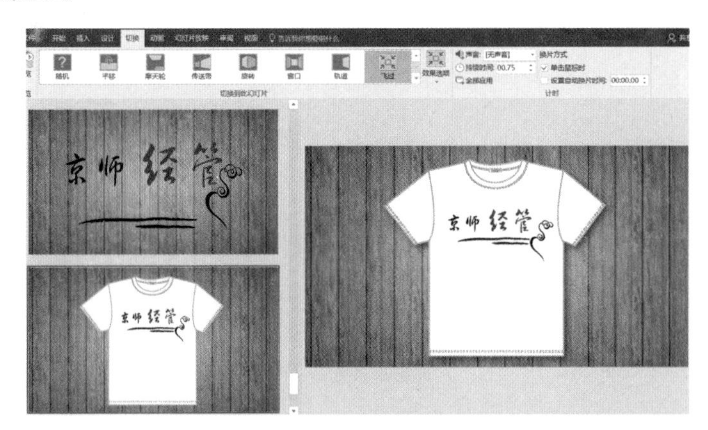

图 6-3-8　“飞过”切换效果

从第一页幻灯片开始进行播放，两页之间的切换效果可以打造出：在背景图案不动的情况下，元素从画面中放大飞出，T 恤衫从背景中由无到有放大出现的效果。这一创意设计可以用于新知识或元件介绍等教学环节。

以上两个例子中，PPT 页面中对象均没有添加动画效果，仅依靠 PPT 页面的切换效果便可以打造出震撼的演示效果，可见 PPT 的应用不仅在于技术的熟练，还在于创意灵感的应用。

本章介绍了 PPT 动画的设计与设计技巧，以及 PPT 页面间的切换效果，可为教学 PPT 添加与教学融为一体的动画效果，可以使教学更加丰富生动。

下篇　云课堂教学法实操

第 7 章　利用 Pn 制作微课和慕课设计案例

作为互联网时代的教师，能设计一手精彩的 PPT 幻灯片，不仅是做好课堂教学的必要技能，同时也是从面授教学迈向在线教学的重要基础（图 7-1）。“Rapid PPT 云课堂教学法”就是这样一种将 PPT 演示与在线教学无缝结合的新型教学组织形式，借助于快捷数字化学习开发（Rapid E-learning Development，快课）技术，它能让学科教师以最低技术与时间成本将 PPT 课堂教学快速延伸至互联网，借助于云计算来实现新技术与教学之间的完美融合。这个令人耳目一新的教学法，强调在学校情景下，幻灯片演示法已不再适于作为一种独立教学方法，而应该与其他教学手段、工具或方法相互结合在一起来使用。教学实践证明，诸类教学技术只有取长补短，互通有无，才能真正发挥出其在课堂教学中的效能。

图 7-1　在线数学

Rapid PPT 云课堂教学法的显著特征之一，是能帮助学科教师轻松地实现从 PPT 幻灯片到微课和慕课的快捷化形式转化，从而为课堂教学向云课堂过渡提供了一个技术门槛低、适用面广的解决方案，在这个过程中快课技术扮演着关键角色。目前在国外流行的快课软件中，能实现上述转换的相关工具已有不少，常见的如 Microsoft Mix、iSpring、AdobePresenter 和 Captivate 等，这些都能为教师利用 PPT 幻灯片转换云课堂提供方便的手段。从技术可用性和可扩展性等因素考虑，由全球技术依靠的设计软件公司 Adobe 专门为教育界打造的两个快课软件—— Presenter 和 Captivate，被普遍认为是学科教师制作微课和实施云课堂教学模式的最佳选择。根据 TMFM 项目的多年培训经验，Adobe Presenter 操作简便、上手快，比较适合于初级入门；Adobe Captivate 技术门槛低、功能强大，更适合于熟练用户使用。

7.1　基于 PPT 的 Pn 云课堂

技术层面，Adobe Presenter 并非独立软件，而是微软演示软件 PowerPoint 的一个辅助性插件（add-in），安装 Presenter 之后，当打开 PowerPoint 时，菜单栏上会显示一个新的“Adobe Presenter”菜单（见图 7-1-1）和操作界面（图 7-1-2），点击就可使用。它是一个典型快课软件，可将 PowerPoint 幻灯片快捷转换为有教学环节的交互式微课或慕课，主要功能包括如下内容。

图 7-1-1　Presenter 启动界面

- 属于典型快课式软件，能为学科教师提供强大的电子备课功能。
- **动画式微课生成**：可快速将 PPT 幻灯片转化为适于网络传播的微课形式，如 SWF、HTML5 和 PDF，作为翻课、慕课和私播课的技术基础。
- **配音式微课**：能方便地为 PPT 幻灯片添加 / 导入 / 编辑讲课语音，并实现幻灯片内容与语音讲述的声画同步播放。
- **主持式视频微课**：内嵌“视频快车”（Video Express）备课插件，可同步将 PPT 幻灯片与摄像头拍摄视频自动结合起来生成主持式微课①，发布为 MP4 视频、网络视频。同时该插件还具备方便快捷的

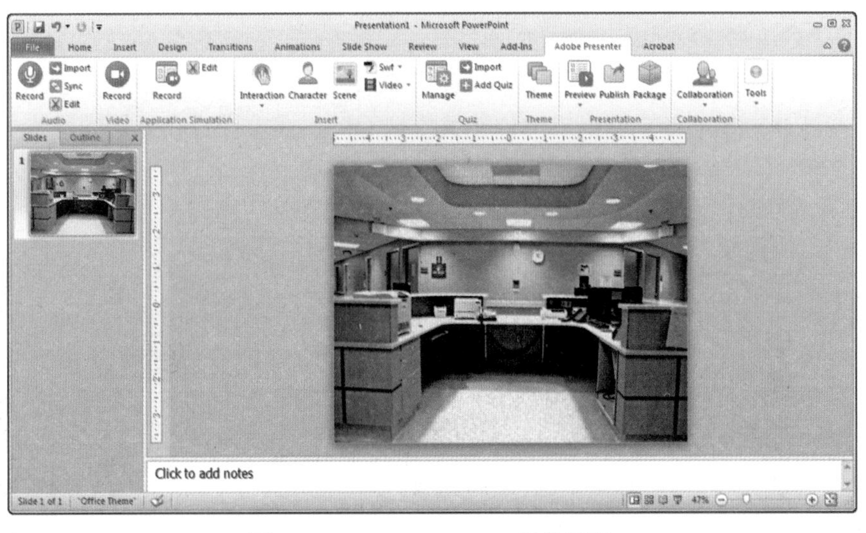

图 7-1-2　Adobe Presenter 操作界面

① 主持式视频微课：一种在视觉布局形式上模拟电视主持人节目的常见微课类型，其常见形式为：以自动播放的PPT幻灯片为背景，主讲教师站于幻灯片之前某个位置（通常右侧或左侧），伴随着教师的讲课PPT幻灯片也随之播放。目前，这种微课是高校慕课（MOOCs）中的主要授课形式，故也被称为“视频讲授式慕课”

视频编辑功能：视频自动背景抠像、版面布局设计、主题片头模板库、片头字幕编辑、LOGO插入、镜头推拉摇移、嵌入式计分测验、隐藏式字幕和片断剪辑等功能，方便学科教师快速上手使用。

- **嵌入式测验**：能为幻灯片添加可自动计分测验，具有10种题型模板库，分别是单选题、多选题、判断题、填空题、简答题、匹配题、等级量表题、排序题、热区点击题、拖放题，方便教师快速生成在线测验以检查教学效果。
- **学习模板库**：为幻灯片添加各种学习模板，包括：交互图表、互动情景、抠像人物、图片背景、网页对象、在线视频、Flash、视频等，可有效降低教师设计难度。
- **主题版面定制**：能选择微课版面结构布局，插入个性化背景图片、讲课人照片、简历、图片LOGO等。
- **多种发布形式**：可选择将微课发布在本地计算机（SWF,HTML5,PDF）或网络教学平台（adobe connect,adobe captivate prime）上。

技术上以PowerPoint为基础，Adobe Presenter能够快捷生成和设计4种常见的微课：动画式、配音式、主持式和交互式，发布之后可快速构建起Pn云课堂。

7.2 PPT生成动画式微课

动画式微课是目前学校中最常见微课类型之一，如图7-2-1所示，其突出特点是以PPT幻灯片为基础，快速生成一种能够模拟幻灯片播放样式和效果的网络版微课。这种微课发布于网络教学平台之后，学生能利用网络浏览器在线观看和学习。它同样

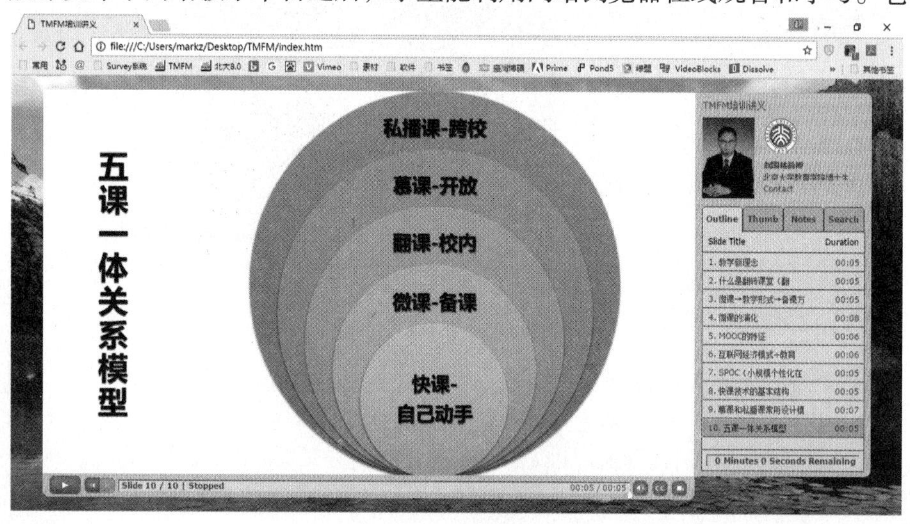

图7-2-1 Presenter制作的动画式微课

也可作为翻转课堂（翻课）的课前学生在线自学的一种重要形式。

利用 Presenter 制作动画式微课的方法很简单，操作步骤如图 7-2-2 所示，分为 5 步。

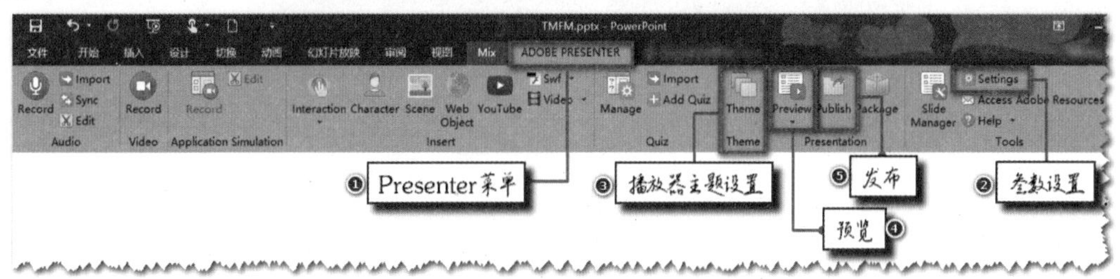

图 7-2-2　制作动画式微课的步骤

7.2.1　启动 Presenter 并设置参数

第一步，启动 PowerPoint。打开 PPT 文档，然后点击“Adobe Presenter”菜单，启动 Presenter（见图 7-2-3）。

图 7-2-3　在 PowerPoint 中启动 Presenter

第二步，为微课设置相关参数。如图 7-2-4 所示，点击参数设置按钮（Settings）Settings，在弹出菜单中，主要包括演示播放参数（是否自动播放、重复播放、按照动画播放）和应用类参数，如主讲教师的照片、简介、发布服务器网址等。在第一次使用 Adobe Presenter 时应设置好这些参数，它们会直接决定微课的播放方式及播放器所显示的相关信息（主讲教师姓名、照片和图标等）。这些参数一旦设置好之后就会自动保存下来，以后使用时无需再操作，可直接调用这些设置。

第三步，进入微课播放器主题设置。如图 7-2-5 所示，点击主题设置按钮（Theme），在弹出菜单中可定义微课发布后的播放主题界面，包括状态切换开关（Enable Mode Switching）。若启用此功能，当学生在线观看时，微课的播放器界

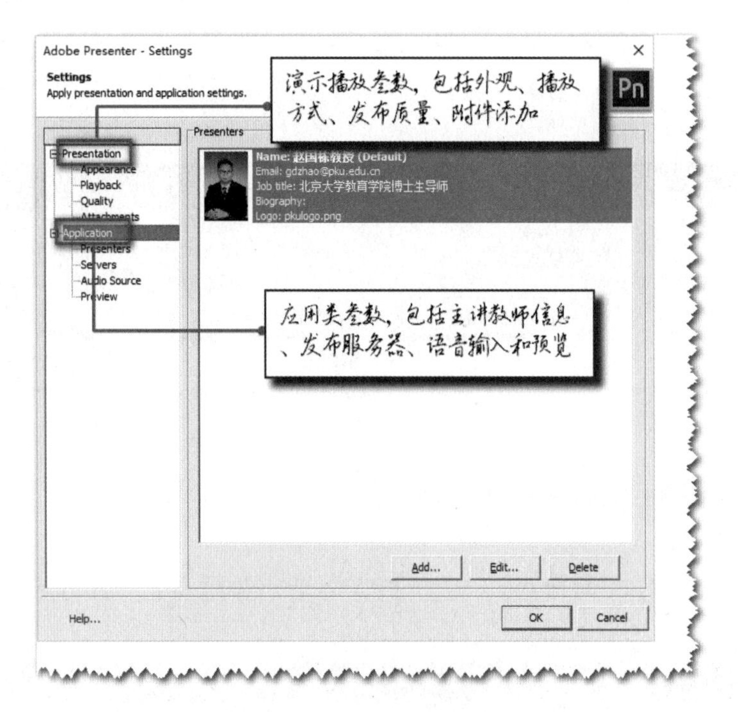

图 7-2-4 设置微课相关参数

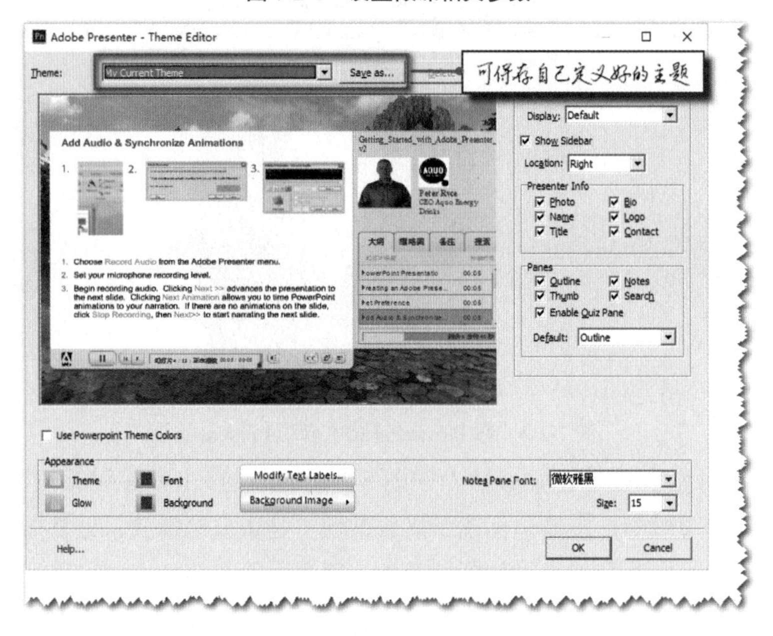

图 7-2-5 设置微课播放器的主题界面

面右下角会显示一个播放状态切换按钮，点击它可关闭或打开右侧导航栏。教师也可定制是否显示导航栏（Show slidebar）及其位置（Right/Left），是否显示主讲教师相关信息（照片、简历等）；控制面板（Panes）设置（是否显示大纲、笔记、缩略图、检索等）。此外，在字体（Font）设置中，可选择微课播放器的常用界面语言

（包括中文）；在背景（Background）设置中，可选择插入一张自己喜欢的背景图片，选定之后则自动作为微课播放器的背景。

图 7-2-6　预览微课样式

7.2.2　预览 PPT 微课样式

点击预览按钮（Preview），选择预览演示（Preview Presentation）或预览 HTML5（Preview HTML5），随后 PPT 幻灯片则进入预览状态（见图 7-2-6）。缺省参数设置情况下，整个 PPT 幻灯片则自动进入播放状态，一张接一张地播放幻灯片，页面中的相关属性设置，如动画播放次序、音效都会如同在课堂中现场播放一样自动呈现，供学生在线自学。同时，在微课页面的右侧将自动出现一个导航栏（Slidebar），主讲教师照片、LOGO 以及幻灯片标题等都会一一显示在此栏中。当鼠标点击某张幻灯片标题后，则自动进入该幻灯片播放页面。若不需要该导航栏，点击状态切换按钮，则可隐藏导航栏，幻灯片播放器则自动进入最大化播放状态。此时，设计者应仔细查看每一页幻灯片播放状态是否符合教学需要，如幻灯片动画播放方式是否适用。如果要修改播放方式，则可重复上述第二步（点击参数设置按钮 Settings），根据需要对其中的参数进行修改。完毕后保存退出。

7.2.3　将 PPT 发布为微课

点击发布按钮（Publish），进入微课发布状态（见图 7-2-7）。此时，设计者可选择微课发布的格式。通常情况下，建议选择 HTML5，这是目前最流行兼容性较好的网页动画格式，可跨平台播放。选择 HTML5 格式时，应同时在打包压缩选项（Zip package）前打勾，这样所发布的全部文件都将自动打包压缩至一个 ZIP 文件中（见图 7-2-7），有利上网发布或复制传递。

相比较而言，SWF 格式，即常说的 Flash 动画，由于兼容性差，仅能在 Windows 平台上播放，因而被逐渐淘汰。在某些情况下，也可将微课发布为 Adobe PDF 格式，它同样也是以 Flash 动画为核心的格式，与 HTML5 格式一样，也能播放动画和视频，并具备交互功能。不过，该格式播放需要学生在电脑中提前安装 Adobe Acrobat Reader 9.0 以上版本方可正常播放和观看。从教学角度来说，将微

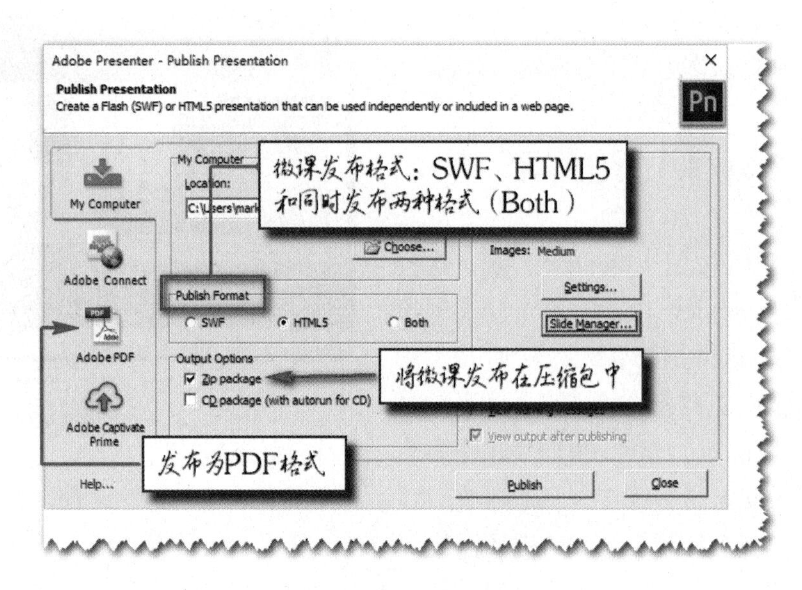

图 7-2-7　发布动画式微课

课发布为 PDF 格式的一大优势，是将所有内容都会自动保存于一个单独 PDF 文档中，并通过电子邮箱等方式传播。在联网条件不佳时，也不失为一种选择方式。

发布时，Presenter 同时还提供了另外两种网络发布方式：Adobe Connect 和 Adobe Captivate Prime。这两个都是 Adobe 提供的两个在线的网络教学系统①，教师若有相应的用户账号则可直接将微课发布在互联网上供学生观看。在发布之前，需点击参数设置按钮（Settings...）先设置这两个教学平台的登录网址等信息（见图 7-2-8）。设置完成之后则自动保存下来，以后再发布时可直接调用。

当选择发布在本地电脑且格式是 HTML5 动画时（如图 7-2-9），所发布的微课是一个 Zip 压缩包，其中包含多个网页和媒体文件，解压之后可直接在本地电脑播放。同时，也可将该压缩包直接上传到学校的网络教学平台上发布，供学生课前预习之用。

综上所述，以 PPT 幻灯片为基础，利用 Presenter 制作动画式微课，技术门槛低，操作简便，学科教师经简单培训就能上手。当熟练掌握之后，制作一个动画式微课的时间不超过 10 分钟，不会增加学科教师的备课负担。对于新手教师，这是一个简单易行的电子备课方式，值得推荐。

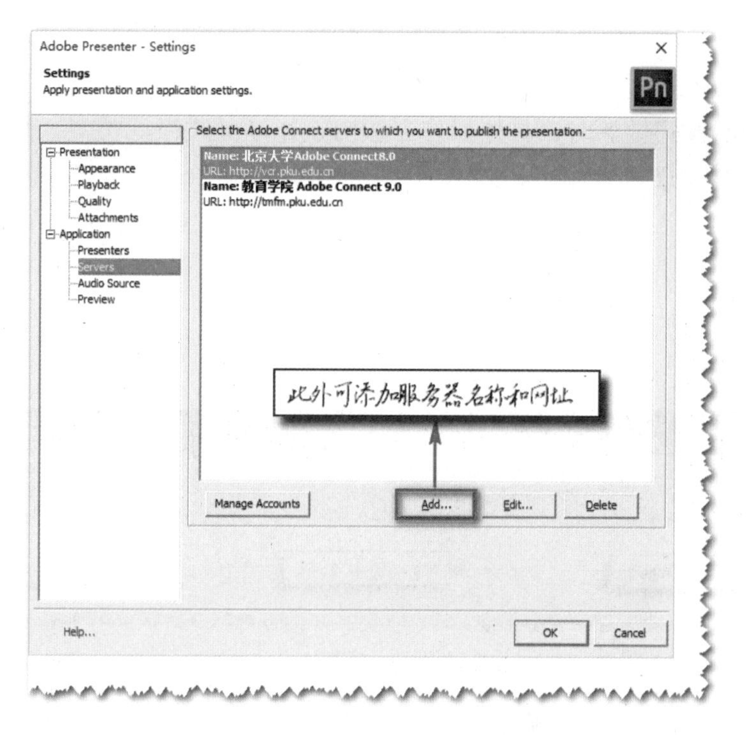

图 7-2-8　Adobe Connect 服务器设置

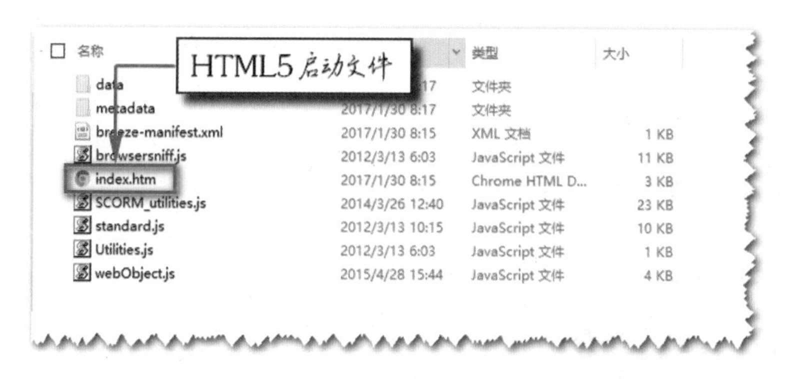

图 7-2-9　发布在计算机上的微课

7.3　PPT 生成配音式微课

从教学设计角度看，上述动画式微课的一个明显缺陷，是仅有 PPT 幻灯片内容但缺少教师讲课声音，这对于学生课前在线自学是一个不利影响。若要消除此缺

① 网络教学系统：也称为学习管理系统（Learning Management System，LMS），是一种提供网上教学活动的网站，通常具备课件上传发布、在线讨论答疑、作业提交批阅以及成绩和学生在线活动记录等功能。Connect和Captivat Prime就是Adobe为教育类机构提供的两个典型LMS，例如北京大学目前就在使用Adobe Connect。

陷，配音式微课是一个好选择。以 PPT 幻灯片和 Presenter 为基础，教师只需为幻灯片添加讲课语音之后，就会进一步升级为配音式微课。

当制作配音式微课时，具体操作方法与上述动画式微课类似，只是再添加一个为 PPT 幻灯片录音步骤。如图 7-3-1 所示，在 Presenter 中专门为教师提供了一个为幻灯片同步添加语音的模块（Audio），包括录音（Record），导入语音文件（Import），语音与幻灯片同步（Sync）和编辑（Edit）。在已设置好 Presenter 相关参数的前提下，配音式微课的制作步骤更加简单，仅有三步：录音、预览和发布。具体制作步骤如下。

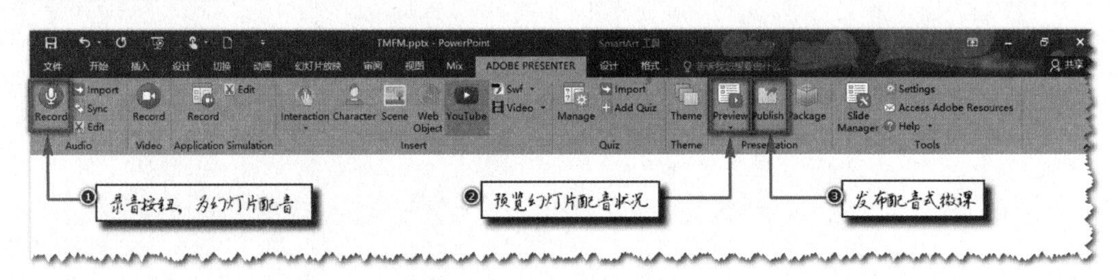

图 7-3-1　配音式微课的制作步骤

7.3.1　为 PPT 幻灯片同步录音

点击录音按钮（Record），弹出如图 7-3-2 所示窗口，这是要求教师开始准备调试录音话筒——对准电脑话筒讲话，程序会自动调试录音硬件设备。完毕后，窗口会自动显示绿色的输入语音完毕（Input Level OK），点击 OK 进入录音状态。为保证录音效果，最好为电脑配头戴式话筒。

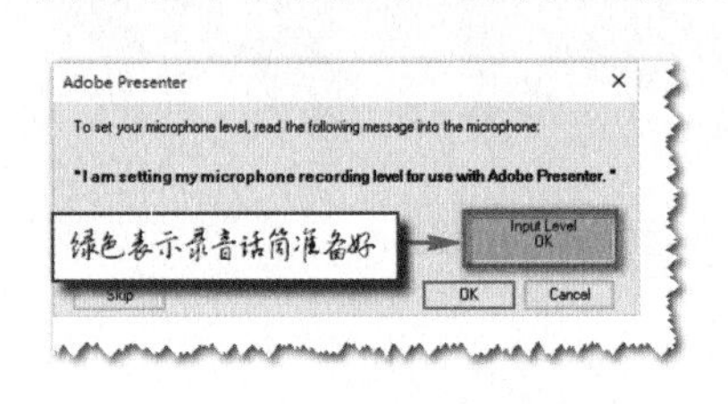

图 7-3-2　调试麦克风

随后，PPT 幻灯片自动进入录音播放状态。此时 Presenter 相应呈现幻灯片录音界面（见图 7-3-3），显示一个录音器，其右侧有一个配音脚本编辑器按钮（Show Script），点击则弹出一个文本框。如果教师事先已为当前幻灯片添加过内容备注，那么文本框则自动显示出来作为当前幻灯片配音的提示文本。若事先未添加，教师也可以在开始录音之前，根据幻灯片内容先编写一个配音文字脚本，作为后续录音提示之用。添加脚本之后，点击文本框右下角的升级按钮（Update），会自动保存为当前幻灯片的备注。完成这些配音准备工作之后，然后点击红色的录音按钮（Record audio）开始为当前幻灯片配音。

在配音过程中，应注意保持工作环境安静，以防止出现噪音。如图 7-3-4 所示，录音时，在录音器中间会自动出现一个动画播放按钮（Next Animation），用来在录音时控制当前幻灯片内容的播放节奏。与平时在教室上课一样，教师可一

图 7-3-3　准备开始录音的界面

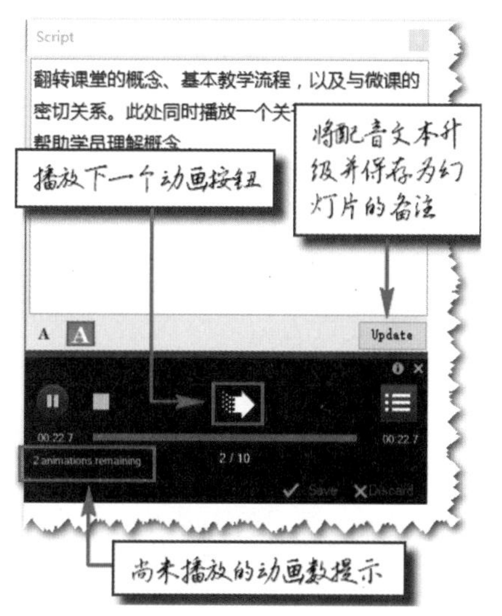

图 7-3-4　正在录音的操作界面

边讲课一边用鼠标点击此按钮来播放幻灯片内容。注意，在录音器左下角会自动显示当前幻灯片所剩余的动画数，以便让教师在讲课时心中有数。当前幻灯片页面的内容全部播放完之后，动画播放按钮会自动变为下一页幻灯片切换按钮（Next Slide）▶，点击它，则进入下一页幻灯片并继续录音。

当为所有幻灯片都配音完毕之后，可点击录音器中的停止按钮（Stop），随后弹出如图7-3-5所示窗口，点击保存（Save）则将刚才的配音保存下来；点击放弃（Discard）则重新录制。至此，为幻灯片配音工作全部完成。

7.3.2　预览配音式微课样式

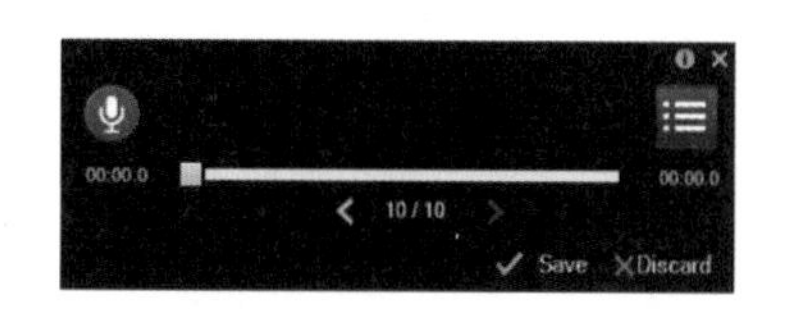

图 7-3-5　保存配音文件

预览幻灯片配音。点击Presenter预览按钮，选择HTML5预览，经数分钟生成文件准备之后，自动开始进入预览状态。缺省状态下，伴随着每一页幻灯片的播放，刚才的录音也会自动同步播放（见图7-3-6）。

图 7-3-6　启动预览状态

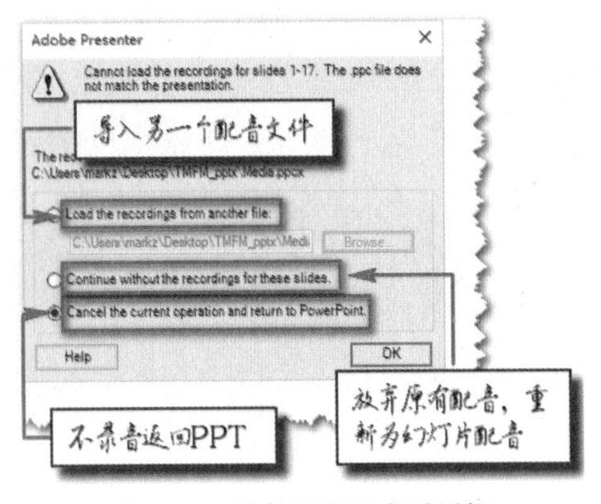

图 7-3-7　准备重新录音对话框

检查配音无误之后，要在 PowerPoint 中点击保存，这样，就会自动将配音内容与 PPT 幻灯片保存在一起。

某些情况下，如果教师对于刚才的配音效果不满意，想重新为幻灯片配音。这时可再点击录音按钮重新开始配音。注意，由于以前已为当前 PPT 幻灯片保存过配音文件，因此 Prsenter 会自动弹出一个提示信息框（见图 7-3-7），要求用户选择下一步的操作。此时，教师应选择第二项“放弃原有配音，重新为幻灯片配音”（Continue without the recording for theses slides）。在随后弹出的提示窗口（见图 7-3-8）点击是之后，原有配音文件则被从当前 PPT 幻灯片中删除。然后重新进入录音过程。

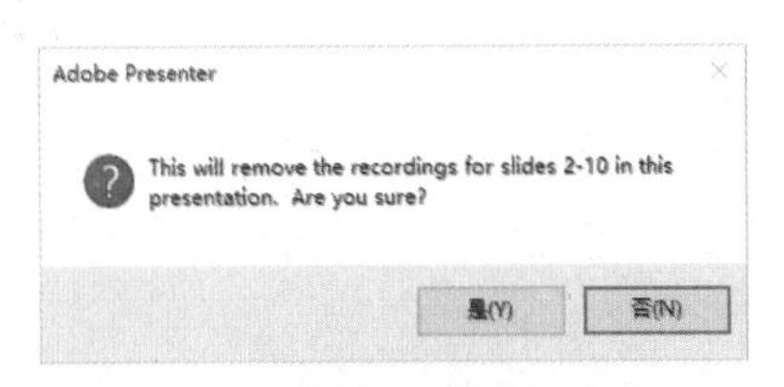

图 7-3-8　删除上次录音对话框

7.3.3　发布配音式微课

发布微课。点击 Presenter 发布按钮Publish，在发布格式（Publish format）中选择 HTML5，在发布选项中选择 ZIP 压缩，然后点击发布按钮开始发布。完成之后，所发布的配音式微课是一个 ZIP 压缩包，在计算机上解压之后，如图 7-3-9 所示，它是由一系列网页文件构成，点击其中的 index.htm 启动文件，就会在网络浏览器中开始播放（见图 7-3-10）。与前面的动画式微课不同的是，伴随着 PPT 幻灯片的播放，教师的主讲语音也同步播放，较好模拟和重现了课堂教学现场效果，有利于学生的课前预习和自学。

名称	修改日期	类型	大小
data	2017/1/31 6:31	文件夹	
metadata	2017/1/31 6:31	文件夹	
breeze-manifest.xml	2017/1/31 6:30	XML 文档	1 KB
browsersniff.js	2012/3/13 6:03	JavaScript 文件	11 KB
index.htm	2017/1/31 6:30	Chrome HTML D...	3 KB
SCORM_utilities.js	2014/3/26 12:40	JavaScript 文件	23 KB
standard.js	2012/3/13 10:15	JavaScript 文件	10 KB
Utilities.js	2012/3/13 6:03	JavaScript 文件	1 KB
webObject.js	2015/4/28 15:44	JavaScript 文件	4 KB

图 7-3-9　发布的配音式微课

图 7-3-10　在浏览器中播放的配音式微课

在使用时，配音式微课应在课前发布于学校的网络教学平台，让学生提前预习，使他们事先了解教师的授课内容，这样有利于减少教师上课时的讲授时间，为师生在面授时有更多的时间来提问、答疑和组织各种交流活动。课后若学生还对教学内容有疑问，也可以自主上网重新查看教师的微课。对于学习能力较弱的学生来说，配音式微课提供了一个很好的重新温习的机会。

7.4 PPT 生成主持式视频微课

除上述动画式和配音式微课之外，Adobe Presenter 还能生成一种功能更为强大的微课——主持视频式微课，如图 7-4-1 所示，这是一种目前流行的在视觉布局上类似电视主持人节目的微课类型。它的常见设计形式为：以自动播放的 PPT 幻灯片为背景，主讲教师的视频位于幻灯片之前某个位置（通常右侧或左侧），伴随着教师的讲课 PPT 幻灯片也随之播放。目前，这种微课是高校慕课（MOOCs）的常见形式。在技术上，由于增加了教师讲课视频，声图并茂，再加之 Presenter 还能提供某些形式的师生交互（基于视频的测验），主持式微课已比较接近于课堂面授教学，会给学生的在线学习提供更加逼真的学习情景，有利于提高学习效果。

图 7-4-1 主持式微课

7.4.1 拍摄前准备工作

主持式微视频课的制作过程并不复杂，只是在上述 Presenter 参数设置基础之上，添加了教师视频拍摄环节。如图 7-4-2 所示，总共三步：首先点击录制视频（Record Video）按钮，随之幻灯片将自动进入播放状态，同时笔记本电脑的摄像头也自动启动，准备同步录制教师的讲课视频和 PPT 幻灯片播放过程。讲完课

之后保存，然后预览和发布。

由于涉及视频拍摄环节，在制作主持式微课之前应做好一些硬件准备工作，包括：

- 一间隔音效果和照明光线较好的办公室
- 为保证拍摄的视频抠像效果，教师身后最好是空白墙壁或单色幕布。
- 为保证拍摄视频的清晰度①，建议为计算机安装一个高清摄像头。②

图 7-4-2　主持式微课的制作步骤

- 利用自助式多功能微课录制系统（SMMS）③将能获得最佳效果。

完成以上准备工作之后，就可以开始主持式微课的制作工作。

7.4.2　为PPT拍摄讲课摄像

打开Presenter后点击录制视频（Record Video）按钮，随后PPT幻灯片自动进入播放状态，同时摄像工具视频快车（Video Express）也自动启动（见图7-4-3）。

1. 视频快车参数设置

如果是第一次使用视频快车，应首先点击右上角的参数设置按钮，则弹出如图7-4-4所示的窗口，可定制主持式微课的参数；若以前曾录制过视频，也可导入以前录制的项目文件。

点击参数（Preference）菜单进入，首先设置微课发布相关参数（Publish Setting，见图7-4-5）：发布位置（Publish Folder）、质量（Publish Quality）、视频

① Presenter Video Express支持分辨率最高达1280×720或1280×800的高清视频。

② 由于笔记本电脑摄像头的分辨率通常都较低，建议使用外接Logitech HD Pro Webcam C900系列网络摄像头，这样可获得最佳视频和语音录制效果。

③ 有关SMMS设备，赵国栋.微课、翻转课堂与慕课祫实操数程［M］北京：北京大学出版社，2016.详见本书第1章的1.2.2节。

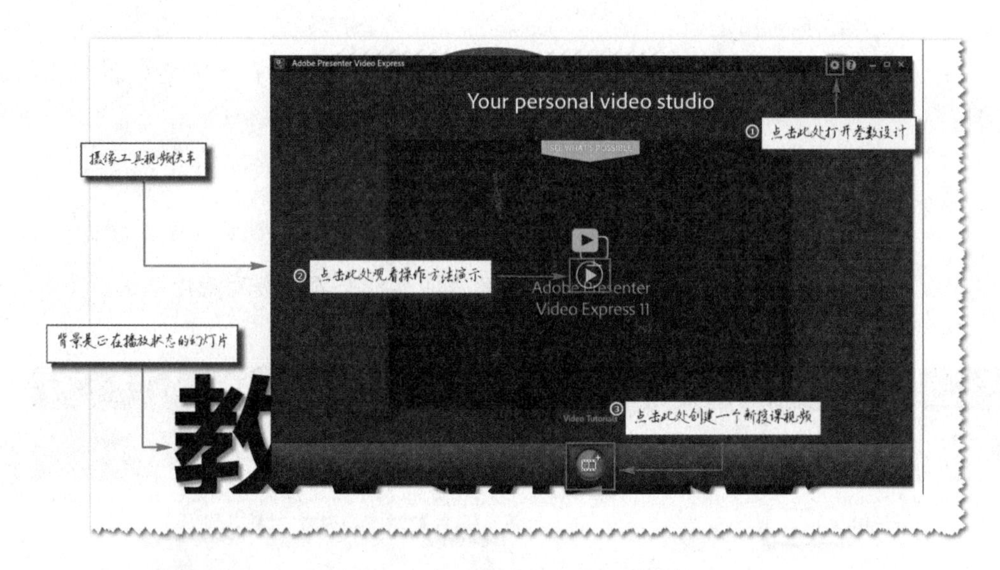

图 7-4-3　处于启动状态的视频快车

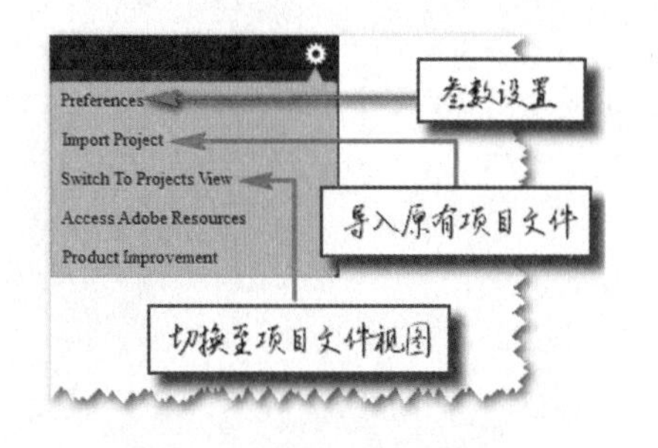

图 7-4-4　视频快车的参数设置菜单

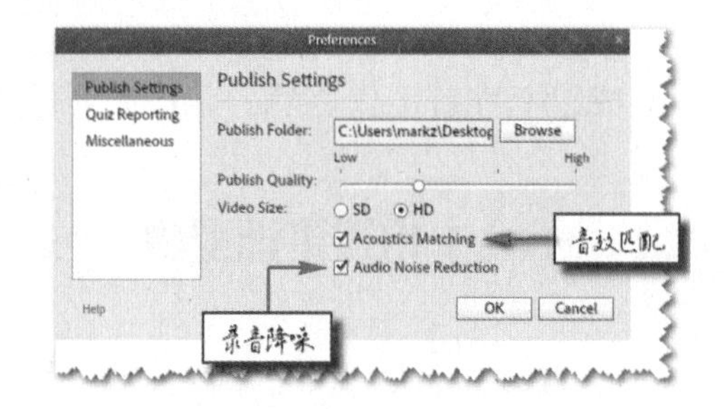

图 7-4-5　微课发布参数设置

分辨率（Video Size）。此处还有两个录音相关参数：音效匹配（Acoustic Matching）和录音降噪（Audio Noise Reduction）。前者表示给讲课声自动添加音效，产生一种类似在教室里讲课的回音效果；后者则在录像过程中自动降低讲课声音的环境噪声，可提高声音效果。

视频快车还具有讲课视频自动侦测功能，这能为主持式微课提供一种类似学习过程监测功能——通过自动记录学生的视频观看时间来判断是否完成学习任务。如图 7-4-6 所示，点击测验报告选项（Quiz Reporting），若在测验报告选项（Enable Reporting）前打勾，则可进一步设置相关参数：技术规范[①]

① SCORM1.2和SCORM2004是两种目前国际上通用的教育技术标准规范，能够实现学习相关数据在不同程序或系统中的信息交换。测验发布时选择哪个选项，取决于教师所在学校的网络教学平台（LMS）所支持的技术标准。若无法确定，则可不选此项。

（SCORM1.2、SCORM2004）、测验完成标准（Completion Criteria）和测验成功标准（SuccessCeriteria）。缺省状态下，若学生看完视频时长80%以上，则自动判断为通过测验。此处，教师也可以根据教学实际需要来修改所要求观看的视频时长比例。在其他选项菜单（miscellaneous）中，还有一个视频录制时改变显示分辨率选项（Change Display Resolution during Recording），打钩选中之后，在录制过程中，视频快车将自动根据计算机屏幕分辨率而调整视频大小，如1280×720或1280×800。设置完成之后，点击OK保存。

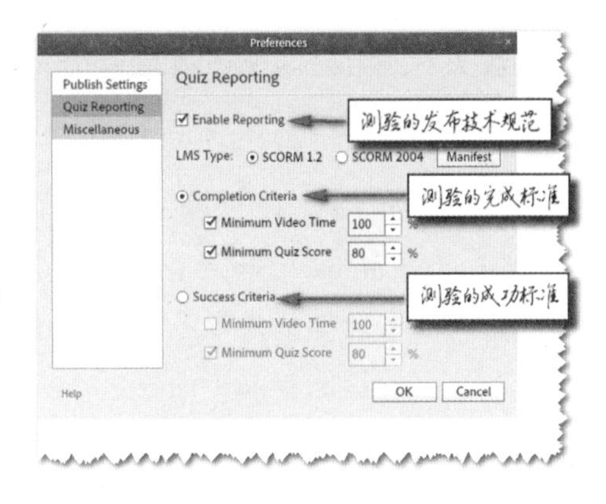

图7-4-6　测验报告参数设置

2. 观看操作教程做好相关准备

如果是第一次使用视频快车，可点击中央的视频播放按钮开始观看它的视频录制操作方法视频，随后会用英语播放一段介绍视频录制功能和操作方法的小视频（见图7-4-7）。第一次使用视频快车的教师，建议认真观看。在观看过程中，用鼠标点击视频窗口会自动暂停，再点击则重新开始播放。

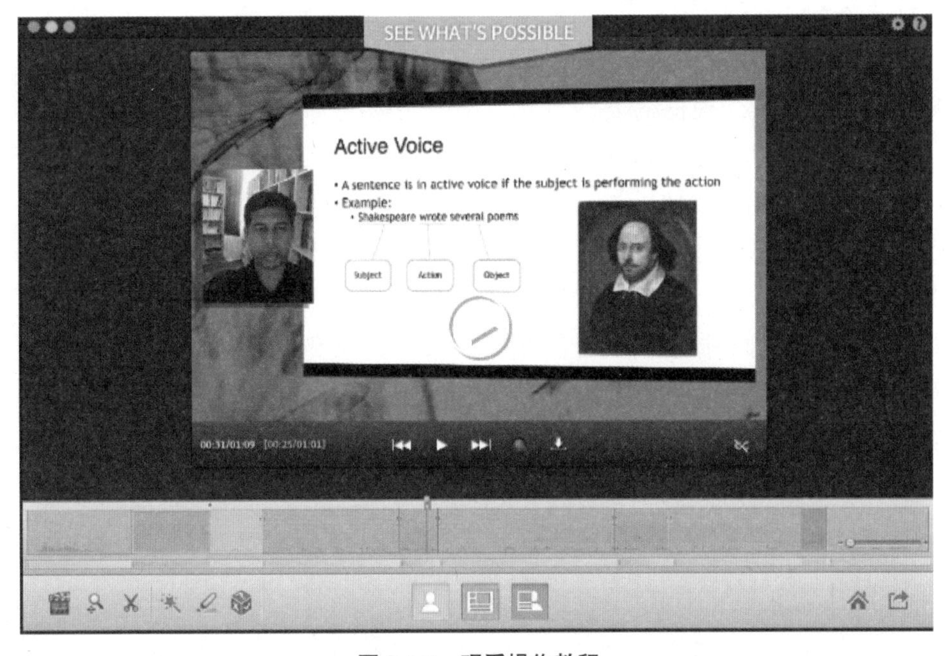

图7-4-7　观看操作教程

观看完毕之后，点击视频下方的创建一个新项目（Creat New Project）按钮后，计算机所附带的摄像设置自动启动并进入视频预备拍摄窗口，此时教师就能通过摄像头看到自己的视频画面[①]。不过，在正式开始拍摄视频之前，应首先做好准备工作：

- **选择硬件设备**：在录制窗口右下角，还有摄像设备（Choose Camear）和录音设备（Choose Microphone）的选择按钮，若计算机附带多个相关硬件设备，教师可手动选择当前录课时所用的摄像和录音设备。
- **拍摄背景准备**：在开始拍摄视频之前，为保证后续拍摄时达到最佳自动抠像效果，教师身后的背景应为白墙或纯色幕布（蓝/绿色最佳）。
- **照明灯光调整**：为保证视频拍摄效果，应调整教师周围的照明灯光以达到最佳视觉效果，最好有灯具环绕放置，以便为教师提供均匀的照明光源。
- **启动视频增强**：点击录制窗口左下角的视频增强（Enhance Video）按钮，这样会自动提高视频拍摄的视频效果。

3. 用增强视频实现录课抠像

增强视频（Enhance Video），是 Presenter 强大而独特的一个新功能，能为讲课视频定制背景，根据需要教师可在开始拍摄之前或视频拍摄结束之后更改视频背景。该功能可使教师在录制讲课视频时根据自己需要轻松地设置和更换视频背景图像，实现教师模拟在各种背景场景中讲课的呈现效果，大大提高授课视频的吸引力，为学习者提供一种独特的学习体验。视频增强的具体操作方法如下：

步骤 1，拍摄教师快照并进行抠像。教师首先在纯色背景下利用摄像设备为自己拍摄一张快照，点击“现在为我拍摄快照”按钮（Take my snapshot now）Take my snapshot now，摄像设备将为坐在计算机前的教师拍摄一张半身快照。拍摄完毕后，快照自动显示在视频快车窗口并在下方显示操作提示信息“在你的脸部轮廓范围内画一条线”Start marking yourself by drawing a line from your face all the way down。这时鼠标自动变为十字状，可直接在快照

① 点击录制按钮后计算机屏幕上显示出教师影像。注意，此时在影像四周会自动出现一个虚线方框，它专用于混合布局（一种同时显示主讲者和PPT幻灯片的样式），这时只有虚线框之内所捕捉的影像才会显示于混合布局中，虚线之外的影像则不显示。

脸部和身体部分连续画一道绿色曲线，随后程序将在教师脸部和身体的边缘自动形成一道动态闪烁的白色虚线。这就是自动视频抠像功能——虚线之内是快照的存留范围，虚线之外则是被抠除的范围。

注意画线之后，若教师的某些部位仍被划在闪烁虚线之外，应再次用鼠标在该部位画线，程序将自动会相应部位纳入虚线之内。必要情况下可多次重复画线，直到教师快照的脸部和身体都置于虚线之内，而快照背景则应全部居于虚线之外。

点击快照下方“我已全部选择完毕”（I am fully selected）按钮![I am fully selected]完成抠像步骤。随后，程序自动从快照切换至视频预览状态：仅保留刚才位于虚线范围内的教师半身视频，背景也自动从原告的空白更换为特定情景的图像。当教师视频位置不断变化时，背景则处于稳定状态。同时，视频下方的提示信息也自动变为“我的预览看起来很好”（Mypreview looks good）![My preview looks good]。此时，点击右侧预览反馈（Preview Feedback）按钮，可进入检查抠像效果窗口。若左上角状态盘的指针越接近图标，则抠像效果越佳；反之，则越差。这时，需要点击左侧返回（Back）按钮，重新进行抠像操作，直到达到最佳效果（如图 7-4-8 所示）。最后，点击“我的预览看起来很好”按钮完成抠像步骤。

图 7-4-8　自动视频抠像和更换背景

步骤 2，选择授课视频的背景图片。在![Click anywhere on the preview to change the background]上述视频预览窗口之内点击鼠标，每点击一次，程序会自动相应更换一张背景图片，直到找到自己满意的背景图片。当选定背景图片![Click the REC button to begin recording]之后，窗口下方的提示信息变为“点击录制按钮开始录像”（Click the REC button to begin recording）。此刻，教师应做好讲课前相关准备，如将讲稿等材料置于手边位置，然后点击录像（REC）按钮开始录像。至此视频增强功能操作完毕。下面将正式进入主持式微课的讲课视频拍摄环节。

4. 为 PPT 拍摄授课视频

开始摄像之后，与平时在教室内讲课一样，教师可在计算机屏幕前一边通过鼠标或键盘来播放 PPT 幻灯片，一边对着摄像镜头讲课。需要注意的是，在讲课过程中，教师可以做出各种身体姿态或手势、动作，但不宜位置移动过大，应随时保持在摄像镜头拍摄范围之内，否则可能造成视频丢失现象。

伴随着教师播放 PPT 幻灯片讲课拍摄，视频快车将会自动将计算机屏幕上播放的 PPT 幻灯片内容与教师讲课视频内容相应合成并录制下来。

在讲课过程中，若教师因故需要暂停录像，可按键盘上的 Pause 键；若要结束讲课，则按 Shift + End 键或用鼠标点击系统托盘中的视频快车图标，程序将随之结束，视频拍摄进入视频编辑状态（见图 7-4-9）。

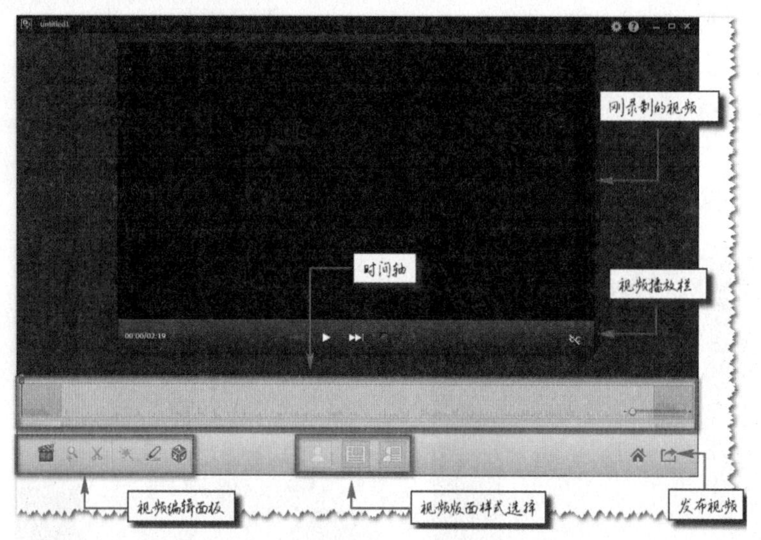

图 7-4-9　进入视频编辑状态

7.4.3　用时间轴编辑视频

进入视频编辑状态之后，Presenter 的视频快车能提供一个编辑工具——时间轴（Timeline）。在视频快车中，处于编辑状态的时间轴是一个由多种颜色（灰色、黄色、淡绿色、蓝色、深绿色）的方形区块组成的长条。其中每一种颜色代表了讲课视频中的不同版面样式（Layouts）。这样在编辑时，教师可迅速识别出视频中不同版面所在位置进行相应的操作。同时，时间轴也会显示视频中所录制的语音片段声波。在时间轴的最前端和最后端，分别是授课视频的缺省添加的识别标记（Branding）[①]。教师可根据各自爱好在识别面板（Branding Panel）中，选择插入不

① 识别标志（Branding）：用来显示课程主讲教师的个别化标志的相关内容，如片头、图标和照片等。

同的视频片断，作为微课的识别标记。

在时间轴之中，不同颜色的区块表示授课视频中的不同类型版面样式（见图 7-4-10）。

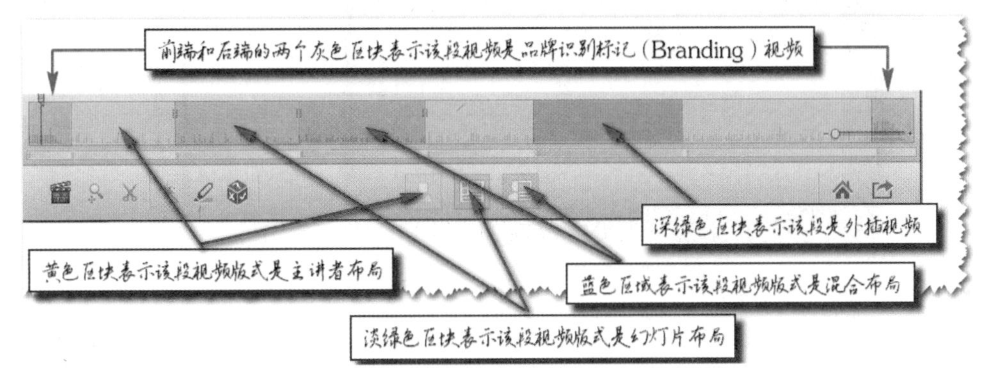

图 7-4-10　时间轴的组成要素

- **灰色区块**：这段是插入的品牌识别标记，在视频前端和后端自动添加。
- **黄色区块**：这段视频版式显示为主讲者布局，即仅显示主讲教师影像。①
- **淡绿色区块**：这段视频版式显示为幻灯片布局，即仅显示幻灯片内容。
- **深绿色区块**：表示该段是外插视频。
- **蓝色区块**：这段视频版式显示为混合布局，即同步显示教师和 PPT 幻灯片。

1. 时间轴的灰色区块——识别标记

时间轴的灰色区块通常位于授课视频的顶端和后端（相当于微课的片头和片尾），表示该段视频在版面布局上属于识别标记（Branding）。如图 7-4-11 所示，当播放进度条处于该区块时，点击左下角视频编辑面板中的识别标记按钮（），将在视频右侧显示相应属性编辑栏，在此处选择不同的主题片头（Theme）模板，并在其中添加讲课标题文本。若需要，也可调整标题在视频界面中所处的位置。

2. 时间轴的黄色区块——主讲者布局

如图 7-4-12 所示，在授课视频播放过程中，设计者若用鼠标点击主讲者布局按钮（Presenter Only），程序将自动在时间轴上添加一段该种样式的版面布局—

① 主讲者布局（Presenter only）：这是Presenter录制授课视频的缺省版式，当视频录制完毕之后，在时间轴上，整个视频都自动显示为黄色——从头到尾都自动显示为主讲者布局。以此为基础，设计者可根据需要在时间轴的不同位置添加其他两种布局：幻灯片布局或混合布局。

图 7-4-11　添加识别标记

图 7-4-12　主讲者布局

时间轴的黄色区块，当播放进度条位于该区块范围时，授课视频播放时只呈现主讲教师的视频影像，但同时不显示PPT幻灯片内容。也可在当前视频片断的左侧和右侧分别添加品牌图标（Branding Icon），如图中左侧手捧书的男生和右侧的北大校徽。或者为当前视频片断添加两行底部标题文本（Lower Third Text）[①]，所插入文本将自动显示于时间轴的黄色区块播放期间。

---

① Lower Third Text：是一个视频编辑术语，指屏幕下方三分之一处的底部位置，通常用作显示标题文字。

3. 时间轴的淡绿色区块——幻灯片布局

如图 7-4-13 所示，在授课视频播放过程中，设计者若用鼠标点击幻灯片布局按钮（Presentation only），程序将自动在时间轴上添加一段该种样式的版面布局——淡绿色区块。当播放进度条位于该区块范围时，授课视频播放时仅显示 PPT 幻灯片内容。此外，教师也可根据需要在蓝色区块范围内添加品牌图标（左侧和右侧）或底部标题文本（两行）。在播放时，所添加内容将自动显示在授课视频的相应位置。

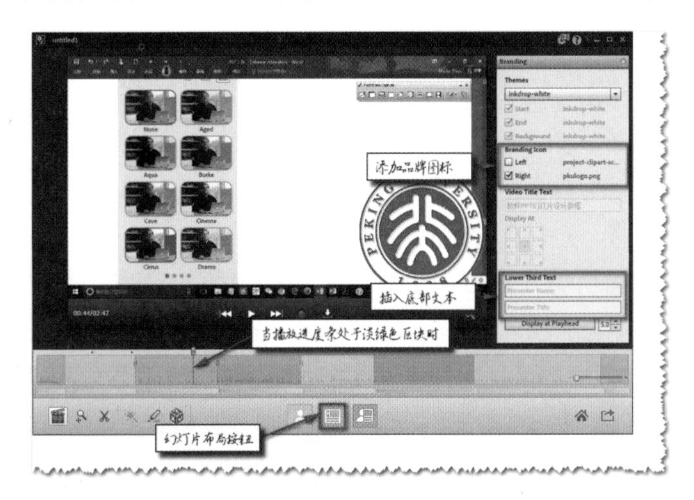

图 7-4-13　添加幻灯片布局

4. 时间轴的蓝色区块——混合布局

如图 7-4-14 所示，在授课视频播放过程中，设计者若用鼠标点击混合布局按钮（Both Presenter Onright/right），程序将自动在时间轴上添加一段该种样式的版面布局——蓝色区块。当播放进度条位于该区块范围时，授课视频播放时同时呈

图 7-4-14　添加混合布局

现主讲教师视频[①]和显示 PPT 幻灯片内容。同时，教师也可根据需要在蓝色区块范围内添加品牌图标（左侧和右侧）或底部标题文本（两行）。在播放时，所添加内容将自动显示在授课视频的相应位置。

5. 时间轴的深绿色区块——外部视频片断

在时间轴上这种颜色的区块表示该段是插入的外部视频（External Video）。在设计过程中，当教师需要在微课中添加一段特定主题的教学内容演示视频时，点击播放栏右侧的插入外部视频按钮（Insert an external video at the current playhead position），则弹出如图 7-4-15 所示窗口，点击选择视频链接（Select Video），选择一个 MP4 格式视频，所插入外部视频将自动显示于窗口上。若需要，也可通过拉动视频下方的黄色选择点来对视频进行内容剪切。最后，点击插入按钮（Insert），这段外部视频则插入微课，并以深绿色区块显示于时间轴之中。当主持式微课播放到此时间点时，该外部视频则开始自动播放（见图 7-4-16）。如同其他时间轴的区块一样，外部视频上同样也能插入品牌标志图标或屏幕底部文本。

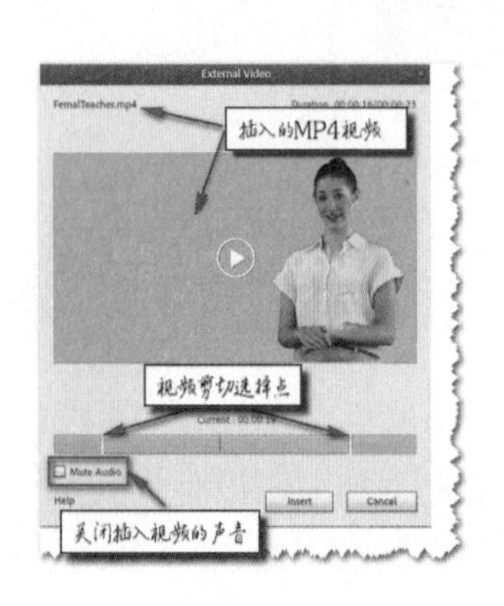

图 7-4-15　添加外部视频

图 7-4-16　在时间轴时的外部视频

总之，在 Presenter 中，时间轴是一项重要功能。掌握视频快车的时间轴功能之后，教师可根据自己的教学需求方便快速地对所录制的授课视频进行编辑处理，操作方法非常简便，稍加培训就能掌握，适合学科教师动手设计和制作自己的微课。

7.4.4 为微课添加隐藏式字幕

除上述时间轴功能之外，视频快车还提供了一系列功能强大但操作简便的微

---

① 混合布局按钮具有教师位置切换功能，点击一次，教师视频会位于幻灯片的右侧；若再点击一次，教师视频则会切换至幻灯片的左侧。设计者可根据需要选择这两种不同组合形式。

课编辑工具，包括为微课添加隐藏式字幕和视频编辑功能。利用这些功能，教师可以为微课添加一些看起来更加专业的辅助性功能。

在 Presenter 中，隐藏式字幕（Closed Caption，CC），是一种可根据学习者需要随时打开或隐藏的在屏幕下方显示的解释性字幕。与常见字幕（Subtitle）用法有区别，隐藏式字幕能在屏幕无语音状态下，伴随着画面播放来相应显示一些解释性文字，以描述当前画面中所显示的重点内容。视频快车能够为录制的授课视频快速添加这种隐藏式字幕，甚至还具有自动将语音转换隐藏式字幕功能。[①]当微课发布在网上供学生在线自学时，他们可根据需要随时打开或关闭字幕。

生成隐藏式字幕操作方法：

步骤 1，点击视频快车播放栏最右侧的隐藏式字幕（Closed Captioning）按钮，启动字幕对话框。其中会显示提示信息：为提高所生成字幕的准确性，请直接将语音脚本复制到此处，然后点击生成按钮（To improve accuracy of Closed Captioning consider posting audio script here and click Generat）。注意，由于字幕生成功能需要 Adobe 云端服务器的支持，此时应处于联网状态，否则无法继续。

图 7-4-17 添加隐藏式字幕

步骤 2，如果教师讲课的语音为标准美国英语，正常情况下，数分钟之后，视频快车将会自动根据讲课语音来生成和显示隐藏式字幕，并显示于视频下方的字幕文本位置。但是，由于 Adobe 云端服务器目前尚不支持中文字幕的自动生成，所以，此时会在字幕对话框中显示提示信息：“自动生成隐藏式字幕过程已被中止。你可以继续手工为视频添加字幕。” 此时，原来的按钮自动变为按钮。

步骤 3，开始采用手工方法为视频添加字幕。如图 7-4-18 所示，点击视频播放按钮开始播放授课视频，当教师讲完一段话后点击暂停按钮，然后用鼠标在字幕对话框的文本栏中双击后，开始输入相应的文本；输入后点击播放按钮继续播放视

① 这个转换是通过云端功能来实现的，所以必须在连接互联网条件下使用。遗憾的是，目前它仅能支持将美国英语自动转换为隐藏式字幕，尚不支持中文等语种的转换。

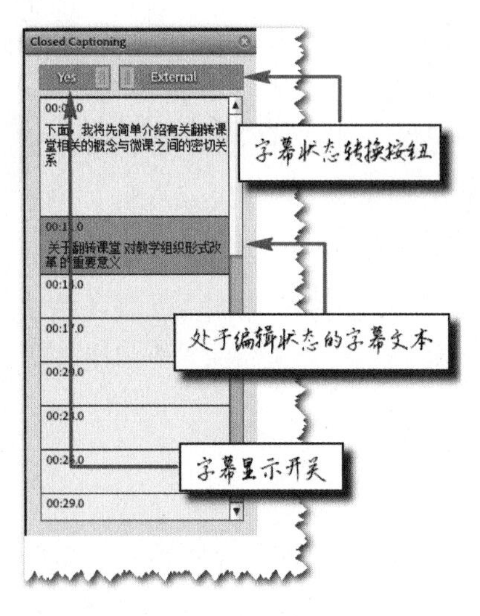

图 7-4-18　为视频添加字幕操作

频，讲完一段话再暂停，再在文本栏中输入相应文本……依此类推，直到将视频内容的讲课内容全部输入隐藏式字幕的文本栏中。期间，若出现文字错误想修改字幕内容时，直接用鼠标在该文本框内双击后即可修改。

步骤 4，在字幕编辑状态下，刚输入字幕之后，对话框右上角的绿色开关按钮显示外部（External）External，鼠标点击此处后，则自动变为嵌入（Embed）Embed，表示该字幕文本已经插入视频之中。以后当微课发布之后，字幕文本将自动发布为 SRT 文件[①]，并保存在发布文件夹内。

最后，当微课正式发布之后，根据需要，学习者可用鼠标点击是或否（Yes 和 No）Yes 按钮，来显示或关闭字幕。

7.4.5　编辑视频面板

除添加字幕功能之外，在视频编辑面板（Edit VideoPanel）中，Presenter 视频快车还提供了其他数项重要编辑功能，如图 7-4-19 所示。

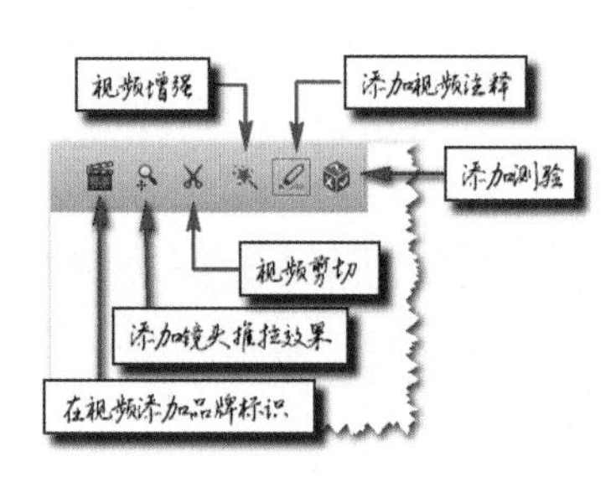

图 7-4-19　视频编辑面板

- **品牌标识（Branding）**：为授课视频添加与主讲教师相关的个性化标识，如主题片断、校徽和身份信息等。
- **推拉效果（Pan&Zoom）**：为视频添加镜头放大或缩小效果。
- **片断剪切（Trim）**：在视频中选择某一片断并将之删除。
- **视频增强（Video Enhance）**：为视频添加滤镜效果、背景图片等。
- **添加注释（Annotation）**：为幻灯片添加几何图形和注释文字。
- **添加测验（Quiz）**：为视频添加一个单选题或多选题的即时反馈测验。

---

① SRT File：全称是SubRip Text，是一种目前最流行的文本字幕格式，其制作规范简单，一句时间代码 + 一句字幕。配合.style文件还能让SRT自带一些字体上的显示特效等。SRT与SMI、SSA文本字幕可以互相转换。SRT文件可以使用系统自带的文本处理器来打开和编辑。

1. 为微课添加镜头推拉效果

在视频快车中，设计者可为授课视频添加镜头逐渐推近或拉远的特殊视觉效果，以产生强调某些镜头，吸引学习者的注意力。为授课视频添加推拉视频变化效果的操作方法如下（见图 7-4-20）。

图 7-4-20　为视频添加镜头变化效果

步骤 1，在播放栏中点击播放按钮，当视频播放到想要添加推拉效果的时间点时，再点击播放按钮进入暂停状态。

步骤 2，在编辑面板中点击添加推拉按钮（Pan&Zoom）按钮，相应控制面板将出现在视频右侧，并显示出 P PT 幻灯片和主讲者。

步骤 3，在红线包围的幻灯片或主持者截图区域内，用鼠标点击该区域并拖拽红线四角上的手柄，就可以定义镜头放大或缩小区域。随后，一个推拉图标将自动添加在时间轴之中。在当前时间点添加一个推拉效果之后，视频播放时将一直保持该效果直到出现下一个推拉效果。换言之，如果在当前时间点添加推拉效果之后，需要在稍后某个时间相应再添加一个使镜头恢复原状的推拉效果：在幻灯片或主持者的红线区域用鼠标双击，视频将自动恢复至原来状态。

注意　在为视频添加一个推拉效果之后，在时间轴的相应位置将会自动出现一个图标。当鼠标移到该图标时，将会自动在该图标的左右各显示一个箭头，要想移动该推拉效果在时间轴中的位置，可用鼠标点击选中它并向左或向右移动它。

步骤 4，如果想删除某个已添加的推拉效果，可点击面板中幻灯片或主持者截图右下角的删除图标。

2. 微课视频的剪切

视频快车具有视频片断剪切功能，教师可轻松地将授课视频中无用的片断切除。

步骤 1，点击开始播放按钮，找到欲剪切视频的开始时间点后点击播放进入暂停状态。

步骤 2，如图 7-4-21 所示，点击视频剪切按钮（Trim），在时间轴的播放进度线的右侧将自动出现一个图标 + ，此处就是剪切的开始点。用鼠标点击该图标后，视频也会自动开始播放，随之时间轴上自动出现一个不断向右延伸的黄线区块，当它延伸到欲剪切片断的结束点时，点击键盘上的空格键，视频播放停止。此时，黄色区块右侧自动出现一个图标，鼠标点击该图标，时间轴上的黄色区域（即无用片断）将随之删除。

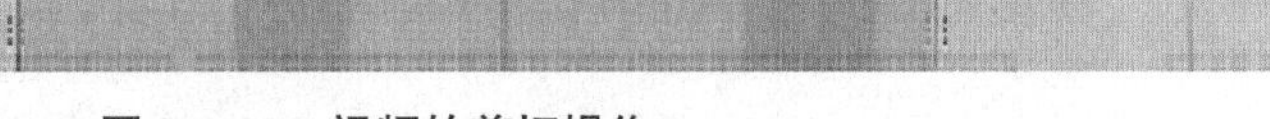

图 7-4-21　视频的剪切操作

在上述操作过程中，若想撤销某项操作，可用快捷键 Ctrl ＋ z（Windows）或 Command ＋ z（on Mac）撤销。

3. 启动增强视频功能

增强视频①功能包括视频滤镜（Video filter）选择、更换背景（Change background）等功能。

打开视频滤镜的模板库，教师可为授课视频选择不同视觉风格的效果滤镜，共计 31 种。根据需要，还能为滤镜效果选择不同的适用范围（见图 7-4-22），例如，根据不同的设计理念，可将效果应用到整个视频，也可仅应用于主持者或幻灯片。

当打开背景更换开关②后，程序提供一个包括 31 张图片的背景图片模板库，设计者可选择不同的背景图片（见图 7-4-23）。同时，还能调整背景图片的模糊显示效果，以达到突出显示主讲者形象的目的。

4. 为微课添加注释功能

在主持式微课设计过程中，在某些情景下，教师或许想在幻灯片上添加一些

---

① 在录制的授课视频中，增强视频功能仅适用于主持者（Presenter only）布局片断，无法应用于幻灯片布局和混合布局。

② 若关闭更换背景功能，授课视频将恢复到最初拍摄时的状态，背景图片将消失，恢复为原来的现实背景。

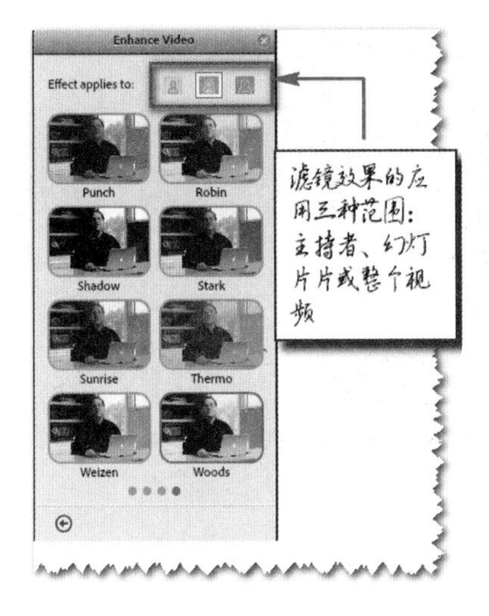

图 7-4-22　添加滤镜效果

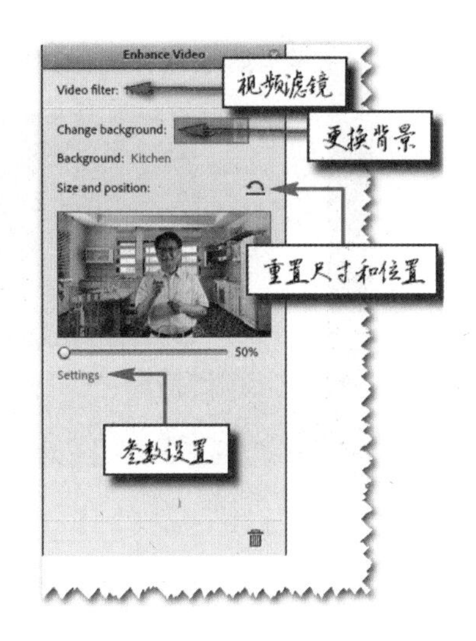

图 7-4-23　更换背景图片

注释内容，如几何图形或文字说明等。这时就可以用到视频快车的注释功能。注意，注释功能仅适用于幻灯片布局。

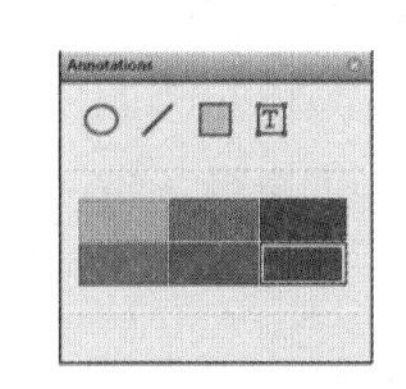

图 7-4-24　添加注释

当视频播放到时间轴的幻灯片布局片断时，点击注释按钮（Annoation），视频的右侧将出现注释窗口（见图 7-4-24）。选择其中的不同几何图形（椭圆、直线、矩形）、文本或颜色，就可以在幻灯片中添加相应的内容：不同形态的线形或不同颜色的说明文本。通常，注释功能主要用于向学习者强调幻灯片中的某些内容，以便引起其注意。

5. 为微课添加在线测验功能

在主持式微课中，为检查学生对授课视频中教学内容的理解和掌握情况，教师可在讲完某个知识点之后设置一个交互式测验让学生在线填写，答完之后提供反馈情况。这时就可以用到视频快车的测验功能。

点击测验（Quiz）按钮，在视频右侧会弹出测验对话框（见图 7-4-25）。同时，一个黑色的问题编辑窗口也自动显示在视频之上。教师可根据需要选择测验题型（Single response，Multiple response 单选题或多选题）、答题次数（Attemps）、是否要求必做（Mandatory）、是否计分（Graded）、分值（Grade），也可定义当学生答对（If answer is correct）或答错时（If answer is incorrect）显示的提示信息，以及回答这道问题所需要的时间限制（Goto mm：ss）等。若想删除该测验，可点击左下角的删除图标（delete quetion）。

当一道题添加完毕之后，还可点击左下角的添加问题图标（Add quetion），再定义一个新问题。当测验题添加完毕之后，会自动在时间轴上显示图标，表示该

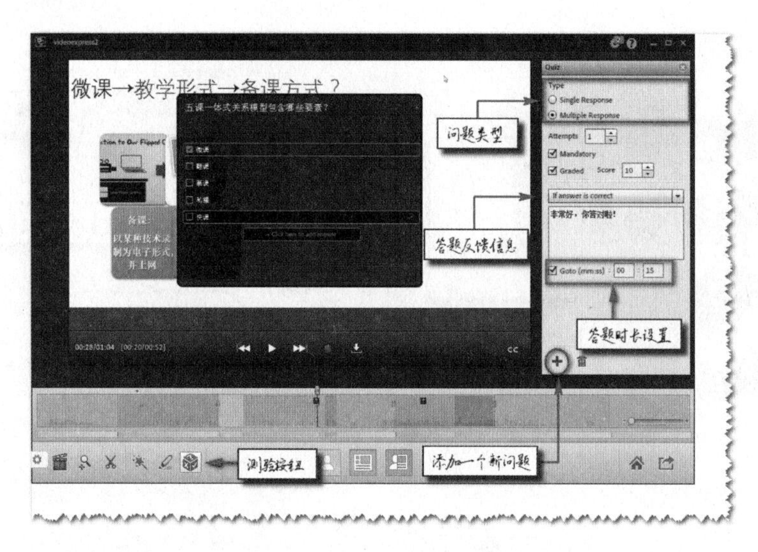

图 7- 4-25　添加测验题目

时间点将会出现一个测验。用鼠标选中可拖动其位置，根据教学设计，将测验放置在时间轴的不同位置。微课发布之后，当视频播放到此时间点时，将自动启动这个设置好的测验要求学生回答，并根据回答自动计分和显示相应的提示信息。

至此，一个主持式微课制作完毕。

7.4.6　发布主持式微课

主持式视频微课制作完毕，点击右下角的发布按钮（Publish）。如图 7-4-26 所示，选择发布至计算机（Publish ot computer），Presenter 将把主持式微课发布至本地计算机。发布完毕之后，将自动打开微课所在的文件夹（见图 7-4-27），点击其中的 index.htm 文件，将开始播放微课。

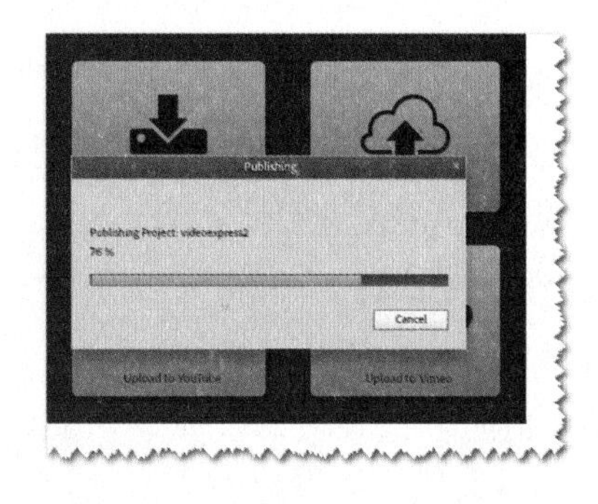

图 7-4-26　发布后的微课文件夹

图 7-4-27　发布后的微课文件夹

7.5　PPT 生成交互式微课

从教学设计角度看，交互式微课是一种带有多个特定功能的教学环节，并且具备在线互动反馈功能的复杂型微课，即目前所谓“私播课”（Small Private Online Course）。依据学科特点和教学目标的不同，交互式微课的教学环节可表现为不同样式和内容，其突出特点在于模仿面授教学的基础之上，强调利用网络交互技术为学生的学习所带来的个性化适应特点。

交互式微课的设计模型类型多样，本节介绍一种由三个环节组成的设计模型（见图 7-5-1）：设置场景、新知讲授和随堂测验。由于涉及在线交互功能，这种微课设计难度较大，技术要求高，制作时间长，技术复杂，以往通常需要在专业技术人员支持下，学科教师才有可能制作，单独由学科教师来制作交互型微课，以前是很难实现的。

图 7-5-1　三段式教学设计模型

不过随着快课技术的广泛应用，现在情况有了重大变化。借助 Presenter 这个功能强大的快课工具，一般学科教师在经过简单培训之后就能自己动手设计，使得微课制作周期可从以前的 30 天左右急剧减少到目前 10 天至 1 周，有效提高了工作效率，降低了教学信息化成本。根据过去 4 年 TMFM 项目的教学实践经验，若再利用当前流行的微课制作配套硬件设备，如自助式微视频录制系统（SMMS）或便携式微视频拍摄系统（PMRS），那么，即使是一名普通学科教师，在掌握常用快课软、硬件工具前提下，也能在 1 周左右时间内制作出高水平的交互式微课，即私播课。

7.5.1　制作前期准备

与上述主持式微课类似，在制作交互式微课时，由于涉及讲课视频的拍摄，所以教师应在开始之前做一些准备工作，以保证视频拍摄的效果。从目前国内外微视频拍摄技术发展趋势来看，利用自助式视频录制系统（SMMS）[①]来制作交互式微课，是一个最佳技术方案，其突出特点在于不需要电教人员的技术支持，自己动手拍摄讲课视频。简言之，SMMS 具备以下技术特征，能帮助教师在办公室或教室快速搭建一个简易摄影棚，拍摄出高质量的授课视频（见图 7-5-2）。

① 有关自助式微视频录制系统（SMMS）相关信息，请参阅本书第1章1.2.2节。

图 7-5-2 利用 SMMS 来拍摄绿屏视频

- 无需电教人员的帮助，教师自己就能操作和使用 SMMS 来录像。
- 全部设备集成在升降推车上，移动轻便，可在各种场合录像。
- 拍摄设备与计算机连接，录像文件自动存储，方便后期编辑。
- 附有折叠抠像幕布和灯光，可用于 Presenter 抠像视频拍摄。
- 录编、备课与讲课诸功能一体化，有效实现技术与教学融合。

7.5.2 学习场景

在微课设计中，学习场景（Learning Sceneario）是一系列利用动画人物、语音、音效、背景图片和各种人机交互等要素来构建的、旨在吸引学习者在线学习注意力的方法或技术合成方案。这是交互式微课设计的一个重要环节，对于提高学生在网络自学中的兴趣和动机持久性具有重要作用。当前，学习场景设计是教学设计的核心构成内容，突破了传统备课方式的平面化特点，向着立体化、多样化、生动化方向发展。对于学科教师来说，应首先在教学理念上适应这种变化，使自己的备课逐步摆脱传统的 PPT 形式，走向以多媒体和网络为载体的学习场景阶段。

Adobe Presenter 提供了一系列用来设计学习场景的模板库①（见图 7-5-3），教师可轻松地为自己的微课创建各种形式的教学情景，作为微课的导入环节。这些功能包括：

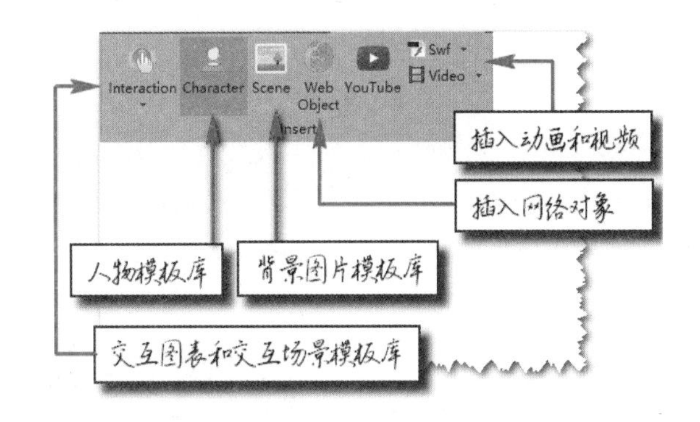

图 7-5-3　学习场景模板库

- 交互模板库（Interation）：其中包括交互式动画（Interaction）和交互场景（Scenario Interation）两大类。
- 人物模板库（Character）：其中包括各种职业的高清抠像人物图片（PNG 格式②），形象生动，姿态各异，皆为背景透明图片，可与背景图片结合，迅速构建各种学习场景。
- 背景模板库（Scene）：可插入 PPT 幻灯片的各种视觉特效的背景图片，可与人物模板结合来创建场景。
- 网络对象（Web Object）：能够方便地将各种在线资源（如网页等）插入场景。
- YouTube：在场景中插入 YouTube 视频。
- Swf&Video：在场景中插入动画和各种格式视频。

1. 用模板创建学习场景

交互模板，是 Presenter 提供的一种常用教学场景设计工具，包括交互式动画（Interation）③和交互式场景（Scenario Interation）。利用这两类模板，教师可以轻松地创建形式多样的在线学习场景作为微课的第一个教学环节（导入），让学生的注意力快速集中于微课上，提升在线学习的吸引力。

---

① 缺省状态下，Adobe Presenter在安装时只随机安装了部分模板库的素材，若想使用全部模板素材，应事先下载并安装Presetner免费模板素材压缩包（文件名为Adobe_Presenter_Assets，约450M），下载地址：http：//download.macromedia.com/pub/presenter/Adobe_Presenter_Assets.zip.Cp素材包的下载地址：http：//download.macromedia.com/captivate/cp9/Adobc_cLcarning_Assct_LS21.cxc.

② PNG：可移植网络图形格式（Portable Network Graphic Format，PNG），是一种图片存储格式，可以直接作为素材使用，因为它有一个特点——背景透明，可以与其他图片容易地相互整合。Adobe fireworks是一个制作PNG图片的常用软件，此外利用美图秀秀软件也能快速制作出教学用PNG格式图片。

③ 在AdobePresenter升级版软件Adobe Captivate之中，这个交互式动画（Interaction）被称为“学习型交互”（Learning Interaction）。名称不同，但功能实际一样。相关信息请参阅本书第 8 章相关章节。

（1）交互式动画

点击交互（Interaction）按钮，在弹出的下拉菜单中选择插入交互（Insert Interaction），将自动弹出交互式动画的模板库窗口（见图 7-5-4）。此处，Presenter 为提供了一个包括 12 个交互式动画的模板库，每一个模板各有特点，设计者可根据教学需要点击查看和选择。

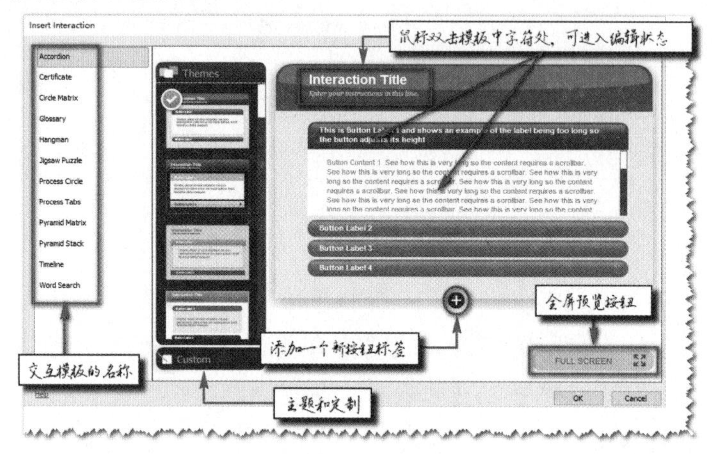

图 7-5-4　交互式动画模板库

当确定所选用的交互式动画模板后，教师直接用鼠标在模板各部位的文字处双击，就能进入模板编辑状态，开始插入文字、图片或语音文件等素材。在某些模板中，还具备添加新内容功能，点击添加（Add）按钮，教师可根据设计需要进一步添加交互模块，如标签、按钮等。同时，为方便设计，模板还提供了主题选择和定制功能，教师可根据自己需要选用或进行个性化编辑，如选择不同外观样式或更换字体、字号、颜色等。

在操作时，当用鼠标双击进入模板的可编辑区域时，如标题或按钮处，要注意鼠标双击的速度调节。双击之后若发现仍然无法输入内容，可多尝试几次。

如表 7-5-1 所示，不同模板所支持的定制化内容各不相同，设计者只能在所规定的数量范围之内进行操作，不能随心所欲修改。

表 7-5-1　交互式动画模板库内容

模板名称	技术特点
折叠标签（Accordion）	可添加文本、语音和图片，标签数最多可达 5 个
证书（Certificate）	可添加姓名、测验成绩和日期
环形矩阵（Circle Matrix）	可添加文本和语音，环形最多可达 8 层
词汇表（Glossary）	可通过 XLM 文件直接导入词汇
猜字游戏（Hangman）	可选 2 种动画，目录数最多可达 5 个

续表

拼图游戏（Jigsaw Puzzle）	可定制拼图碎块数目、完成时间和提示信息
过程循环（Process Circle）	可添加文本和语音，按钮数最多可达 6 个
过程标签（Process Tabs）	可添加文本、语音和图片，按钮标签最多可达 5 个
锥形矩阵（Pyramid Matrix）	可添加文本和语音，层数最多可达 7 个
金字塔堆栈（Pyramid Stack）	可添加文本和语音，层数最多可达 6 个
时间轴（Timeline）	可添加文本、语音和图片，按钮数最多可达 8 个
单词检索（Word Search）	仅支持英语词汇

当模板的定制内容完成之后，点击 OK 按钮，该交互式动画将自动插入当前 PPT 幻灯片之中。不过，在 PowerPoint 幻灯片播放状态中，交互式动画处于静止状态，无法正常播放。只有单击 Presenter 预览按钮（Preview），在下拉菜单中选择预览当前幻灯片（Preview current slide）后，才能查看这个交互式动画播放时的真实样子（见图 7-5-5）。这时，可用鼠标点击来进行内容互动和选择。

图 7-5-5 播放状态的交互式动画

利用这个交互式动画模板，教师可以方便地为微课创建一个学习场景，作为微课的第一个导入环节，使学生在一个互动情景中开始知识学习，这对于提升他们的学习兴趣和注意将有一定帮助作用。

（2）交互式场景

点击交互（Interaction）按钮，在弹出的下拉菜单中选择插入交互式场景（Scenario Interation），将自动弹出交互式场景的模板库窗口（见图 7-5-6）。

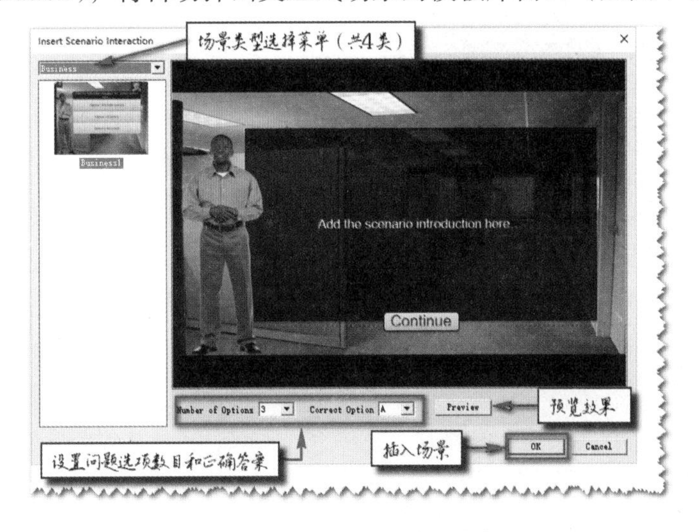

图 7- 5-6 交互式场景的设置参数

点击窗口左上角的场景类型选择菜单，共有四种模板：商业类（Business）、呼叫中心（Callcenter）、通用类（Generic）和医学类（Medical）。技术上，每一类模板的技术结构都是类似的，通常由以下数张 PPT 幻灯片构成。

- **场景导入幻灯片**：包括一个主持人（PNG 格式图片）、一个场景介绍文本框（Scenario introduction）和一个继续按钮（Continue）。
- **场景参数设置**：包括问题选题数目（Number of Options）、正确答案（Correct Option）和预览按钮（Preview）。此处设计者可根据情况在限定范围内选择。
- **场景对话幻灯片**：通常由两个人物（PNG 抠像图片）及其相应的文本对话框构成。对话人物和内容，教师可根据教学需要进行定制。

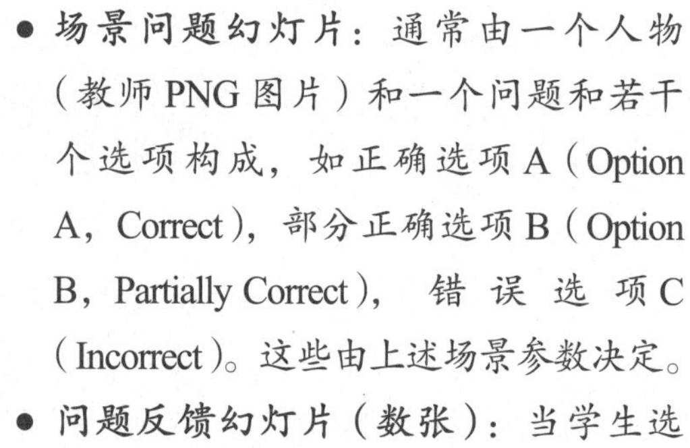

- **场景问题幻灯片**：通常由一个人物（教师 PNG 图片）和一个问题和若干个选项构成，如正确选项 A（Option A，Correct），部分正确选项 B（Option B，Partially Correct），错误选项 C（Incorrect）。这些由上述场景参数决定。
- **问题反馈幻灯片（数张）**：当学生选择上述各种问题选项后，这些幻灯片分别用于对上述问题选项进行反馈。除反馈文本外，通常还包括一个按钮，如继续、再试一次或返回等（Continue，Try again，Back）。

当场景模板设置完毕后，点击 OK 按钮，该模板则自动插入当前 PPT 文档之中，成为它的一个组成部分。这时从技术上说，这些场景模板中的幻灯片与普通的 PPT 幻灯片一样，教师可对它进行输入文本、更换图片等编辑工作，使该模板能够适合教学需要（见图 7-5-7）。

在设计时，无论选择哪一种类型的场景模板，实际上只提供了一个学习情景的结构性框架，教师可根据实际教学需要对

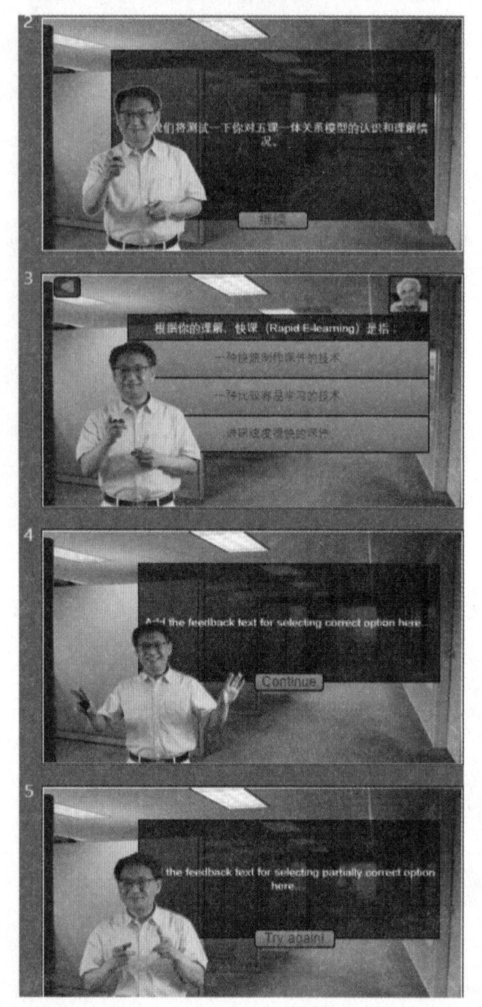

图 7-5-7　自定义场景内容

场景模板进行个性化内容定制。例如，教师可删除模板原有的人物图片，替换为自己的图片（要求是背景透明的 PNG 格式）。同时也可以更换问题文本内容和选项等。这样，当微课发布之后，就会构建起一种具有主讲教师个性化特色的场景，更能激发学生的在线学习兴趣。

对模板编辑完成之后，若想预览该模板的实际播放效果，需要点击 Presenter 预览按钮（Preview）后在下拉菜单中选择预览演示文档（Preview Presentation）。这时就可以看到场景模板发布之后的播放效果（见图 7-5-8）。

图 7-5-8　预览状态的交互场景

与上述交互式动画模板不同的是，交互式场景更适合教师根据不同学科教学需要来为学习者在正式上课之前设置一种学习情景，对原来所学的知识内容进行回顾或测试，为后续的新知识学习奠定基础。

2. 创建个性化学习场景

通过对上述交互模板的学习，可以看出，从技术上，所谓学习场景就是由幻灯片背景、人物图片、场景描述文字和按钮等要素构成。对于教师来说，如果需要，完全可自己动手制作。确实，Presenter 为教师的这种需求提供了相应的定制功能，下面介绍一种自己动手设计的学习场景模板。

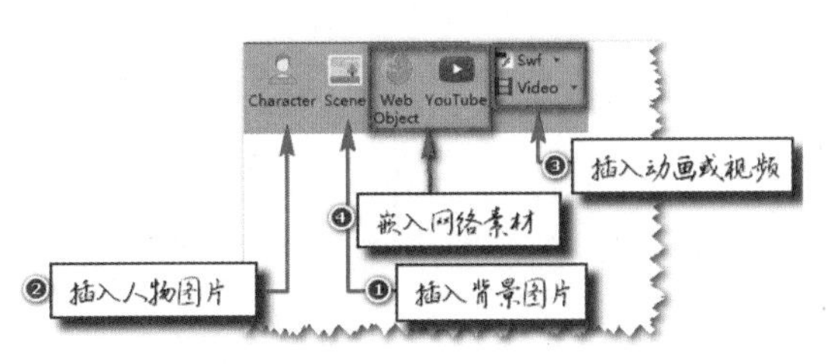

图 7-5-9　自定义学习场景的按钮

要自己设计场景，就要用到 Presenter 插入菜单（Insert）。利用这些按钮，教师可以方便地动手创建一个性化学习场景。如图 7-5-9 所示，具体操作方法通常包括 4 个步骤。

第一步，在当前 PPT 文档中新建一页幻灯片，然后打开 Prsenter 菜单，点击场景按钮（Scene），弹出场景模板（见图 7-5-10），其中包括不同类型、不同分辨率和不同色调的各种场景图片。选择一张符合需要的图片后点击 OK，该图片将自动插入幻灯片成为背景。

第二步，点击人物按钮（Character），打开人物模板库，其中包括不同职业、性别、表情和姿态的人物图片，都是背景透明的 PNG 图片（见图 7-5-11）。选

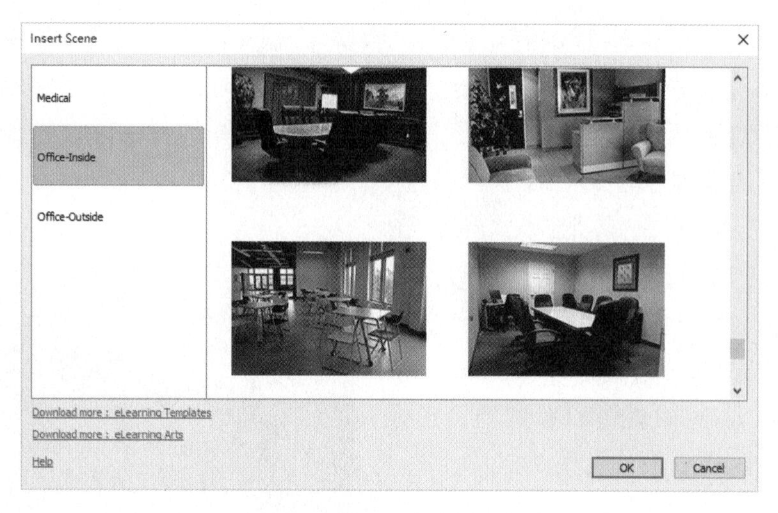

图 7-5-10　场景模板库

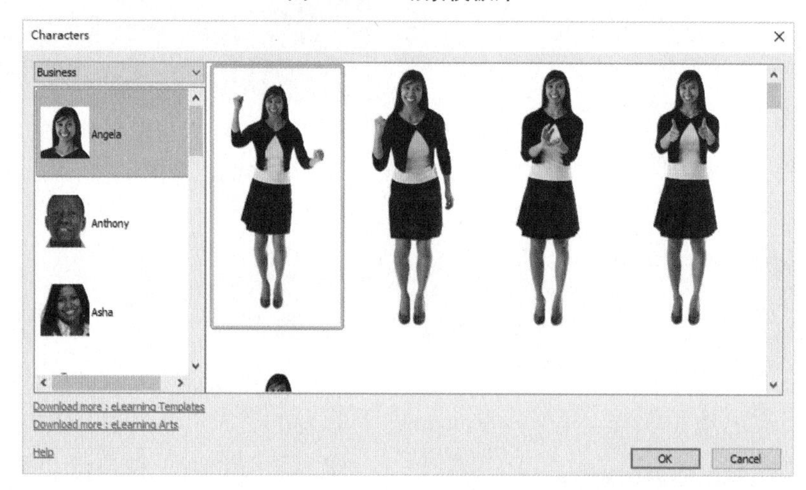

图 7-5-11　人物模板库

择其中之一，点击 OK 后该图片将自动插入当前幻灯片，与原来场景图片构成一个新场景。若需要，也可插入多个人物图片，再添加相关说明文字，从而与场景构成一幅完整的教学环境（见图 7-5-12）。

图 7-5-12　自定义的复合型学习场景

最后，教师也可利用 Presenter 中的添加网络对象（Web Object）、动画（Swf）①或视频（Video）②等功能，构建一种复合型带有各种动态效果的学习场景（见图 7-5-12）。

当微课发布之后，所插入的文本、图片、动画和视频等素材将自动与场景合并为一体，构成微课的学习场景，其视觉和教学效果要远远优于 PPT 幻灯片。

7.5.3 知识讲授

在交互式微课之中，学习场景导入之后，通常则进入第二个教学环节——知识讲授。在 Presenter 中，这个环节的制作方法很多，上述 7.3 节和 7.4 节所介绍的配音式微课和主持式微课，都可以作为交互式微课中知识讲授的制作方法。不过从整体效果来看，主持式微课是当前交互式微课设计中最常见的技术方案，其录制方法如下。

1. 授课视频的抠像

在 PowerPoint 中打开自己的 PPT 文档，进入 Presenter 菜单，然后点击视频录制按钮（Record）Record。随即，在 PPT 幻灯片开始播放的同时，视频快车（Video Express）随之自动启动并进入视频录制准备阶段（见图 7-5-13）。然后，点击更换

图 7-5-13　准备用视频快车拍摄视频

① 发布时将微课生成为HTML5格式时，不要插入Swf动画，否则无法正常显示和播放，因为HTML5不支持Swf动画播放。

② 插入视频时，应选择 MP4 格式视频。若非此格式，Prsenter将自动启动Adobe Media Encoder对视频进行转码后再插入幻灯片之中，这个过程需要一定时间，要耐心等候，不要取消，否则会导致视频插入失败。

我的背景（Make my background awesome）按钮，提示文字变为现在拍摄我的快照（Take my snapshot now）按钮。

调整好身体所在位置和照明光线后，注意将自己置于视频画面虚线方框之内，这表示以后抠像的有效范围。然后单击此按钮，摄像程序启动自动计数 5 秒之后为教师拍摄一张照片（见图 7-5-14）。这张照片的用途是为了确定教师授课时所在位置以便抠像后更换背景。

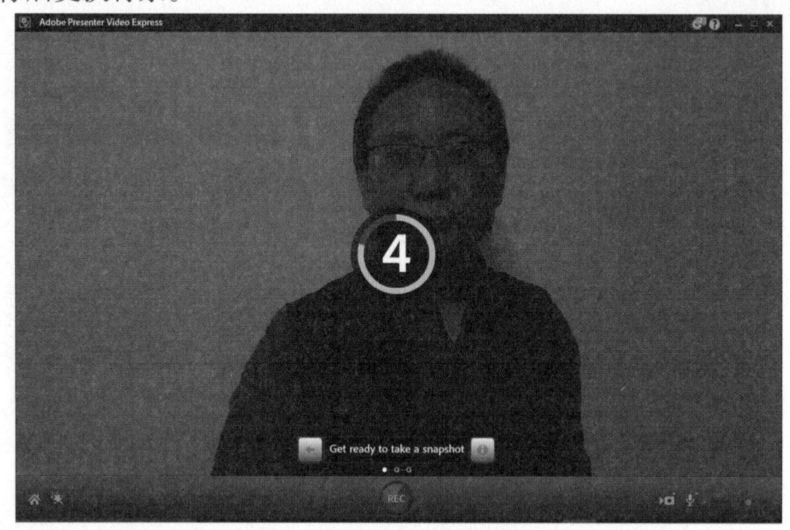

图 7-5-14　拍摄一张快照

如图 7-5-15 所示，操作方法是：在自己照片身体范围之内用鼠标横画一道线和竖画一道线，形成一个交叉十字。以此为依据，程序将自动在教师身体边缘形成一道白色流动虚线，这表示照片的抠像范围。正常情况下，若教师背景是纯色（白

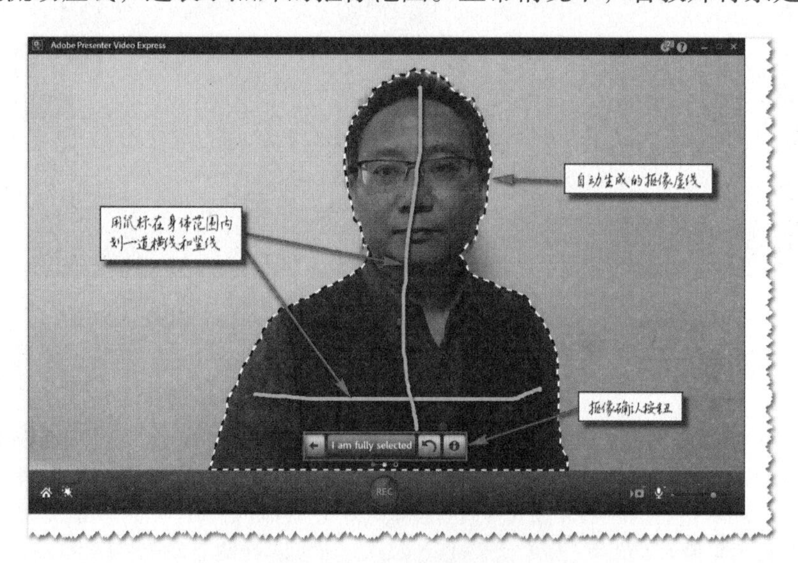

图 7-5-15　利用快照来抠像

墙或蓝绿抠像幕布）[①]，那么抠像过程会很简单，一键即可完成。但如果教师背景杂乱，画了十字线之后身体仍然有一部分尚未进入虚线范围，那么就需要再用鼠标在未进入虚线范围之处再划线，程序将自动将此部分纳入虚线范围之内，直到教师身体全部进入虚线范围之后。然后，点击我已经选择完毕（I am fully selected）按钮，抠像环节完成进入授课视频拍摄预览状态。

此时，程序将会自动为当前所录制的教师视频选择一个图片背景：一张有4盏吊灯照明的墙壁图片（见图7-5-16）。随后，教师可以左右移动身体，做一些讲课姿态，以检查视频抠像效果。如果教师在镜头范围内移动并做讲课动作时，视频边缘与背景图片皆清晰可辨，这说明抠像效果达到预期。否则需要点击返回按钮，重新进行抠像操作。

图7-5-16 抠像后更换视频的背景

2. 授课视频的背景选择

检查抠像效果正常之后，点击我的预览效果好（My preview looks good）按钮后进入视频背景选择环节。如图7-5-17所示，教师每次在视频画面上单击一次，程序将自动更换一张背景图片[②]。找到自己满意的图片之后，再点击窗口下方的录像按钮，随后则正式进入视频录课阶段。

---

① 为保证视频抠像效果，建议教师在讲课前更换与背景反差较大的衣服，这样抠像效果和效率会更高。

② 教师如果愿意，也可以选择不要任何背景图片，即空白背景来进行录像，多次点击鼠标直到视频的背景图片变为完全空白即可。

图 7-5-17　更换完成背景后准备录像

开始录像之前，如图 7-5-18 所示，视频快车会显示一个自动计数框，显示停止录像和暂停录像的快捷键，5 秒之后开始正式录像。在此之后，视频快车将在系统的后台运行，点击桌面右下角的系统托盘后会发现视频快车图标在不停闪动——这表示它正在后台录像。

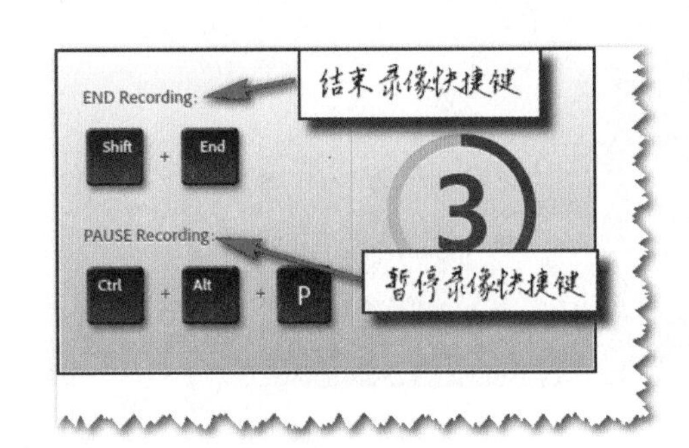

图 7-5-18　录制快捷键

请记住以下两个快捷键：

- Ctrl + Alt + P：暂停当前录像
- Shift + End：结束当前录像

3. 授课视频的录制与编辑

当正式进入录像环节之后，视频快车则完全消失，自动隐入后台运行录像，计算机屏幕只显示全屏播放的 PPT 幻灯片——与平时教师在课堂使用 PPT 讲课的情景完全一致。此后在整个录课过程中，只要不超出录像镜头的拍摄范围，教师可与平时在课堂中讲课一样，一边用鼠标或键盘来控制 PPT 幻灯片播放，一边对着摄像镜头讲课，同时也可以做出各种教学相关的动作——整个录课过程与平时上课基本相同。这里需要强调一点：考虑到是在录制微课，所以知识点的讲课时间应控制在 10 分钟左右，不宜过长，这一点与在教室里上课有所不同。

当 PPT 播放到最后一张幻灯片，讲课内容结束后，教师可在键盘上按 shift + End 快捷键，Presenter 视频快车将自动停止录像，然后进入视频编辑环节（见图 7-5-19）。

图 7-5-19　视频录制完成后的编辑界面

进入视频编辑状态之后，Presenter 会自动为刚才所录制的视频前后分别添加一个主题片断（Theme），并以灰色区块显示于时间轴的前端和后端。若想查看所添加主题播放效果，可用鼠标将时间轴上的播放进度条拖至最左端后，再点击播放按钮开始观看。如图 7-5-20 所示，点击品牌标识按钮（Branding）后，在弹出的窗口中可以看到，视频快车为设计者提供了一个主题视频模板库，其中包括十余个视频片断可供选择[①]。在视频快车下端左侧有一个视频编辑面板[②]，提供了各种编辑工具。

如图 7-5-21 所示，在下端中间有三种颜色的画面布局切换按钮：主讲者布局（黄色）、幻灯片布局（淡绿色）和混合布局（淡蓝色）。在授课视频播放状态下，当单击不同按钮时，程序将会在时间轴的相应位置自动插入一个与按钮颜色相同的颜色区块——这表示当视频播放至此时，视频画面将显示为三种不同的画面布局：仅显示教师、仅显示幻灯片或同时显示两者。经过如此编辑之后，未来发布的授课视频在播放时，将会自动按照顺序切换画面布局形式，构成一种动态的视觉效果。

---

① 在录像过程中，为方便控制PPT幻灯片播放，建议教师利用无线遥控器来播放PPT，这样，教师就能在镜头允许范围之内自由移动，使讲课过程更加自如和灵活。这样拍摄出来的视频效果更好。

② 如果需要，教师也可选择一段自己喜欢的视频作为主题片断，此时就要在主题库中选择定制（Custom）选项，然后就能导入自己计算机中的视频片断。

图 7-5-20　自动添加的主题视频片断

图 7-5-21　利用时间轴编辑视频的布局

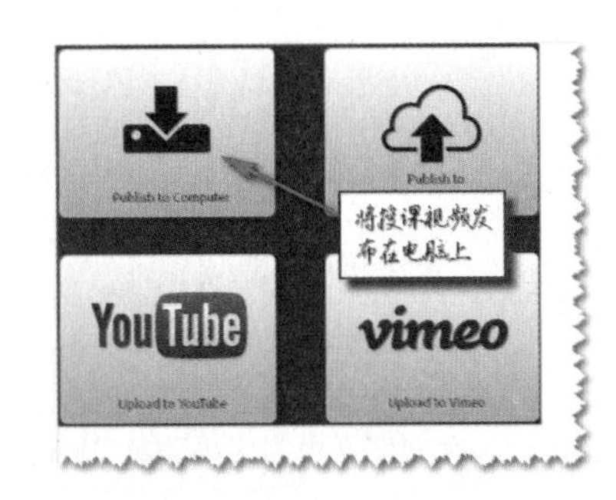

图 7-5-22　发布为视频

至此，知识讲授环节的录课工作完成，点击视频快车右下角的发布按钮。如图 7-5-22 所示，在弹出的窗口中选择发布在计算机（Publish to computer），授课视频将发布为一段 MP4 格式的视频。然后，在 PPT 文档中新建一页幻灯片，点击 Presenter 菜单中的视频（Video）按钮，将该 MP4 视频插入幻灯片。知识讲授环节制作工作结束。

7.5.4 随堂测验

讲完课后，便进入交互式微课的最后一个设计环节——随堂测验。该环节的功能是，当学生在线自学完上述授课视频之后，随之而来是对学生知识掌握情况的检查，以确认学生的在线自学效果——做完测验之后，会自动呈现出测验成绩并提供后续的学习导航：如果通过测验，则进入下一个知识点的学习；否则，则需要进行辅导，指引学生进入相应学习环节去补习。总之，当微课具备测验功能之后，就演变成为真正意义上的交互式微课。技术上，Presenter 所创建的测验可发布为 HTML5 格式，能在移动设备上运行，同时支持国际通行的 SCORM①、AICC②和最新 Tincan③技术规范，具备较强的通用性和兼容性，能在各种类型的学习管理系统（LMS）上正常运行。

在 Presenter 中设计一个测验只需要 3 个步骤：设置测验参数，定义测验选项和编制测验题目。

1. 设置测验参数

Presenter 专门提供了一个测验模块，能让教师自己动手快捷地为微课添加自动计分的测验环节，操作方法并不复杂。第一步，在 Presenter 菜单中点击添加测验（Add Quiz）④ Add Quiz，如图 7-5-23 所示，弹出测验参数窗口（Quiz Settings）。在创建一个新测验之前，应首先设置好测验参数和分数线选项。

首先是测验名称（Name）和类型（Required），后者包括 4 种，教师可根据教学需要选择其中之一。

---

① SCORM是Sharable Content Object Reference Model（可共享对象参照模型）的缩写，是由美国教学管理系统全球化学习联盟（ADL：Advanced Distributed Learning）所制定的网络教育标准。符合SCORM标准的内容可以很容易地进行转移，从一个学习管理平台转到另一个平台，或者是更换学习管理平台版本。SCORM标准的一个重要目标就是持久性，当一个新的SCORM版本出台时，符合原来SCORM版本的内容不需要做任何修改，就可直接在新SCORM版本下运行。

② AICC（The Aviation Industry CBT Committee）它是一个国际性的培训技术专业性组织所制订的电子课件开发标准。AICC标准包括三个方面：内容编辑、内容管理及传输和电子远程教育的学员评估。目前，AICC课件由于开发难度大且传播能力差，近年已很少看到。

③ Tincan：2013年4月推出的新一代E-Learning标准Tin Can API，也称为经验API，或xAPI。该标准摆脱了以往的SCORM标准，允许记录包括非正式学习在内的任何学习经验，对个体学习路径有一个明晰的规划，让数据摆脱封闭式LMS的限制，可用于培训部门将培训数据和工作绩效数据相关联，评估培训效果。

④ 第一次使用测验功能时，需要点击添加测验按钮来创建一个新测验并设置相关参数。此后再对测验进行内容修改和添加题目时，可点击测验管理（Manage）按钮。

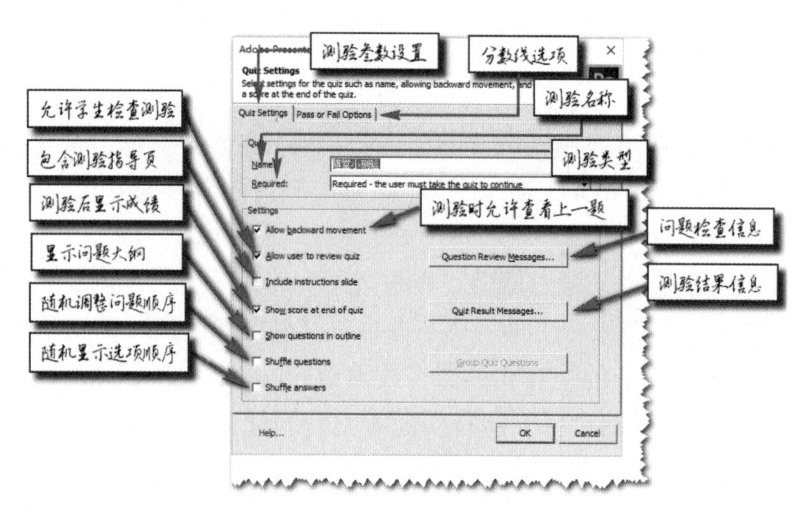

图 7-5-23 设置测验参数

- **可以选做**（Optional）：学生可以自愿试做测验，但并不要求必须做。
- **要求参加**（Required）：要求学生必须至少尝试做一次测验。具体说，就是要求学生至少回答测验中的一个问题，如选择、填写并点击提交按钮。注意，若学生只是浏览了一道题，则不能算作是回答了一个问题。若学生未达到上述要求，在学习过程中则不允许其进入下一个学习环节。
- **要求及格**（Pass Required）：要求学生必须参加测验且达到及格分数线。若选择此类测验，那么在学习过程中，除非学生通过了这项测验，否则他无法观看测验之后的任何幻灯片内容。这个设置将不仅影响学生在学习中的导航（如在微课播放栏中的前进或后退按钮，大纲面板中查看某一页幻灯片），同时也会影响教师设置的分支功能（如问题和测验的即时反馈）。选择此类测验，要求教师必须事先设置分数线和测验结束后的成绩幻灯片。通过成绩幻灯片显示的信息，学生则会知道为何他们无法查看测验之后学习内容。
- **做完全部**（Answer All）：学生必须做完测验中的全部问题，不能略过任何一题，但对于答题的正确率则无硬性要求。换言之，只要学生将全部题目做完了，无论是否及格都能进入下一步学习内容。

当点击问题检查信息按钮（Queation Review Messages）后，随后弹出一个对话框（见图 7-5-24）。教师可在其中的对话框中填写学生答题时的相关反馈信息。原文是英语，非英语学科应翻译为中文。

当点击测验结果信息（Quiz Result Messages）后，弹出一个对话框（见图 7-5-25）。此外，可填写当学生完成测验后所显示的相关信息及成绩。

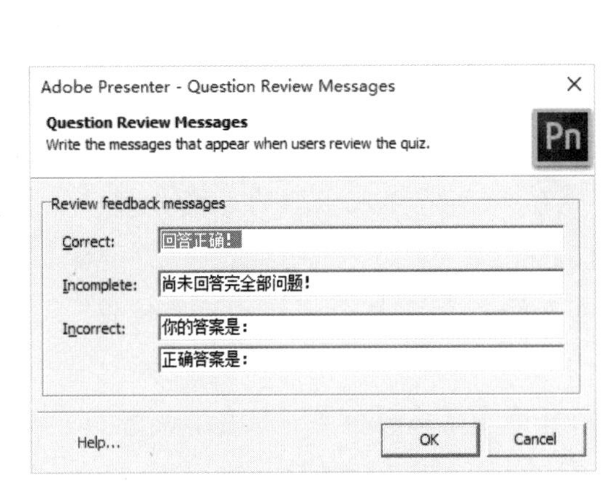

图 7-5-24　回答反馈信息

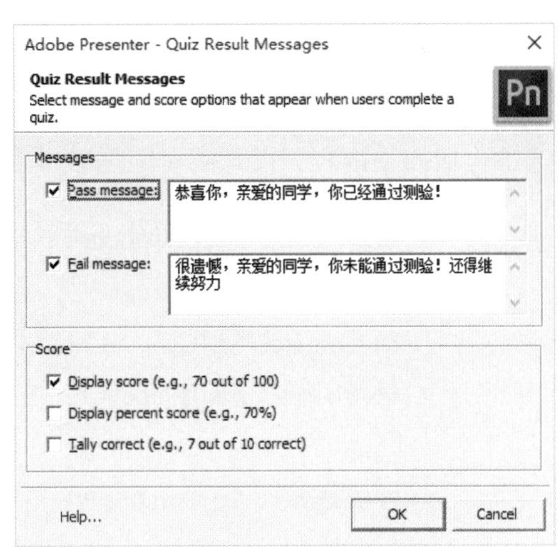

图 7-5-25　测验结果信息

测验参数设置完毕之后，再单击右侧的分数线选项（Pass or Fail Options），继续设置测验的分数线。如图 7-5-26 所示，其中包括两种分数线计算方法[①]：达到或超过总分数值的 80% 视为及格（% or more of total score pass）和达到或超过总分值的特定分数视为及格（or more of total score pass，Maximum score：0）[②]；测验通过后的学习活动设置（If passing grade）：如进入下一个知识点的网址继续学习；测验失败后的学习活动设置（If failing grade）：如允许学生再考一次；若还是未通过，则自动跳转至知识讲授环节重新学习。全部设置完毕之后，点击 OK 关闭窗口。至此，测验参数设置完毕。

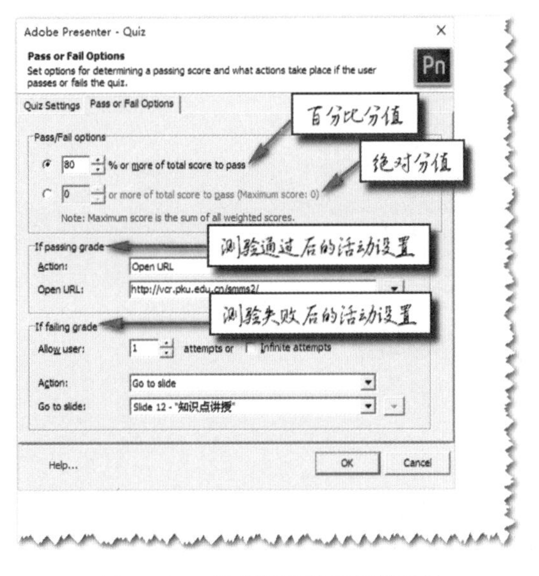

图 7-5-26　根据测验结果跳转设置

① 根据学生成绩的不同引导他们进入不同的学习路径，这就是教学设计所说的分支功能（Branching），是课件设计中适应学习者个性化需要的一种常见情况。

② 当在测验中添加题目并且定义每个题目的分值之后，此处会自动显示出当前测验的总分。

2. 定义测验选项

完成测验参数设置后，如图 7-5-27 所示，设计者还需要对测验的其他一些常用选项进行定义。这些选项设定之后，以后可直接调用，不必重复设置。这些常用选项包括如下内容，设计者可根据教学需要自行设置。

- 输出选项（Output Options）：有关测验面板的相关设置。
- 报告选项（Reporting）[①]：有关测验所支持技术标准的相关设置，如 Connect、AICC、SCORM、Tincan。
- 缺省标签（Fault labels）：有关测验中按钮上显示文字和填写反馈信息的定义；
- 外观选项（Appearance）：有关测验中字体和按钮所处位置的设置。

设置完成之后，点击 OK 保存。

3. 编制测验题目

点击测验管理（Manage）按钮，在弹出窗口中点击添加题目（Add Question）按钮，将会弹出题型选择窗口（见图 7-5-28）。选择其中的某一类题目，再点击下

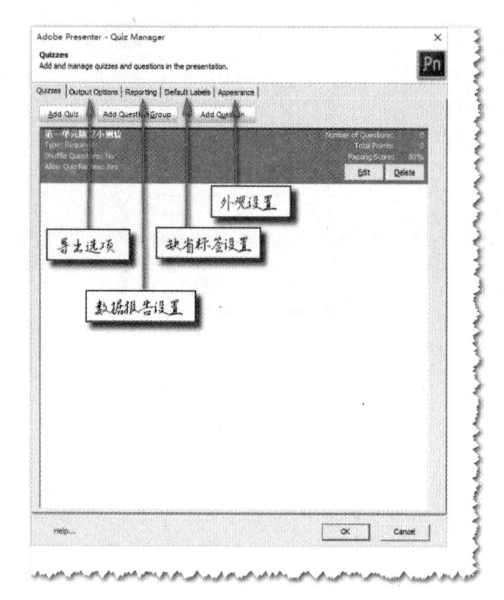

图 7-5-27　定义测验的选项

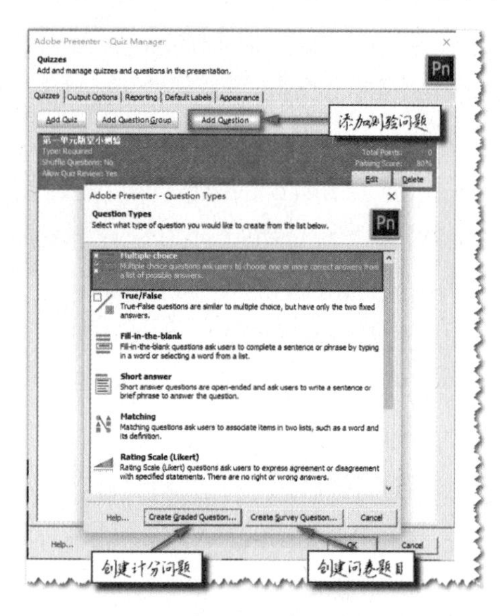

图 7-5-28　选择测量的题型

① 报告选项，使得教师能够根据测验成绩来了解学生的学习状况。利用此功能，教师可跟踪学生做测验时的尝试次数、选项的回答正误，并且自动将通过或失败数据发送至服务器。据此，教师为学生提供后续的个性辅助。使用此报告功能需要与Presenter相匹配的学习管理系统Adobe Connect Server的支持，并且每名学生具备相应的登录账号。目前北京大学就正在使用该系统进行网上教学：http：//vcr.pku.edu.cn。

方的创建计分问题（CreateGraded Question），则会在当前测验中插入相应的一个题型；若点击下方的创建问卷题目（Create Survey Question）①，那么，创建的就是一个不计分的调查问卷题目。

目前 Presenter 测验能创建 8 种题型，每一种包括不同的选项样式，分别是：

选择题（multiple-choice questions）

判断题（true-or-false questions）

填空题（fill-in-the-blank questions）

简答题（short-answer questions）

配对题（matching questions）

等级量表题（rating scale questions）

排序题（sequence questions）

热区点击题（Hot Spot questions）

拖放题（Drag and drop questions）

（1）选择题

选择题包括单选题和多选题，能够支持选项的分支功能（Branching），即根据学生的不同选择，将之引导至不同学习内容之中。例如，当学生选择 A 答案后，将进入下一步幻灯片；当选择 B 答案后，则跳转至测验之后的某一页幻灯片；而选择 C 答案后，随后则打开一个网页。

在 Presenter 菜单中点击测验管理（Manage）按钮，在弹出窗口中点击添加问题按钮（Add Question），弹出题型选择对话框（Question Types），选择位于第一行的选择题型（Mutiple Choice），随后弹出选择题对话框（见图 7-5-29）。

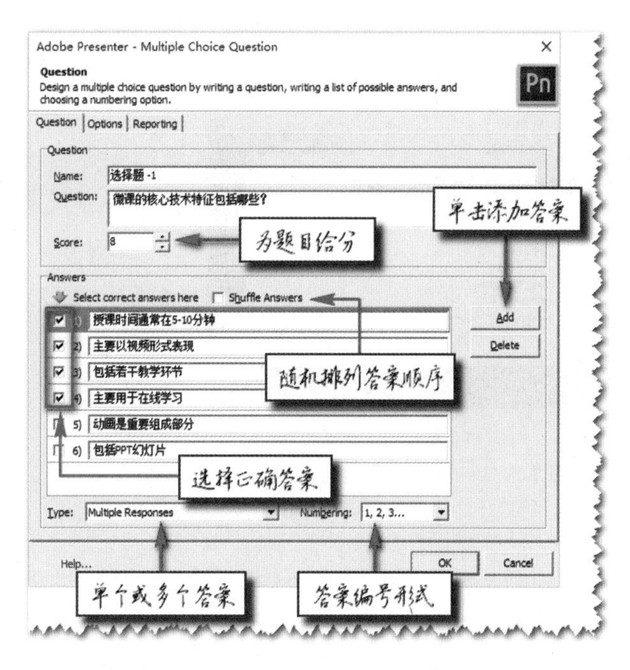

图 7-5-29　选择题的编制

在上面的问题框中，依次输入题目标题（Name）、问题（Question）、分值（Score）。在

① Presenter的测验功能，既能创建一份能自动计分的考试类测验，也能创建不计分的调查问卷。两者的区别主要在每个问题是否计分。

下面的答案框中点击添加（Add）按钮，为问题添加多个答案，然后在相应的正确答案前的选择框内打钩。若正确答案只有1个，则在下面题型（Type）下拉菜单中选择单个答案（Single Response）；若正确答案有1个以上，则选择多个答案（Multiple Response）。

下一步，点击选项标签（Options）打开问题的选项窗口。如图7-5-30所示，内容主要包括问题答对后的分支设置和答错后的分支设置，如跳转动作（Action）：

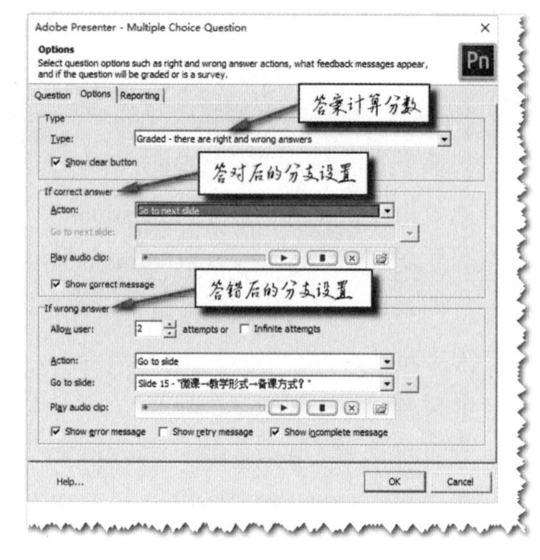

图 7-5-30　设置答案的跳转

- 直接进入下一页幻灯片。
- 跳转至PPT的某一张选定的幻灯片。
- 打开一个网页（URL）。

答完题后的正确或错误的语音反馈（Play audio clip），可以自己录音，也可以导入语音文件。这样，学生答完题点击提交按钮后将自动播放此语音。

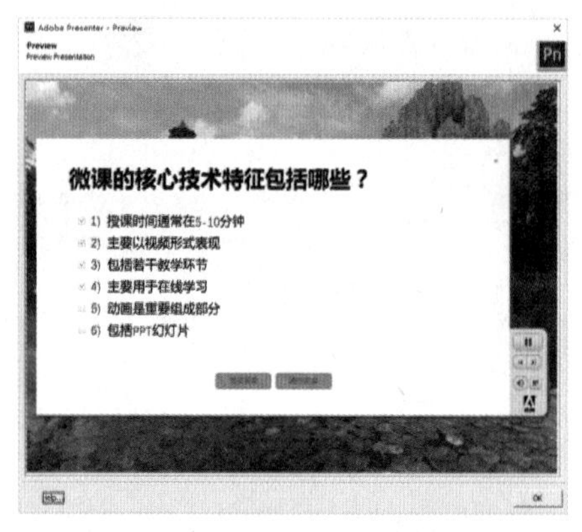

图 7-5-31　预览状态中的选择题

报告选项（Reporting）用于在Adobe Connect或教学平台上记录学生成绩，只有当将该测验发布于LMS时才使用，平常情况下关闭。

完成上述选项设置后，点击OK结束。一个选择题（多选题）编制完成，它将出现在测验的第一行之中。在Presenter预览状态下，学生所看到的选择题答题界面如图7-5-31所示。

（2）判断题

判断题是一种带有正确和错误2个选项的单选题。

判断题的操作方法是：单击添加问题按钮，选择位于第二行的判断题（True/False）后再单击创建一个计分题型，随后弹出判断题对话框（见图7-5-32）。与选择题类似，设计者可根据提示输入各项内容，包括问题和选项等。随后根据教学需要对选项参数（Options）进行相应设置，定义好学生回答正误时的分支跳转动作。最后点击OK完成，一道判断题完成。

图 7-5-32　编制判断题

在 Presenter 预览状态下，学生所看到的判断题答题界面如图 7-5-33 所示。

（3）填空题

填空题是一种包含让学生填写文本空格（输入一个词或短语）或从下拉菜单中选择一个答案的题型。

填空题的操作方法是：单击添加问题按钮，选择位于第三行的填空题（Fill-in-the-blank questions）再单击创建一个计分题型，随后弹出填空题对话框（见图 7-5-34）。与判断题类似，教师根据提示输入各项内容，包括问题和选项等。

图 7-5-33　预览状态的判断题

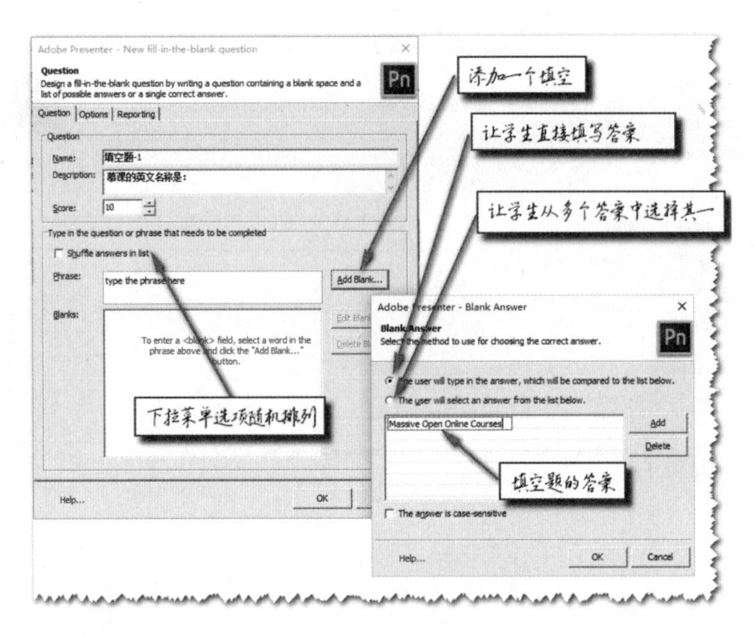

图 7-5-34　编制填空题

需要注意的是，填空题在表现形式上有两种样式：一是预先在答案框内输入相应的正确答案，然后要求学生直接在键盘上输入文字内容，并与预先答案进行自动比较（The user will type in the answer，which will be compared to the list below）；二是显示一个包含多个答案的下拉菜单，让学生从中选择其一（The user will select an answer form the list below）。

图 7-5-35　预览状态的填空题

显然，从做题难度上看，输入文本内容之后自动比较，要比在下拉菜单中选择一个答案要难得多。教师可根据自己的教学需求来选择使用。随后根据教学需要对选项参数（Options）进行相应设置，定义好学生回答正误时的分支跳转动作。最后点击 OK 完成，一道填空题完成。

在 Presenter 预览状态下，学生所看到的填空题答题界面如图 7-5-35 所示。

（4）简答题

简答题是一种要求学生在空格内填写一个词、一个短语或一个完整句子的题型。它也可用于在调查问卷中作为开放题使用。

简答题的操作方法是：单击添加问题按钮，选择位于第四行的简答题（short-answer questions）再单击创建一个计分题型，随后弹出判断题对话框（见图 7-5-36）。

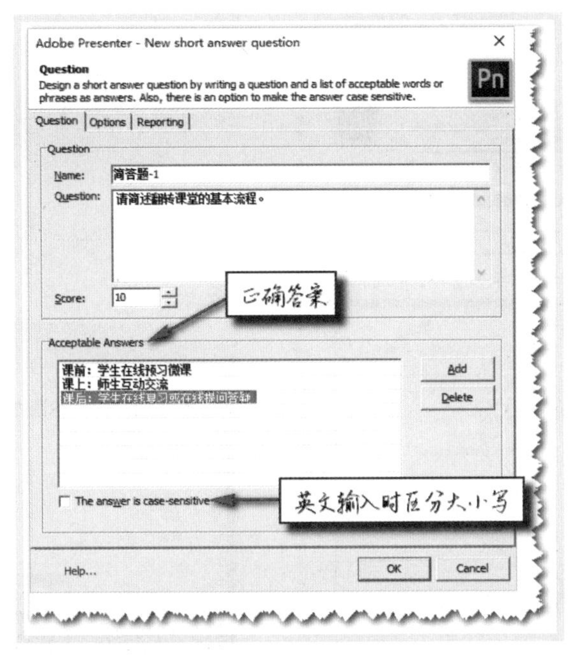

图 7-5-36 编制简答题

与其他题类似，教师根据提示输入各项内容，包括问题和选项等。其中，点击添加答案按钮，可输入简答题的正确答案（Acceptable Answers）。注意，若答案是英文，可要求学生在输入时区分大小写字母（The answer is case-sensitive）；若是中文，不必选此项。随后根据教学需要对选项参数（Options）进行相应设置，定义好学生回答正误时的分支跳转动作。

图 7-5-37 预览状态的简答题

最后点击 OK 完成，一道简答题完成。在 Presenter 预览状态下，学生所看到的简答题答题界面如图 7-5-37 所示。

（5）配对题

配对题是要求学生在 2 栏选项之间进行一对一匹配的题型。

配对题的操作方法是：单击添加问题按钮，选择位于第五行的配对题（Matching questions）再单击创建一个计分题型，随后弹出判断题对话框（见图 7-5-38）。与其他题类似，教师根据提示输入各项内容，包括问题和两栏选项等。设置正确答案的方法很简单，直接用鼠标将栏日 1 中的某个选项拖到栏目 2 中相应的选项上，随后两者之间将自动连接一个边线，依次类似，将两个栏中的全部选项一一配对。随后根据教学需要对选项参数（Options）进行相应设置，定义好学生回答正误时的分支跳转动作。最后点击 OK 完成，一道配对题完成。在 Presenter 预览状态下，学生所看到的配对题答题界面如图 7-5-39 所示。

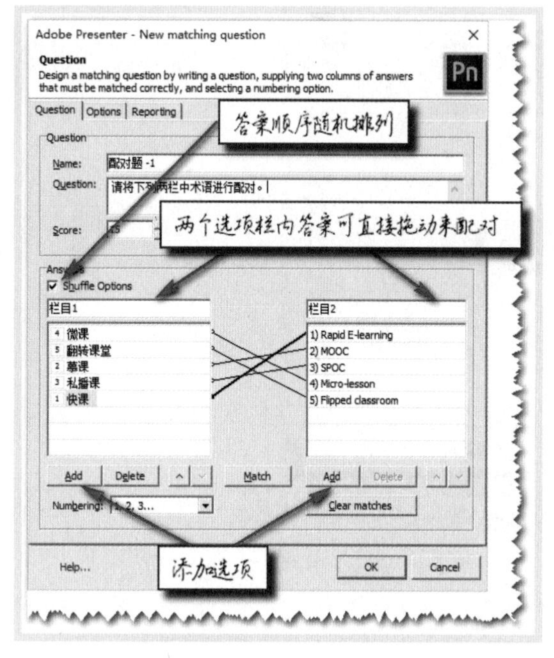

图 7-5-38 编制配对题

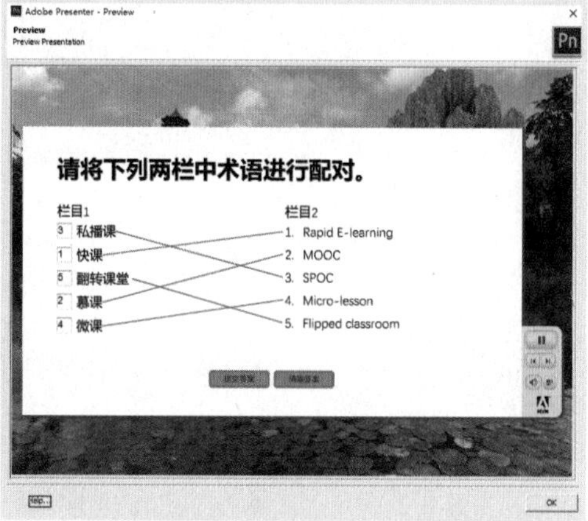

图 7-5-39 预览状态的配对题

（6）等级量表题

等级量表题（也被称为 Likert 量表），是一种用来让受访者来表达自己对一个陈述语句同意程度的题型。例如，“微课是一个可能对教师的备课方式产生重要影响的课件制作技术”，然后问学习者对这个说法的态度：不同意、不太同意、中立、有点同意、同意。等级量表题通常用于调查问题，故不能计分。所以在 Prsenter 中，教师既不能为等级量表题型给分数，也不能设置分支跳转。

等级量表题的操作方法是：单击添加问题按钮，选择位于第五行的等级量表题（Matching questions）后，教师会发现创建一个计分题型为灰白不可选状态，只能选择创建一个调查问题（Create Survye Question）。随后弹出判断题对话框（见图 7-5-40）。与其他题类似，教师根据提示输入各项内容，包括问题和选项等。等级量表题的选项是现成的（5 种态度量表），设计者可根据需要选择其中的 3 个或 5 个。最后点击 OK 完成，一道等级量表题完成。在 Presenter 预览状态下，学生所看到的等级量表题答题界面如图 7-5-41 所示。

（7）排序题

排序题是一种让学生对选项进行正确排序的题型。学生可直接用鼠标点击或拖拽方式来排列选项顺序。注意，该题型只支持 PPTX 格式文档，无法插入 PPT 格式演示文档。

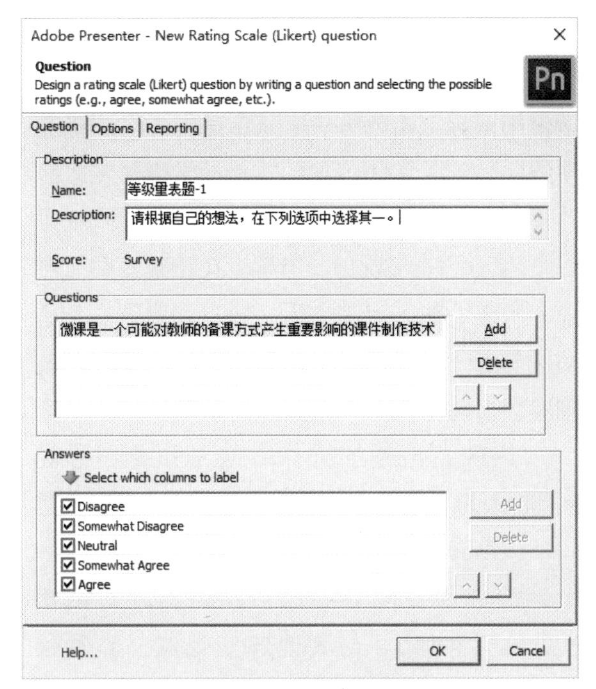

图 7-5-40　编制等级量表题

图 7-5-41　预览状态的等级量表题

排序题的操作方法是：单击添加问题按钮，选择位于第六行的排序题（Sequence questions）后，再单击创建一个计分题型，随后弹出排序题对话框（见图 7-5-42）。与其他题型类似，教师根据提示输入各项内容。在输入排序用的选项时，注意要以正确顺序排列，即目前所显示的选项顺序为正确。等到学生做题时，程序会自动随机排列选项之后再让他们进行排序。此外，排序题的做题方式有两种：一是用鼠标拖放来排序；二是在每一个选项中显示一个下拉菜单，学生从中选择相应序号。教师可根据情况选择其中之一。

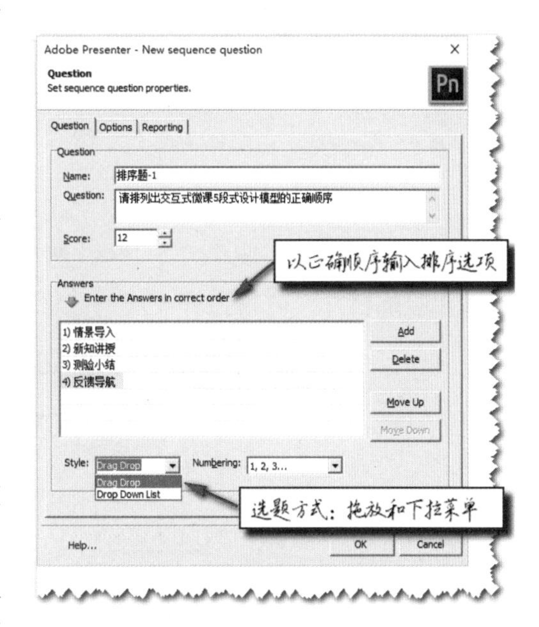

图 7-5-42　编制排序题

随后根据教学需要对选项参数（Options）进行相应设置，定义好学生回答正误时的分支跳转动作。最后点击 OK 完成，一道排序题完成。在 Presenter 预览状态下，学生所看到的排序题答题界面如图 7-5-43 所示。

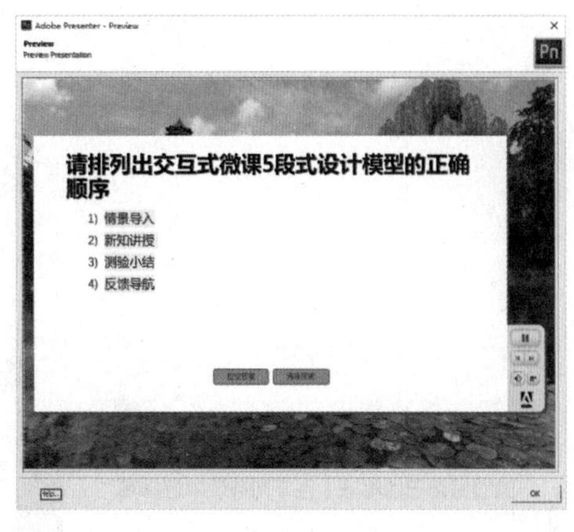

图 7-5-43　预览状态的排序题

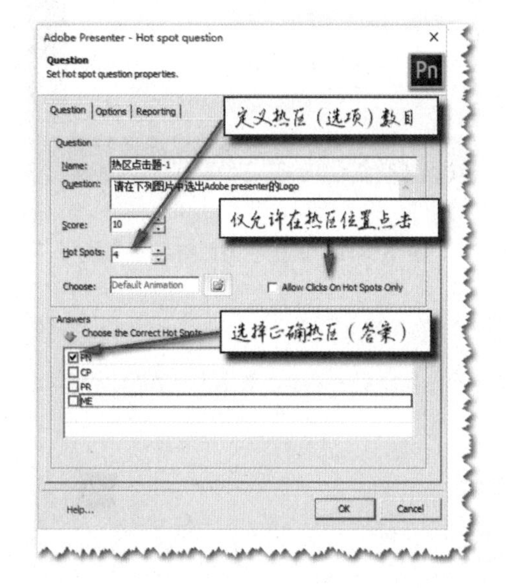

图 7-5-44　编制热区点击题

（8）热区点击题

热区点击题是一种包含多个选择图片让学生用鼠标点击的方式来从中选择一个正确选项的题型，其常用表现形式是让学生从多张图片中选择一张，每一张图片所在的区域就是一个热区（Hot Spot）。当学生在正确答案（图片）所在的热区点击之后，会自动留下一个小动画标记——表示选中了这个热区（答案）。测验会自动根据这个热区点击来判断正误。

热区点击题的操作方法是：单击添加问题按钮，选择位于第七行的热区点击题（Hot Spot questions）后，再单击创建一个计分题型，随后弹出热区点击题对话框（见图 7-5-44）。与其他题型类似，教师根据提示输入各项内容。

首先定义热区的数目，实际上就是确定备选答案的数量：有几个答案就定义几个热区；随后，在选项框内会自动生成相应数量的热区，点击它们可修改其名称；然后在正确热区（答案）前打钩选择；最后点击 OK 完成，一道热区点击题完成。

随后在测验管理窗口中再点击 OK，Presenter 将向当前 PPT 文档插入一个带有热区选择题的幻灯片（见图 7-5-45）。然后再在 PowerPoint 中继续编辑，为 4 个热区插入相应的图片，并覆盖在相应的热区之上（见图 7-5-46）。

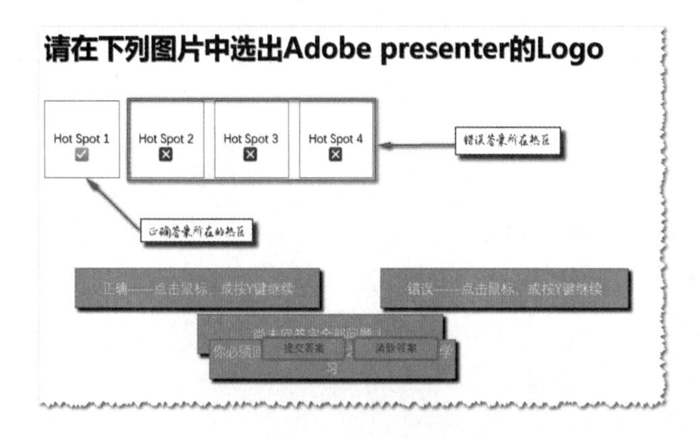

图 7-5-45　设置热区的位置

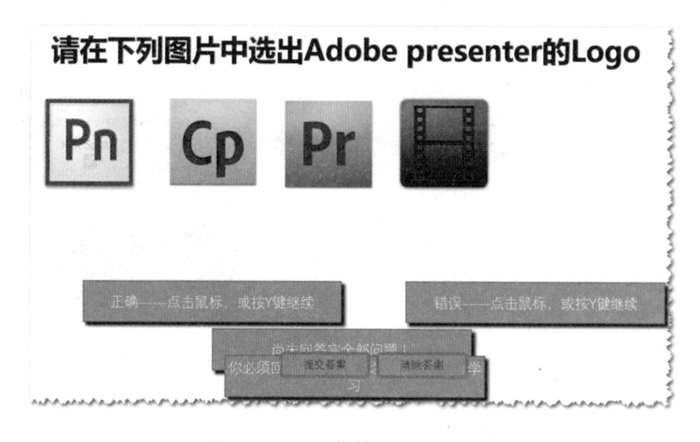

图 7-5-46　在热区添加图片

在 Presenter 中预览测验时，如图 7-5-47 所示，用鼠标在正确答案处点击之后，会自动留下一个转动的花状小动画，这表示选中了当前这个热区（答案），点击提交答案之后，测验会自动给出正误反馈信息。

（9）拖放题

拖放题是一种利用鼠标拖拽某些对象并将之放置于指定区域或指定对象之上的题型。该题型涉及两个动作：拖曳源（Drag source）和放置目标（Drop target），要求学生用鼠标将前者拖放至后者所在的位置。

图 7-5-47　预览状态的热区点击题

拖放题的操作方法：单击添加问题按钮，选择位于第八行的拖放题（Drag and drop questions）后，再单击创建一个计分题型，随后弹出拖放题对话框（见图 7-5-48）。与其他题型类似，教师根据提示输入各项内容。

第一步，在左侧的拖项（Drag Item）栏内，通过点击图片图标和文本图标方式，可分别插入图片或文本作为拖项。第二步，在右侧的放置目标（Drop Target）栏内，同样可点击图片和文本图标来分别插入相应的内容作为放项目标。同时，还可以点击空白放置按钮（Blank Drop），在这张幻灯片中生成一个空白的放置区域。例如，可以利用这个空白放项在拖放题中添加一个空格。

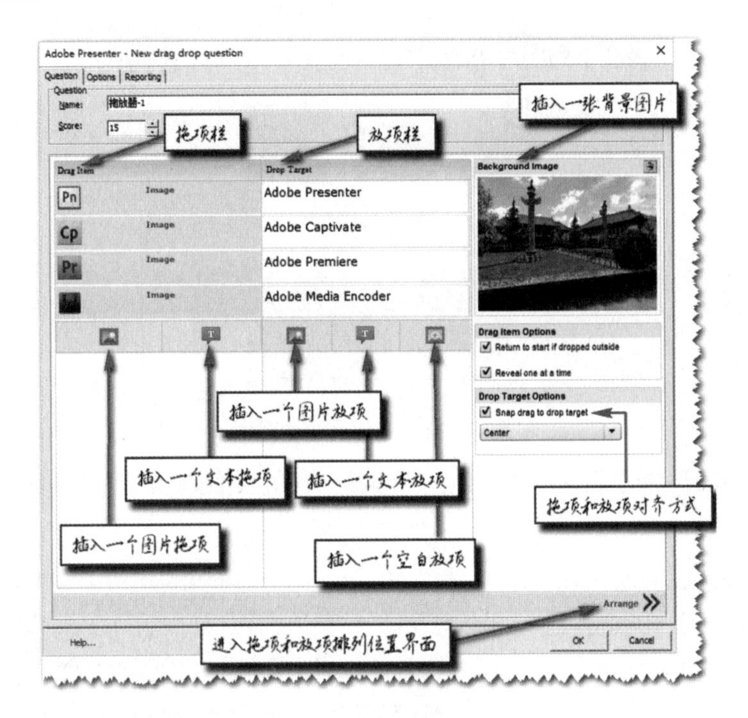

图 7-5-48　编制拖放题

这样，在拖项栏中的内容，就会自动映射为所定义的放栏项的正确答案。

设计者可将多个拖项同时映射为一个放项的答案。不过，需要为每一个拖项添加一个单独列，然后为其逐个选择所对应的放项。例如，如果 A 和 B 都被映射为“字母”，那么，在第一行中应包括 A（拖项）和字母（放项），在第二列包含 B（拖项）也应被映射至字母（放项）。

①背景图片（Background Image）

可以选择一个背景图片作为拖放题的背景。

②拖项设置（Drag Itme Options）

- 如果拖项被放置于框架区域之外后，则自动返回起始位置（Return to start if dropped ouside）。
- 在运行时，只有一个拖项显示，其他拖项处于隐藏状态（Reveal drag items one at a time）。

③放项设置（Drop Target Options）

- 拖项和放项目标对齐的方法（Snap drag to drop ta rget）有三种：平铺（Tiled）、居中（Center）和消失（Disappear）。

最后，窗口下端黄色长条的右侧标有排列位置（Arrage），点击此处将进入拖

项和放项的排列位置窗口，可以对上述插入的拖项和放项进行位置排列整理。通常，将拖项放在窗口的左侧，放项则置于窗口的右侧，使之排列整齐（见图 7-5-49）。

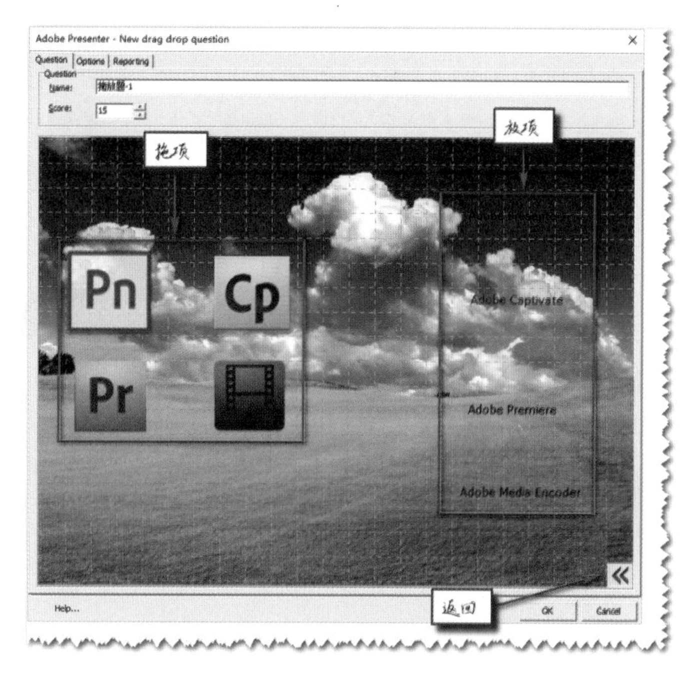

图 7-5-49　拖项和放项的排列

随后根据教学需要对选项参数（Options）进行相应设置，定义好学生回答正误时的分支跳转动作。最后点击 OK 完成，一道拖放题完成。

当拖放题被插入当前 PPT 幻灯片之中，显示样式如图 7-5-50 所示，此时无法进行操作。而在 Presenter 中预览时则进入可交互操作状态（见图 7-5-51），在答题时，各个拖项（图标）将一个接一个出现在窗口，学生可用鼠标逐一将之拖项拽至放项位置，然后点击提交答案按钮，测验将自动做出正误反馈信息。

图 7-5-50　拖放题在 PPT 幻灯片的状态

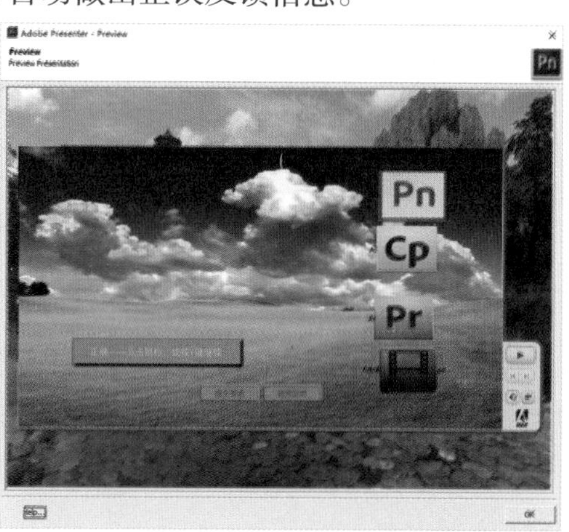

图 7-5-51　预览状态的拖放题

（10）预览测验

当测验的全部题目编制完毕之后，在 Presenter 测验管理器中将显示出当前测验所包含的全部测验题型及相关参数设置信息（见图 7-5-52）。用鼠标点击选中某一个题目时，会显示出编辑（Edit）和删除（Delelte）两个按钮。点击前者则进入该题目的编辑状态，对内容进行修改。最后点击 OK 按钮，完成整个测验的编辑工作。上述编制的全部题目将自动插入 PPT 幻灯片之中，每一题目占据一页幻灯片。

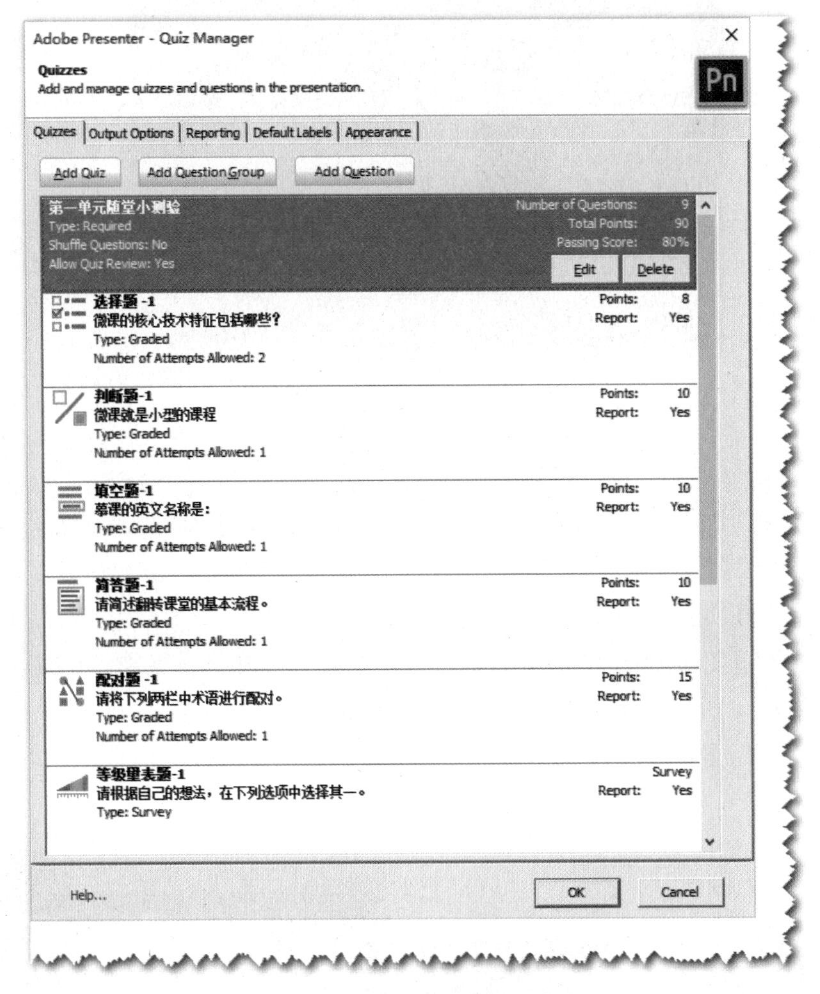

图 7-5-52　编制完成的测验题目

下一步进入测验预览环节。在 PPT 中找到测验的第一页幻灯片，然后点击 Presenter 预览按钮选择其中的从当前幻灯片开始预览（Preview from current slide）。稍等片刻，Presenter 将把上述测验幻灯片合成为一个具备交互功能的在线测验（见图 7-5-53）。

在预览状态中，点击窗口右下角的显示状态切换按钮，如图 7-5-54 所示，将

显示右侧的大纲面板（Outline Pane）；点击播放按钮将开始进入测验。

当全部题目答完之后，测验的最后一页将根据学生的答题情况自动生成一份成绩单（见图 7-5-55），其中包括答题分数、总分数等信息，还包括两个按钮：继续和查看测验。当点击继续按钮后，根据测验分支（Branching）设置参数的不同，学生随后将进入不同的学习环节。

图 7-5-53　预览状态的测验

图 7-5-54　打开大纲面板的测验

图 7-5-55　测验的成绩单

7.5.5　预览和发布交互式微课

完成上述学习场景导入、知识讲授和随堂测验三个教学环节制作之后，整个交互式微课设计初步完成。下一步将进入整个微课内容的预览和修改阶段。

1. 预览微课

在 Presenter 菜单中点击预览（Preview）按钮后选择演示预览（Preview Presentation）或 HTML5 预览（Preview HTML5）①，这两个选项都能从头到尾地预览整个微课全部内容（见图 7-5-56）。请注意，在这两种预览方式中，由于技术

① Presenter提供了多种预览方式，其中HTML5预览是最常用的方式，可以检查微课中的各种素材是否支持HTML5，这将直接影响到微课发布之后能否在移动设备中正常运行，如iPad、iPhone和安卓手机和平板电脑。

图 7-5-56　预览状态的微课

方面原因，微课的某些细节可能显示效果有所差异。

在预览状态下，设计者应认真而仔细地检查微课的各种参数设置和幻灯片内容，查看是否存在问题。重点检查的内容包括如下方面。

- 交互式场景幻灯片中问题选项、导航按钮的链接是否正确。可在幻灯片里选中这些对象后弹出右键菜单，选择其中的编辑链接选项进行修改。
- 测验各个题型的内容和做题效果是否正确，答题后分支跳转是否正常。若有问题需要返回测验管理器中进行修改。
- 微课的大纲面板各按钮是否正常工作。若有问题进入参数设置和主题内修改。

2. 发布微课

预览检查无误之后，可进入微课发布阶段。

点击 Prsenter 发布（Publish）按钮打开窗口，这里显示了微课的多种发布方式（见图 7-5-57）：

（1）发布在计算机上

这是最常用的发布方式，发布的交互式微课将在计算机上生成一个文件夹或压缩包。在发布前可选择发布位置（Location）、发布格式（Publish Format）和导

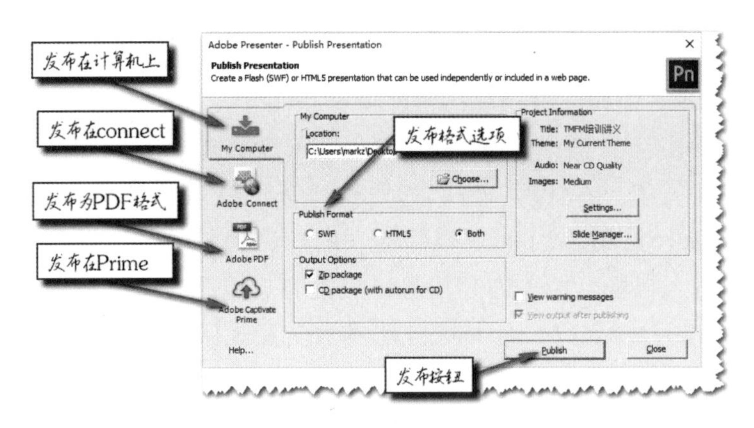

图 7-5-57　发布微课的方式

出选项（Output Options）等。最后点击发布按钮（Publish），Presenter 将把整个微课相关的内容（PPT 幻灯片、音频、视频、动画等格式）都合成为一个完整的课件（见图 7-5-58）。

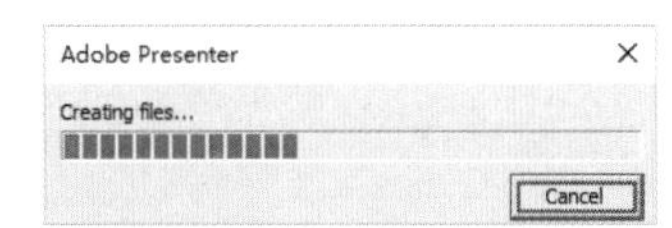

图 7-5-58　正在发布微课

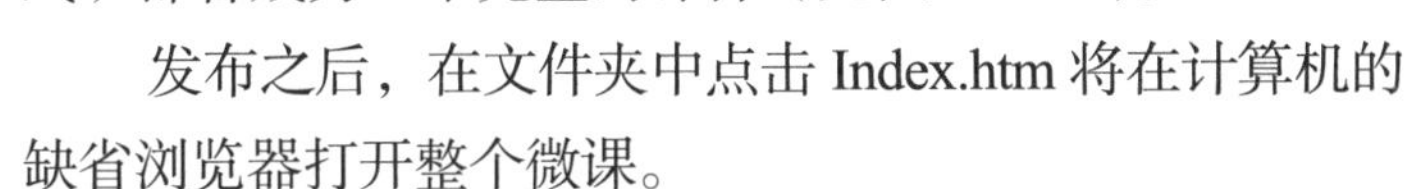

发布之后，在文件夹中点击 Index.htm 将在计算机的缺省浏览器打开整个微课。

（2）发布在 Connect 上

若教师所在学校已有 Adobe Connect 平台①，那么，这也是一种快捷方便的微课发布方式。如图 7-5-59 所示，在发布窗口中点击 Adobe Connect 按钮，再点

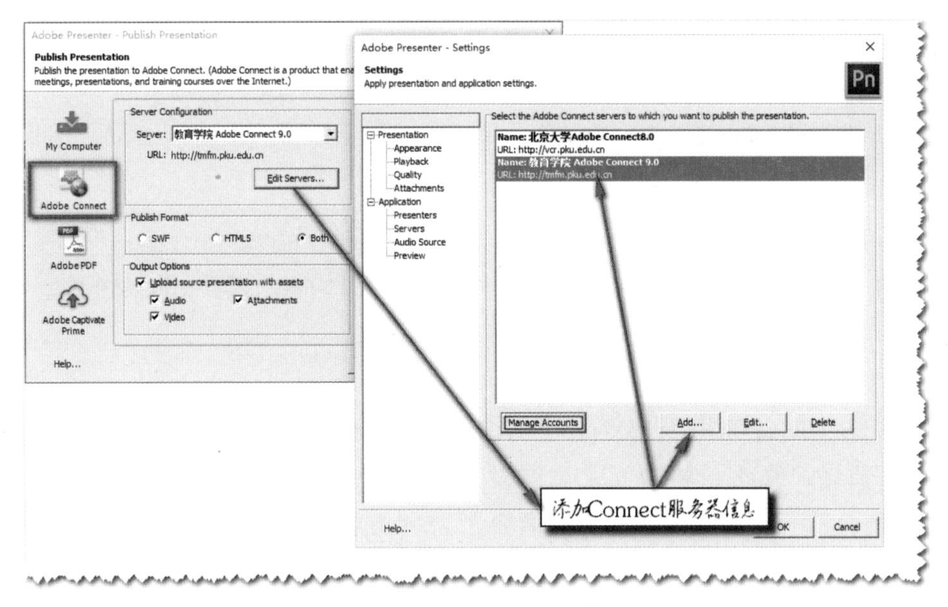

图 7-5-59　将微课发布在 Adobe Connect 上

① Adobe Connect是一个基于Flash和浏览器的网络视频会议系统，能快速创建和查看演示文档，参加在线会议等。相关详细内容请参阅以下教材的第4章4.2节相关内容。另见：赵国栋.混合式教学与交互视频课件设计教程［M］.北京：高等教育出版社，2013，124—132.

击编辑服务器（Edit Server）按钮，在参数窗口中点击添加按钮（Add…），输入 Connect 服务器的名称和网址，点击 OK 结束。此外，选择发布格式和输出选项，最后点击发布按钮。

Presenter 首先将整个 PPT 文档合成为一个完整微课文件，然后自动进入 Connect 登录界面（见图 7-5-60）。教师输入用户名和密码后进入系统。选择某一个发布文件夹后，再填空相关内容信息，点击完成按钮，微课将发布于此处（见图 7-5-61）。发布完成后，Connect 将自动显示交互式微课的发布页面，其中包括微课的各种信息，点击其中的查看 URL，交互式微课将自动启动并开始在线播放。至此，交互式微课在 Adobe Connect 上发布完成。在上课之前，教师可将此微课的 URL 发送给学生，他们点击之后就可以在计算机、手机或平板电脑上随时预习，为翻转课堂做好相应课前准备。

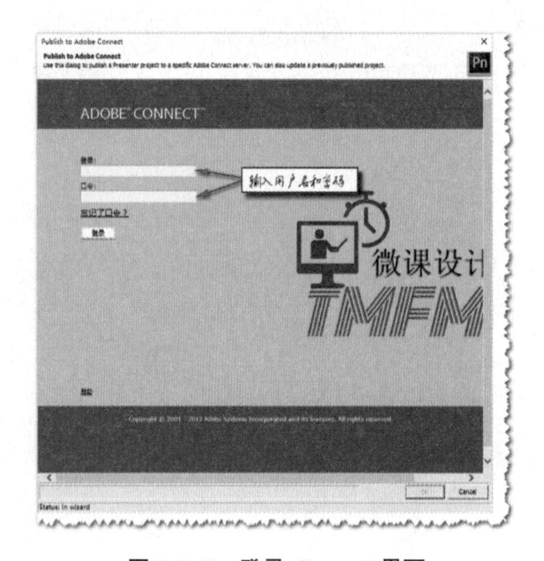

图 7-5-60　登录 Connect 界面

图 7-5-61　填写微课的发布信息

（3）发布为 PDF 格式

如果学生的计算机上都安装了 Acrobat Reader 9.0 以上版本，或者学生上网条件不具备，那么，将交互式微课发布为 PDF 格式，也是一个可供选择的方式。这种方式的优势是会将全部的内容都合并成为一个 PDF 文档，复制或发送方便。

点击发布按钮，将把微课发布为一个单独的 PDF 文档（见图 7-5-63）。发布后双击该文档，将在 Acrobat Reader 中打开。与在网络浏览器播放类似，微课中的各种视频播放、交互和导航在 PDF 格式下仍然有效。唯一不同的是它是本地播放。

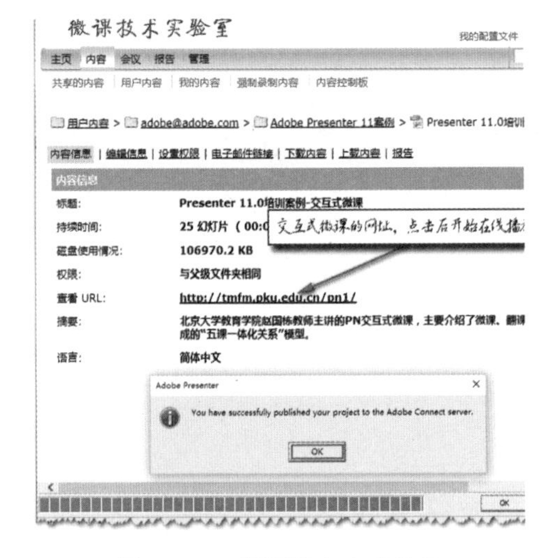

图 7-5-62　微课发布完成信息

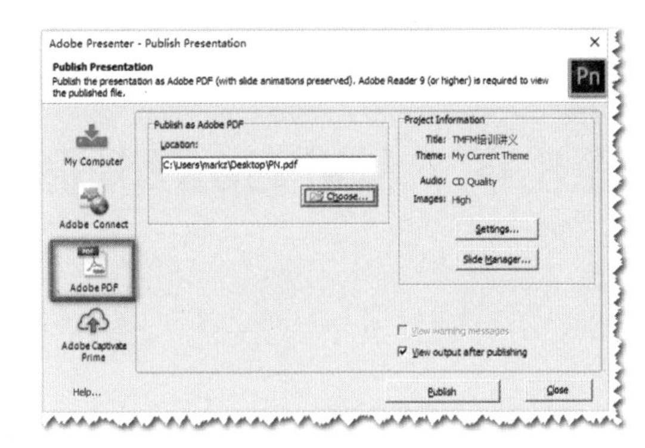

图 7-5-63　将微课发布为 PDF 格式

（4）发布在 Prime 上

Adobe Captivate Prime[①]是一个学习管理系统（Learning Management System，LMS），当将交互式微课发布在此平台上之后，可以方便地让学生随时随地通过各种方式来在线学习。

如图 7-5-64 所示，在发布时，如果教师没有 Prime 登录账号也没关系，可以直接在线免费注册一个账号。点击发布按钮，将自动打开 Captivate Prime 窗口（见图 7-5-65），点击继续发布按钮，注册一个试用为 30 天的账号后将交互式微课发布在 Prime 上。这样，世界范围内的用户都可以点击浏览这个微课。

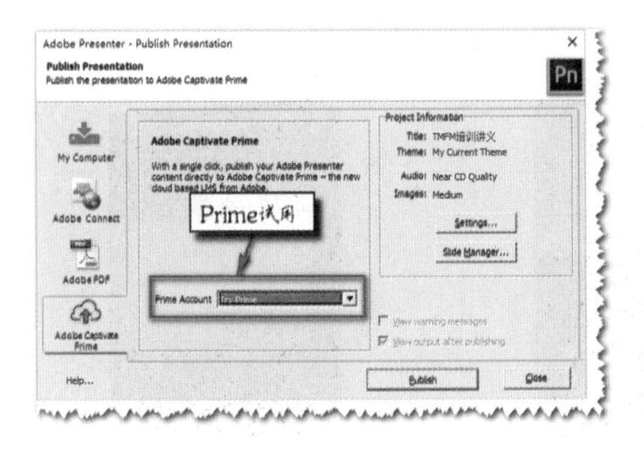

图 7-5-64　将微课发布在 Prime 上

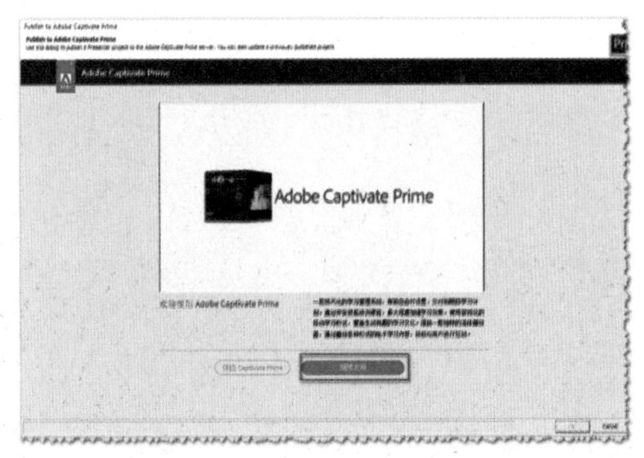

图 7-5-65　登录 Prime 界面

① Adobe Captivate Prime是一款学习管理系统，能帮助教师自行设置、交付和跟踪学习计划。通过开发技能培训课程，最大限度加强学习效果。使用游戏化的移动学习形式，营造生动有趣的学习文化。借助一款独特的流体播放器，通过播放各种形式的电子学习内容，积极与用户进行互动。

第 8 章　利用 Cp 设计微课和私播课

作为全球媒体设计软件产业的领军者，Adobe 在媒体制作和平面设计领域向来享有盛誉。无论是众所周知的 Acrobat，还是闻名遐迩的 Photoshop，或是功能强大的 Premiere，都给用户带来了无以伦比的技术体验。实际，在教学类网络课件制作上，除了上一章介绍的 PowerPoint 插件 Presenter 之外，Adobe 还有另外一个能显示其雄厚技术实力的强大快课软件——Captivate（简称 Cp，见图 8-1）[1]。恰如其名，对于教师来说，这确实是一个令人着迷的程序。作为上一代课件工具 Authorware 的替代产品，Captivate 正在逐渐发展成为职业培训与教学中多媒体课件开发最受欢迎的软件。尤其在学校之中，掌握这个功能强大且操作简便的教学技术工具，正发展成为网络时代教育从业者的必备技能之一。目前，与 Presenter、Flash、Dreamweaver、Photoshop、Acrobat、Audition、Bridge 一起，Captivate 被列入 Adobe eLearning Suite[2]（数字化学习工具包，见图 8-2），成为教学课件开发者

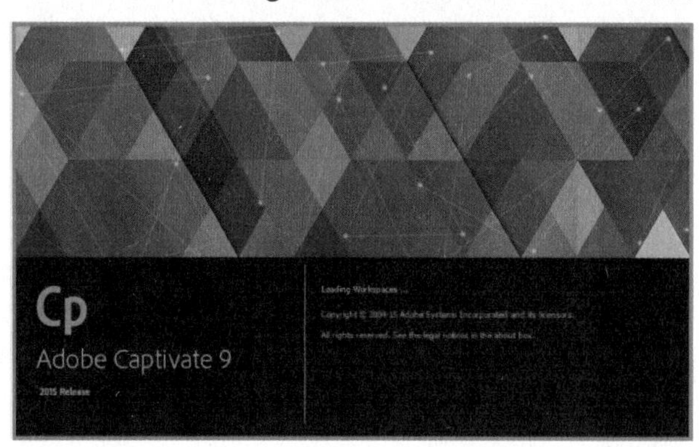

图 8-1　万能课件工具 Adobe Captivate

图 8-2　Adobe 数字化学习工具包

---

① Captivate的英文含意是吸引和迷住。

② Adobe eLearning Suite是Adobe Systems专业教学设计、培训管理人员、内容开发商和教育工作者的应用程序集合。该套件允许用户创作、管理、发布等，包括截屏演示、模拟和其他互动内容的交互式教学信息。2009年发布eLearning Suite，2012年发布eLearning Suite 6.0。

的核心工具。更不可忽视的是，在当前微课、翻转课堂、慕课、私播课和云课堂热潮中，作为一种典型的快课工具，Captivate 同样也可被当作私播课和云课堂的重要设计工具。

8.1　基于 PPT 的 Cp 云课堂

作为学科教师来说，可以将 Cp 理解为一个跨平台的通用性课件设计工具，既可用于日常教学课件制作，也可用于交互式微课和云课堂的设计。整体看，它目前已发展成为一个跨平台的课件设计工具，能生成适用于多硬件（PC、Mac、Pad、Phone）和跨系统（Windows、IOS、Android）的微课，能为教师提供强大的技术支持。

8.1.1　TMFM 三段教学法

在过去 4 年期间，以学科教师为培训对象，北京大学教育学院微课实验室“微课、翻转课堂和慕课”（TMFM）项目一直将 Captivate 作为核心培训内容，再结合其他快课类程序，创造性地提出了一整套技术解决方案——TMFM 三段式教学法，用于培训教师自己动手来设计和制作微课、慕课、私播课和云课堂。经过多年的实践和不断完善，目前已演变出一系列从初级到高级，从中小学教师到高校教师的整套软硬件结合的培训方案，并形成 6 个具有独创性的鲜明特征：服务学科教师、快课技术引领、五课一体模型、软件硬件演练、现场视频拍摄和即时案例生成，先后培训了 3 万多名教师，受到广泛欢迎，培训效果备受赞誉。

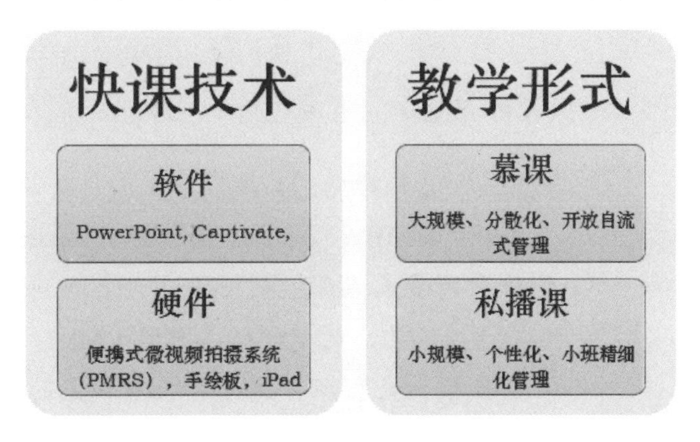

图 8-1-1　Rapid Cp 慕课教学法

8.1.2　Captivate 制作微课和慕课

技术上，在相关快课软件和硬件辅助下，由简至繁，Captivate 能生成微课、慕课和私播课三类常见教学课件，灵活方便，设计方法各具特色，可供不同学科的教师选用。

当Captivate启动之后，会呈现如图8-1-2所示的选择界面，它为教师提供了设计和制作微课、慕课和私播课的模板。

图8-1-2　Captivate启动界面

根据设计和制作的难易程度，依次是：

- **PPT动画式微课**：直接将PPT幻灯片转换格式而形成的微课（MP4、SWF、HTML5、PDF），与上述Presenter生成的动画式微课类似。
- **板书录屏式微课**：利用录制计算机屏幕上画面（如手绘板的书写轨迹）而生成的视频格式微课（MP4）。
- **软件模拟式微课**：将计算机屏幕上的操作画面录制为可编辑幻灯片并合成后生成的微课（MP4、SWF、HTML5、PDF），与上述录屏式微课不同，这种方式录制的格式是幻灯片，可在Captivate中进行编辑。
- **草稿式微课**：Draft是Captivate在iPad平板上的一个专用程序，用户可将自己的想法随时利用iPad转化为一种包括各种学习素材（如文本、图片内容和测验、分支逻辑关系等）的故事板，然后共享到云上。随后，用户利用Captivate将故事板导入并发布，就能生成响应式微课。
- **视频合成式慕课**：将经过技术改造的PPT幻灯片导入之后，与透明背景授课视频相互合成之后所形成的一种微课（MP4），因被广

泛应用在大规模在线开放课程（MOOC）而得名。

- **响应式慕课**：一种能同时运行于PC、平板电脑和智能手机等多种设备，且具有显示屏自适应功能的微课（HTML5），因被广泛应用于MOOC教学而得名。
- **交互组合式慕课**：能够将上述各种形式的微课、慕课组合在一起形成特定教学环节并适用于小规模混合式班级教学的在线课件形式（MP4、SWF、HTML5、PDF）。

8.2　PPT动画式微课

PPT动画式微课是一种将微软PowerPoint文档导入Captivate而生成的在线版微课。与利用Presenter生成动画式微课类似，PPT式微课是目前常见微课类型之一，突出特点是以PPT幻灯片为基础，短时间内快速生成一种能逼真模拟幻灯片播放样式和效果的网络版微课（见图8-2-1）。上网发布之后，学生可利用网络浏览器在线观看和学习，也可作为翻转课堂（翻课）的课前学生在线自学的一种重要形式。

图8-2-1　PPT动画式微课

它的基本流程是，将一个微软PowerPoint生成的完整PPT文档，或者所选中的特定幻灯片导入Captivate，然后以此为基础生成一个微课。导入之后，每一页PPT幻灯片将自动转换为Captivate的单独幻灯片，并且保持原有幻灯片的各种技术特性，如文本内容、动画播放、音效等。换言之，就是直接向Cp导入已有现成教学内容的PPTX[①]格式演示文档，这样，教师可利用原有PPTX讲义初步构建出微课基本结构。这适用于初次使用Cp的学科教师，能在短时间内完成微课制作，体现出快课技术的优势。

① 目前Captivate 9能兼容和支持MS PowerPoint 2010以上版本，并与之保持动态链接和更新。

8.2.1 准备导入 PPT 幻灯片

技术上，目前 Captivate 支持和兼容 Microsoft PowerPoint[①]各项功能，包括背景图片、色彩、文字、音频和动画等，[②]能支持后缀名为 .ppt、.pps、.pptx、ppsx 格式的 PPT 文档。即使用户的电脑未安装 PowerPoint 程序，仍可以向 Captivate 导入 PPT 和 PPS 格式文档。不过导入之后将无法再对这些文档进行编辑。不过，若设计者想导入 PPTX 和 PPSX 格式文档，则要求计算机上须安装 Microsoft PowerPoint 2013 以上版本。

此外，由于目前 Captivate 还不能支持直接将 PPT 幻灯片中的视频内容直接导入，所以，在导入幻灯片之前，应将其中的视频内容另外保存，同时保持原有幻灯片的版面样式。然后，将 PPT 文档保存为 PPTX 格式[③]。幻灯片导入完成之后，再通过 Captivate 的事件视频导入功能将之单独导入原来幻灯片所在位置。

当把 PPTX 演示文档导入 Cp 之后，形成微课的初步结构和框架。它表现为两种形式：一是脚本，二是技术结构。前者类似电影剧本，用以简略表现微课的主题、内容呈现顺序和模块之间的关系等；后者则以脚本为基础，从技术层面将各种素材组件纳入其中，从而形成结构化的技术框架。这就是 Cp 的核心功能——为微课创建结构框架，以便于后续各种媒体元素提供一个展示平台。

除了创建基本结构之外，对于每一张幻灯片来说，Cp 还提供了一个针对幻灯片中对象的顺序调控功能——时间轴，来设计和控制幻灯片内各对象呈现的先后顺序和持续时间。所有插入幻灯片中的对象，都会相应反映到时间轴上，并能被精确地定义出现的先后次序和显示的时间长度。

8.2.2 制作方法和步骤

启动 Cp，点击左下角从 PowerPoint 创建按钮，并点击创建。随后弹出选择窗口，如图 8-2-2 所示，在电脑中选择一个 PPTX 格式的文档后点击打开。随后进入导入参数设置窗口。

---

① 为达到最佳 PPT 导入效果，建议使用 MS PowerPoint 2010 以上版本。注意，Cp 不支持 WPS Office 所生成的演示文档。

② Captivate 目前不支持从 PPTX 幻灯片内的视频导入，此外也可能不支持幻灯片某些复杂动画路径设置。

③ 注意，虽然 Captivate 仍支持导入 PPT 格式，但由于该格式文档的技术属性限制，导入 Cp 后效果欠佳。故建议在导入之前应将 PPT 文档另存为 PPTX 格式，然后再导入 Captivate，这样将获得最佳效果。

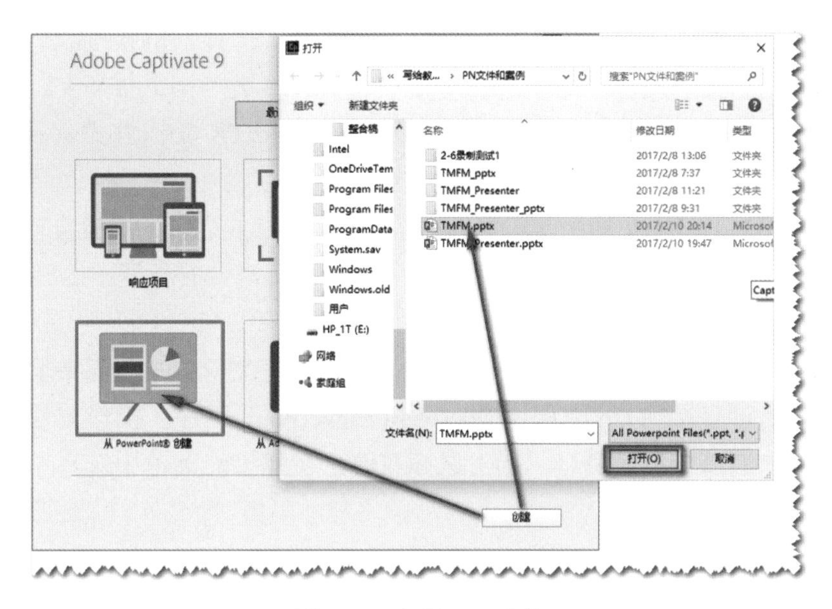

图 8-2-2　打开 PPT 文档

1. 导入参数设置

如图 8-2-3 所示，导入之前，以下参数设置需要注意。

第一，偏好尺寸（Preset Sizes）选项。根据各种常见硬件设备或需要，Cp 预设了多种常用分辨率。设计者可根据需要选择。如果要跨平台和跨设备使用，而非只供某一种设备浏览，那么选择 1024×576 分辨率会比较保险。

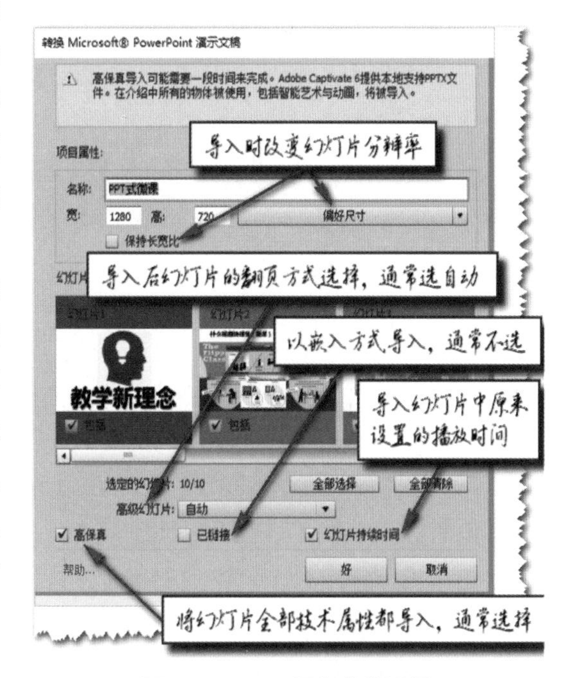

图 8-2-3　PPT 导入参数设置

第二，高保真（High Fidelity）选项。意思是将 PPT 文档中的色彩、图片、动画效果等技术属性保持原封不动导入 Cp，包括 PowerPoint Smart Art 等，以加强所导入文档的视觉效果。该功能仅适用于 .PPTX 格式的文档。当选项此功能后，会使文档导入的时间有所延长。通常都使用此功能。

第三，已链接（Linked）选项，是指 Captivate 创建一个动态链接至源 PPT 文档。当这个链接的 PPTX 文档在 Cp 中被打开编辑时，源文档则自动载入。由于源文档是被链接而非直接嵌入 Cp 中，所以链接的 PPTX 文档不会对 Cp 8.0

项目的文件大小产生影响。若在导入 PPTX 文档时不选择已链接选项，那么，所导入的文档则直接嵌入微课之中，相应使项目文件变大。当 PPTX 文档被编辑时不会影响到源文件。如果微课要上网，应选择嵌入 PPTX 文档方式——不要选择已链接选项。

第四，如果 PPTX 文档中带有语音内容，在导入 Cp 之后，则被自动转为语音对象并在时间轴中显示为一个独立对象。若 PPTX 文档带有标题（Lable）和备注（Note），那么，也将被同时自动导入。

第五，当 PPTX 文档被导入 Cp 项目之后，如果想对文档中的某一页幻灯片内容进行编辑，可直接在 Cp 中调用 Microsoft PowerPoint 程序。操作方法是：将鼠标移到幻灯片编辑与预览窗口，点击鼠标右键，在弹出的菜单中选择用 Microsoft PowerPoint 编辑。

2. 导入 PPT 幻灯片

当上述参数设置完成之后，点击 OK 按钮，Cp 开始自动导入 PPT 文档。这时，电脑上 PowerPoint 将被自动打开，并将 PPT 文档的各种素材一个接一个地导入（复制 / 粘贴）。整个导入过程都由 Captivate 自动控制，无需干预，静待结束提示。

在 PPTX 文档导入 Cp 过程中，应注意以下事项。

- 在导入过程中，不要关闭或操作 PowerPoint，更不要对 PPTX 文档内容进行修改，否则可能会导入出错。
- 用相同的用户模式使用 Captivate 和 PowerPoint，例如都是以管理员模式，或都是以非管理员模式。这样，设计者可获得对应用程序完全相同的使用权限。通常，建议设计者以管理员模式来使用。
- 导入文档时，注意避免使用操作系统的“复制 / 粘贴”功能，因为 Cp 是在利用复制 / 粘贴功能来实现导入。

导入过程结束后会发现，从形式上看，PPT 文档原封不动地导入 Captivate 之中，包括背景、文字、图片、动画等①（见图 8-2-4）。

进一步查看幻灯片的时间轴会发现，除语音之外，PPT 幻灯片的其他内容都被集成为一个整体，在时间轴上表现为一个单独轨道对象——原来幻灯片的各种素材无法再被各个独立分开和编辑。换言之，当 PPTX 文档被导入 Cp 之后，原来幻

① 请注意，PPT文档中的视频内容无法自动导入Cp。在某些情况下，PPT中的一些动画路径设计也有可能无法完全支持。

图 8-2-4　导入 Captivate 之后的 PPT 文档

灯片中各自独立的素材，如文字、图片和动画等，都被自动集成为一个整体，在时间轴上只显示为幻灯片一个单独对象。

3. 预览导入效果

完成导入之后，Captivate 中的幻灯片处于编辑状态，无法看到实际的播放效果。要预览效果，点击预览按钮，在弹出的下拉菜单中显示多种预览方式（如图 8-2-5）。

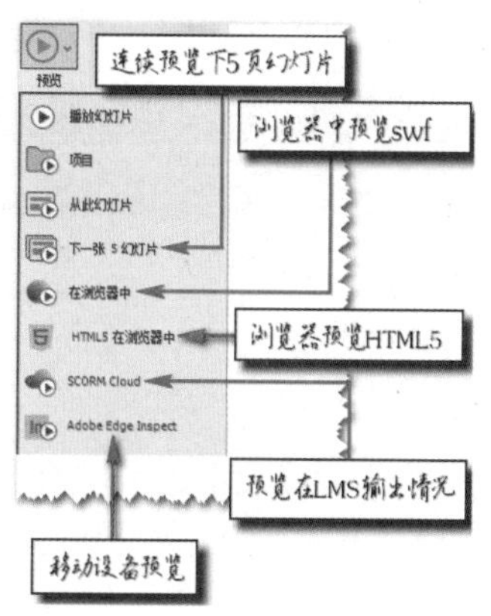

图 8-2-5　各种预览方式

- **播放幻灯片**：只预览当前一页幻灯片。
- **项目**：在 Cp 内预览全部幻灯片。
- **下一张 5 幻灯片**：在 Cp 内预览从当前开始的连续 5 张幻灯片。
- **在浏览器中**：以 swf 格式在缺省浏览器中预览全部幻灯片。
- **HTML5 幻灯片**：以 HTML5 格式在缺省浏览器中预览全部幻灯片。
- SCORMCloud：在学习管理系统（LMS）预览输出情况，要求事先联网。
- Adobe Edge Inspect[①]：模拟移动设备的预览。

① Adobe Edge Inspect是由Adobe为iOS与Android用户开发的一款查看和调试手机等移动设备文件的方式，这种方式可以允许用户在不安装客户端的情况下通过Chrome插件来实现，使用方便。

其中，当选择在浏览器中预览时，整个项目将在浏览器中自动开始播放，在形式上与原来 PPTX 文档播放完全相同——主要区别是它已转换格式。在预览过程中，若用鼠标右键点击查看，会发现原来 PPT 已被自动转换成为 swf 格式动画。

自 9.0 版开始，Captivate 还允许用户预先查看微课发布在学习管理系统（LMS）之后的运行情况，这样，设计者就会事先了解自己所设计的学习内容以后在某个 LMS 系统之中的输出状况。这个功能对于教师快速检查和修改与 LMS 相关问题有很大帮助。使用这种预览方式要求事先连接国际互联网。

图 8-2-6　SCORM Cloud 预览

操作方法：点击预览按钮并在弹出的下拉菜单中选择 SCORM Cloud，随后出现 LMS 预览窗口（见图 8-2-6）。这样，设计者就可以在项目预览模式下检查并查看 SCORM 通讯日志。缺省状态下，通讯日志窗口处于隐藏状态，点击窗口右下角的图标，就能查看日志。点击图标则把日志文本下载到计算机。当点击关闭 LMS 浏览状态时，会自动弹出一个提示窗口：

Result [Standard:SCORM1.2]

Course Details	
course_id :	Course_ID1_ORG
course_title :	Captivate E-Learning 课程
sco_id :	SCO_ID1
sco_title :	课程对象标题
attempts :	1
suspended :	true
satisfied :	false
completion_status :	completed

图 8-2-7　获取预览的结果

- **获取结果**——查看学习内容 / 测验内容（见图 8-2-7）
- **重新启动预览**——重新回到预览状态。
- **关闭**——关闭当前预览模式并在服务器中删除全部 LMS 预览生成的临时文件。

最后，将文件保存为 CpTX 格式文件，这是一种 Captivate 专用的文件格式。

4. 发布微课

预览完毕进入发布环节。Captivate 可根据教学需求将微课发布为不同格式（见图 8-2-8）。

- **发布到电脑**：将微课发布在本地计算机。如图 8-2-9 所示，在弹出窗口中，可选择多种格式：HTML5/SWF/Video/ 可执行文件 /PDF。其中视频为 MP4 格式。

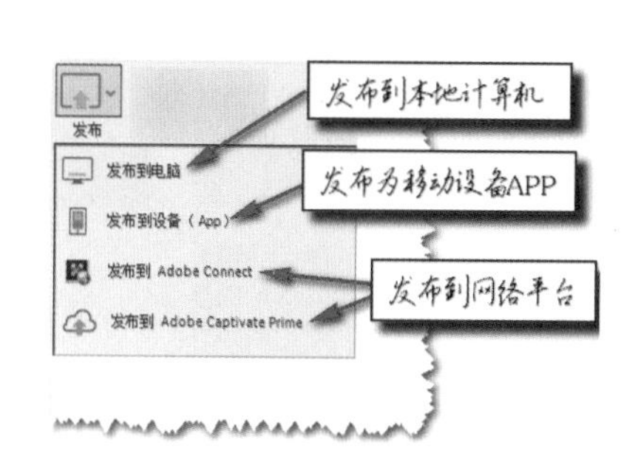

图 8-2-8 各种发布方式

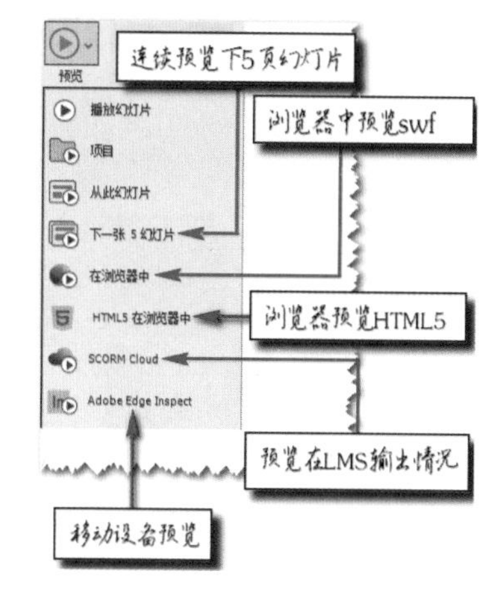

图 8-2-9 将微课发布为 SWF/HTML5/PDF 格式

- 发布到设备（APP）：利用 Adobe PhoneGap[①]将微课发布为移动设备 APP。若想使用此功能，需要先在 PhoneGap 平台上注册一个账号[②]，能免费将小于 50M 的 Cp 课件发布为移动设备的 APP。
- 发布到 Adobe Connect。
- 发布到 Adobe Captivate Prime。

在上述选项中，最常用的是发布为 HTML5/SWF 格式，也可以同时发布为 PDF 格式。为便于上网传播，应同时在 Zip 文件前打钩，这样，所发布的微课将全部压缩在一个 Zip 压缩文件包中。发布完成后，解压文件，点击其中的 index.html 就能在网络浏览器中观看 PPT 式微课。

8.3 视频合成式慕课

当微课发布在开放课程平台之上供学习者浏览时，它实际上就演变成为所谓的慕课（MOOCs）。从制作技术层面看，微课与慕课无本质区别，主要在于学习者的身份、数量及学习方式等方面的差异。Captivate 既能制作微课，同时也能设计出各种形式的慕课，如当前在高校中流行的合成式慕课（见图 8-3-1）。这是一种将 PPT 幻灯片与透明背景的授课视频相互合成之后所形成的一种具有较强视觉效果的

---

① PhoneGap是一款Adobe的移动设备开发框架，旨在让开发者使用HTML、Javascript、CSS等Web APIs开发跨平台的移动应用程序。它使开发者能够利用iPhone，Android，Palm，Symbian，WP7，WP8，Bada和Blackberry智能手机的核心功能——包括地理定位，加速器，联系人，声音和振动等，此外PhoneGap拥有丰富的插件，可以调用。很多主流的移动开发框架均源于PhoneGap。

② 也可以直接用Adobe ID登录PhoneGap。

MP4格式视频课件，因被广泛应用在大规模在线开放课程（MOOC）而得名。设计时，合成式慕课的制作流程包括7个主要步骤，分别如图8-3-2所示。

图 8-3-1　播放状态的合成式慕课

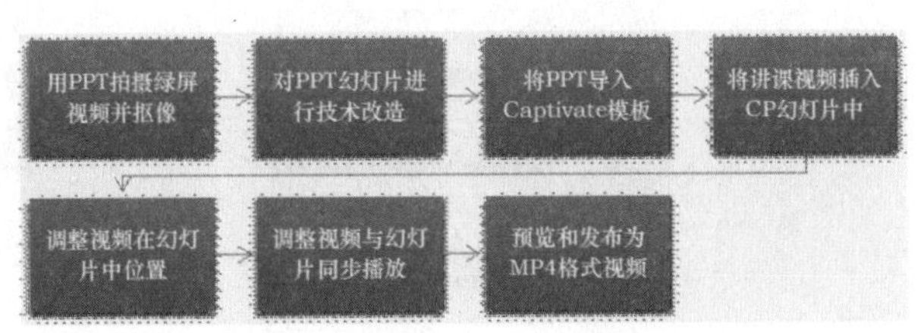

图 8-3-2　合成式慕课的制作流程

8.3.1　前期准备

合成式慕课的前期准备包括2项：拍摄绿屏授课视频和改造PPT幻灯片。

1. 拍摄绿屏讲课视频

绿屏视频（Green screen video），简单说，就是一种在拍摄时人物背景为纯绿色幕布的视频片断（如图8-3-3所示）。以这种视频为基础，再利用视频抠像技术[①]，就能制作出合成式慕课所需要的透明背景视频。与以往精品课的那种在教室现场拍摄方式不同，这种绿屏视频通常都是在特定技术环境中拍摄完成，视觉效果更好，后期可进行深入编辑和制作，如内容剪辑、视频抠像或添加背景、字幕等，实现多种视频呈现效果。

图 8-3-3　绿屏视频

以往绿屏视频都是在演播室或虚拟演播室[②]拍摄，对于学校广大学科教师来说，显然很难具备这样的硬件设备条件。在TMFM项目中，北京大学的研究者经过长期探索和实践，设计出多种形式的快课录课设备，能帮助教师在办公室、教室、会议室等简易环境下，同样也能拍摄出高质量的绿屏授课视频。

① 视频抠像：是利用色键抠像技术（Chroma Key）将蓝/绿屏视频的背景色去除之后实现视频中人物背景透明的编辑过程。其技术原理是利用红（R）、绿（G）、蓝（B）色彩模式，把构成视频RGB颜色中的全部蓝色或绿色部分剔除，进而实现背景的透明。

② 虚拟演播室（Visual Studio）：也称为电子演播室布景（ESS），是近年发展起来的一种独特的电视节目制作技术。它的实质是将计算机制作的虚拟三维场景与电视摄像机现场拍摄的人物活动图像进行数字化合成（实时或后期），使人物与虚拟背景能够同步变化，从而实现两者天衣无缝的融合，以获得独特效果的合成画面。

（1）拍摄绿屏视频

便携式微视频拍摄系统（Portalbe Micro-video Recording System，PMRS），是北京大学 TMFM 项目之中首创的一种适用于在各种简易环境下拍摄绿屏视频的轻便型录课设备。如图 8-3-4 所示，它的主体是由一个中置横轴式三脚架及电脑托盘和摄像云台附件构成，笔记本电脑、单反照相机（附定向无线录音话筒）、提词器（显示 PPT 幻灯片）和面光照明灯依次固定于托盘和云台上。同时，PMRS 还附有折叠式蓝绿幕布（1.8 米 ×2 米）及置于左右的 2 盏便携式 Led 面板灯（轮廓灯）。这套设备组件皆为折叠和便携式结构，平时全部收置在一个 ABS 铝框拉杆箱中，一人能在 10 分钟内完成组合或拆卸工作。这套设备能帮助教师在办公室、教室等场所快速搭建起一个简易演播室并录制高质量绿屏视频，作为微课、慕课或私播课的制作素材。

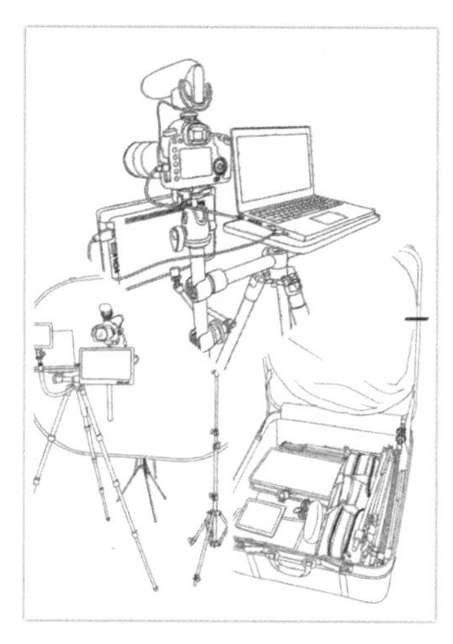

图 8-3-4　PMRS 技术结构图

这套便携式微视频拍摄系统是北京大学教育学院 TMFM 培训项目的重要组成部分，在实操培训现场为广大教师提供了难得的绿屏视频拍摄体验，方便耐用，实际使用效果很好，受到参训教师的广泛欢迎。

自助式多功能微课录制系统（Self-designed Multiple Micro-lesson System，SMMS）则是 TMFM 项目的另一个独创的录课类硬件设备。如图 8-3-5 和图 8-3-6 所示，它

图 8-3-5　SMMS 设备照片

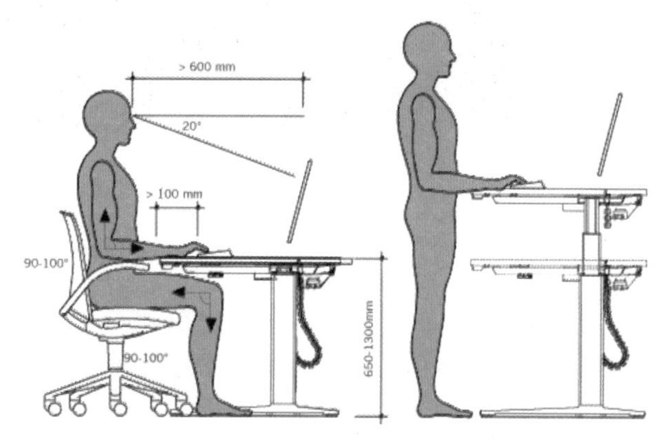

图 8-3-6　SMMS 桌面高度调节示意图

是一套具有备课、讲课和录课三种功能的移动式教学平台，全部设备都集成于一个可轻松平滑移动的推车上：带遥控的高清摄像机，带万向支臂的提词器，拍摄用的Led面板灯及笔记本电脑等。此外，与PMRS一样，它也带来一套折叠式蓝绿幕布及附属照明灯光设备。

利用SMMS，教师不仅可在办公室环境下以自助方式来拍摄绿屏视频，还能用作在教室授课时的电子讲台，将视频输出线与教室投影机连接，并且带有用于大型教室的无线扩音设备。

更为重要的是，这个可移动式推车还具备计算机人体工效学[①]功能——带有液压助力方式的上下桌面调整功能（见图8-3-6）。教师在办公备课时，可根据需要随时方便地调整工作桌台高度，变换身体的工作姿态，调整坐姿和站姿工作姿势，保护身体健康。

实际上SMMS是一套集录课、讲课、上课和办公等多项功能的新型教学设备，它所强调依据人体工效学原理来使用计算机，在办公备课时交替变换坐姿和站姿，防止久坐成疾，损害身体健康，倡导一种绿色健康的教学信息化应用方式。

除利用上述PMRS和SMMS拍摄录屏视频之外，利用小型录课室也是目前国内外院校广泛应用的方式，同样也能为学科教师提供一种方便快捷的录课方式。小型录课室通常可以利用教室改造而成，占地小，利用率高，也是一种常用的绿屏视频采集方式。图8-3-7就是北京大学教育学院的备课室，是利用教室改造而成，既可用于上课，也可用于录课。

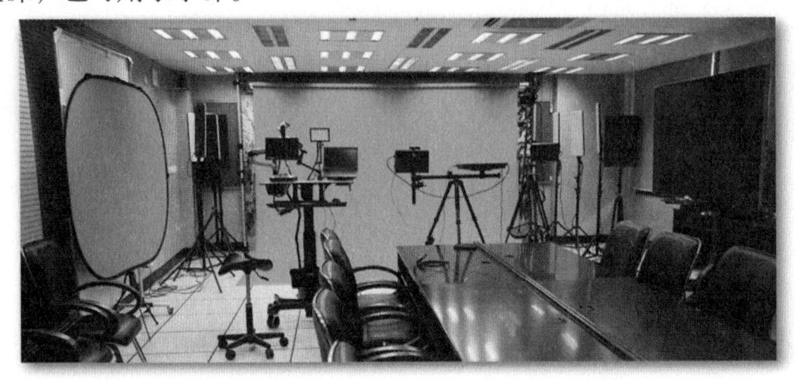

图8-3-7　北大教育学院的录课室

① 人体工效学（Ergonomics）是专门研究人体动作姿态与所用工具之间协调关系和正确使用方法的一个领域。强调任何工具的使用方式要尽量适合人体的自然形态，这样在工作时，操作者的身体和精神不需要任何主动适应，从而尽量减少使用工具所造成的疲劳。目前如何正确使用计算机设备，是工效学的重要研究方向。例如使用计算机和打字机都需要进行键盘操作，目前工作人员长时间从事键盘操作往往产生手腕、手臂、肩背的疲劳，影响工作和休息。从人体工效学的角度看，要想提高作业效率及能持久地操作，操作者应能采用舒适、自然的作业姿势，因键盘操作条件限制而采用不正常姿势，是导致身体疲劳的主要原因。

以 PMRS 拍摄绿屏视频为例，如图 8-3-8 所示，在室内各种场景下，只要有一块 10 平方米大小的空地，就能快速布置成为一个简易演播室，开始为教师拍摄绿屏视频。拍摄时，教师站于绿幕布之前，面对着镜头讲课时，可清晰地看到提词器上显示的 PPT 幻灯片内容，手中握有遥控器来根据讲课进度控制幻灯片。这种拍摄模式与平时课堂授课基本相同，教师通常很快就能适应，拍摄效果比较理想。

图 8-3-8　TMFM 培训中使用 SMMS 为学员现场拍摄微视频

在拍摄绿屏视频时，应注意以下事项：

- 拍摄前，确认自己衣服上不要带有绿色、细条纹或复杂花纹，否则可能会给后期抠像带来困难。最好是轮廓清晰、样式简洁的硬面料纯色正装。
- PPT 文档将用于视频拍摄时提词显示，应将幻灯片字号尽量放大，清晰可辨。
- 确保环境安静，防止录像时出现噪音。在办公室录制时在门上贴一张纸条：室内正在录课，请勿大声喧哗。
- 在拍摄开始前，可先用遥控器浏览幻灯片内容，熟悉内容，调整姿态，放松身体，做一些准备工作。
- 准备开始时，注意观察摄像师的手势，当他给出开始录制手势，同时摄像设备的录像灯亮起后，再开始讲课。
- 讲课过程中，用手中遥控器控制 PPT 幻灯片播放，在翻页时动作尽量轻缓、隐蔽，不要动作过大。

- 在拍摄时要想象身后是正在播放的PPT，当幻灯片里出现某些重点内容时，应做一些相应手势指向背后幕布。这样后期合成效果更真实生动。
- 在拍摄时，每当幻灯片换页时，最好暂停1～2秒并做出一个手势（如手向右滑动）。这样，方便后期进行语音和PPT同步编辑。
- 讲课结束后，不要急于走出镜头，应等待摄像机关闭后再走动。

（2）Premiere视频抠像

绿屏视频拍摄完成后，进入后期视频编辑环节。这时要用到Adobe另一款软件——Premiere CS 6.0，用来进行绿屏视频的抠像和剪辑等操作，使之转换成带有Alpha通道[①]的透明背景视频或动画。然后再导入Captivate后与PPT幻灯片合并后制作为合成式慕课。

启动Premiere CS并点击新建项目按钮（见图8-3-9）。在随后弹出的两个对话框（新建项目和新建序列）中不做任何修改直接点击确定按钮，随后进入Pr操作界面。

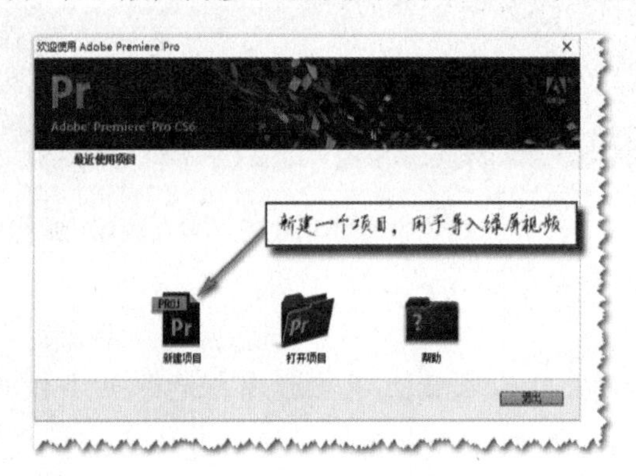

图8-3-9 在Pr中新建项目

步骤1，导入绿屏视频。在文件菜单中选择导入选项，然后选中拍好的绿屏视频后导入。被导入的绿屏视频将自动显示于左下角项目窗口（见图8-3-10），下一步用鼠标选中该视频，直接拖曳至序列01窗口（即时间轴）并放在视频1轨道的最左端0秒位置。此时，将自动弹出一个素材不匹配警告对话框（见图8-3-11），应选择“更改序列设置”按钮。随后，视频将进入时间轴轨道，并自动显示在右上角节目窗口中如。

---

① 阿尔法通道（Alpha Channel）：是指图像的透明和半透明度。通俗地说就是图像的透明效果，一般alpha值取0～1之间。它是一个8位的灰度通道，该通道用256级灰度来记录图像的透明度信息，定义透明、不透明和半透明区域。其中黑表示透明，白表示不透明，灰表示半透明。

图 8-3-10　导入绿屏视频

图 8-3-11　更改系列设置

步骤 2，打开视频抠像模板。如图 8-3-12，在左下角的项目窗口打开效果标签，点击其中视频特效左侧的三角图标，在弹出菜单中找到键控，再点击其左侧三角图标，在弹出菜单中找到极致键。依次是：效果→视频特效→极致键。

用鼠标左键点中极致键，按住左键不放，并将之拖拽至序列 1 窗口视频 1 轨道上的绿屏视频上，然后放开鼠标左键。随后在中上角的特效控制台窗口中将弹出视频效果菜单。

步骤 3，抠像。在视频效果窗口中点击右侧的取色器图标，随后鼠标的光标将变为取色器形状，将之在节目中视频的绿色背景点击一次，整个绿屏背景色将自动变为黑色（见图 8-3-13）——这表明已将绿屏背景抠除，或者说打开了视频的 Alpha Channel。

步骤 4，参数调整以消除视频中阴影。在绿屏拍摄时，可能会由于照明灯光不均匀而导致绿屏背景上存在阴影。如果存在这种现象，就需要进一步调整参数以消

图 8-3-12　选择抠像用的极致键特效模板

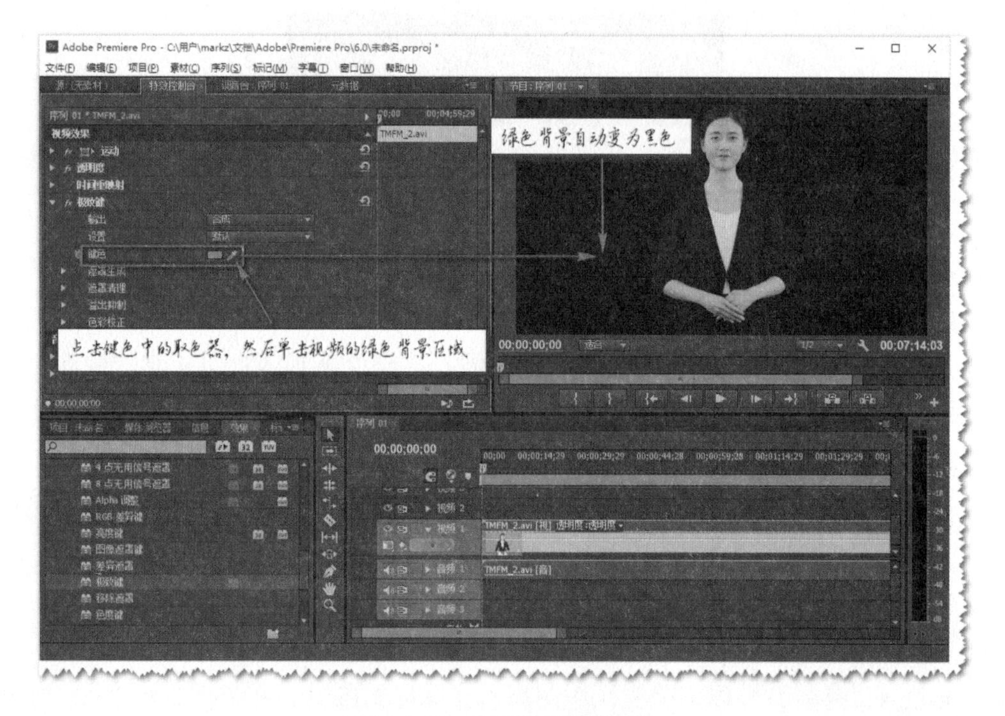

图 8-3-13　用取色器进行抠像

除阴影。如图 8-3-14 所示，点击输出在下拉菜单中选中 Alpha 通道，随后，右侧视频将自动变为黑白剪影样式。然后，仔细检查黑色背景是否存在灰白色阴影。若有则打开遮罩生成，依次调整其中的基准、阴影、透明度等参数，直至灰白色阴影消失为止。最佳调整结果是：黑白分明——人物剪影是纯白色，同时背景是纯黑色。调整完毕后，重新将 Alpha 通道恢复到合成状态，使视频恢复原状。

步骤 5，导出透明背景视频。如图 8-3-15 所示，点击文件菜单，选择导出→媒体（M）。在弹出窗口右侧导出设置栏中，格式选择其中的 FLV，预设可根据需

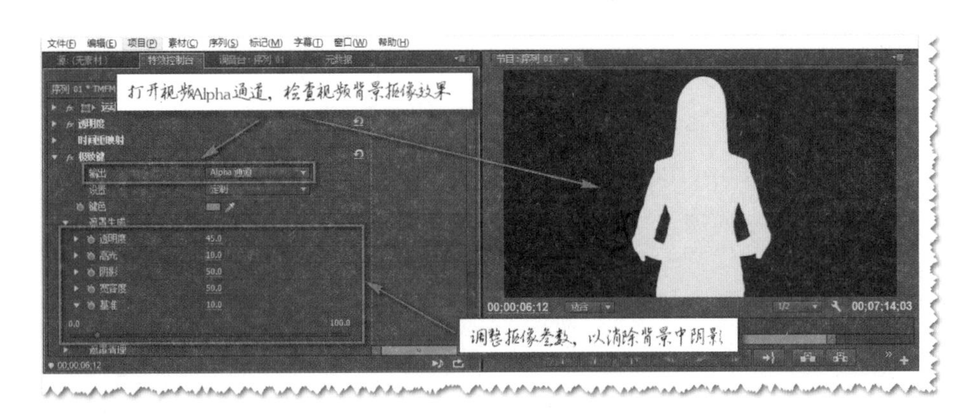

图 8-3-14　检查抠像效果

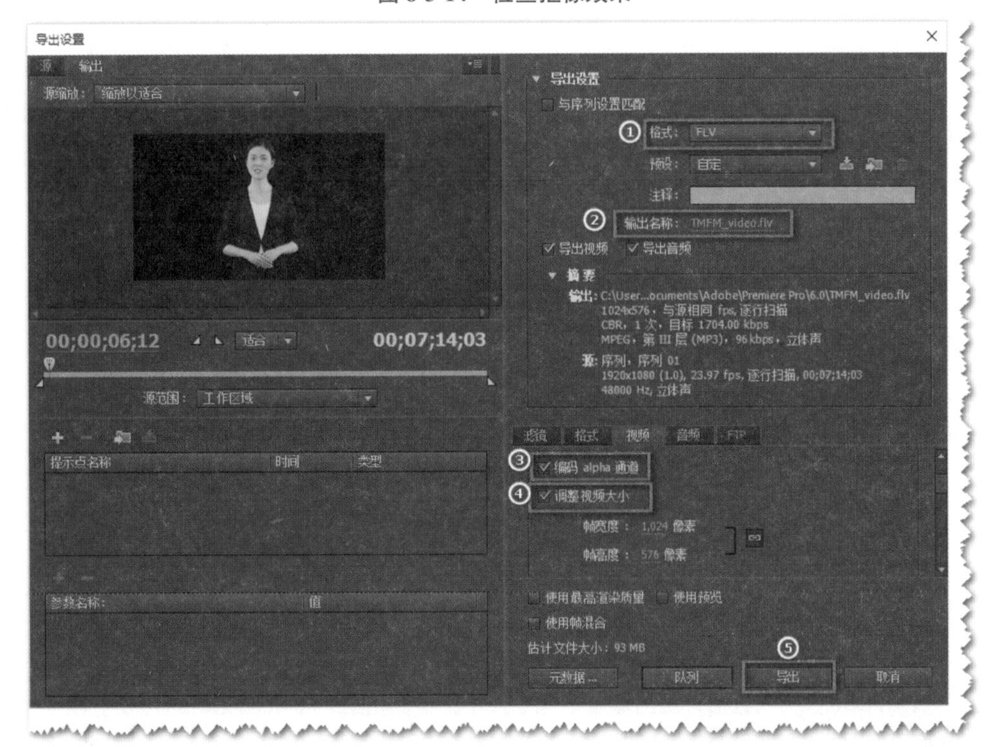

图 8-3-15　导出透明背景的 FLV 格式视频

要选择 web 1024×576 或其他分辨率；在输出名称栏点击后填写视频名称（要求英文或拼音），并修改导出视频后保存的文件目录；在编码 Alpha 通道上打钩。最后点击导出。

导出完成后，双击导出的抠像视频，在播放器中播放时，视频背景将显示为黑色，这是正常现象。当导入 Captivate 预览时，才会显示出透明背景视频的技术特点。

2. 改造 PPT 幻灯片

PPT 改造的技术目标，是使幻灯片在导入 Captivate 之后能自动流畅地运行，以便与抠像视频同步合成为慕课。PPT 文档的改造包括以下几个步骤。

（1）更换格式和字体

步骤 1，在 MS PowerPoint[①]中打开拍摄绿屏视频时所使用的 PPT 文档，点击开始菜单中的另存为选项，先修改文件名，再将文件类型选为 PPTX 格式（见图 8-3-16）。

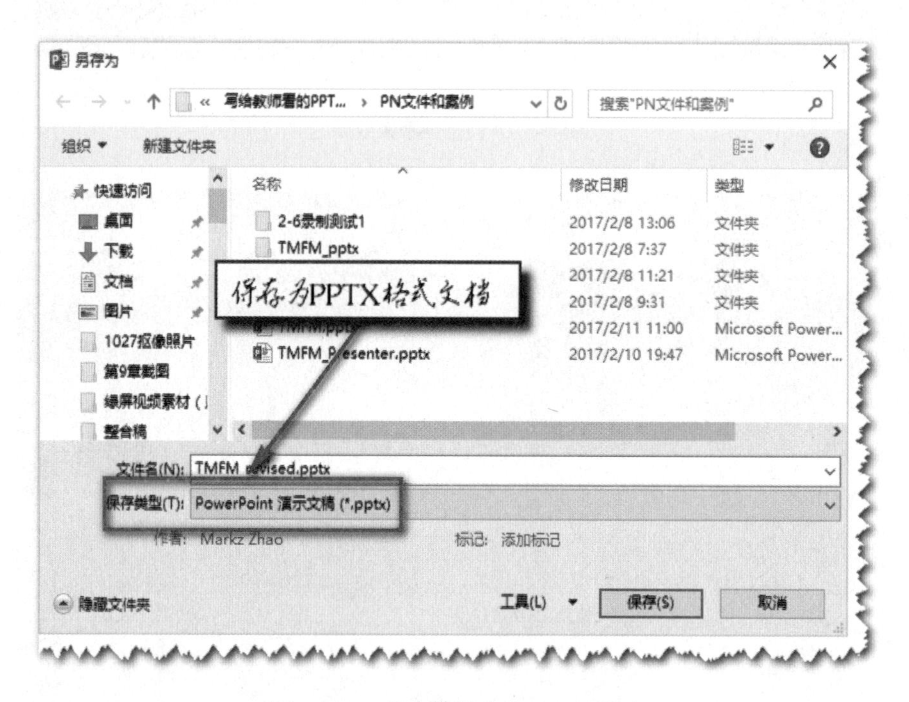

图 8-3-16　将文档保存为 PPTX 格式

① TMFM培训实践证明，虽然低版本也能使用，但利用MS PowerPoint 2010以上版本导入Captivate将获得最佳效果。因此，建议教师尽量使用新版PowerPoint软件。同时，Captivate不支持WPS Office，所以不能使用WPS格式的PPT文档做导入。

步骤 2，为防止导入 Captivate 后幻灯片中字体出现变形现象，建议将 PPT 中每一页幻灯片中的字体更改为兼容性好的常见字体（如微软雅黑）。操作方法很简单，如图 8-3-17 所示，在每一张幻灯片中，先用鼠标选中一个文本框，选择用快捷键 Ctrl ＋ A 选中该幻灯片上的全部文本框。然后在开始菜单中的字体下拉菜单中选中微软雅黑，这样，整个幻灯片中全部字体将更换为所选中的字体。

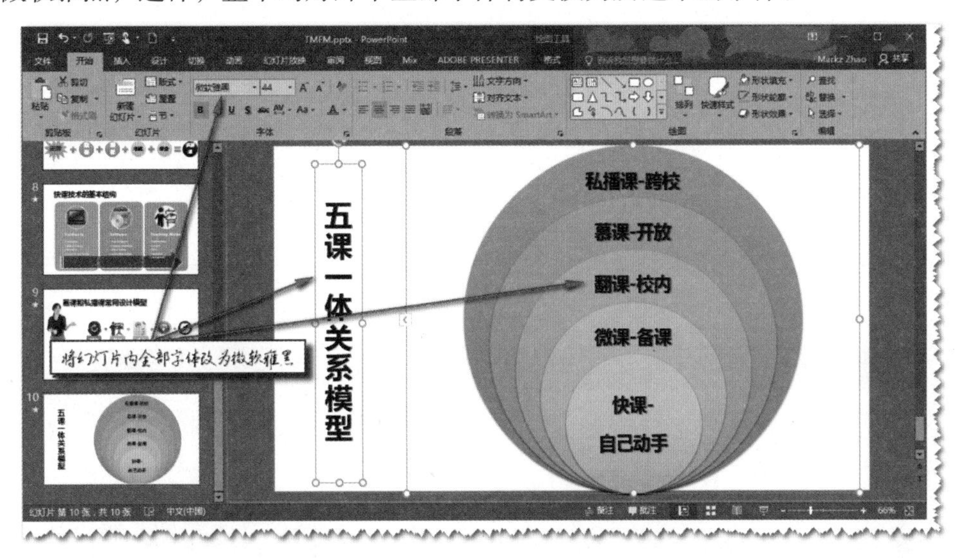

图 8-3-17 更改 PPT 幻灯片中的字体

（2）更改版面和播放动画

步骤 3，为获得最佳播放效果，建议充分利用 PowerPoint 中 SmartArt 功能①，将幻灯片中的文本内容以结构图、概念图形式表现出来，并辅助各种形式播放动画，突出幻灯片播放动态感。SmartArt 图形可以帮助教师快速设计出美观实用的各种图形。SmartArt 图形有多种类别，如列表、流程、循环、层次结构等。在 PowerPoint 插入菜单中按钮，如图 8-3-18 所示，可在右侧预览该 SmartArt 图形样式和功能简介。

步骤 4，更换 PPT 幻灯片中的动画播放设置（见图 8-3-19）。在平时课堂讲课时，PPT 幻灯片的播放节奏都是由教师利用键盘或遥控器来控制的。但是，为保证幻灯片导入 Captivate 之后能够自动流畅地播放，应将每一页幻灯片中的播放动画都设置为自动播放。

操作方法：在动画菜单中，点击动画窗格按钮。如图 8-3-20 所示，在动画窗格中，用鼠标选中某一个动画，然后使用 Ctrl ＋ A 快捷键将全部播放动画选中。点击最下端一个动画右侧的小三角图标，在下拉菜单中选择从上一项之后开始（见图

① 有关SmartArt功能详细信息，请参阅本书第3章3.5.4节相关内容。

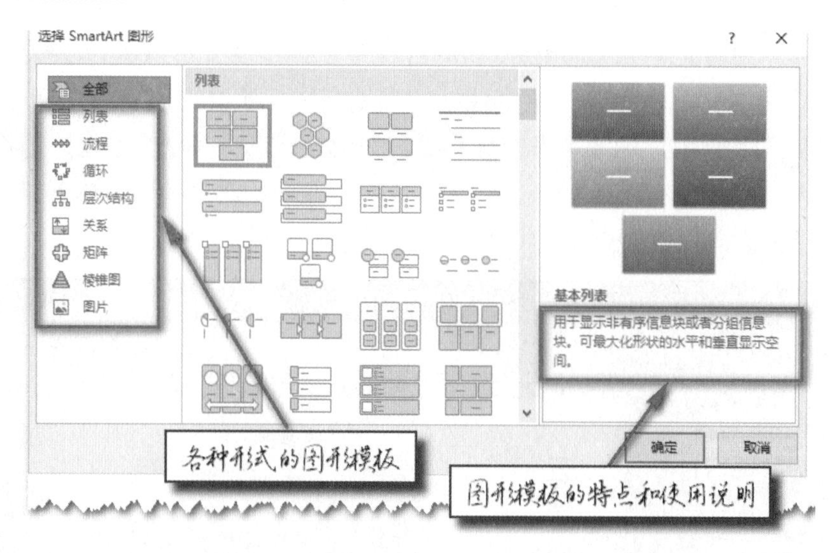

图 8-3-18　利用 SmartArt 改善幻灯片版面

图 8-3-19　更改 PPT 幻灯片动画播放方式

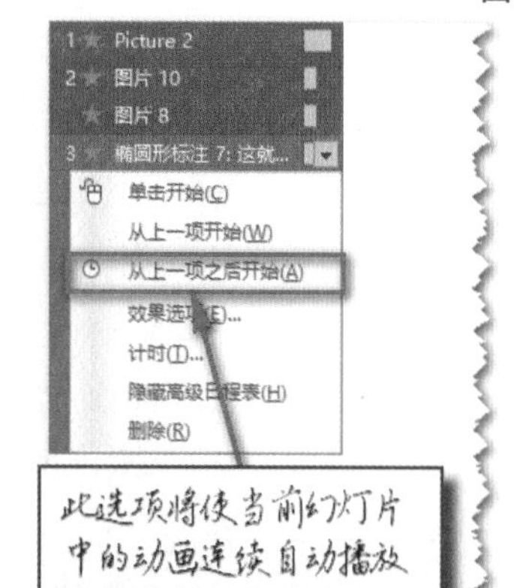

图 8-3-20　更改动画选项

8-3-20）。这样，当前幻灯片中的播放动画将连续自动播放，无需人工操作。

在每一页幻灯片中都重复上述操作，完成后保存 PPT 幻灯片文档。

最后，将整个 PPT 文档从头到尾播放一遍，确认达到这种效果：除翻页时需要人工点击回车键以外，每一页幻灯片中的动画在演示播放状态中都是自动连续播放。

至此，PPT 幻灯片的技术改造阶段完成。下一步就开始启动 Captivate 来导入 PPT 幻灯片和透明背景视频。

8.3.2 制作方法和步骤

完成上述绿屏视频的抠像和 PPT 改造之后，就正式进入合成式慕课的制作阶段，它由三个环节组成：导入 PPT 幻灯片、插入透明背景视频和预览发布。

1. 导入教学 PPT 幻灯片

此环节与制作 PPT 式微课操作方法基本相同。

在 Captivate 启动窗口中选择从 PowerPoint 创建，选中上述改造完成的 PPT 文档开始导入。随后弹出转换 Microsoft PowerPoint 演示文档窗口，如图 8-3-21 所示，应确认选中两个选项：高保真和高级幻灯片的自动，然后开始导入。

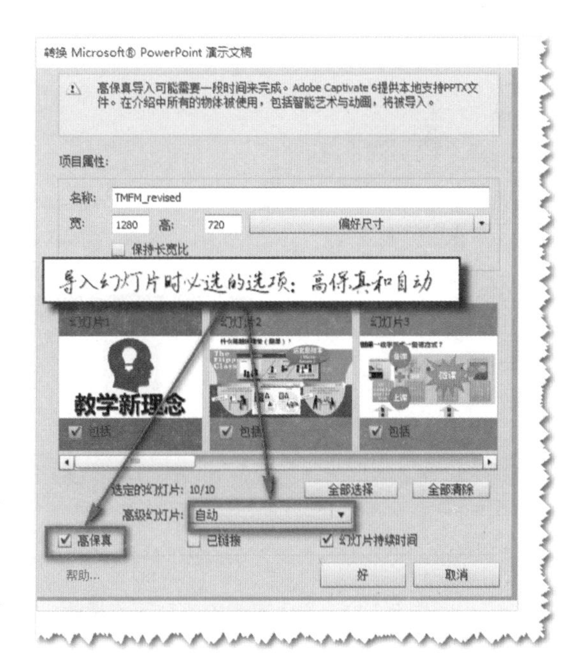

图 8-3-21 把 PPT 导入 Captivate

在 PPT 导入过程中，不要在 PowerPoint 做任何操作，也不能使用复制粘贴功能，否则会导致导入失败。

导入完成后，首先在点击预览按钮选择在浏览器中，导入的幻灯片将自动在浏览器打开并播放。正常情况下，应无需任何人工干预，整个 PPT 文档就能自动从头到尾播放。否则就说明上述 PPT 改造环节有误，应检查后再重新导入。

2. 插入教师的授课视频

在幻灯片基础之上，再导入上述用 Pr 编辑好的透明背景视频，实现初步合成。

（1）插入多幻灯片同步视频

首先，用鼠标点击选中导入幻灯片中的第一张，这表示导入的视频将从这一张幻灯片开始播放。然后点击 Cp 媒体按钮，在下拉菜单中选择视频。在弹出的对话框中，如图 8-3-22 所示，选择多张幻灯片同步视频[①]，其他选项不要做任何修改，直接点击好完成，视频将开始自动导入。

导入完成后，视频将自动分布在每一张幻灯片的正中位置（见图 8-3-23）。点击预览按钮并选中下 5 张幻灯片，会看到：在幻灯片自动播放的同时，透明背景视频也伴随着幻灯片播放两者合而为一显示。到这一步，表明视频导入完成。

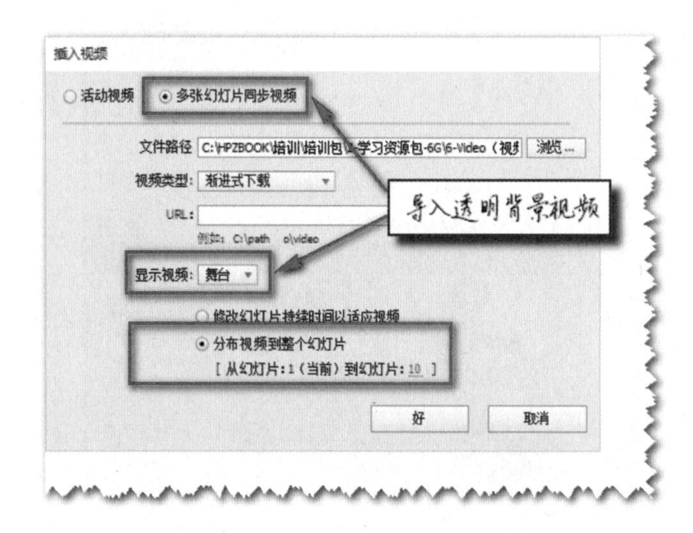

图 8-3-22 导入多张幻灯片同步视频

图 8-3-23 导入视频后的显示效果

（2）调整视频在幻灯片中位置

当视频插入幻灯片之后，通常是放置于幻灯片的中心位置，尺寸可能与幻灯片不匹配。因此，下一步工作是调整视频在每一页幻灯片中的位置和尺寸。操作方法如下。

---

① 多张幻灯片同步视频（Multi-slide synchronized video，MSV），是一种能连续地在多张幻灯片中自动播放的视频。当这种视频被插入之后，会被自动划分为视频片断并分散于各个幻灯片之中。播放时按照先后顺序自动在各个幻灯片中播放。MSV没有播放工具条，全自动播放，有两种显示模式：舞台和TOC。在舞台模式，设计者可决定视频在每一张幻灯片的显示位置与大小；在TOC模式，视频只能固定显示于目录表之中，位置处于左侧导航栏。

步骤 1，调整视频的尺寸和位置。在第一页幻灯片中，用鼠标选中当前视频片断。按住键盘上 Shift 键，同时用鼠标拉动视频虚线边框的一个角调整视频尺寸（见图 8-3-24），这样可按比例放大或缩小视频尺寸，不会因比例失调而导致画面失真；调整完毕后，松开 Shift 键后，再用鼠标选中并拖曳视频移动在幻灯片中的位置，通常放在幻灯片的右下角或左下角比较合适。选择位置时注意，一要尽量避免遮挡后面幻灯片的内容①；二要将视频下沿对齐幻灯片的下边，不要留空白之处。这样，第一张幻灯片中视频的尺寸和位置调整完毕。

图 8-3-24　调整视频的尺寸和位置

步骤 2，以上述调整好的视频为基础，可利用 Captivate 提供的格式刷功能，自动调整后续其他幻灯片中的视频。操作方法如下。

先用鼠标选中第一张幻灯片中的视频，再点击 Cp 窗口右上角的属性按钮打开属性窗格。然后，单击选项按钮后进入变形窗口（见图 8-3-25）。随后再点击选项右下角的应用到全部按钮，最后点击弹出的应用到所有相同组中的项目。随后，第一张幻灯片中视频的属性参数，将自动应用于后续幻灯片中的视频。全部幻灯片中的视频将以相同尺寸自动统一对齐在幻灯片的相同位置（见图 8-3-26）。这样，整个视频在幻灯片中连续播放时，将流畅地以相同尺寸和位置显示出来，不会出现播放“错位现象”。

最后，为防止目前已调整好的视频位置和尺寸因意外操作所变化，可以将它们全部“锁定”。操作方法是：用鼠标选中第一张幻灯片中的视频，在选项窗口的

---

① 考虑到视频在幻灯片中显示的位置，在导入幻灯片之前，可以调整幻灯片内容的显示位置，预先在幻灯片中为视频空出一个合适位置，防止视频遮住后面幻灯片。

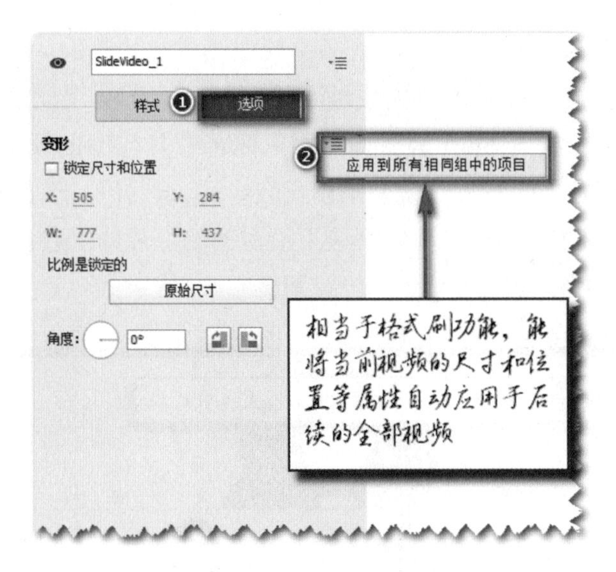

图 8-3-25　利用格式刷同步调整视频位置

锁定尺寸和位置选项前打钩（见图 8-3-27）。这样当前视频将被锁定，无法再移动。然后同样利用格式刷功能，将锁定属性自动应用于后续全部幻灯片中的视频。

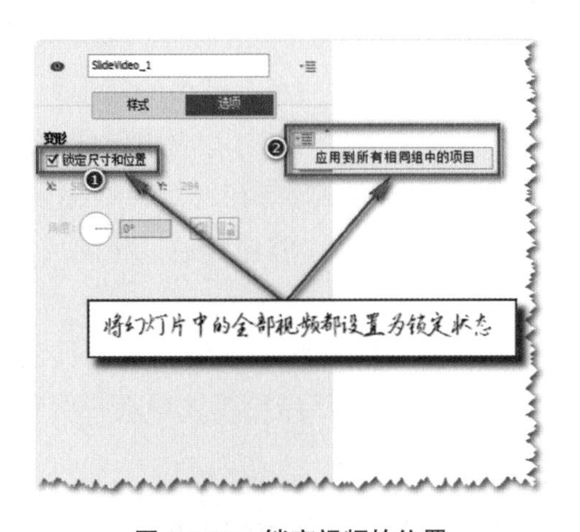

图 8-3-26　调整后的效果

图 8-3-27　锁定视频的位置

（3）为视频添加阴影和反射效果

为增强授课视频的视觉效果，模拟出教师站在投影幕布前讲课时身后显现的投射阴影，设计者还可以为视频和幻灯片添加阴影和反射效果[①]。操作方法如下。

先用鼠标选中第一页幻灯片中的视频，然后点击属性窗口中的样式标签，再点击阴影和反射左侧三角图标，将打开相应窗口（见图 8-3-28）。将阴影下的无（意为没有阴影）改为外（意为外部阴影），将自动弹出阴影设置对话框，包括颜色、角度、模糊、不透明度和距离等。参数设置之后，将会自动在视频边框的相应位置显示出阴影的模拟效果。

设置完第一张幻灯片中视频的阴影效果之后，同样也要利用格式刷功能，将当前阴影参数自动传递至后续全部幻灯片中的视频。这样，全部幻灯片中的视频将呈现出统一的阴影样式。注意，在 Captivate 编辑状态下，无法直接显示出视频阴影的真实效果。当进入预览状态时，如图 8-3-29 所示，就能看到视频阴影的真实效果——伴随着教师体态的变化，阴影也在随之移动，呈现出逼真的视觉效果。

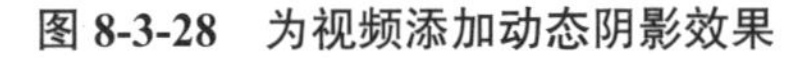

图 8-3-28　为视频添加动态阴影效果

图 8-3-29　添加阴影后的显示效果

反射效果，是指在教师视频的下方呈现出反射影像，类似在大理石地板上站立的视觉效果。它通常只用于全身视频，操作方法与上述阴影设置类似，不再赘述。

（4）编辑视频与幻灯片同步

在导入视频时，由于视频是被自动划分为片断并分别导入各幻灯片之中。所以视

---

① 在使用阴影和反射效果之前，应首先在将视频解锁，在锁定尺寸和位置前取消打钩，否则无法使用此功能。

频播放语音与幻灯片内容两者之间，有可能出现声画不同步的现象——教师视频所讲的语音与背后所播放的幻灯片内容不匹配。为解决这个问题，要调整视频播放语音与幻灯片显示的文本内容之间的关系，实现两者同步显示和播放。操作方法如下。

步骤 1，选中第一张幻灯片中的视频，点击视频菜单，选择编辑视频定时（Edit Video Timing）选项，将弹出一个新窗口（见图 8-3-30）。在预览选项前打钩，开始播放后幻灯片将自动显示于当前窗口。

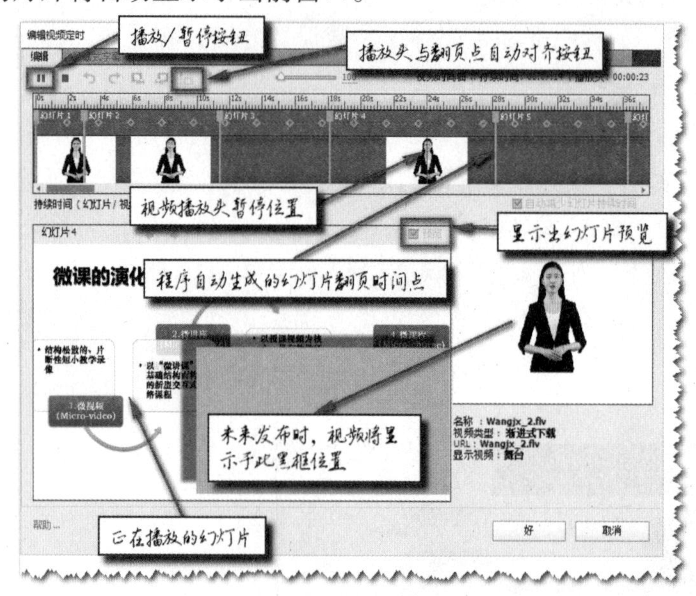

图 8-3-30　调整声音与视频画面的同步

步骤 2，单击窗口左上角的播放按钮，视频和幻灯片开始同步播放，一条红色播放头（Playhead）在时间轴上相应向右移动。这时，设计者需要仔细倾听视频所播放的讲课语音。当听到讲授完当前幻灯片的内容后，立刻点击暂停按钮，使视频和幻灯片两者都处于暂停状态。这时红色播放进度条在时间轴上所处位置，就是当前幻灯片的真正翻页时间。而时间轴上橘黄色竖线所代表的幻灯片翻页时间是由程序自动生成的，并非准确翻页时间。这时，只要将橘黄色竖线与红色播放头位置重合，就能实现视频与幻灯片之间的声画同步。

实现同步的操作方法很简单：一是直接用鼠标将橘黄色竖线拖拉至红色播放头位置，两线重合，就表示视频和幻灯片已声画同步；二是点击时间轴上的移动下一个标志到播放头位置按钮[①]，橘黄色竖线就会自动与红色播放头的位置重合——即将原来不准确的翻页点调整为当前准确的翻页点，从而实现幻灯片与视频播放的

① 注意，使用这个移动下一个标志到播放头位置按钮有前提条件：要求橘黄色竖线必须位于红色播放头的右侧时才能使用，点击它将使黄色竖线向左移动并自动对齐于红色播放头。否则，需要手动将橘黄色竖线拖至红色播放头的右侧之后，才能使用该按钮。

同步显示。

依此操作方法，将全部授课视频片断都与所在幻灯片内容实现同步。最后点击“OK”按钮完成此操作。再预览项目时会发现，当视频中教师的讲课声讲到某特定幻灯片之中的内容时，背后幻灯片内容也随之同步播放（如图 8-3-31）。当教师开始讲下一页幻灯片内容时，身后的幻灯片也自动随之翻页。这说明经过上述操作，已实现了声画同步。

图 8-3-31　预览状态的合成式慕课

3. 预览合成效果和发布慕课

完成以上步骤之后，合成式慕课的制作已进入尾声。下一步要预览整个慕课的播放效果，检查是否存在问题。点击预览按钮，选择其中的项目，整个项目将在 Captivate 的内嵌播放器中开始预览。重点要检查视频声音与幻灯片内容声画是否同步。若有问题则重新返回视频编辑定时窗口进行调整。

最后发布项目，也就是将视频与幻灯片合成为视频。点击发布按钮，选择其中的发布到电脑，弹出对话框（见图 8-3-32）。在下拉菜单中选择 Video——发布为 MP4 格式视频。在其中的选择偏好下拉菜单中，可选择发布为 iPhone、iPad 或 Youtube 格式的视频。若选择这些预设发布类型，Captivate 将自动为其设定相应的参数。通常情况下，建议直接使用上述预设选项来发布。

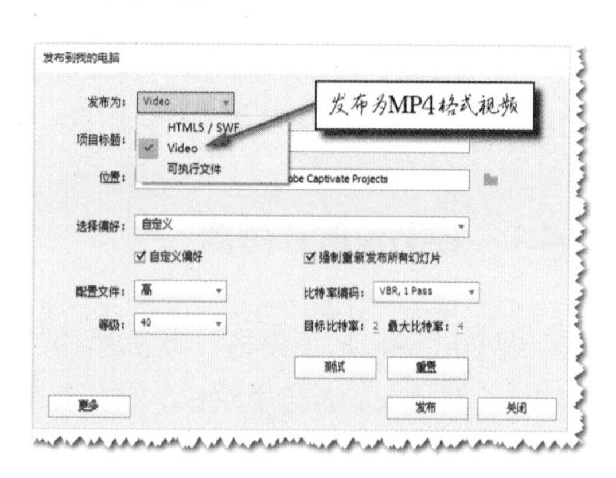

图 8-3-32　将慕课发布为 MP4 格式

最后，点击发布按钮，Captivate 将发布视频。合成式慕课的制作工作结束。

8.4　板书录屏式微课

在 20 年之前，当 Captivate 尚未被 Adobe 收购之前，它的核心功能是录制和生成 Flash 格式的视频演示和软件模拟课件，并因此获得“数字化学习卓越金质奖”（Excellence in E-Learning Gold Award），蜚声国际数字化学习领域。自从被

Adobe 收购之后，Cp 这项功能仍然被视为看家本领，不断加强，功能日趋完善。在国内用户群体中，多数人了解和使用 Captivate，都是从这项功能开始。Cp 具有两种类型的录屏功能——视频演示和软件模拟。

视频演示（Video Demo）是 Captivate 的初级录屏功能，它能自动以视频格式把整个计算机屏幕或某个程序中的鼠标点击拖曳、键盘输入和讲话声音录制下来并保存为 CpVC 格式文件[①]，经过编辑之后发布为 MP4 格式微课。

Captivate 还有另一个更强大的高级录屏功能——软件模拟（Software Simulation）。它专用于制作计算机软件程序使用方法的模拟类学习课件，能用多种模式（演示、训练、评估和自定义）把计算机软件操作过程录制下来，并自动添加多种可编辑对象（文本标题、文本输入框、鼠标点击框、高亮框），以幻灯片方式保存为 CPTX 格式文件，经过编辑之后发布为多种格式（SWF/HTML5/PDF）的微课或慕课。

在功能上，软件模拟显然要比视频演示更加强大和复杂：它既能像视频演示一样录制教师的计算机屏幕操作和讲课声音，同时，它还能在教师点击鼠标或键盘输入时，自动在屏幕生成相应的标题说明文字，并自动设置模拟练习或测验，以检查学生的软件操作技能掌握情况。

通常，当教师想要录制那种只是让学生单纯观看类的学习内容（如解题过程）时，可以采用视频演示来制作；当想要制作那种能要求学生既要观看又要模拟动手操作（如程序使用方法）类的学习内容，则应选用软件模拟。

8.4.1 板书录屏式微课

板书录屏，是一种将计算机程序（录屏和绘图软件）和录入设备（手绘板）结合起来，用来生成一种模拟粉笔在黑板上板书视频的微课制作技术。目前国内外教育界流行的可汗学院式微课（见图 8-4-1），就是一种典型的板书录屏式微课。它是利用录屏技术制作：可汗在一块手绘板上点选各种颜色的彩笔，一边书写一边讲课，利用录屏软件把他所画的内容录下来，最后生成一段视频。利用这种方式录制教学视频，教师不出现在视频画面中，

图 8-4-1　可汗学院的微课录制方式

① CPVC格式与Captivate缺省保存的CPTX格式具有不同技术特点：前者是以视频方式保存，而后者则是以幻灯片方式保存，所以两者编辑功能也有很大差异。

降低了对教师体态、镜头表现技能的要求，是一种易于制作的微课形式。

技术上，给计算机上外接一个数字绘图板，或用带手写屏功能的笔记本电脑，教师利用 Captivate 的视频演示功能，就能录制出跟可汗学院一样的板书录屏式微课，操作简单而快捷，学科教师能在很短时间内学会制作方法。

1. 前期准备工作

在制作板书录屏式微课之前，应事先做好以下技术准备工作，包括硬件设备和软件程序：

- **硬件设备**：手绘板，USB 电容式录音话筒（见图 8-4-2）。
- **软件程序**：绘图软件 SmoothDraw，Captivate 视频演示。

图 8-4-2 板书录屏式微课需要的硬件设备

（1）熟悉手绘板和绘画软件

手绘板，也称数位板、绘图板，是一种类似于鼠标的计算机的输入设备，原用于计算机绘图和绘画。常见的手绘板是通过 USB 接口与电脑连接，使用一只专用笔在手绘板上进行书写等操作。有压感的手绘板可感应到笔的书写力度变化后产生笔画粗细，通常适用于绘画创作。压感越高的手绘板反应越灵敏，操作时更接近在纸上书写的感觉。手绘板必须与绘画软件结合使用。

SmoothDraw 是一款简便易用的免费绘图软件，安装程序包仅 2M①，具备多种可调画笔②，纸张材质模拟，透明处理及多图层能力。还支持压感绘图笔、图像调整和特效等。可汗学院的板书录屏式微课就是利用这款绘图软件制作。

---

① SmoothDraw官方网站是：http：//www.smoothdraw.com.

② SmoothDraw支持的画笔除了钢笔、铅笔、粉笔、蜡笔、喷枪、毛刷、图片喷管、网点笔、克隆笔、涂抹笔、毛笔等之外，还有照片调整的明暗笔、模糊笔、锐化笔，还有水模糊笔。支持蒙板，可使用蒙板限制绘制区域。支持各种绘图板（数位板、手绘板、数字笔）以及TabletPC。

SmoothDraw 的操作界面分为四个区域：菜单栏，工具栏，控制面板和绘图区。如图 8-4-3 所示，首先是菜单栏，在手写或者绘画过程中，每一笔视为一步操作，按后退一步和前进一步键，可以撤销或还原某一步操作。点击文件下拉菜单，可选择新建、打开和保存文件。sddoc 为 SmoothDraw 的源文件格式，保存为此格式的文件在下一次打开时仍保留可编辑性。还可将文件储存为 png、jpg 等图片格式。

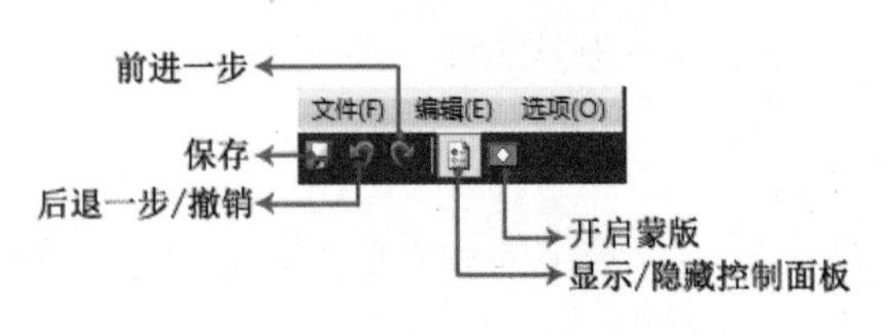

图 8-4-3　SmoothDraw 的菜单栏

工具栏里有不同的绘图工具，包括各种画笔、橡皮和填充工具等。点击工具栏右边的下拉菜单，可以看到所有工具的列表（见图 8-4-4），不同笔的书写效果不同，可根据需要选择。最好能记住 SmoothDraw 常用工具快捷键，以便在录制视频时快速切换工具。

图 8-4-4　SmoothDraw 的工具栏

- B：钢笔工具
- E：橡皮工具
- G：填充工具
- H：拖曳画板工具

控制面板共分为三个区域：颜色区、画笔区和图层区。颜色区用来设置画笔

的颜色。在色盘中选择某种颜色后，为方便以后再使用此颜色，可在色板空格中按鼠标右键将此颜色添加到色板中（见图 8-4-5）。

画笔区，用来调节画笔直径大小以及画笔透明度（见图 8-4-6）。在书写时可根据情况对画笔参数进行调节。当使用橡皮工具时，此面板变为调节橡皮的直径大小和透明度。

与许多绘画软件一样，SmoothDraw 采取图层叠放的形式，以便于不同素材的分类管理，最上方的图层处于画面的最前面。书写时一般不要在背景图层上直接写，应点击箭头符号，在右侧菜单中选择新建图层（见图 8-4-7），然后在新图层中书写。

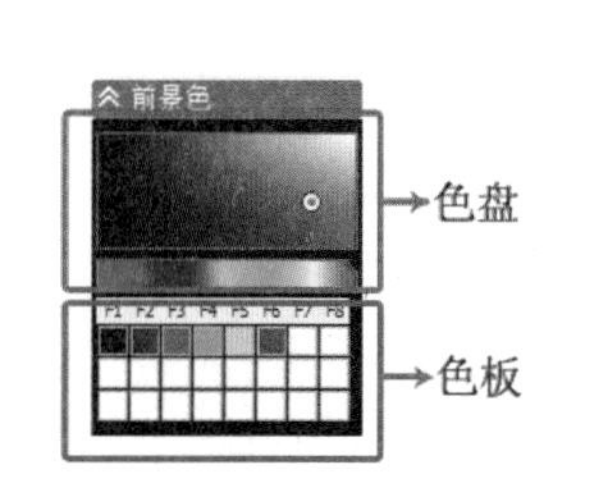

图 8-4-5 色盘和色板

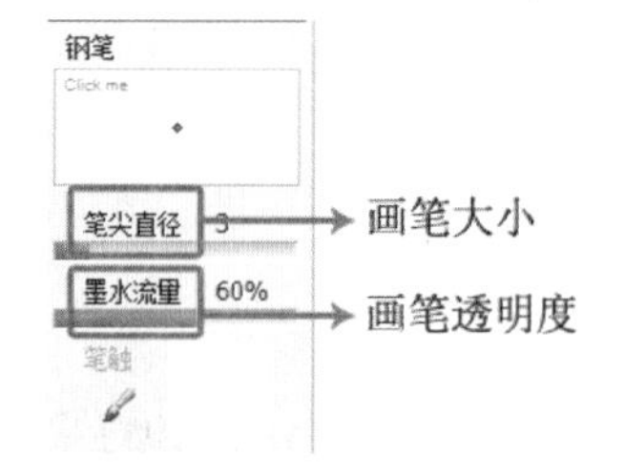

图 8-4-6　画笔参数调整

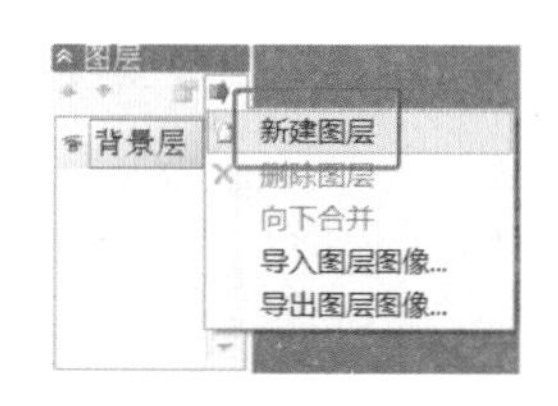

图 8-4-7　新建图层

SmoothDraw 的绘图区相当于一块画板，是书写或绘图的区域。可汗学院视频中，通常将绘图区的背景填充为黑色，然后以白色粉笔模拟出在黑板上书写的感觉。在新建图层上可以使用不同质感、颜色的画笔进行书写。

（2）设置视频演示的录制参数

了解手绘板和绘图软件之后，现在轮到 Captivate 出场。

通常，第一次启动 Cp 的视频演示功能之前，应先对相关参数进行设置。在 Captivate 欢迎启动窗口中，点击编辑菜单并选择菜单栏中最后一项偏好选项（Preferences），随后弹出如图 8-4-8 窗口。

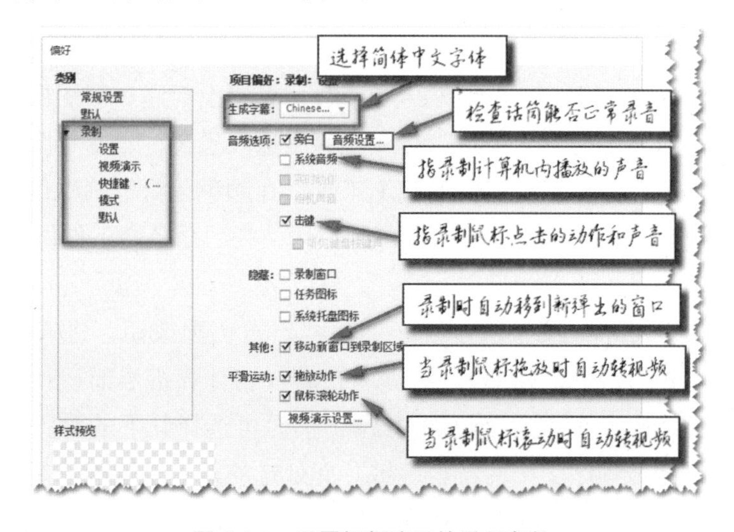

图 8-4-8　设置视频演示的录制参数

在录制窗口中，设置标签内包括以下选项：

- **生成字幕**：选择简体中文。
- **语音选项**：选择旁白。
- **系统音频**：录制电脑发出的声音，除非想录制播放的音视频内容，否则通常不选。
- 其他选项保持不变。

在视频演示标签中，包括如下选项：

- **在视频演示中显示鼠标**：缺省状态下选用。
- **视频颜色模式**：缺省状态是16位，如果想要录屏视频效果好，可选用32位。

在快捷按键标签中，包括录制过程中常用的快捷键，应记住常用的键，如结束（End）、暂停（Pause）等。

模式标签主要用于Captivate的软件模拟功能。

在默认标签里，包括录屏过程中各种文字和标题样式、高亮框、翻转文字和智能图形样式的设置。熟练用户也可创建自己新样式。最后，点击OK完成上述录制参数设置。

2. 具体操作方法

完成以上各项准备工作之后，就可以使用SmoothDraw（绘图）、Captivate（录屏）和手绘板（硬件）这三个工具来制作板书录屏式微课。

（1）准备录制

步骤1, 为电脑连接手写板，测试后确保笔在手写板上接触灵敏，方便后面的手写输入。启动SmoothDraw，如图8-4-9，在背景层上新建一个图层，命名为板书层。然后选择工具栏中的填充工具，在颜色区中选取黑色，单击绘图区，使绘图区整体被填充为黑色。选择工具栏中的钢笔工具，在颜色区将笔刷颜色设置为红色或白色。设置完成后，将SmoothDraw窗口最小化，为后面录制工作做好准备。

（2）开始录制

步骤2，启动Captivate，选中视频演示再点击创建按钮，进入录屏参数设置窗口（见图8-4-10）。选择应用程序选项，接着弹出计算机当前运行的程序列表窗口。如图8-4-11，选择其中的SmoothDraw，然后再选择其下的对齐到应用程序区域——含意是录制该程序之中的特定区域。此处选的是只录制画笔区：就是手绘板书写的区域，这样就不会将控制面板和工具栏等无关区域录下来。此外如果需要录

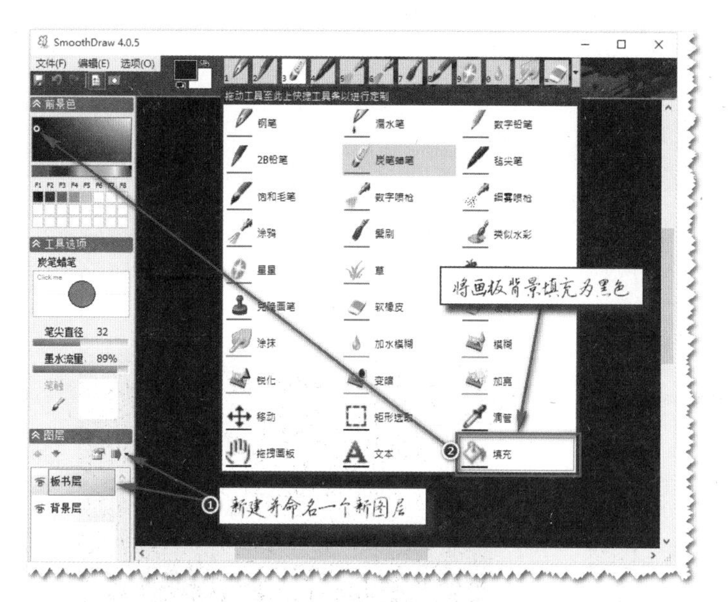

图 8-4-9　新建图层和填充背景色

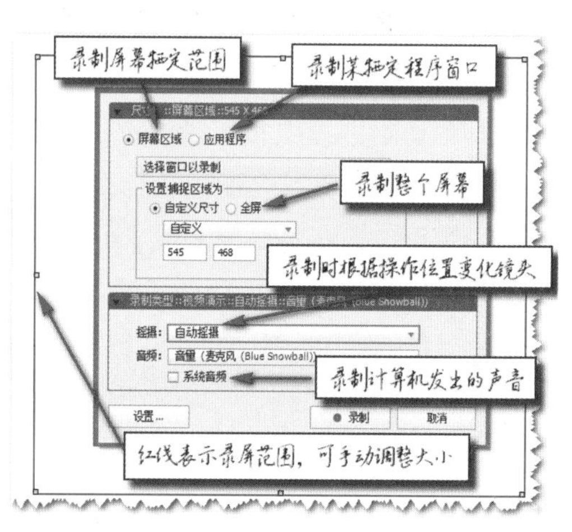

图 8-4-10　录屏参数设置窗口

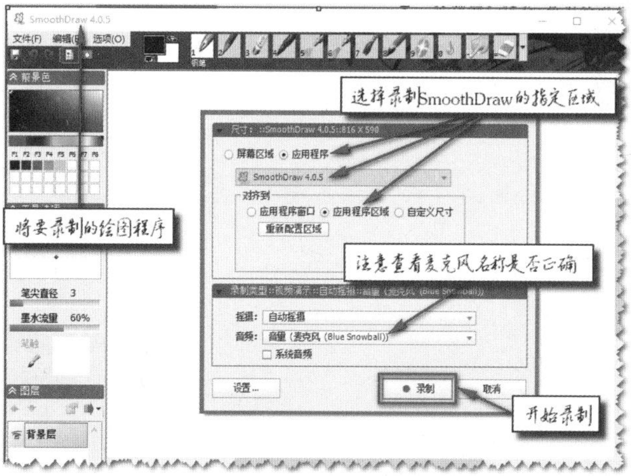

图 8-4-11　选择录制应用程序

制计算机所发出的声音，如视频播放的声音，可勾选系统音频。

参数设置完成后，点击录制按钮，Cp 会弹出一个测试语音输入窗口（见图 8-4-12）。

测试正常之后，点击好按钮，自动倒计时 5 秒之后开始录屏。如同以往在黑板讲课一样，教师开始在 SmoothDraw 上边写字边讲课（见图 8-4-13），笔迹和声音都被自动录制。

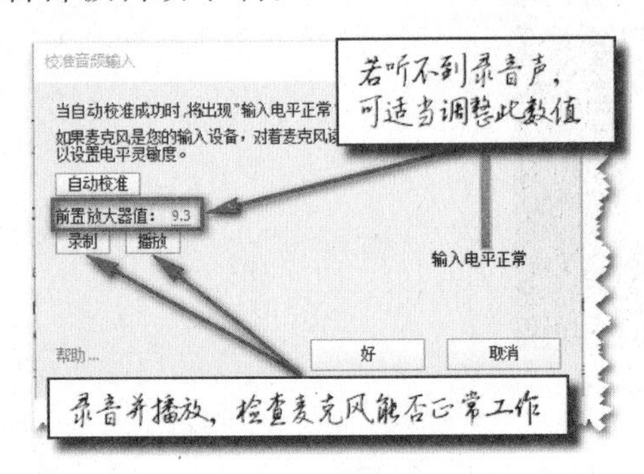

图 8-4-12 检查录音话筒

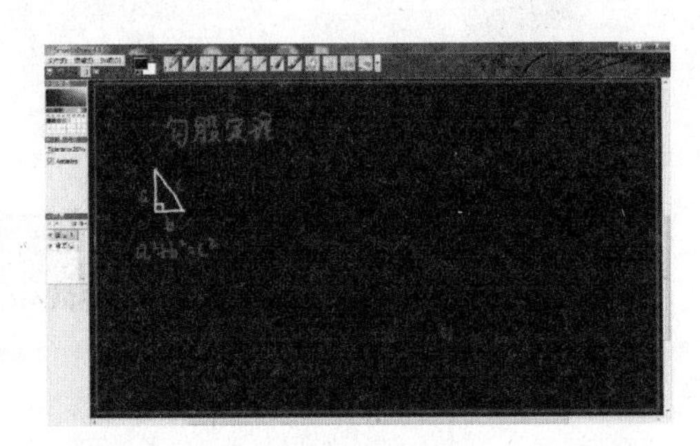

图8-4-13 开始录制手绘板上的书写内容

在录制过程中，用鼠标点击桌面右下角的系统托盘，会发现一个 Cp 绿色图标在闪烁，这表示当前正在录制视频。录制结束后，点击该图标即可结束录屏（也可用键盘上的 End 键结束，或 Pause 暂停录屏）。

结束录屏之后，Cp 会自动以全屏开始播放视频，以检验录制效果。查看完毕之后，点击窗口右下角的编辑按钮，就进入 Captivate 的视频编辑状态。

（3）编辑视频

在 Captivate 编辑状态中，首先应保存所录制的视频。点击保存按钮，将当前视频保存为 CPVC 格式文件。这是 Cp 专门用于保存录屏的文件格式，与它常用的 CPTX 格式不同。

如图 8-4-14 所示，利用 Cp 时间轴中所提供的编辑功能，教师能进行进一步加工，以实现录制视频的样式多样化。

常用的编辑功能包括以下数项。

- 添加高亮框①、文本标题、音频、形状、点击框②、图片、动画和画中画视频。
- 添加镜头的平移和缩放、切换效果。

---

① 高亮框：Cp中一种用来强调幻灯片中某个区域或对象的发亮区域，插入缺省只能显示3秒钟。

② 点击框：Cp中可插入幻灯片的一种交互对象，会自动生成一个暂停，只有当学习者用鼠标点击此框后，才会继续播放后续内容。

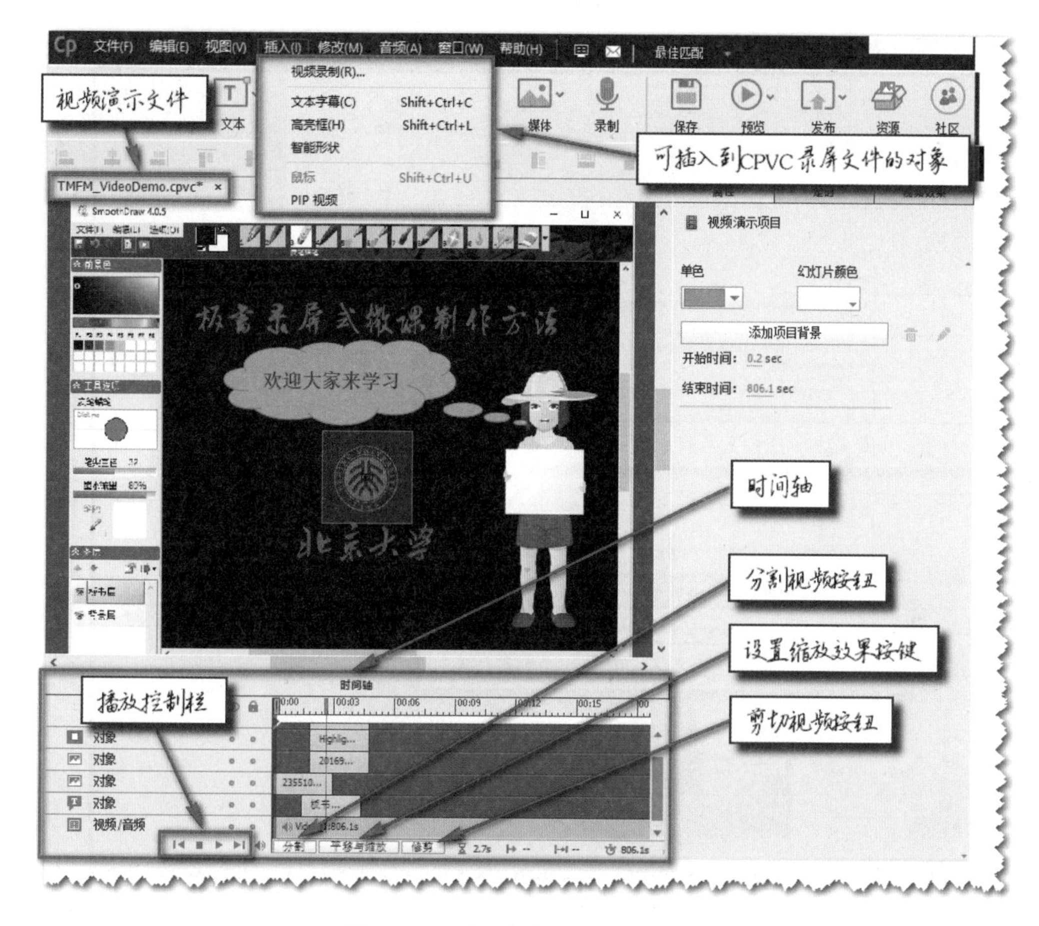

图 8-4-14　进入视频编辑的操作界面

- 将视频分割、修剪和删除。

给录屏视频添加平移和缩放效果[①]，能将学习者的注意力吸引至某个区域。例如，在软件操作时，可以先将镜头平移至一组图标上，然后再放大聚焦在其中某一个图标上。

①平移和缩放的操作方法（见图 8-4-15）

步骤 1，点击时间轴左下角的播放键来开始播放视频，当播放至想添加平移和缩放效果的地方时，点击键盘的空格键，视频进入暂停状态。

步骤 2，点击时间轴下方的平移和缩放按钮，将在时间轴上的视频暂停处自动添加一个平移和缩放图标，同时 Cp 右侧的平移和缩放属性设置栏相应显示。用鼠标选中该图标可左右移动它在时间轴的位置。

① 平移和缩放（pan and zoom）：也称为镜头的推拉摇移，用来产生运动变化感，以吸引观众的注意力。

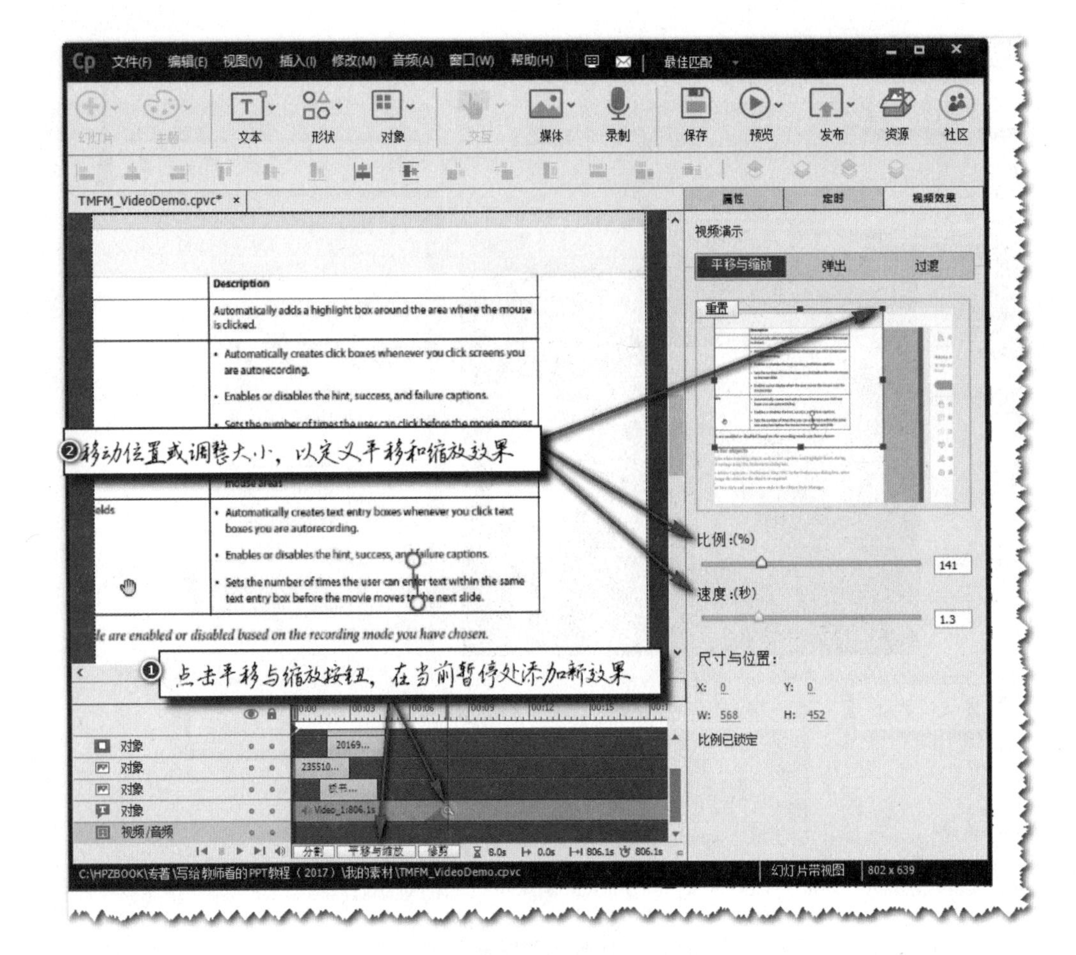

图 8-4-15　为录屏添加平稳缩放效果

步骤 3，在平移和缩放属性设置栏内，用鼠标选中蓝框四周的某个缩放手柄，可拉动它改变蓝框的大小，这表示镜头的放大或缩小；用鼠标选中整个蓝框，将它从一个位置移动至另一个位置，这表示镜头的变化移动。蓝框尺寸越小，表示镜头放大率越大。

步骤 4，也可利用属性栏下方的比例和速度滑块，来定义平移和缩放效果的大小及快慢速度。

步骤 5，如果想删除某个平移和缩放效果，用鼠标点击时间轴的图标，然后用键盘上的 Delete 删除它。

为了在视频添加独立的文本或视频（PIP 视频），可先将视频分割为片断。例如，将视频在某个时间点上剪开，然后在此位置插入一段学习内容小结，以帮助学生整理学习思路。当分割视频后，视频仍然在时间轴的同一层轨道中。

②视频分割的操作方法（见图 8-4-16）

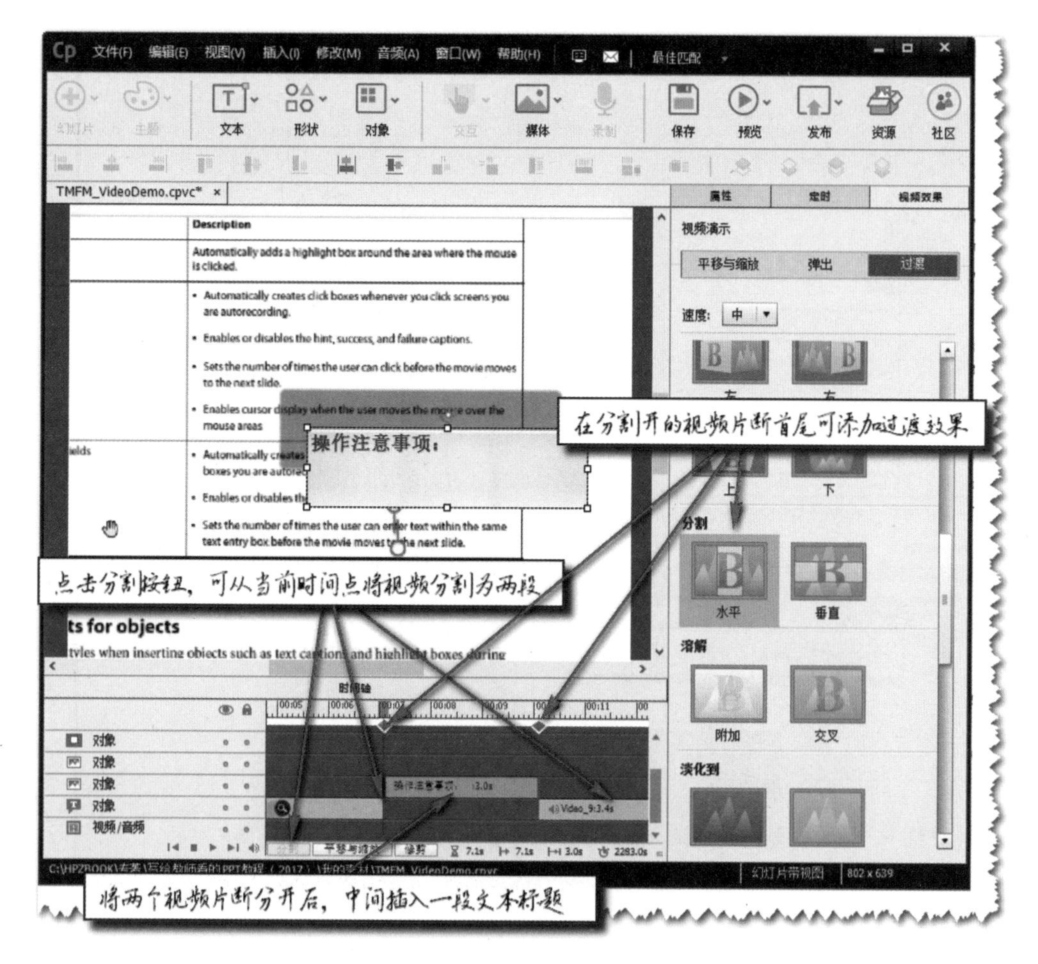

图 8-4-16 视频分割的操作

步骤 1，当视频播放至某一时间点时点击暂停键进入暂停状态。

步骤 2，点击时间轴下方的分割按钮，将在当前暂停处自动分割为两段视频。

步骤 3，用鼠标将分割点右侧的一段视频向右侧移动，以便在两段视频中间留出一段用来插入对象的空白处。

步骤 4，在空白处插入想要的各种对象，如文本标题、过渡效果等。这时，所插入的文本内容将显示在时间轴的另一个轨道。所插入的文本标题在播放时将显示为一个单独帧或幻灯片，其背景与整个项目的背景相同。也可在视频分割处添加一个过渡效果，随后一个菱形的过渡图标出现在时间轴上。用同样方法也可给另一个片断添加过渡效果。

在录屏视频中，如果想删除其中的一段内容，可使用视频修剪功能。

③视频修剪的操作方法（见图 8-4-17）

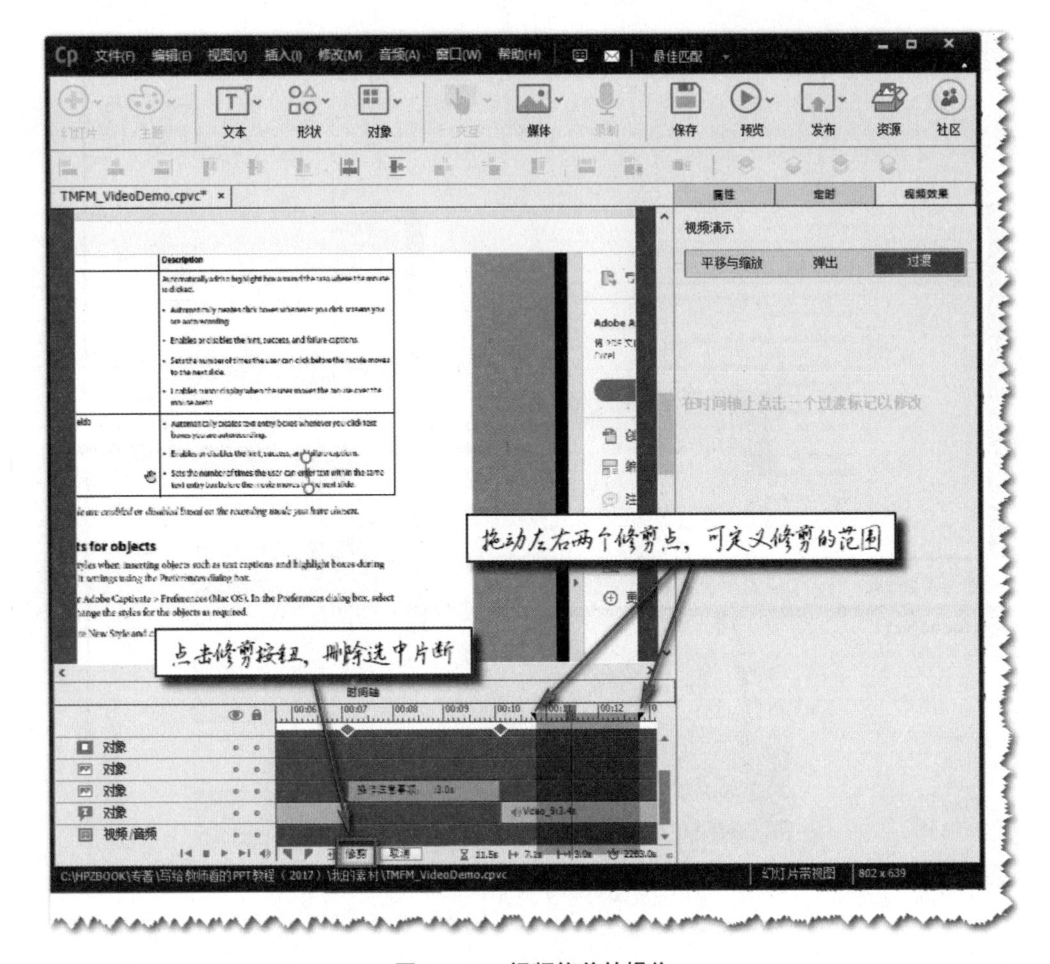

图 8-4-17　视频修剪的操作

步骤 1，点击选中视频所在的时间轴轨道。点击键盘空格键开始播放视频，当播放至想要删除的时间点处时，点击键盘的空格键后进入暂停。

步骤 2，鼠标点击时间轴下的修剪按钮，在当前暂停处的左右位置将分别出现一个修剪点。用鼠标拖动左侧或右侧的修剪点，定义想要删除的片断的起点和终点位置。

步骤 3，点击时间轴下的修剪按钮，将会删除两个修剪点之间的视频内容。

（4）发布微课

当视频演示的编辑完成之后，首先保存为 CPVC 格式①文件，然后进入发布环节。点击发布按钮并选择发布到电脑上，Cp 弹出如图 8-4-18 所示窗口。对参数进行设置之后，点击发布按钮，发布成 MP4 格式视频。一个板书录屏式微课结束。

① CPVC是一种与Adobe Captivate所生成的标准CPTX格式文件不同的文件格式，它不是CPTX那样由幻灯片（Slides）组成，而是一整段可编辑视频。它可插入非交互性对象，如文本和高亮框，但不能直接插入测验。CPVX同样也可插入Cp生成的标准CPTX格式文件之中。

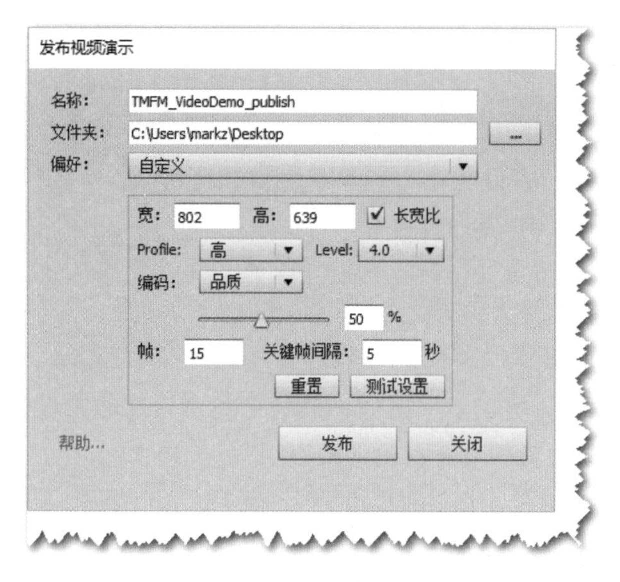

图 8-4-18　发布参数设置

8.4.2　软件模拟式微课

当教师想要制作那种能要求学生既要观看又要模拟动手操作（如程序操作方法）类的微课时，就会用到 Captivate 的软件模拟（Software Simulation）功能。

软件模拟是一种功能更强大的高级录屏功能，能以一页页的幻灯片方式录制计算机屏幕内容。它专用于制作计算机软件程序使用方法的模拟类微课，能用多种模式（演示、训练、评估和自定义）把计算机软件操作方法录制下来，并自动添加多种可编辑对象（文本标题、文本输入框、鼠标点击框、高亮框），以幻灯片方式保存为 CPTX 格式文件，经过编辑之后发布为多种格式（SWF/HTML5/PDF）微课或慕课。

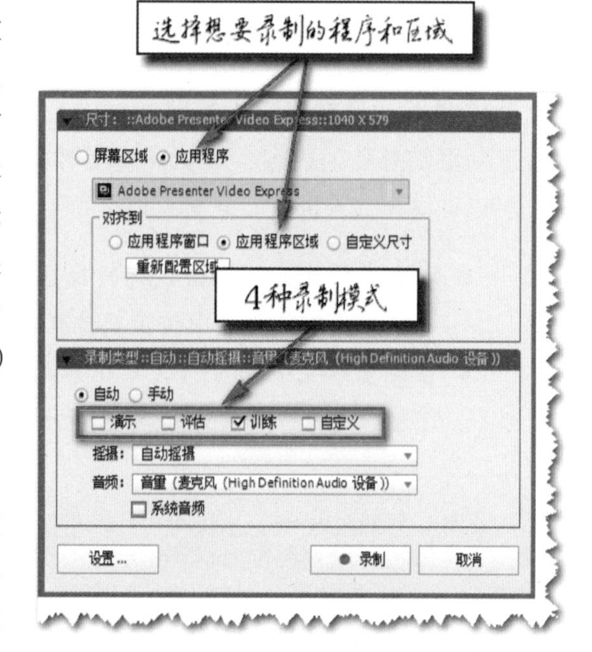

图 8-4-19　软件模拟的设置

1. 参数设置

在 Captivate 启动界面中选中软件模拟，然后点击创建按钮，在弹出的对话框中定义录制的各种参数（见图 8-4-19）。设置内容包括如下。

录制区域的选择：屏幕区域或应用程序，通常选择应用程序。随后，要选择应用程序的对齐方式：应用程序窗口、应用程序区域或自定义尺寸。通常选择应用程序区域，含意是录制该程序内的某个特定区域，例如操作窗口。

还要选择录制方式：自动和手动。通常选择自动，这样 Cp 会自动为录屏添加各种标题、鼠标点击等辅助性说明对象。

软件模拟功能能以 4 种模式（演示、评估、训练和自定义）进行录屏，这是与上述视频演示功能的最大差异之处。

（1）演示模式

这种模式与前面的视频演示类似，只是将整个软件的操作过程录制下来，无任何交互功能，学生只能被动观看录屏内容。

当以演示模式录制时，它具有以下特点：

- 它会依据应用程序的控制标签来自动添加文本标题。例如，如果教师用鼠标点击程序菜单栏中的文件，则会自动添加一个名为“选择文件菜单”的文本标题。
- 当教师做鼠标点击动作时，将会为鼠标点击区域自动添加一个高亮框，以提醒学生注意。
- 在录制时可以手工输入方式来添加文本内容。

（2）训练模式

这是一种带有交互功能的录屏方式。当学生在观看程序操作方法的同时，教师如果还想要求他们尝试去动手做操作练习，那就应该采用训练模式来录屏。在这种模式下，只有当学生按照教师的要求完成了前一个正确操作之后，才能观看下一页幻灯片的内容，类似课堂上教师在手把手教学生来操作的效果。

当以训练模式录屏时，它具有以下特点：

- 在要求学生必须点击鼠标的位置，录屏时会自动添加点击框[①]。只有当学生用鼠标点中该正确位置之后，才能继续后续内容。
- 在要求学生必须输入文本内容的位置，会自动添加文本输入框[②]，还可以为每一个文本输入框添加操作成败等提示信息。

---

① 点击框（Click boxes）：是Captivate中的一种交互对象，当在幻灯片某个位置插入点击框后，幻灯片将自动进入暂停状态，只有当学生用鼠标点击该点击框所在位置后，幻灯片才继续播放后面的内容。

② 文本输入框（Text entry boxes）：是Captivate中的一种文本插入形式，要求学生必须根据要求输入相应的文本内容（文字或数字）之后，才能进入下面的内容。

（3）评估模式

它是一种带有测验分数的录屏方式，用于测试学生对当前应用程序操作方法的掌握程度，带有多种交互功能。教师可为每一个操作步骤分别设置相应分数，也可设置学生完成某一个程序步骤所用的时间，要求他们在限定时间内完成操作。当学习者不能在设定的尝试操作次数内完成正确点击操作时，将自动进入下一个步骤，学生将不能获得该步骤所设定的分数。

当以评估模式来录屏时，它具有以下特点：

- 在要求学生必须点击鼠标的位置，会自动添加点击框。只有当学生用鼠标点中正确的位置之后，才能继续后续内容。
- 在要求学生必须输入文本内容的位置，会自动添加文本输入框，还可以为每一个文本输入框添加操作失败提示信息。

（4）自定义模式

如果在录屏时将上述多种模式混合起来使用，那么就可以选择自定义模式。利用这种模式录屏时，可在某些环节使用演示模式，某些环节使用训练模式，或者评估模式，多种模式交替使用。缺省状态下，在使用自定义模式时，将不会在录屏时添加任何对象。例如，假设教师想让学生学习如何编辑一个文档。这时就可采用演示模式来录制。随后，当进入讲解文件编辑程序环节时，就可以添加各种不同的用于学生交互的对象。讲完内容之后，可在最后设置一个评估模式录制的环节，以检查学生的掌握情况。

根据不同的教学目标，教师可在录屏之前选择上述四种模式之一。通常情况下，训练模式是最常用的录屏方式。

选择某个录制模式之后，在录制选项中还有一个录屏时的视觉效果选项：摇摄。它分为不摇摄、自动摇摄和手工摇摄三个选项。通常选择自动摇摄，这样在录制过程中，程序会根据用户在屏幕的不同区域操作位置，会自动产生平移位置或缩放尺寸的视觉效果。还要定义录屏的音频参数：录制教师授课时的声音，通常选取此项；系统音频：录制计算机播放音视频时发出的声音，通常不选此项。

最后，点击录制按钮进入录制状态。

2. 制作步骤

校准音频输入设备之后，Cp 开始以软件模拟方式录屏。录制过程与上述视频演示类似，开始讲课后，它会在系统后台运行并录下教师在计算机屏幕的软件操作动作及讲课声音。在讲课过程中，教师完全不必考虑 Captivate 运行，只要按照平时的讲课习惯去操作和讲解软件方法，程序会完全自动地将教师在计算机上所做的每一个步骤、所说的每一句话都自动记录并保存下来。

在某些情况下，教师若因故需要暂停讲课，可在键盘上点击 Pause 键使软件模拟进入暂停状态。当要再重新开始录制时，再点击 Pause 键则重新开始录制。

在软件模拟录屏过程中，如果不小心做了一次错误的点击操作，会导致生成一张无用的幻灯片。为方便在以后编辑时快速找到这张错误操作幻灯片，可以在做这个错误操作动作之后，随后立刻使用快捷键 Ctrl + Shift + Z。这样，在这个幻灯片上将自动打上一个无效操作标记，并在录屏项目幻灯片中处于隐藏状态。在编辑状态中，这个无效操作标记在幻灯片上显示为一个透明文本标题，可以对它进行删除等操作。

软件模拟所录制下来的内容，表现为一张一张单独幻灯片形式，并可对其中的内容进行编辑和修改，保存时使用 CPTX 格式文件，这与视频演示所生成的 CPVC 格式文件不同。两种文件格式的详细区别见表 8-4-1。

表 8-4-1　CPTX 和 CPVC 格式比较

CPTX 格式	CPVC 格式
基于幻灯片样式，录屏过程以一页页的单独幻灯片样式记录	不是基于幻灯片样式，录屏过程以一个在时间轴上的单独视频片断方式记录
可选中任何一张幻灯片并对它进行编辑	可对视频片断进行剪切、复制或修剪等编辑
可在幻灯片中插入交互对象①和非交互对象②	只能在视频中插入非交互对象，如文本标题和高亮框等
可在幻灯片中插入测验	无法直接插入测验。可将 CPVC 发布为 MP4 视频之后，再将之插入带测验的 CPTX 格式文件中
可预览整个录屏项目，也可预览某些特定幻灯片	只能预览整个录屏项目或者当前帧的内容

① **在 Captivate 中，交互对象是指按钮、点击框、拖放、滚动字幕、滚动图片和学习交流等可用鼠标操作的内容。**

② **在 Captivate 中，非交互对象是指文本标题、形状、图片、视频等仅能观看无法交互的内容。**

（1）编辑幻灯片

当以训练模式录屏结束之后，点击系统图标或直接点击键盘上 End 键，Cp 将会随之自动进入编辑状态。如图 8-4-20 所示，与上述视频演示不同，以训练模式录制的内容，在 Captivate 中是以一张张独立的幻灯片显示。在每一张幻灯片上，还可能包括在操作软件时所做的鼠标移动轨迹、菜单按钮点击框，以及提示信息等。进一步，观察 Captivate 的时间轴会发现，幻灯片中的每一个对象都是在不同的轨道层中，教师能对这些对象进行单独编辑和修改。若有必要，也能在幻灯片上添加各种对象，既包括非交互对象，也包括交互对象。

（2）预览幻灯片

在软件模拟方式录屏后，当点击预览（以项目形式）后会发现，以训练模式录制的软件操作过程，可以让学生进行互动操作——教师每做完一个鼠标或键盘的

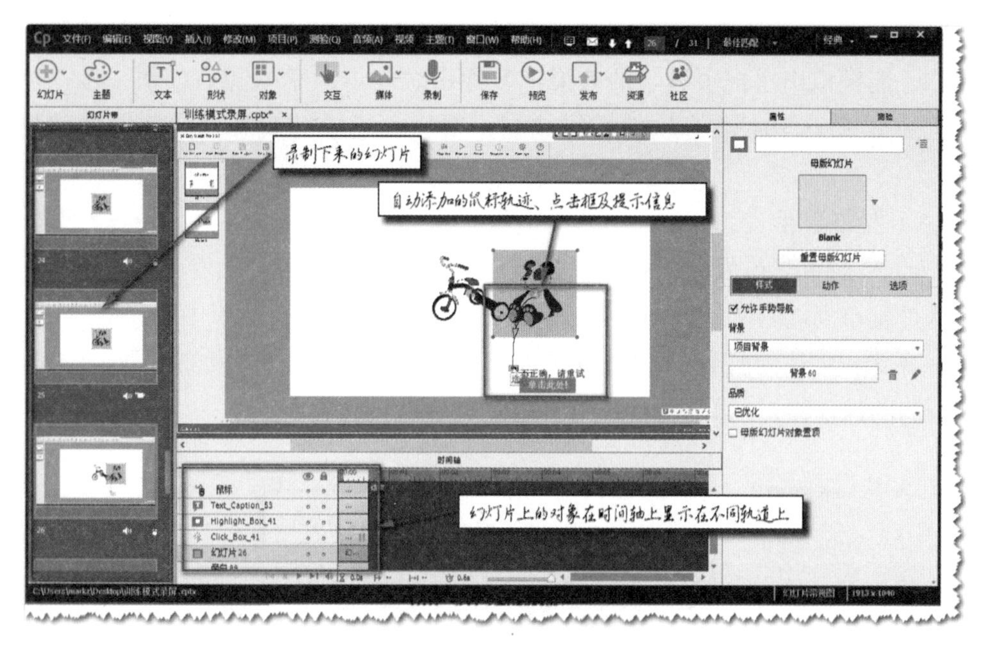

图 8-4-20 编辑幻灯片的界面

操作动作，屏幕上会自动显示出相应的文字提示信息，随即自动进入暂停状态（见图 8-4-21）。只有当学习者按照教师刚才的操作，点击某个菜单、按钮或输入文本之后，视频才会自动重新播放，并进入下一个操作步骤。

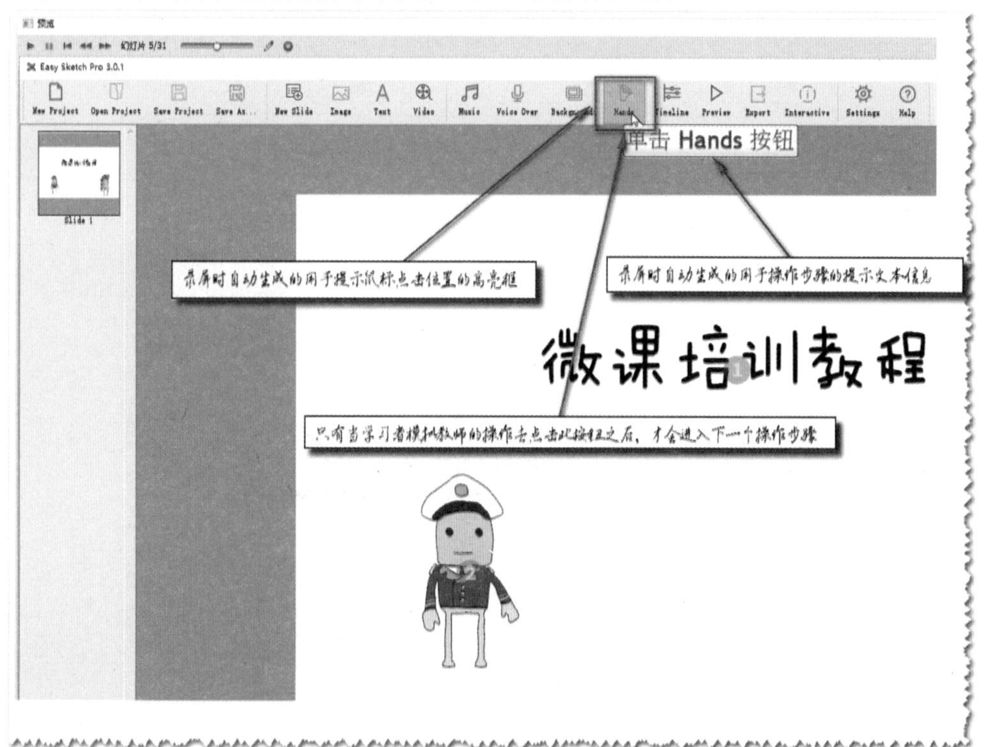

图 8-4-21 预览状态的软件模拟式微课

这就是软件模拟式屏幕的独特之处——如同在教室里师生同坐在计算机屏幕前一样，能模拟出手把手教学的效果：教师每做一步，学生随后模仿一步。用这种交互方式来教学生学习软件操作技能，要比上述单纯观看视频演示的效果好得多。

（3）发布微课

当点击 Captivate 发布按钮之后，软件模拟式微课具备多种发布方式，其中最常用的是发布到电脑上。如图 8-4-22 所示，在发布格式下拉菜单中选择可 HTML5/SWF，在 Zip 文件前打钩，输出格式选择 HTML5。最后点击发布按钮，Capivate 会将录制的软件模拟幻灯片自动合成后发布为一个 Zip 压缩包。

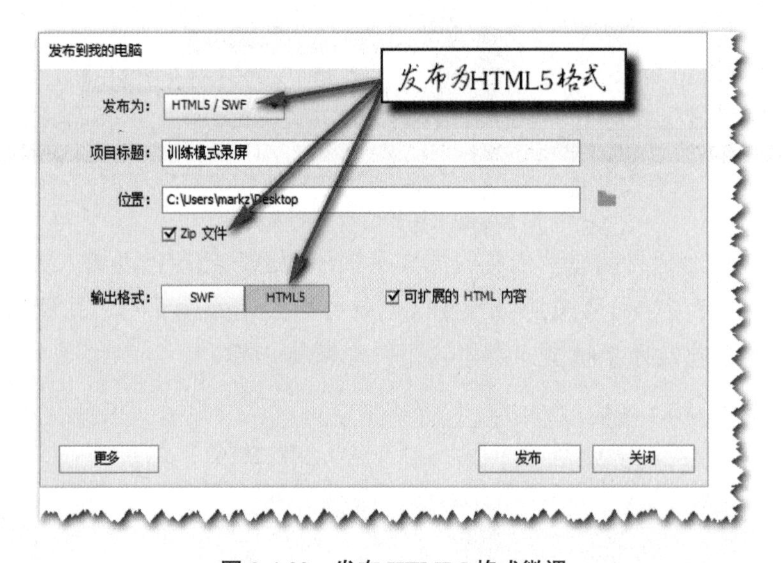

图 8-4-22　发布 HTML5 格式微课

解压之后，它是由多个文件组成（见图 8-4-23），点击其中的 index.html 文件，将在网络浏览器中启动播放。一个软件模拟式微课制作完成。

图 8-4-23　解压后的软件模拟式微课

参考文献

[1] 安璐，李子运 . 教学 PPT 背景颜色的眼动实验研究 [J] . 电化教育研究，2012（1）：75—80.

[2] 刘美凤 . 教育技术基础 [M] . 北京：中国铁道出版社，2011，104—111.

[3] 加涅 . 教学设计原理 [M] . 上海；华东师范大学出版社，2007.

[4] 布衣公子 PPT 教程之信息图表精选：http：//teliss. blog.163. com/

[5] Saettler P（1968）. A history if instructional technology. New York：McGraw-Hill.

[6] Olsen JR，& BassVB（1982）. The application of performance technology in the military：1960—1980. Performance and Instruction，21（6），32—36.

[7] The Surprising History of the Overhead Projector. http：//www. audiovisual-installations.com/surprising-history-overhead-projector-waybackwednesday/

[8] Gene Gable. Heavy Metal Madness：Propaganda and Insight One Frame at a Time. Posted on：March 3，2005，http：//creativepro. com/heavy-metal-madness-propaganda-and-insight-one-frame-at-a-time/#.

[9] Pournelle Jerry（January 1989）. “To the Stars”. BYTE.p.109.

[10] Megan Hustad.PowerPoint abuse：How to kick the habit，Updated：Jun 12，2012，http：//fortune. com/2012/06/12/powerpoint-abuse-how-to-kick-the-habit/.

[11] Parks Bob（2012-08-30）. Death to PowerPoint，Bloomberg Businessweek，businessweek. com，retrieved 6 September 2012.

[12] Tom Tishburne. powerpoint-itis，NOVEMBER 20，2016. https：//marketoonist. com/2016/11/powerpoint-itis.html.

[13] Tom Tishburne. powerpoint-itis，NOVEMBER 20，2016. https：//marketoonist. com/2016/11/powerpoint-itis.html.

［14］Megan Hustad. PowerPoint abuse：How to kick the habit，Updated：Jun 12，2012，http：//fortune.com/2012/06/12/powerpoint-abuse-how-to-kick-the-habit/.

［15］Edward R Tufte（2001）. The Visual Display of Quantitative Information. Cheshire，CT：Graphics Press.

［16］Edward R Tufte. The Visual Display of Quantitative Information. http：//classes. ninabellisio. com/GD3371/tufte. pdf.

［17］Shuo Yang. 两种不同的信息可视化，August 15th，2012，http：//blog. shuoyangdesign. com/？ p=564.

［18］Alexei Kapterev. Death by PowerPoint and how to fight it. https：//zh. scribd. com/document/2422547/Death-by-Powerpoint.

［19］Cherie Kerr. Death by Powerpoint：How to Avoid Killing Your Presentation and Sucking the Life Out of Your Audience，Your Effective Tip-Kit for the Effective Use of Powerpoint Paperback，January，2002.https：//www.amazon.com/Death-Powerpoint-Presentation-Audience-Effective/dp/0964888254.

［20］赵国栋 . 微课、翻转课堂与慕课实操教程［M］. 北京：北京大学出版社 ,2015.

［21］赵国栋 . 微课与慕课设计高级教程［M］. 北京：北京大学出版社 ,2014.

［22］赵国栋 . 微课与慕课设计初级教程［M］. 北京：北京大学出版社 ,2014.

［23］赵国栋，李志刚 . 混合式教学与交互式视频课件设计教程［M］. 北京：高等教育出版社 ,2013.

［24］赵国栋 . 大学数字化校园与数字化学习纪实研究［M］. 北京：北京大学出版社，2012.

［25］赵国栋 . 教育信息化国际比较研究［M］. 南京：江苏教育出版社，2008.

21世纪教育科学系列教材·学科学习心理学系列

数学学习心理学（第二版） 孔凡哲 曾峥 编著 38元

语文学习心理学 董蓓菲 编著 39元

21世纪教师教育系列教材

教育学基础 庞守兴 主编 40元

教育学 余文森 王晞 主编 26元

教育研究方法 刘淑杰 主编 45元

教育心理学 王晓明 主编 55元

心理学导论 杨凤云 主编 46元

教育心理学概论 连榕 罗丽芳 主编 42元

课程与教学论 李允 主编 42元

教师专业发展导论 于胜刚 主编 42元

学校教育概论 李清雁 主编 42元

现代教育评价教程（第二版） 吴钢 主编 45元

教师礼仪实务 刘霄 主编 36元

家庭教育新论 闫旭蕾 杨萍 主编 39元

中学班级管理 张宝书 主编 39元

教育职业道德 刘亭亭 39元

教师心理健康 张怀春 39元

现代教育技术 冯玲玉 39元

青少年发展与教育心理学 张清 42元

课程与教学论 李允 42元

21世纪教师教育系列教材·初等教育系列

小学教育学 田友谊 主编 39元

小学教育学基础 张永明 曾碧 主编 42元

小学班级管理 张永明 宋彩琴 主编 39元

初等教育课程与教学论 罗祖兵 主编 39元

小学教育研究方法 王红艳 主编 39元

教师资格认定及师范类毕业生上岗考试辅导教材

教育学 余文森 王晞 主编 26元

教育心理学概论 连榕 罗丽芳 主编 42元

21世纪教师教育系列教材·学科教育心理学系列

语文教育心理学 董蓓菲 编著 39元

生物教育心理学 胡继飞 编著 45元

21世纪教师教育系列教材·学科教学论系列

新理念化学教学论（第二版） 王后雄 主编 45元

新理念科学教学论（第二版） 崔鸿 张海珠 主编 36元

新理念生物教学论（第二版） 崔鸿 郑晓慧 主编 45元

新理念地理教学论（第二版） 李家清 主编 45元

新理念历史教学论（第二版） 杜芳 主编 33元

新理念思想政治（品德）教学论（第二版） 胡田庚 主编 36元

新理念信息技术教学论（第二版） 吴军其 主编 32元

新理念数学教学论 冯虹 主编 36元

21世纪教师教育系列教材·语文课程与教学论系列

语文文本解读实用教程 荣维东 主编 49元

语文课程教师专业技能训练 张学凯 刘丽丽 主编 45元

语文课程与教学发展简史 武玉鹏 王从华 黄修志 主编 38元

语文课程学与教的心理学基础 韩雪屏 王朝霞 主编

语文课程名师名课案例分析 武玉鹏 郭治锋 主编

语用性质的语文课程与教学论 王元华 著 42元

21世纪教师教育系列教材·学科教学技能训练系列

新理念生物教学技能训练（第二版） 崔鸿 33元

新理念思想政治（品德）教学技能训练（第二版） 胡田庚 赵海山 29元

新理念地理教学技能训练 李家清 32元

新理念化学教学技能训练（第二版） 王后雄 36元

新理念数学教学技能训练 王光明 36元

新理念小学音乐教学法 吴跃跃 主编 38元

王后雄教师教育系列教材

教育考试的理论与方法 王后雄 主编 35元

化学教育测量与评价 王后雄 主编 45元

中学化学实验教学研究 王后雄 主编 32元

新理念化学教学诊断学 王后雄 主编 48元

西方心理学名著译丛

荣格心理学七讲 [美] 卡尔文·霍尔 45元

拓扑心理学原理 [德] 库尔德·勒温 32元

系统心理学：绪论 [美] 爱德华·铁钦纳 30元

社会心理学导论 [美] 威廉·麦独孤 36元

思维与语言 [俄] 列夫·维果茨基 30元

人类的学习 [美] 爱德华・桑代克 30元
基础与应用心理学 [德] 雨果・闵斯特伯格 36元
记忆 [德] 赫尔曼・艾宾浩斯 著 32元
儿童的人格形成及其培养 [奥地利] 阿德勒 著 35元
幼儿的感觉与意志 [德] 威廉・蒲莱尔 著 45元
实验心理学（上下册） [美] 伍德沃斯 施洛斯贝格 著 150元
格式塔心理学原理 [美] 库尔特・考夫卡 75元
动物和人的目的性行为 [美] 爱德华・托尔曼 44元
西方心理学史大纲 唐 钺 42元

心理学视野中的文学丛书

围城内外——西方经典爱情小说的进化心理学透视 熊哲宏 32元
我爱故我在——西方文学大师的爱情与爱情心理学 熊哲宏 32元

21世纪教学活动设计案例精选丛书（禹明 主编）

初中语文教学活动设计案例精选 23元
初中数学教学活动设计案例精选 30元
初中科学教学活动设计案例精选 27元
初中历史与社会教学活动设计案例精选 30元
初中英语教学活动设计案例精选 26元
初中思想品德教学活动设计案例精选 20元
中小学音乐教学活动设计案例精选 27元
中小学体育（体育与健康）教学活动设计案例精选 25元
中小学美术教学活动设计案例精选 34元
中小学综合实践活动教学活动设计案例精选 27元
小学语文教学活动设计案例精选 29元
小学数学教学活动设计案例精选 33元
小学科学教学活动设计案例精选 32元
小学英语教学活动设计案例精选 25元
小学品德与生活（社会）教学活动设计案例精选 24元
幼儿教育教学活动设计案例精选 39元

全国高校网络与新媒体专业规划教材

文化产业概论 尹章池 38元
网络文化教程 李文明 39元
网络与新媒体评论 杨 娟 38元
新媒体概论 尹章池 45元
新媒体视听节目制作 周建青 45元
融合新闻学 石长顺 39元
新媒体网页设计与制作 惠悲荷 45元
网络新媒体实务 张合斌 39元
网页设计与制作 惠悲荷 39元
突发新闻教程 李 军 45元
视听新媒体节目制作 周建青 45元
视听评论 何志武 32元
出镜记者案例分析 刘 静 邓秀军 39元
视听新媒体导论 郭小平 39元

全国高校广播电视专业规划教材

电视节目策划教程 项仲平 著 36元
电视导播教程 程 晋 编著 39元
电视文艺创作教程 王建辉 编著 39元
广播剧创作教程 王国臣 编著 36元

21世纪教育技术学精品教材（张景中 主编）

教育技术学导论（第二版） 李 芒 金 林 编著 33元
远程教育原理与技术 王继新 张 屹 编著 41元
教学系统设计理论与实践 杨九民 梁林梅 编著 29元
信息技术教学论 雷体南 叶良明 主编 29元
网络教育资源设计与开发 刘清堂 主编 30元
学与教的理论与方式 刘雍潜 32元
信息技术与课程整合（第二版） 赵呈领 杨 琳 刘清堂 39元
教育技术研究方法 张屹 黄磊 38元
教育技术项目实践 潘克明 32元

21世纪信息传播实验系列教材（徐福荫 黄慕雄 主编）

多媒体软件设计与开发 32元
电视照明・电视音乐音响 26元
播音与主持艺术（第二版） 38元
广告策划与创意 26元
摄影基础（第二版） 32元

21世纪教师教育系列教材・专业养成系列（赵国栋主编）

微课与慕课设计初级教程 40元
微课与慕课设计高级教程 48元
微课、翻转课堂和慕课设计实操教程 188元
网络调查研究方法概论（第二版） 49元
PPT云课堂教学法 88元